当代中国城市与建筑系列读本
李翔宁主编

CONTEMPORARY CHINESE URBAN DESIGN READER

当代中国城市设计读本

童明 主编

中国建筑工业出版社

序一
读本与学科的铺路石

自古以来就有“工欲善其事，必先利其器”一说，对于研究人员和教师而言，我们的“器”恐怕主要是文献，理论的、实用的和工具的。我们在进行研究的过程中，往往感叹寻找文献，尤其是全面收集文献的困难。有时候寄希望于百科全书，但是许多百科全书到应用的时候才发现恰恰是你最需要的东西缺得很多。由于研究工作的需要，我曾经刻意收集国内外出版的各种工具书、文选和读本作为参考。2003年以来，我和国内许多学者主持翻译《弗莱彻建筑史》的八年中，根据这本史书涉及的语言，除英文词典外，也收集了德语、法语、意大利语、西班牙语、荷兰语、葡萄牙语、拉丁语等各种语言的词典，还收集了各国出版的建筑百科全书、历史、地图和术语词典。又由于翻译的需要，还收集了各种人名词典、地名词典，多年下来也收集了几乎满满一书架的工具书。自1992年为给建筑学专业的本科生开设建筑评论课以来，由于编写教材的需要，同时又因为为博士生开设建筑理论文献课，也为此收集了不少理论文选和读本。这些读本的主编都是该学科领域的权威学者，由于这些经过主编精选的文选和读本的系统性、专业性以及权威性，同时又附有主编撰写的引言和导读，大有裨益，将我们迅速领入学科理论的大门，扩大了视野，帮我们省却了许多筛选那些汗牛充栋的文献的宝贵时间。这些年因为承担中国科学院技术科学部的一项关于城市规划和建筑学科发展的课题，又陆陆续续收集了一批有关城市、城市规划和建筑的文选和读本。在教学和研究中常常感叹所使用的文选或读本选编基本上都是国外学者的论著，因此，也想自己动手编一本将中外论著兼收并蓄的文选或读本，但都因为工程过于浩大而只编了个目录就搁在一边。

从国内外出版的文选和读本的内容来看，大致可以分为四类：作者的文选或读本、文化理论读本、城市理论读本以及建筑理论文选等。前两种和我们的专业有一定的关系，但并非直接的关系，进行某些专题研究时具有参考价值。作者文选或读本多为哲学家、社会学家或文学家的读本，例如《哈贝马斯精粹》、《德勒兹读本》、《哈耶克文选》、《索尔仁尼琴读本》等。目前国内出版的文化理论读本较多，涉及面也较广，包括《城市文化读本》、《文化研究读本》、《视觉文化读本》、《文化记忆理论读本》、《女权主义理论读本》、《西方都市文化研究读本》等，早年出版的各种西方文论也属这一类读本。

目前最多的读本，并成为系列的是有关城市方面的读本，国外有一些出版社专题出版城市读本，最有代表性的是美国劳特利奇出版社（Routledge, Taylor & Francis Group）出版的城市读本系列，例如《城市读本》、《城市文化读本》、《城市设计读本》、《网络城市读本》、《城市地理读本》、《城市社会学读本》、《城市政治读本》、《城市与区域规划读本》、《城市可持续发展读本》、《全球城市读本》等，其中一些读本已多次再版。其中的《城市读本》已经由中国建筑工业出版社于2013年翻译出版，由英文版主编勒盖茨和斯托特再加入张庭伟和田莉作为中文版主编，同时增选了15篇中国学者的论文，这部读本当属国内目前最好的城市规划读本。其他也有多家出版社如黑井出版社（Blackwell Publishing）出版的《城市理论读本》以及城市地理系列读本，威利-黑井出版社（Wiley-Blackwell）出版的《规划理论读本》，拉特格斯大学出版社（Rutgers University Press）出版的《城市人类学读本》。中国建筑工业出版社在2014年还出版了《国际城市规划读本》，选编了《国际城市规划》杂志历年来的重要文章。

国外在建筑方面虽然没有像城市读本那样的系列读本，但已经有多种理论文献出版，有编年的文献，收录从维特鲁威时代到当代的理论文献，也有哲学家和文化理论家论述建筑的理论读本，例如劳特利奇出版社出版的由尼尔·里奇主编的《重新思考建筑：文化理论读本》（1997）收录了阿多诺、哈贝马斯、德里达等哲学家，以及翁贝托·埃科、本雅明等文化理论家的著作。近年来国外有三本重要的理论文选出版，分别是麻省理工学院出版社出版的由迈克尔·海斯主编的《1968年以来的建筑理论》（2000），普林斯顿大学出版社出版的由凯特·奈斯比特主编的《建筑理论的新议程：建筑理论文选1965-1995》(1996)和克里斯塔·西克思主编的《建构新的议程——1993-2009的建筑理论》（2010）。

近年来国内出版较多的是建筑美学类的文选，例如由奚传绩编著的《中外设计艺术论著精读》（2008），汪坦和陈志华先生主编的《现代西方建筑美学文选》（2013），王贵祥先生主编的《艺术学经典文献导读书系·建筑卷》（2012）等。也有学者正在为编选更全面又系统的读本而在辛勤工作，这些文选和读本选录的基本上都是国外理论家的论著。

虽然有一些类似文选的出版物收录了国内学者的文章，例如《建筑学报》杂志社2014年为纪念《建筑学报》六十年出版的专辑，主要是为了编年史的目的，属于纪事性，并不是根据论题的文献选编。

最近欣闻中国建筑工业出版社计划编辑出版“当代中国城市与建筑系列读本”，不仅是对近代以降的文献进行系统的整理，也是对当代中国学术的梳理，反映学术的水平。从目录来看，读本的内容包括中外学者的论著，但是以中国学者为主。这些读本选编的内容大致包括历史、综述、理论、实践、案例、评论以及拓展阅读等方面的内容，基本上涵盖并收录了当代最有代表性的中文学术文献，能给专业人士和学生提供一个导读和信息的平台。读本的分类包括建筑、园林、城市、城市设计、历史保护、居住等，文章选自学术刊物和专著，分别由李翔宁、童明、张松、葛明、何建清和王兰等负责主编，各读本的主编都是该领域的翘楚。这个读本系列既是对中国城市、城市设计、建筑与园林学科的历史回顾，又是面向学科未来发展的理论基础。这其实是一项功德无量的工作，按照我国的不成文的学术标准，这些主编的工作都不能算学术成果，只是默默甘当学科和学术发展的铺路石。

相信我们国内大部分的学者和建筑师、规划师都是阅读中国建筑工业出版社的出版物中成长的，我们也热切地盼望早日读到这套系列读本。

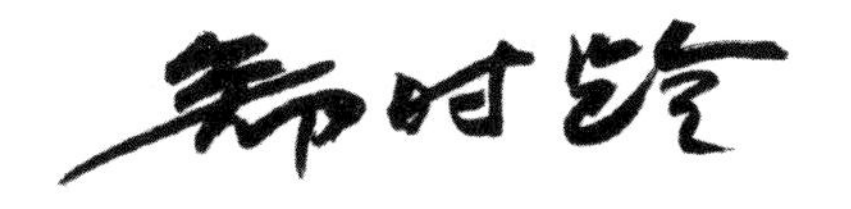

2015年2月28日

序二
图绘当代中国

两年前，中国建筑工业出版社华东分社的徐纺社长找到我，一同商讨新的出版计划。这让我想起自己脑海中一直在琢磨的事：是否有某种合适的形式，让我们能够呈现当代中国快速发展的社会现实下，城市和建筑领域的现状，以及中国学者们对这些问题的思考？

不可否认，史学写作最难的任务是记述正在发生的现实。正是出于这个原因，麻省理工学院建筑系的历史理论和评论教学有一个不成文的规定，博士论文选题原则上不能针对五十年之内发生的事件和流派。这或许确保了严肃的历史理论写作有足够的研究和观照的历史距离，使得研究者可以相对中立、公允地对历史做出评判。同样，近三四十年当代中国的社会政治经济乃至建筑与建成环境的变迁由于我们自身身处同一时代之中，许多争论尘埃未定，甚至连事实都由于某些特殊的人与事的关联而仍然存疑。

另一方面，近代科学技术的极速发展使得人类社会越来越呈现出一种多元文化并存的状态，我们已经很难在当代文化现象中总结和归纳出某种确定的轨迹，更不用说线性发展的轨迹了。著名的艺术史家汉斯·贝尔廷写作了名著《艺术史的终结》，他的观点其实并不是认为艺术史本身已经终结，而是一种线性发展结构紧密的艺术史已经终结。传统的艺术史、是把在一定的历史时代中产生的“艺术作品”按照某种关系重新表述成为一种连贯的叙事[①]。这也是关于当代中国建筑史、城市史和其他建成环境的历史写作的困难之处。我们很难提供一种完整逻辑支撑的线索来概括林林总总的风格、思潮和文化现象。

面对这样的挑战，我们依然决定编辑出版作者眼前的系列丛书，主要出于以下两种考虑：一是从学术研究的角度，我们需要为当代中国城市和建筑领域留下一些经过整理的学术史料。这种工作，不是简单的堆积，而是一种学术思考的产物。相较个人写作的建筑史或思想史，读本这种形式能够更忠实地呈现不同学术观点的人同时进行的写作：既有对事实的陈述，也有写作者本人的评论甚至批判；二是从读者尤其是学习者的角度出发，如果他们需要对当代中国城市建筑的基本状况建立一个基本而相对全面的了解，读本可以迅速为他们提供所需的养料。而对于愿意在基本的了解之上进一步深入研究的读者，读本提供的进一步阅读的篇目列表对于篇幅所限未能列入读本的书目给予提示，让读者可以进一步按图索骥找到他们所期待阅读的相关文章。这样小小的一本读本既能提供简约清晰的学术地图，又可辐射链接更广泛的学术资源。

经过和中国建筑工业出版社同仁们的讨论，我们初步确定了系列读本包括建筑、城市理论、城市设计、居住、园林研究、历史保护和城市文化七本分册，并分别邀请几位在该领域有自己的研究和影响的中青年学者担任分册主编。同时在年代范畴的划定上，除了园林研究由于材料的特殊性而略有不同之外，其他几本分册基本把当代中国该领域的理论和实践作为读本选编的主要内容。其时间跨度也基本聚焦在“文化大革命”结束至今的三四十年间。

经过近两年的编辑，终于可以陆续出版。我们必须感谢徐纺社长、徐明怡编辑，没有他们认真执着地不断鞭策，丛书的出版一定遥遥无期；感谢郑时龄院士欣然为丛书作序，这对我们是一种鼓励；还要感谢的是丛书的各位分册主编，大家为了一份学术的坚持，在各自繁忙的教学研究工作之余花费了大量心血编辑、交流和讨论，并在相互支持和鼓励中共同前行。

我们的工作所呈现的是当代中国城市和建筑领域一段时间以来的实践和理论成果。事实上在编辑的过程中我们也深深地感到当代中国研究的这片富矿并没有得到很好的发掘，在我们近几十年深入学习和研究西方的同时，对自身问题的研究的在许多方面并不尽如人意。我们对材料和事实的梳理不够完备，我们也还缺乏成熟的研究方法和深刻的批判视角。作为一个阶段性的成果，我们希望我们的工作可以成为一个起点，为更深入完备、更富有成效的当代中国建筑与建成环境研究抛砖引玉，提供一个材料的基础。我想这也是诸位编者共同的心愿罢。

李翔宁

注释：

① 参见（德）汉斯·贝尔廷，《现代主义之后德艺术史》，洪天富的译者序，南京大学出版社，2014 年

前言
Introduction

童明
Tong Ming

1、中国特色的城市设计？

存在一种中国特色的城市设计吗？

针对这一问题的回答无疑将会是肯定的，因为我们只需回顾一下它所产生的结果就可以了。

当前正在全国各地展开的城市设计无论从空间范围、进展速度，还是从思想内涵、实施规则等方面，都与全球其他地域所从事的城市设计明显有别。可以确定的是，中国特色的城市设计与 30 多年来中国式的改革开放历程紧密相关，在全国各地普遍蔓延的资本膨胀和土地财政为各种类型的城市设计项目提供了厚实的经济基础，大量城市空间的更新与扩张也为此提供了宽阔的舞台。

自 20 世纪 80 年代以来，有关当代城市设计的概念与理论开始通过翻译被陆续介绍到国内，在经过一段时期的酝酿后，逐渐形成了一个用以衔接城市规划与具体建设的特定领域，并且自 90 年代以来迅速发展。这一趋势具体表现为城市设计在许多大学的专业课程中得以设立并完善，同时也表现为每年不断涌现的有关城市设计的研究与文章。另外在实践领域中，被冠以城市设计的项目迅速增多，目前几乎已经成为众多城市规划或建筑设计单位的主干业务。与之相应，作为项目委托方的各级地方政府也越来越将城市设计视作为应对城市各种空间问题的一种主要手段。

然而在这一过程中，围绕着城市设计的话题也是争议不断，其原因似乎就在于它总是处在各类学科交接之处的模糊地带。在城市规划领域里，它总是给人一种可有可无、若即若离的感觉，在建筑领域里，城市设计往往也呈现出一种外部范畴、抽象结构的状态。于是我们可以看到大量意图各异的城市设计，其中有项目实施的，也有概念定位的；有物质形态的，也有空间关系的；有结构功能的，也有产业策划的……

1990年，城市设计第一次被写入我国的《城市规划法》，这似乎为身份不够明确的城市设计提供了一份合理性的基础。然而在2007年新版的《城乡规划法》中，有关城市设计的内容却又只字未提，于是，城市设计似乎又一次滑落到角色危机之中。

换个视角而言，城市设计角色的模糊性也是合乎情理，因为随着时代背景与社会结构的转变，城市设计在城市建设中所扮演的角色正在从一种“空间的制度”逐渐演化为“空间的生产”，如果执意将它挽留在一种法规层面上进行理解，的确会带来不少存疑，但是这也并不意味着它的重要性将会有所降低。

无论如何，城市设计所应当发挥的作用在任何一座城市中都会十分关键。作为一座城市，最令人值得骄傲的事情就在于它优美的空间环境，在于它令人赞叹的迷人格局、整体形态、建筑风貌，在于它独特的商业街廊、林荫大道、露天广场，在于它的迷人气质、舒适氛围以及激情活力，而这一切的构成需要某种既有整体效果，又要突出个性的城市设计来进行完成，这项使命是难以替代的。

但是在中国式的城市设计中，越来越遭人诟病的现象就是，一座城市越是强调城市设计，它所获得的回馈似乎就越是相反。在日益膨胀的经济目标的推动下，好高骛远、雄心豪迈的浮躁心态使得越来越多的城市设计呈现为哗众取宠、追求视觉冲击力的图像效果。在某种意义上，城市设计已经成为一种宏大叙事的话语形式，随处可见的大尺度、大轴线，不甘落后的高起点、高档次，已经成为众多城市打造名片、树立标志的重要方式。

然而30多年来，动辄几平方公里、几十公里甚至更大规模的城市设计项目并没有营造出多少令人值得称道的城市环境。许多城市设计的结果并非是去呈现秩序、规律、和谐，倒是由于质量失控而导致的粗制滥造，所透露的则是炫富、夸张与虚假。

这种现象的普及存在着各种无可奈何的原因，人们经常要么归结为实施过程的变形走样，要么归结为政治因素的无序干扰，却很少认真反思在这些中国特色的城市设计背后所隐含的某些原则。速食主义和浮躁崇洋的社会文化所导致的不仅是经济基础层面的问题，也是技术方法层面的问题、规则制度层面的问题，更重要的，还有理解角度方面的问题。

于是这就呈现了一种理论视角的重要性，因为实践中的现象与其说主要受制于环境中的客观因素，不如说更多来自于个人化的主观理解。不同角度的视域，不同语境的话题，不同线索的逻辑，它们共同导致了不同形式的城市设计，从而在各自领域中述说着不同的事情。

2、中国特色的城市设计理论？

存在一种具有中国特色的城市设计理论吗？

相较于实践层面，有关中国特色的城市设计理论总是令人感到有些困惑。如果回顾性地翻阅 30 多年来的各类专业期刊，我们就可以看到，有关城市设计的理论几乎是数量最多的，来自建筑学与城市规划的领域都在讨论它。但是如果深究其中，大约 80% 以上的文章要么是直接地转译舶来的理论观点，要么只是作为一种简单化的项目说明。即便是那些以国内城市为主题的分析文章，也尽可能地从别国的视角来进行对待。正在中国城市中发生的那些极具特色的城市设计现象似乎已经被忽略了，它们成为一种令人熟视无睹的异物，令人感到一种想象与现实之间的隔阂。

但是如果仔细辨分，中国的城市设计理论其实也并非就是简单的舶来品。就如德国的城市研究学者迪特 · 哈森普鲁格 (Dieter Hassenpflug) 教授在他的研究中所分析的，尽管大量的中国城市盲目热衷于追随西方式的样板，但是所形成的绝对不是他在欧洲所看到的那种原型。就如上海的安亭新镇，即便它是严格遵循德国小城的模板精细设计的，但它也是地道的中国式产物。或许，正是这种半生不熟的西方化恰恰就是中国特色的。

按理说，独特的历史阶段、文化背景、现实环境可以为当前的城市设计提供一个绝好的实际对象和思考平台，蕴含在中国式城市设计现象的背后，实质上存在着一种中国式的城市设计理论，因为特定的理论视角决定着人们在现实中具体地去思考些什么，去做些什么。

如果稍加梳理改革开放以来中国城市设计的发展潮流，我们大致可以看到，20 世纪 90 年代之初，正值中国一些城市开始快速扩张之际，城市设计被寄予的厚望就是能够提供一种快速现代化的、高楼大厦的虚幻图景。然而与此同时，不切实际的样板追寻使得愈演愈烈的城市更新以及新区建设呈现出对于欧陆风情或者国际大都市的模仿，即便原有的社会网络和城市肌理遭受严重损毁也在所不惜。

2000年以来，伴随着日益显著的全球化进程，城市之间的相互竞争日趋激烈，城市建成环境的历史、文化和景观因素越来越成为城市发展的重要资源，然而一些城市并没有开始反思城市建设中所走过的那些弯路，盲目的造城运动在全国各地普遍展开，一些城市甚至不惜巨额代价形成全面复古的格局。

无论我们对于这些现象拥有怎样的反响，中国特色的城市设计相应表明，人们对于城市面貌的关注并没有降低，相反却汇聚了越来越多的热情，而且思想观念也是跟随着时代在不断发生变化的，于是这对于城市设计研究相应提出了新的要求。然而在这样一种动态性的观念变革中，中国特色的城市设计理论所缺乏的仍然是一种较为成熟的反思立场。

就理论而言，城市设计应当更多地体现为一种人文性的关怀，但是这种人文性的关怀却经常产生着相反的效应。近年来，当人们在为城市设计的专业地位深感担忧的时候，却没有太多的理论研究针对城市设计的内在合理性提出具有建设性的反思和梳理。关于城市设计的所有意义或者价值似乎早就存在，它们都已经天然地具备了某种充足的正义性，从而使得具体的城市设计经常被掩饰在公共利益、美好图景的华美说辞之下。

于是在现实中我们可以看到，在貌似公共正义的口号下，大刀阔斧的城市更新工程可以毫不吝惜地删除旧城小巷的空间格局，原本适于步行、自行车的慢行环境可以被替换为急速往来的车行世界，原本安逸舒适的生活空间可以被替换为尺度超人的商业开发，原本整体协调的城市面貌可以被替换为各式夸张的建筑造型。在许多急切开工的城市设计项目中，无序扩张的热点项目实施着想象中的功能整合，同时也会致使原本繁华的地段元气大伤，从而迅速丧失以往的热度和活力，并且导致城市空间的支离破碎。可以说，对于城市环境产生不良影响的根源，可能恰恰就来自于正统性的城市设计项目。

如果我们从一种更加拓展性的视角去看待有关城市空间的操作，那么将会理解，经由正规城市设计程序所塑造的城市空间仅仅只是现实的一部分。一个良好的城市形态将会拥有很多的构成因素，它们是历史的、社会的、经济的、文化的，而不仅仅只是文本中所描绘的理想形象。相应的，这样一种视角也可以呈现出，一个令人感觉良好的城市环境并不一定就是那种夺人眼球的鸿篇巨制。

当代的中国城市空间，无论是缓慢的、急速的，安逸的、浮夸的，陈旧的、簇新的，它们各自有着不同的构造线索，如何合理地呈现它们各自的面貌，并且揭示其背后的生产机制，其重要性要远甚于武断性地进行简单规制。

那么怎么能够造就一个好的城市形态？在凯文 · 林奇的语境中，这也许是一个毫无意义的问题，但却是当前中国特色的城市设计理论真正需要进行反思的地方。

在理解层面上的局限性经常就会导致人们对于城市设计在角色认知方面的模糊性，在现实中也就经常会导致两种较为极端的看法：一种就是将城市设计奉为灵丹妙药，把难以解决或者无法定性的问题都交给城市设计，一些政府部门通过国际招标或者项目委托，企图在一瞬间就能为城市空间带来前所未有的变革；另一种则将城市设计作为一种摆设，它所提供的无非就是一种具有推销色彩的虚幻图景，但是在其背后则是某种难以表达的土地供给、开发模式、经济绩效等因素，从而为主观性操作开启方便之门。面对众多城市设计成果，规划管理部门经常被间夹在两难之间，开发控制基本无从谈起，导致大量编制的城市设计难以实施。

这就需要我们将目光投向一种更加本质的领域。一座城市是可以设计的吗？是谁？在按照什么标准？以什么方式进行着设计？

总体而言，一种具有中国特色的城市设计理论之所以难以把握，这是因为一方面，尽管有关城市设计的理论构成是多元的，但它所需要探讨的核心因素却是本质而普遍的，无论是从美学、技术或者功能方面的考虑，它们并不需要跟随特定的地域条件而有所区别；另一方面，如果某种城市设计理论需要成为具体的，那么它必然就会是动态的、不定型的，其价值坐标就会一直处在变化之中，我们很难采用体系概念来进行归纳，也不可能进行异地性的复制。

即便从广义角度而言，一种清晰的、有关城市设计的完整理论系统也是难以存在的，正如美国建筑师学会于 1965 年所阐述的："正是由于过去的认识分歧，我们不得不建立城市设计这个概念，并不是为了创造一个新的分离的领域，而是为了防止基本的环境问题被忽略或遗弃。"

这种状况也就相应促使我们需要改变对于城市设计理论的作用的一种认知：它并非需要成为某种可以解决一切问题的灵丹妙药，而是应当成为我们分析现实问题的一种合理途径；它并非需要去引导某种规范性的结果，而是应当去促进一种更具批判性的反思。

3、关于《当代中国城市设计读本》

经过 30 多年的发展与积累，目前是时候针对当代中国特色的城市设计进行一下必要的总结了。

其实这种总结或者反思并不只待今天才能进行，在这 30 多年的历程中，许多严肃性的思考与辨析已经逐次展开，如果稍加整理，目前业已形成并且积淀下来的有关城市设计的理论其实已有很多。即便如此，此时此刻仍有必要针对这些积累进行进一步的提炼，因为我们当前所面临的不仅是社会背景的一种历史性转折，而且也是思想领域的一次变革性梳理，于是就导致了这样一本汇集当代中国城市设计理论的文集。

按照丛书的总体计划，《中国当代城市设计读本》收录了一系列从不同视角探讨中国城市空间与城市设计的理论文章，然而如何将它们汇集成为一种能够针对当前中国城市设计实践进行认真反思的文集却是一件令人颇费思量的事情。考虑到涉及“城市设计”的理论、实践、经验和技术等各方面的复杂因素，一本文集性的读本显然只是一个开端，因为即便在一种较为限定的范畴里，话题与话题之间、逻辑与逻辑之间的连贯性仍然存有很多问题，因此就需要进行必要的筛选和抉择。

按照常规逻辑，一本理论文集的结构应当按照原理、实践之类的结构关系来进行组织。然而这一结构关系对于本书的构成却具有一定的难度。这是因为中国式的城市设计大体上并非来自于基于自身立场的理论思考，而更多呈现为外来理论的一种转译和加工。与此同时，中国式的城市设计实践也并非遵循一种从理论到实践的严格线路，它们更多是源自于一种观念性的想象和嫁接。这并不是本文集所面临的特有问题，而是知识的一般性问题。

在以往的 30 多年间，中国大多数城市发生了翻天覆地的变革，针对城市设计的理解也在剧烈转型，有关城市空间的新型视域也在不断打开，有关城市设计的概念理解与具体实践之间的关联性也在不断变化，它们共同构造了一种中国式的城市设计。在这种背景下，本文集虽然针对中国城市设计理论在概念、结构等方面进行梳理，然无论采用怎样的分类方式，都会在主题、素材等方面付出严密性的代价，因为现实中并不存在“线性”的讲述方式。

按照一种“理解—操作—反思”的结构关系，本次城市设计文集的收录工作主要根据以下思路来进行，也相应由以下四个部分所构成：

第一部分重点关注城市设计理论的理解和建构，很显然，目前我国有关城市设计理论的体系与结构是自西方引进的，但是它所依附的文化背景以及制度环境却明显有别，这就需要一个有效的转译过程。尽管许多学理性的观点来自于西方的学术著作，但是一旦对它们在中国特有的语境中进行梳理和编辑，就会相应附加上特定的思想结构和观念。于是本文集所收录的文章需要反映城市设计这项事业在中国是如何被理解的，如何被建构的，以及如何被实践的。

第二部分重点呈现改革开放以来中国城市空间发展所形成的各类状况和现象，因为它们是由一定思想观念、制度体系以及实践操作所导致的。它们可能并非来自于明确的、具体的城市设计项目，但也确实反映了当代中国城市空间生产中一些典型现象。我国城市目前正在经历着西方那些发达城市业已走过的工业化历程，同时也面临着其中所存在的各种问题，然而这一史无前例的城市化进程必然会截然有别，所形成的城市空间明显带有自己的特征。于是本文集所收录的文章需要反映这些城市空间是如何被呈现的，如何被归类的，以及如何被解读的。

第三部分重点针对存在于各种城市设计实践背后的中国式机制，也就是探讨城市设计与城市空间在当代中国是如何被实施的。我国当代城市设计的理论与实践必然与某种特定的政治体制与文化机制相互关联，从而导致中国式的城市设计在理论与实践环节中形成了自己的特色，因为城市空间就是在一种更大范围的、独一无二的机制系统中进行生产的。于是本文集所收录的文章需要体现城市设计在中国式机制中是如何被界定的，如何被执行的，以及如何被操作的。

第四部分重点反映人们对于现实中的城市空间现象与城市设计工作是如何进行实践和反思的。针对自身事务进行严谨性的反思并非是中国式理论研究的一种传统，但是30多年的历程下来，仍然还有不少严肃的作者在从事着这项工作，而这些思考对于接下来的城市设计工作是真正具有借鉴价值的，因为它们将进一步影响城市空间的塑造过程。于是本文集所收录的文章需要体现一些城市设计工作是如何被回溯的，如何被评价的，以及如何被批判的。

由于本文集采用了以上这些观点和标准，在进行论文选择时也相应割舍了一些品质相当优秀的文章，其中的主要原因可能在于：

1. 它们尚未深度介入到中国语境的讨论之中，而主要停留于他国的设计理论或者空间研究。随着当前国内针对城市设计经典著作翻译工作的大量投入，城市设计中的经典理论著作基本上都已经有了中文版，即便没有，原版著作对于大多数认真的读者而言也不再是一种障碍。

2. 它们尚未积极介入到当下情境的讨论，而主要集中于中国传统城市的格局和特点，虽然我们无可否认中国传统城市空间中存在的美学与文化价值，但是这些论述毕竟与当代城市发展机制有所差异，遵循的原理也不尽相同。

3. 它们尚未形成很好的文字成果，而仅仅表现为一种表层性的介绍。经过 30 多年以来的实践历程，国内的城市设计已经积攒了很多优秀案例，它们或者在方案里呈现出奇思妙想，或者在现实中实施着妙手回春，但遗憾的是它们缺乏很好的文字整理，也缺乏很好的批判性反思。

由于以上的诸多因素，本次关于当代中国城市设计理论的编辑难以形成一种涵盖全面、结构完整、逻辑清晰、意图明确的专业性读本，但是与此同时，本次编辑也无意去建构一种形式化的理论体系，因为在那种形式化的理论体系中，概念、结构、关系尽管看上去可以被搭接成为一种完整无缺的系统，可以适合用于所有的城市和地区，但是由于每一个社会背景的独特性，它们事实上不可能成为一种普遍有效的灵丹妙药。

因此，本文集并非是一本有关城市设计基本理论的完整性读本，同时，其目的也不是想要成为一种具有前瞻性、预言性、导向性的文字汇编，或者一种明晰的、正确的、可操作的设计方法，它所力图呈现的仍然还是当前的、现实的、多元的，即便是混沌的批判性观点。

本次文集的编辑主要目的在于，力图呈现改革开放 30 多年来有关中国城市设计的各种批判和思考，它们必须是真实的、触痛的，以期在中国城市发展的现实基础上，呈现一种关于城市空间营造、社会时代变迁之间互动关系的，更加具有价值潜力的研究视域。

目录
Contents

序一　读本与学科的铺路石（郑时龄）

序二　图绘当代中国（李翔宁）

前言

第一章 理论建构

2 21 世纪初中国城市设计发展再探

18 城市高速发展中的城市设计问题：关于城市设计原则的讨论

32 发达国家和地区的城市设计控制

48 论城市设计整合机制

58 我们需要怎样的城市设计

74 我国城市设计研究现状与问题

82 简析当代西方城市设计理论

97 对我国城市设计现状的认识

104 寻找适合中国的城市设计

第二章 空间解读

118 北京“单位大院”的历史变迁及其对北京城市空间的影响

134 广场　关于北京建成环境的政治人类学研究

153 蜉蝣纪念碑　中国建筑的速生与速灭

160 现代化、国际化、商业化背景下的地域特色　当代上海城市公共空间的非自觉选择

168 北京、上海、广州，城市公共空间的三城记

180 “异卵双胞胎”和空间碎片

189 中国城市的图像速生

196 转型中的困惑　当代大连城市片断解读

202 中国城市空间词典（1978-2006）

213 中国城市无意识下形成的四种空间类型

第三章 机制分析

220 城市风貌的制度基因
229 城市建设的管治
249 城市设计制度建设的争议与悖论
261 时空压缩与中国城乡空间极限生产
270 城市开放空间
294 从大尺度城市设计到“日常生活空间”
304 城市连续性设计方法研究 以深圳市中心区 22、23-1 地段城市设计为例
316 地标与口号 当下都市空间意义塑造中的建筑与文本角色
324 中国快速城市化之路

第四章 现实批判

340 城市公共空间的失落与新生城市
352 谁的城市？ 图说新城市空间三病
379 公共空间的嵌入与空间模式的翻转 上海“新天地”的规划评论
392 从“皇城”到“天府广场” 一部建设的历史还是破坏的历史
413 全球时间与岭南想象 历史与大众政治视野中的广州新建筑评述
422 从“大世界”到“新天地” 消费文化下上海市休闲空间的变迁、特征及反思
441 对陆家嘴中心区城市空间演变趋势的若干思考

457 **后记：扩展领域中的城市设计与理论**

第一章
理论建构

21 世纪初中国城市设计发展再探

A Further Exploration of Chinese Urban Design at the Beginning of the 21st Century

王建国
WANG Jian-guo

摘　要
在系统分析和总结了中国城市设计理论和实践在新千年的发展特点和动向后认为，中国城市设计除了吸收国际间城市设计的成功经验外，已经发展为具有自身特点的城市设计专业内涵和社会实践方式，这就是城市设计与法定城市规划体系的多层次、多向度和多方式的结合和融贯，基于新千年中国城市设计实践发展和实际案例，论文凝练出当下中国城市设计实践的四大趋势：概念性城市设计、基于明确的未来城市结构调整和完善目标的城市设计、城镇历史遗产保护和社区活力营造、基于生态优先理念的绿色城市设计，最后指出：城市设计既不简单是城市规划的一部分，也不是扩大的建筑设计；城市设计致力于营造“精致、雅致、宜居、乐居”的城市；城市设计致力于构建历史、今天和未来具有合理时空梯度的环境，同时，城市设计应该注重个性化的城市特色空间和形态营造，让城市环境有自下而上的成长机会；注重人的感知和体验、创造具有宜人尺度的优雅场所环境；以后还应关注“平凡建筑”与“伟岸建筑”、大众共享的“日常生活空间”与表达集体意志的“宏大叙事场景”的等量齐观。

关键词
城市设计 中国特色 新千年 发展趋势 实施操作

1、城市设计的本质内涵再认识

城市设计的领域界定一直是个复杂的问题，国内外有着多种认识和理解。有三种主要的认识倾向值得关注：

一种观点是关注城市设计对于形态特色成长的长程管理的导引性。宾夕法尼亚大学教授乔纳森·巴尼特（Jonathan Barnett）曾说过："城市设计是设计城市而不是设计建筑"（Design cities without design buildings）。这一观点认为城市设计师不只是一个城市建筑工程项目的设计人员，而应直接介入到设计体制的建立中，这种体制应当具有纲要性和引导性，而具体的设计成果则是城市设计政策和城市设计导则。

也有学者认为：城市设计是"放大的（扩大规模的）建筑设计"，这是当年西特、吉伯德、培根、小沙里宁等的基本观点，也是国内外不少建筑学背景的专业人员所普遍认同的。

不列颠百科全书则将城市设计的工作内容和范围列得比较宽泛，包括了城市总体的形态架构、城市要素系统设计（有点类似我国常做的城市特色、城市色彩、标识系统抑或城市雕塑、天际线等系统要素的设计）直到城市细部要素等所有与"形体构思"相关的内容。

笔者在《现代城市设计理论和方法》中将城市设计的含义分为理论形态和应用形态两类：①理论层面的概念理解多重视城市设计的理论性和知识架构，审慎地确定概念的定义域和内容，力求从本质上揭示城市设计概念的内涵和外延。这一理解一般较多反映研究者个人的价值理想和信仰，不依附于来自社会流行的某种看法和观念；②应用层面的理解一般更多地关注为近期开发地段的建设项目而进行的详细规划和具体设计，城市设计决策过程和设计成果，以及现实目标的针对性和可操作性。亦即项目实践导向的城市设计的内涵。

综合诸学者的见解和观点，笔者在中国大百科全书第二版撰写的城市设计词条写道："现代城市设计，作为城市规划工作业务的延伸和具体化，目的在于通过创造性的空间组织和设计，为公众营造一个舒适宜人、方便高效、健康卫生、优美且富有文化内涵和艺术特色的城市空间，提高人们生活环境的品质"。[①]

2、新千年中国城市设计发展动向和趋势

城市设计学科在中国的发展从20世纪80年代的起步，到20世纪90年代的发展壮大，

基本走势是：总体顺应以美国和日本为代表的国际城市设计发展潮流，而同时开始探索并初步建立了中国城市设计理论和方法的架构（吴良镛，1999；齐康，1997；王建国，1991，1999）；新千年伊始，随着快速城市化的进程和城市建设社会需求的转型，城市设计项目实践得到了长足的发展，因之，中国城市设计出现了一些体系性的新发展。这一新的发展主要反映在城市设计对可持续发展和低碳社会的关注、数字技术发展对城市设计形体构思和技术方法的推动，以及当代艺术思潮流变的影响等等。

2.1 城市设计理论和方法方面中西方发展齐头并进

在西方，一些高校学者继续在城市形态分析理论、城市设计方法论等方面做出探索，代表作包括科斯托夫 (Spiro Kostaf，1991，1999) 所著的姐妹作《城市的形成》和《城市的组合》，英国学者卡莫纳 (Carmona，2003) 等撰写的《城市设计的维度》、美国学者琼朗 (Jong Lang) 有关美国城市设计的系列论著等。而在中国，一方面同样也先后出版了《城市建筑》、《城市设计》、《城市设计的机制和创作实践》和《城市设计实践论》等一些研究论著；另一方面，在国家自然科学基金研究成果、高校研究生学位论文中，探讨中国城市设计理论、方法和实施特点研究的论文也是不胜枚举，特别是在城市设计与城市规划协同实施方法、数字化城市设计技术方法等方面取得了具有显著中国特点的成果。工程实践一线的城市设计师则在探讨和总结基于案例实证的城市设计实际运作方面取得成果。

2.2 中国城市设计实践呈现出后发的活跃性、普遍性和探索性

中国与西方发达国家的城市发展时段相位的不同导致中西方城市设计实践的不均衡性。20 世纪 90 年代中期以降，中国城市设计项目实践呈现“面广量大”的现象。且很多项目具有诉诸实施的可能性，而且即使是概念性的城市设计，很多也包含了明确的近期实施的现实要求。不仅如此，中国城市设计项目还具有尺度规模大、内容广泛等特点，因而带有“社会发展、土地管理和资源分配”等与城市规划密切相关的属性。

从国际视野看，近几十年欧美发达国家因城市化进程趋于成熟而稳定，大规模的城市扩张基本结束，基于经济扩张动力的城市全局性的社会、空间发展和规划机会比较少。从城市设计实践角度看，新千年后西方国家鲜有大尺度的城市新区开发和建设，较多的是一些城市在产业转型和旧城更新中面临的城市旧区改造项目，也包括一些城市希望通过寻找“催化剂”项目激发城市活力的项目。所以，这类项目一般多为局部性的城市设计项目，

由于尺度相对较小，且其依托的原有城市结构已经比较完整，所以从城市设计成果上看，物化的空间形态研究内容较多，较多关注与人们视觉感知范围密切相关的尺度形体。对相关的大尺度城市空间形态而言，城市设计因不具实施需求而研究薄弱。由于地段“局部性”和“激发活力”的特点，所以，建筑师较多介入了与城市设计相关的项目事件，例如：雷姆·库哈斯完成了德国埃森郊区关税联盟12号矿井地区的发展规划，已经部分实现的是阿姆斯特丹附近的阿尔默新城中心区重建规划（城市设计）。福斯特参与了德国杜伊斯堡和西班牙毕尔巴鄂改建的城市设计并方案中选，法国建筑师让·努韦尔则参加了瑞士苏黎世附近的温特图尔工业区的改造并获胜等（图1、图2）。

正因如此，国外设计机构在参加中国城市设计时经常误解设计的要义。例如，很多外国公司竞标时，往往搞不清楚业主的真实想法，要么天马行空，拿出一堆看似前瞻科学、但实际华而不实的城市设计概念，尤其是无视项目相关规划条件（如上位规划等）和场地条件（调研分析不够）是经常发生的事情。有时又做得过于具体，将城市设计看作是建筑（群）项目的安排和设计，总体说，境外建筑师对在中国城市设计实施的社会基础、产权辨析、基础设施和发展动力等，特别是对中国基于规划管理和导控前提的城市设计实施路径认识欠缺；这是由于国内外对城市设计认识的差异所形成的。因此，人们也可以看到，中国城市设计必须在当前大规模的城市设计实践中，探寻具有自身特色的理论、方法和发展路径，决不能像早期那样简单地采取“拿来主义”的做法。

3、新千年城市设计实践的四种典型类型

3.1 概念性的城市设计

亦即设计师对未来的城市做出的一种想象、构思，具有独立的价值取向。历史上挑战传统常规的城市形态提案很多，如霍华德的田园城市构想，柯布西耶的“现代城市”模式，赖特的“广亩城市”模型以及后来的“空中城市”、“行走城市”以及“海上城市”等等。20世纪20年代，不少设计师都对未来的城市形态充满探索的激情和想象，并提出了很多应对城市未来发展的提案。今天，当年的很多想象已经在很多城市中得到了一定程度的体现甚至实现，说明概念性城市设计是有价值的，浪漫而又充满合理想象的概念并非空穴来风；例如，20世纪20年代现代主义建筑师们就预见到未来大城市的发展一定会有一个高密度建筑综合体和立

体交通组织的问题。事实上，这些人在工业机器时代的探索对当代的城市形态产生了很大的影响，而今天，我国在一些重大项目当中也已经开始探索未来了。

例如，新千年伊始，有开发商借助美国纽约宾夕法尼亚车站 (Penn Station) 用地组织进行了一次国际城市设计竞赛。笔者个人臆断，组织者实际是想在曼哈顿这样的历史街区中功能可能会衰退的部分做一点“激进的改造”尝试和表演，热闹一下沉寂的西方城市旧区再发展问题的探讨。于是，为了显而易见的“夺人眼球”的视觉冲击，组织者邀请了几家艺术倾向上比较前卫的建筑师事务所参赛。例如，参赛者之一的凡 · 伯克尔，本身在荷兰就是专门做一些非线性数字化的形态设计；美国的摩佛西斯 (Morphosis) 和埃森曼一直以来也基本做的是复杂形态的城市和建筑设计。总体看. 参赛提交的几个城市设计方案在形态上具有某种共性：大尺度、城市和建筑浑然一体，且绵延跨越数个街区，突破了以街区划分为尺度的曼哈顿城市肌理。这些方案中大部分的建筑顶上都是可以上人的，是公共空间，也是城市公园。竞赛最后获胜的是埃森曼的方案，他的方案相比其他几个方案来讲，相对尊重城市肌理，但又确实有些全新的概念在里面。评委提出如此评价：它创造了一个既活跃又具启发性的市民空间，同时也是一个充满惊奇，适当而又卓越可行的方案。设计对传统的以图底关系为基础的城市结构提出了挑战，同时依靠电脑并综合了政治社会等综合因素创造出前卫的城市设计意向，可以代表新千年纽约的都市意向 (图 3)。不过，当地的规划部门对此事不以为然，因为当地的规划条例和改造意向早就有了，该竞赛完全是体制外的民间行为，与政府计划无关。笔者认为，这里主要想要说明的是：未来世界城市形态的演变可能存在不同于人们习见的城市结构、空间和肌理的组织方式。这种概念，作为较小尺度的整体实现，已经在世界上实现，这就是日本横滨港口由 FOA 设计的客运新站，可以说这座建筑是没有立面的，屋顶完全是开放而整体连绵的，建筑的上和下、内和外、个体与环境、建筑与城市的相互作用等概念得到了新的探索和尝试 (图 4)

2004 年的时候，笔者应邀参加了 2010 年上海世博会的城市设计竞赛，并和美国耶鲁大学斯特恩 (Robert Stern) 教授和纽约的斯瓦茨 (F · Swchartz) 建筑师等合作共同完成了方案。城市设计运用了地景山型的理念，希望通过上海世博会，创造一些和以前不一样的形象。希望有一些中国山水元素在设计里，给世博会一个中国式的解答。

总体而言，概念性城市设计表达形式往往呈现综合的特点，即既有概念性的理念构思和战略性的总体设想，又有较为具体直观的，传统的形态规划设计成果。由于此类城市设计涉及的范围一般较大，不确定性的因素多，矛盾复杂，很难在短时间内，通过一两个方

1 2 3
4 5

图 1. 库哈斯参与规划的德国埃森关税联盟 12 号矿井地区
图 2. 按照库哈斯城市设计理念实施的阿尔默 (Almere) 城市改造
图 3. 埃森曼参赛获胜的城市设计方案
图 4. FOA 设计的横滨港码头建筑
图 5. 横滨港口未来 21 世纪（MM' 21）地区

案来确定其日后的形态格局和建设发展，因而在实际操作中常常采取城市设计方案咨询的办法，先想大问题和大理念，充分揭示项目的潜力和存在的矛盾，但并不一定具体到每一块用地的微观形态设计。最终，会采用多目标综合优化选择的原则确定可进一步发展深化的方案，由宏观到微观，由概略到具体，由战略到战术一步步发展。

3.2 为满足未来城市结构调整和完善需要而开展的城市设计

近年，中国此类城市设计案例甚多，在大多数发展开发过城市新区的城市都开展过此类城市设计。如广州市因番禺行政版图划归而引发的南沙地区建设、上海的“一城九镇”建设、南京因全国运动会举办而引发的河西新城建设、北京因产业用地调整而产生的石景山钢铁厂地区和东南郊堡头化工区改造等等，这些建设均影响了原先城市的空间功能布局和形态结构，为此系列的城市设计组织在所难免。

国际上早期的著名案例既包括一些新区建设，如巴黎的德方斯新城规划建设等，也涵盖了一些城市旧区的改造，如瑞士巴登和苏黎世工业区改造等。横滨未来港口 21 世纪区应该说是一个持续时间比较长、实施效果比较明显的案例。其规划和城市设计早在 20 世纪 60 年代就着手进行，但实际也是在一个渐进的过程中去建设，一直是在严格的控制引导下进行建设，特别是原先的历史遗产，如日本最有名的石造船坞、红砖仓库等均得到了完好的保存和再利用，目前地铁线和基础设施也已经齐备，初步具备了成为横滨城市新中心的条件（图 5）。

深圳的中心区也是个很好的案例。当年中规院编制的城市总体规划对深圳城市发展提出了前瞻性的判断，即平行于海岸线、经由深南大道等东西向城市主干道而发展的“带型城市”模式，和先发展东部罗湖与西部蛇口、最后发展福田中心区的建设时序。中心区定位和建设历经多轮规划和城市设计，最后落实到建筑和环境建设，形成今天的面貌。中心区建成之后也引发了很多看法，特别是对于市民广场的尺度、形式、中轴线的尺度、会展中心选址等。尽管如此，这毕竟是一个前后经历 10 多年和多轮的规划设计竞赛而凝聚的东西，其中可取的经验还是很多的。

传统城市在发展中始终面临新生与衰亡、发展与保存的双重挑战，一些具有较大空间尺度的城市设计必然会涉及城市整体的结构和形态调整与优化。2001 年，我们完成了广州传统中轴线城市设计。当时提出了“云山珠水，一城相系”的理念，既有历史街区的保护主题，也需要回应现状空间形态整理、改造和优化的挑战，后来经过与广州市规划设计研究院的合作，该方案得到深化完善并经由政府批准实施（图 6）。

3.3 基于广义历史遗产保护要求的城市设计

基于历史遗产保育的场所性维系和活力再造是城市设计的基本命题。国际上成功案例也相当多，如美国波士顿的昆西市场改造、巴尔的摩内港改造；瑞士苏黎世西区改造和澳大利亚悉尼的达令港改造再生等。

当前，我国城市化水平已达50%，即将进入一个以快速发展与结构性调整并行互动为特征的城市化中后期阶段。在我国各类城市中，已有113座国家级历史文化名城和近200座地方历史文化名城，另外还有数量更为众多的名镇名村和历史文化街区。而城市与建筑遗产是构成这些名城、名镇和历史街区的主要物质载体。然而，在过去30年的城市急速发展中，许多城市的历史文化街区、建筑遗产和其他历史文化资源都由于一时误判而毁于一旦。近年又有另一倾向，即迫于各方压力，部分城市对建筑遗产和历史街区一律冷冻封存，然而脱离特定城市环境的孤立保护并不能带来一个好的历史场所环境。现在，全国重点文物保护单位数量的大幅增加带来了建筑及其城市环境类型的多样化，不论从学术还是实践的角度出发，对这些不同类型和不同状态的历史遗产都不能简单地采用一刀切的凝冻式保护对策，而必须考虑适应性利用的可能，尤其是量大面广的城市民居类历史街区以及采用了近代结构形式的近现代建筑遗产。

广义的历史遗产继承保护，除了在物质空间形态上，还有很多人的活动的重要性，除了三维形态之外人的活动和功能的组织，特别是公共活动，都应该在城市中有各自的舞台。

以墨尔本维多利亚港区改造再生案例为例，这里曾经是墨尔本城市运行的咽喉所在，因为过去的经济发展都依赖港口集散转运。而后工业时代的运输已不再是小批量的了，集装箱尺度的运输迫使港口迁往别的深水港区。于是，曾经辉煌的港区就成为城市棕地抑或“模糊地段”。这个港口的历史定格在了仓库墙上展示的巨幅照片里，这些照片记录着港区的缘起、发展、鼎盛和衰亡，也记录着曾经发生在这里的生产活动和生产关系，这就是港口的场所内涵和需要讲述的故事，其中凝聚着几代墨尔本码头工人的光荣和梦想。如果没有这样的环境氛围，曾经的历史就可能就此中断。当然今天的城市设计还不止做了这些工作，它还通过生态优先的环境设计，重新把它变成一个绿意盎然、亲切宜人的城市环境，并融入新的城市空间结构中（图7）。

2005年，笔者完成了沈阳故宫和张氏帅府地区的保护性城市设计。基本想法是通过一个地上和地下结合的步行空间综合系统把两个部分整合起来。现状沈阳故宫是世界遗产且相对独立，而张氏帅府建筑分布就比较复杂，它包括了帅府本体，也包括帅府旁边的赵氏

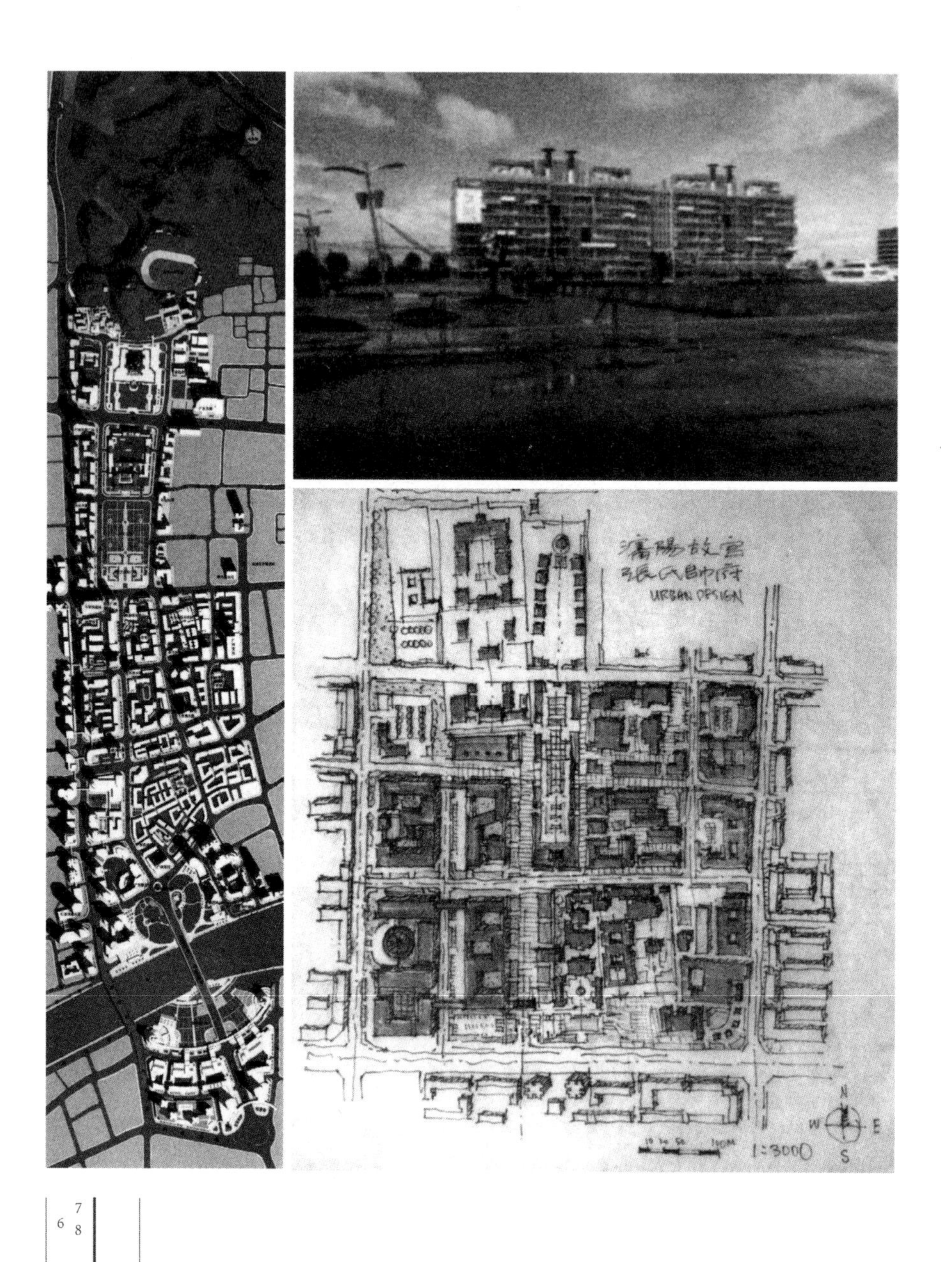

6 7 8

图 6. 广州市传统中轴线城市设计
图 7. 墨尔本维多利亚港改造
图 8. 沈阳方城地区城市设计方案

小姐楼、边业银行等优秀近现代历史建筑。日前，两部分历史建筑之间插建了大量20世纪七八十年代建的多层普通住宅，其功能和风貌与历史地段不太相称，需要通过功能置换和疏解建筑密度与居住人口，再现沈阳方城地区具有丰富内涵的历史发展印迹。方城历史上是皇城地区，设计希望安排一个南向的通道。突出南门的重要性，把原来的方城通过城市设计强化出来，但最重要的还是通过步行公共空间把沈阳故宫和张氏帅府历史资源点整合起来(图8)。

3.4 注重生态优先理念的城市设计

生物气候条件和特定的地域自然要素是现代城市设计最为关注的重要核心问题之一，城市设计可以通过对宜人空间环境的营造和自然要素的合理利用有效促进城市的可持续发展。目前的城市设计关注城市形态可持续发展的影响因素包括能源利用、环境保护等相关问题。

举例来说，日本象设计集团完成的中国台湾地区宜兰政府建筑群及其环境设计，通过建筑本身遮阳措施和连廊开敞空间,很好回应了台湾地区常年湿热的生物气候条件的挑战。日本冲绳地区和中国深圳的华侨城很多建筑也是类似情形，历史上众多东南亚地区城市中盛行的城市骑楼建筑形式本身就是当地生物气候条件的产物，作为一种被动式的气候设计其实用性非常强，既可以降温、遮阳也可避雨和防晒，方便人们在一个相对舒适的环境中组织生活活动(图9、图10)。

2009年，笔者完成了南京中山陵南部博爱园和天地科学园景区的规划设计。中山陵地区历史人文资源丰富，自然条件得天独厚，但场地现状有好几个城中村，以及租借农民用地的驾校，这些功能和活动与国家级风景名胜区极不相称，规划和管理失控。规划设计中，由于现状地形地貌、汇水和植被情况非常复杂，有些地方调研时根本无法进人。为此，想到了运用针对复杂信息集取的数字技术，如运用GIS高程分析与现状结合的方法求解场地属性和地表物的分布情况。通过坡度、坡向、水系、植物分布和郁闭度等对场地景观进行分析，得出合理的适建性评价。最后，基于生态优先的理念，做出城市设计提案，建筑插建则按照生态优先的“适建性”原则谨慎布置，“珠矶点缀”(图11)。

4、中国城市规划编制、管理和实施体制与城市设计

城市规划和城市设计在历史上一直是密切相关的。从雅典卫城及古罗马建设开始，经

A 博爱园入口广场
B 民国 1933 新生活社区
C 青年志愿者活动中心
D 小卫街地铁站
E 宋庆龄基金会
F 博爱广场
G 博爱阁楼
H 美龄宫
I 百花谷
J 海外华人成就展示馆
K 停车场
L 游客服务中心
M 博爱坛
N 野营基地
O 民国科技展览馆
P 原军区 125 医院
Q 地震观测所
R 户外科技展示区
S 城市休闲会所
T 陵园新村邮局
U 游客服务中心
V 山地俱乐部
W 天文台
X 孝陵卫地铁站

9 10
11

图 9. 宜兰县政府的室内街道
图 10. 宜兰县政府的室内外参透的建筑空间
图 11. 南京中山陵博爱园——天地科学园规划设计

文艺复兴和巴洛克时期，再到拿破仑第三时期的巴黎改建，直到美国首都华盛顿规划、澳大利亚首都堪培拉规划和巴西新首都巴西利亚的规划建设，城市的规划蓝图都是与城市空间形态的规划布局和建筑形体控制联系在一起的，而这些规划中的很大部分内容甚至就是建筑师来完成的。这种形态主导的城市建设现象直到工业革命后具有承载更加复杂的功能要求的现代城市诞生后才趋于衰微。现代城市规划和现代城市设计在研究对象的尺度、范围、和内涵上产生越来越显著的分野，亦即，城市规划逐渐演变成“政府行为、工程技术和社会运动”三位一体的形态，或者是“社会规划、经济规划、空间规划”三位一体的形态；而城市设计却越来越关注基于人们实际体验和感受尺度的形体环境的设计和优化工作，城市环境的场所意义和活力、人文历史价值、舒适宜人的尺度亦是城市设计的主要内容，从尺度上讲，工作对象范围缩小了，但工作内涵却增加了很多，很多时候还需要跨学科的专业人员合作。一般地，在涉及城市整体的、宏观层面上的空间、土地和环境资源以及公共政策方面，城市规划具有决定性的作用。而在城市开放空间、公共空间体系、景观特色及与公众相关的空间环境塑造等方面城市设计则具有决定性的作用。

然而，毕竟城市环境和城市建设是一个连续系统，城市规划和城市设计毕竟也都是以城市发展建设为对象的，所以专业的分野不是非此即彼的关系，而是互动互融的关系。

世界各国在城市建设过程中，探索了各有特色的城市规划和设计的互动关联模式，如美国采用的是城市分区管制 (Zoning) 框架下推进城市设计政策和导则实施的模式 (类似于中国的特色意图区)，城市设计是城市建设和建筑设计需要满足的基本原则；在英国则将城市设计内容置于“规划许可制度”的工作中，特别在城市颓败旧区的改造更新中需要土地使用性质变更或土地混合型开发利用时，政府主管部门大都倾向于采用类似城市设计乃至建筑设计导则的方式来执行开发管制。对此，同济大学唐子来等曾经对欧洲各国的城市设计制度开展系列研究并取得成果。

但在中国，城市设计与城市规划的关系由于城市规划在城市建设中具有唯一性法定地位而变得扑朔迷离，如果人们能对这一关系厘清便是抓住了中国的城市设计的特色。事实上近十年来，与城市规划协同实施的城市设计案例大量出现。笔者认为，在中国，城市设计跟国外城市设计实施有同有异，通常，城市设计法定实施的渠道只有两条：一是通过具有明确业主的城市建筑群和建筑综合体实施；二是依托城市规划经由政府批准实施，而后者更具普遍性。

在中国城市设计近 30 年的演进过程中，除了吸收国际间城市设计的传统特点和实施成功经验之外，也发展出具有中国自身特点的城市设计专业内涵和社会实践方式，这就是城市设计与法定城市规划体系的多层次、多向度和多方式的结合和融贯。中国是一个强势政府推动城市发展和建设的体制，城市建设往往是政府自上而下的驾驭，政府赋予了城市规划的法定性作用，强调了规划在贯彻政府在社会保障、民生、经济发展、用地布局及空间形象等方面发展的政治意义。于是，现代城市规划三大性质中的“政府行为”属性得到了超尺度的放大，而工程技术属性作为“技术支撑”的角色而存在，也常常裹挟着较多的政治色彩，而作为与“政府行为”和“技术决策”相平衡的“社会参与”属性则比较弱势，信息不对称是常态状况，规划公示和公众参与决策虽然近年有进步，但还是经常流于形式。

这就是说，城市设计在中国，如果希望能够有效地付诸实施，除了单一项目业主委托的外，必须依托政府协调、仲裁诸“社会业主群体”的利益和诉求，而依托政府的很重要的方面就是依托相关法定规划的编制才能发挥作用（即使是城市设计借壳城市规划获得法定实施准入也可以）。

事实上，基于中国特定的城市规划编制、管理和实施制度，城市设计是城市规划工作的一部分，乃至贯穿城市规划的全过程，抑或“缩小了的城市规划”，这和中国城市设计项目存在较多中大尺度乃至城市尺度的项目需求相关。

不过，既然公认城市设计主要与人实际感知的空间形态和活动相关，那城市设计应该有一个相对适合于自身操作的对象尺度范围，亦即主城区及片区以下的中小尺度的城市空间范围。数十乃至数百平方公里的范围应主要是城市规划的对象，在这种尺度上，城市设计所能做的应该是对规划的形态诠释或公共空间体系类的研究专题。

城市设计可以起到深化城市规划和指导具体规划实施的作用，同时又可在城市层面上去引导并一定程度上规范建筑设计，所以在城市规划各个层面中都可包含城市设计的内容。城市设计承续了城市规划中对空间规划、空间结构和用地布局的合理性和“自上而下”对建筑的管控理性。这种管控作用虽属一种有限理性，且不在于保证有最好设计，但却可以保障基本的城市空间整体品质，避免最坏设计的产生。

概括地说，目前中国城市设计编制的技术形式大致可分为以下几个方面：

其一，就城市社会空间发展中形态优化和美学感知等特殊命题提出城市设计专题研究（城市空间特色要素系统、城市公共空间体系、城市历史名城保护、城市色彩、城市天际线、城市雕塑等）。

其二，配合城市特定层次的法定规划组织城市设计专题，尤其是在城市中大尺度的规划上必须融合城市设计的成果。

其三，与特定城市规划同时编制，编制单位密切互动切磋，提高城市规划编制在规划理念、内容设置、指标控制方面的科学性；同时，使得城市设计在法定的科学规划前置导控下更加具有操作实效性，并对城市环境品质提升起到真正的指导作用。

其四，利用城市设计概念方案征询和竞赛方式，针对城市中一些尚存在多重选择和建设开发可能性的用地，或是突发性城市事件引领下可能开发建设的用地，开展设计概念探讨极端情况下，设计畅想也是必不可少的。

其五，城市设计编制先行，然后控规编制跟进城市设计的管控内容，这样城市设计真正起到了规划编制技术支撑的作用，也使得城市规划在导控指标科学性方面有根本改善。

其六，地段实施性的城市设计，项目实践主要以诉诸城市功能合理性和视觉理论技术方法为主。随着人们对城市客体复杂性的认知深化，城市设计后来的焦点也逐渐发展到社会活力提升和激发、场所精神营造及城市各要素系统整合等方面的内容。

作为对城市设计实施有效性的评估，人们看到：除了少量工程实施性城市设计的活动外，基本上都从强调固定的终极蓝图式的设计成果部分转到了对开发建设的组织过程，即从专业设计活动到商业活动、政府行为、开发活动与规划设计的综合，城市设计成果形式则从形态布局逐步向政策、决策等控制手段的方向转变。

同时，城市设计中以数字化定量研究成果为依托的理性成果在迅速增加，例如对于城市土地属性的定量研究成果的逐渐积累，会有可能导致城市设计形态类的成果内涵的根本改变，并使今后城市土地开发强度、密度等用地指标确定的科学计量成为可能；越来越多的实践案例表明，基于GIS、GPS等技术分析成果会大大增加城市复杂地形中实施城市设计的科学合理性，同时也改变了城市设计传统的“形态优先”的技术思路。在中国，大尺度城市空间设计实践案例比较普遍，因此经典的基于视觉有序的城市设计技术方法不仅要汲取规划方法，而且本身还必须完善和拓展，其方法体系和作业方式也会有很大改变。由于大多数情况下，城市设计是针对城市空间对象和环境调整优化所做的长程考虑，所以特别关注其与中国现行城市规划编制、管理体制和工作内容的衔接。如果城市设计成果及其数字化的技术表述方式可以与城市建设的管理技术平台有效结合，那就可以更好地使城市设计作为法定规划的一部分和重要的技术支撑，推进城市建设和管理的科学化。经由这样的衔接，城市设计就可以比以往更加有效地指导中国现阶段面广量大的城市建设，特别是对营造城市环境品质和特色产生决定性的影响。

5 、结论

分析总结城市设计的发展历史和众多成功案例，结合当前中国城市发展和建设实践，笔者发现城市设计实际上是存在核心价值和普适命题的，这些价值和命题大致包括：

其一，从关注“自上而下”对市场经济条件下对土地的控制性主题转向“自上而下”和“自下而上”对城市成长性和市民社会需求的引导性主题的结合；

其二，从广场、大马路转向对街道空间特别是步行街的关注；

其三，营造具有宜人尺度的人性场所、突出历史文化内涵和城市集体记忆的重要性；

其四，在中国城市发展建设中，可以通过城市设计（包括具有城市属性的建筑设计）做出富有创新意识乃至具有一定挑战性价值的环境品质提升的方案。特别是在地段级的城市设计项目中，建筑师具有较大的完成优势，因为他的工作在形体空间组织、美学控制和文化彰显方面更加适合原创性的表达。

其五，合理利用“催化剂”(catalyst) 和引领性重要项目 (pilot project)，可以在激发市民想象和催生城市活力方面发挥重要作用。但须注意三个要点：①要选择在城市公众可达、可用并且可观（欣赏）的城市战略要点位置；②项目应该是城市内涵性功能（如文化、体育等公共设施）和外溢性功能（具有对城市以外区域和城市的吸引力和竞争力，但并不一定是最高及最大等俗套的东西）的结合体；③城市公共性基础设施，如桥梁、市政工程等同样可以成为城市的名片和标志性建筑。

其六，城市设计可以帮助城市总体规划有效改善在城市特色空间布局、自然要素系统维护、形象认知结构、公共活动体系等方面的作为，尤其是为中大尺度的城市特色空间的保护、成长和营造提出具体的指导性意见。

总之，城市设计既不简单是城市规划的一部分，也不是扩大范围的建筑设计。城市设计致力于营造“精致、雅致、宜居、乐居”的城市，同时还致力于构建历史、今天和未来具有合理时空梯度的环境；城市设计注重个性化的城市特色空间和形态营造，主张让城市环境有“自下而上”的成长机会；城市设计注重人的感知和体验、创造具有宜人尺度的优雅场所环境；最后，城市设计还要注重“平凡建筑”（城市基底）与“伟岸建筑”（如城市地标）、“日常生活空间”（大众共享）与“宏大叙事场景”（集体意志）的等量齐观。

注释：

① 王建国. 城市设计，中国大百科全书（第二版），中国大百科全书出版社，3-490-492，2009

参考文献：

[1] 吴良镛. 世纪之交的凝思：建筑学的未来[M]. 北京：清华大学出版社，1999. (WU Liangyong. Turn of the century meditation: architecture future[M]. Beijing: Tsinghua University Press, 1999.)

[2] 齐康. 城市环境规划设计与方法[M]. 北京：中国建筑工业出版社，1997. (QI Kang. Urban environmeng design and methods[M]. Beijing: China Archltecture And Building Press, 1997.)

[3] 王建国. 现代城市设计理论和方法[M]. 南京：东南大学出版社，1991. (WANG Jianguo. Modern urban design theories and methods[M]. Nanjing: South-East Universlty, 1991.)

[4] 王建国. 城市设计[M]. 南京：东南大学出版社，1999. (WANG Jianguo. Urban design[M]. Nanjing: Southeast University, 1999.)

[5] 卢济威. 城市设计机制与创作实践[M]. 南京：东南大学出版社，2005. (LU Jiwei. Urban design mechanism and Practice[M]. Nanjing: Southeast University, 2005.)

[6] 刘宛. 城市设计实践论[M]. 北京：中国建筑工业出版社，2006. (LIU Wan. Urban design in a social approach—theory, practlce& evaluation[M]. Beijing: China Architecture and Building Press, 2006.)

[7] 斯皮罗·科斯托夫. 城市的组合[M]. 邓东，译. 北京：中国建筑工业出版社，2008. (KOSTAF S. The city assembled[M]. transtate. DENG Dong. Beijing: China Architecture And Building Press, 2008.)

[8] 斯皮罗·科斯托夫. 城市的形成[M]. 单皓，译. 北京：中国建筑工业出版社，2006. (KOSTAF S. The city shaped[M]. SHANHaO. transtate. Beijing: China Architecture And Building Press, 2006.)

[9] 戴维·戈林斯、玛丽亚. 戈林斯. 美国城市设计[M]// 陈雪明，译. 北京：中国林业大学出版社，2005. (GOSLING D, GOSLING M. The evolution of American urban design[M]//CHEN Xueming. transtate. Beijing: China's Forestry University, 2005.)

[10]乔恩·朗. 城市设计：美国的经验[M]. 王翠萍，胡立军，译. 北京：中国建筑工业出版社，2006. (LANG J. Urban design: the Amrican experience[M]. WANG Cuiping, HU Lijun. transtate. Beijing: China Architecture and Building Press, 2006.)

[11]Lang. Urban design: a typology of procedures and products[M]. HUANG Aning. translate. Shenyang: Liaoning Science and Technology Press, 2008.)

[12]张庭伟. 中美城市建设和规划比较研究[M]. 北京：中国建筑工业出版社，2007. (ZHANG Tingwei. A comparison of Chinese an American cities[M]. Beijing: China Architecture and Building Press, 2007)

[13]KURAL R. Trace of new cityscapes: metropolis on the verge of the21st century[M]. Schmidt: The Royal Danish Academy of Fine Arts School of Architecture Publishers. 1997

[14]BEATLEY T. Green urbanism: learning from European cities[M]. Washington: Islans Press,2000

[15]AICHER J, Designing healthy cities[M]. Malabar: Krieger Publishing Co., 1998.

[16]COHEN N. Urban conservation: architecture & town planner[M]. Cambridge MA: The MIT Press, 1999.

作者简介： 王建国，东南大学建筑学院教授

原载于：《城市规划学刊》2012 年第 1 期

城市高速发展中的城市设计问题：关于城市设计原则的讨论

Urban Design Questions during Rapid City Development: On the Principles of Urban Design

张庭伟
ZHANG Ting-wei

摘　要

中国城市在 20 世纪 90 年代以后发展迅速，城市设计已成为刺激经济发展、美化和推销自己城市的重要手段，本文探讨了城市快速发展过程中的城市设计问题，并介绍了提高城市设计质量的经验。

关键词

城市　城市设计　原则

1、引言：城市形象的质量

近十年来，中国城市的面貌发生了巨大的变化。在经济发达地区的大城市，这种变化可用不以为过的“翻天覆地”来形容。在空中，高架快速道路、高架轻轨交通已不罕见；在地下，地下商场、地下车库、地铁和地下隧道也广为采用。城市面貌的巨变是中国改革开放成功的最直观最生动的证明。

但是，城市面貌的巨变不完全等于城市形象质量的提高。当人们赞扬一些城市的形象随着其面貌的改变而变得美好了时，不如人意的地方仍随处可见。城市的快速发展，巨额建设资金的投入，政府和群众对改造城市面貌的热情，都为提高城市形象质量提供了极其可贵的机会。遗憾的是，这种机会往往没能得到充分利用。错过这些机会的原因是多方面的。究其要点，首先是城市设计的水平不高。除了少数优秀实例外，一般的城市设计仍停留在就项目论项目，狭义地在地块层面上的设计，忘记了城市设计的“文脉性”这一基本原则。个别项目对文脉环境的忽视到了这种地步，以至新的建筑破坏了城市原来的面貌，降低了城市形象质量，造成所谓“建设性的破坏”。其次，由于政府和公众对快速改变城市面貌的迫切心情，不少项目急功近利，遍地开花，以“快”、“多”为目标，错过了利用每一个项目来逐步提升城市形象的机会，忽视了城市设计的“累积性”这一原则。第三，更深层次的原因是近年来社会文化的速食主义和浮躁崇洋，以表面夸张的奢华，来掩饰自身内在的浅薄。尽管在别的方面有矛盾，在城市形象追求的目标上，决策者、投资者、设计者和使用者往往能“达成共识”。地方决策者希望用“漂亮”的城市面貌来表现政绩，投资者希望用豪华的包装来推销房地产，设计者希望用花哨的形式来证明自己的设计水平，使用者希望用奢华的房屋来显示自己（或自己的公司）的身份。这种“共识”的结果是，中国城市的形象盲目向西方看齐，将欧洲古典主义的建筑和城市设计风格浪漫化、高贵化，忘记了城市设计的社会性和公众性（civic）的基本原则。在资本主义上升时期，欧洲资产阶级暴发户们曾为了尽快“进入上流社会”而以仿效皇室和贵族的衣食住行为能事。今天，人们看到的是类似的假贵族心态：住房开发，动辄以“帝王风范”为号召，本来很好为平民百姓的住宅区，非要冠名曰“君临天下”，仿佛一大群君主都聚居于一区。本来北京上海也是世界名都，但“名都城”非要用“罗马花园”、“里昂花园”为名。其实今日上海的活力，早已远远超过里昂这个古老的工业城市。

在城市形象质量中的问题，都涉及城市设计的原则。城市设计虽然源于欧洲，但在美国有广泛的实践，有正反两面的经验。加之众多的中国规划师、建筑师曾访问过美国，故讨论美国城市设计的演变，也许可成为讨论中国城市设计问题的引子。本文将从城市设计在美国的演变入手，讨论城市设计的两种途径，分析城市设计的几个基本原则。

2、城市设计在美国的演变

现代意义上的城市设计，在美国大致可分为三个阶段（Barnett, 2000；Lang, 1994）。自19世纪到20世纪30年代是第一阶段。欧洲古典主义城市设计风格是那时美国城市设计的范例，城市设计被用作美化城市的工具，导致众所周知的“City Beautiful”运动。著名实例如1909年的华盛顿首都中心区规划，和同年芝加哥市的总体规划。标准的城市设计采用古典式的林荫道构成城市主轴线，大型公共建筑分列广场周边，设计注意构图的对称和对景。到20世纪30年代，古典风格的城市设计遇到挑战。挑战来自城市生活的变化和社会思潮的变化两方面。首先是城市交通方式变化了。私人小汽车日益普及，原来为马车设计的林荫道无法适应。其次是高层建筑兴起，其巨大的体量改变了城市纹理的尺度，同一幢建筑内数百上千的用户又对交通疏散、通风日照以至消防造成问题。更加上来自社会上的批评，认为追求美化城市的城市设计只注重形式而忽视功能，包括使用功能和社会功能。在临街的美丽大楼的后院，仍然是大片有损健康的贫民区。自此以后到20世纪60年代，是美国城市设计的第二阶段。现代主义成为美国城市设计的主流。功能分区，简洁的高层建筑，有绿化的大尺度街区，加上广阔的高速公路成为城市现代化的标志。今日很多美国城市的面貌仍是20世纪60年代城市设计的产物。在这个阶段，城市被等同于机器，城市设计则成为追求功能上高效率的工具。

在20世纪60年代末的社会思潮大变动中，现代主义的城市设计受到质疑。批评者认为现代主义的城市设计把城市机械地割裂为功能区，这种简单化的结果是破坏了有机而丰富的传统社区结构，历史建筑和社会网络均遭到忽视。自20世纪70年代以来，美国的城市经历了新的变化。在当代大城市中，居住活动和商业、办公并存，中心城的兴衰和郊区的急遽扩张并存，日新月异的高科技的市中心和安静而似乎未被触动的老居住区并存。城市生活的变化和日益多样化，要求城市设计也相应变化。而新的设计思潮，尤其是建筑思潮，此起彼伏，影响了城市设计的理念。后现代主义，解构主义，新城市主义等等，不一而足。美国城市设计由此进入第三阶段。这个时期已不再是由某种思潮独占鳌头的时期。古典主义手法仍被接受为处理建筑物组合的技巧之一，但并无必要把大型办公楼当作宫殿般来处理。

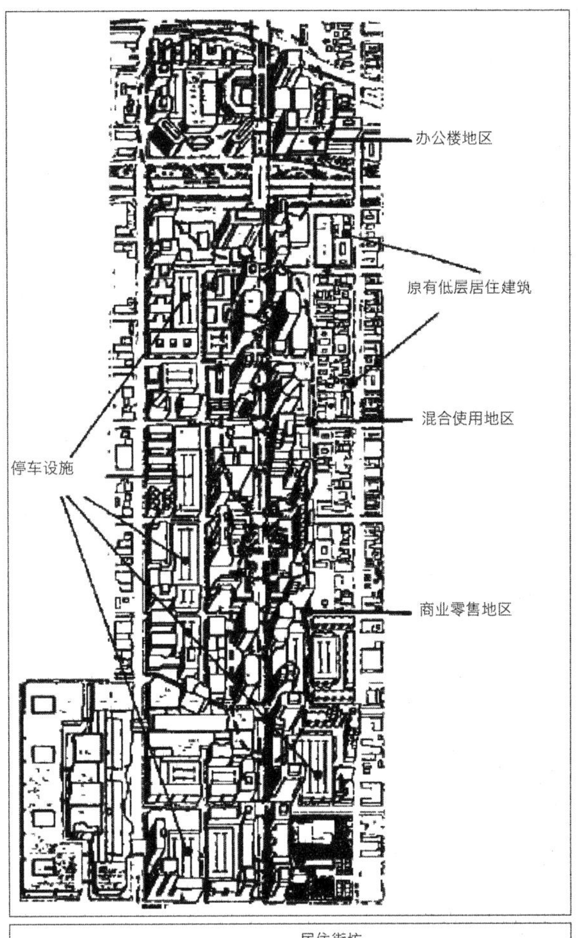

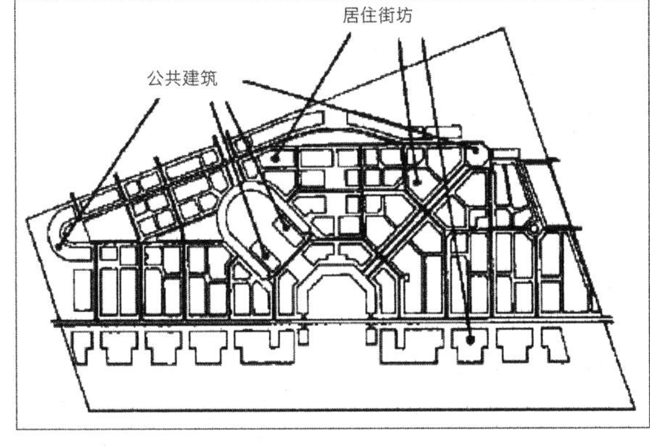

1A
1B

1.图 1A. 加利福尼亚州 GLENDALE 市中心再开发设计：不同用途建筑物的混合
图 1B. 佛罗里达州 SEASIDE 新城新城市主义的居住区和古典主义手法的应用
（资料来源：JONLANG:URBAN DESIGN - THE ANERICAN EXPERIENCE, 1994）

花园城中建筑物和自然环境结合的手法被应用于新城市主义的设计中，但新居住区不一定建在郊区卫星城中。传统城市里多样而甚至有些混杂的社区生活为设计师提供了借鉴，新设计的社区也具有多样性：不同用途的建筑物并列一区，不同大小和收入的家庭共居一处，学校和商店被组合在居住区内，而不必布置到分开的公建区中。与此同时，在大型公共建筑的设计中，现代主义的设计理念和处理手法仍广为采用。所有这些实践代表了一个多向量发展的城市设计的新阶段。城市设计师们尽力去适应城市生活的变化，对每个变化，每种活动，都尽可能提供适用的、不同的解决办法，而不是企图以某一种固定的形式来让城市生活适应这种形式。如同在市场经济下的一切活动一样，城市设计成为促进经济增长的工具，而通过良好的城市形象来推销自己的城市（place selling），则成为市政府积极介入城市的动力。

美国城市设计的演变，是规划师和建筑师共同参与的结果。这种参与，则通过两种途径得以实现（图 1: 当代美国的城市设计实例）。

3、城市设计的两种途径

虽然中国近年来城市设计的活动十分活跃，但在城市设计的基本理论上，一些观点仍有待理清。首先应澄清的是，城市设计对于规划师和建筑师来说，有两种不同的途径来实现。区分这两种途径不仅有理论研究上的价值，更有着实践工作中的意义。

途径之一是城市设计可以通过具体设计城市建筑物和城市空间来实现。建筑师们主要是通过这一途径来参与城市设计的。途径之二是城市设计也可以通过制订指导具体设计的“城市设计指导大纲”（Urban design guidelines）来实现。或曰：通过“不设计建筑物而设计城市”的途径。这是规划师参与城市设计的主要途径。

3.1 通过具体设计工作参与城市设计——建筑师的途径

城市设计的最后成果是具形的城市物质环境——包括建筑物，道路，绿地景观及由它们构成的城市空间。所以进行具体的设计工作，是参与城市设计的主要方式之一。这种方式在中国规划界早就广为采用。在这个途径中，按照参加设计工作的程度和范围，又分为三种形式。

3.1.1 全包式的城市设计

设计者在接受项目后，全盘负责设计建造，从总体布局到单幢建筑以及绿地景观设计并负责与施工单位合作，直至整个项目建成。这种全包式的设计往往出现在项目不大的情况下，整个项目在一个较短时期就可全部完工。例如一个城市的行政中心，包括几幢办公楼，道路广场和绿地景观。建筑师通常是这类设计的主角，主持项目的全过程。但项目立项的本身，是否要建？建在何处？多大规模？则有规划师的参与。

3.1.2 总体合成式的城市设计

在更多的情况下，整个项目的城市设计由一个总设计者（或设计机构）负责，但单幢建筑物可能由不同的建筑师设计，交通组织请交通规划师参加，绿地景观则由景观建筑师完成。为了协调各个设计者、各个专业的工作，总设计者除了提出城市设计图纸外，也会开列几条供各参加者协调用的设计要点。这些设计要点已经具有"城市设计大纲"的雏形。在各参加者完成各自的专业设计后，总设计者负责协调、审定，以保证各个"部件"能统合在"总体"之内，符合总设计的要求。总设计者的功能，颇似建筑设计的"设计总负责人"。这类项目的实施建造，也许会延续一个时期。但项目的主要部分，如主体建筑物，道路和景观，却都在第一期工程中同时完成。

3.1.3 基本构架式的城市设计

城市的面貌通常由两个层次组成。一个层次是基本面貌，由城市的基本构架组成，如主要道路骨架，主要中心区，主要景点（滨水区、制高点、历史景点）。这些基本构架决定了城市的基本形象。第二层次是城市的次面貌，由辅助元素组成，如一般的居住区，一般的商业中心等。在芝加哥，城市的基本面貌由沿湖滨的 Lakefront 地带及北 Michigan 大街加上市政府周围的 CBD 地区的"一带一区"构成。在上海市，从外滩、东方明珠塔起，经南京路、淮海路两条东西主干道，到虹桥开发区为终点的两路两区构成了城市的基本面貌。凯文·林奇所提出的路、区、边界、节点和地标五个要素，在两个层次中都可找到。

基本构架式的城市设计从事的正是对某一地区基本面貌的设计，它集中在道路骨架布局、主要节点的选址和构想上，但所有单位的建筑设计、景观设计则留待不同设计师去完成。基本构架式的城市设计通常用于大型城市设计项目。这类项目完成时间的跨度长，所以主设计者提出整个地带的城市设计构思图纸，以及一套设计文件以指导未来各设计者的工作。这套设计文件在相当程度上已是"城市设计大纲"了。在实施时，这类项目大多在第一期先完成道路骨架及各种基础设施，而每一地块、每一节点的建造则会假以时日，按总体设计的构思逐步完成。

以上三类城市设计虽然参与具体设计的程度有异，但其共同点是均通过设计具体的城市空间、以设计图纸来介入城市空间的具形和城市形象的创造 (图 2) 。

3.2 通过编制“城市设计大纲”来参与城市设计——规划师的途径

参与城市设计的第二个途径是通过编制城市设计大纲。这个途径在国内尚未被充分介绍，但编制城市设计大纲却正是规划师参与城市设计的主要方式。

在编制总体规划时，城市的基本性质、经济、社会及文化特点、空间布局和发展政策都得到了论证。但从公共政策到形成具体的城市形象之间，尚有一个空缺，一个过程。城市设计大纲正是城市发展政策和具体设计工作之间的过渡和联结点。城市设计大纲的主要功能有两个：其一是将难以操作的、抽象的城市战略发展政策具体化，形成一套可操作的设计指导大纲。第二是将普遍意义上的、“共性的”城市设计原理“个性化”，结合本市、本地区、本项目的特点，落实为特别对该市、该地区、该项目有指导意义的城市设计原则。简言之，城市设计大纲是把抽象的原理、政策转化为具体可操作的设计指导的关键工作。由于设计大纲的这种功能，规划师以编制设计大纲的条文来引导建筑师、景观设计师的具体设计，但规划师自身不一定从事具体的设计工作。所谓“不设计建筑物而设计城市” 正是这个途径的写照。

在美国，城市设计大纲有两种类型：指令性或规定性的大纲 (prescriptive) 和指导性或表现性的大纲 (performance) 。

3.2.1 指令性的城市设计大纲

在指令性的设计大纲中，对每幢建筑物、每个公共空间的基本模式 (pattern) 、尺度、风格、建筑细部都做了详细的规定。这些规定是未来的设计者所必须遵守的，如有违犯而又未得到规划部门认同，则在方案提交审批时 (design review)，规划部门有权否决设计。

3.2.2 指导性的城市设计大纲

指导性的设计大纲并不以具体的数字指标来规定必须遵照的规则，而只是给出最后要求达到的目的和标准。例如，为了保证街道层面的日照，指令性设计大纲可能列出道路宽度和建筑高度的比例限制、建筑物限高、退红线和建筑物上部退缩等的具体数据。而指导性设计大纲则可能只要求保证“道路沿线底层商店橱窗在冬至日的日照时间最短不小于四个小时”。事实上为了达到这个日照要求，高度限制、退红线和建筑物上部层层后退同样都是必然的措施，但在指导性大纲中却不作硬性规定 (图 3) 。

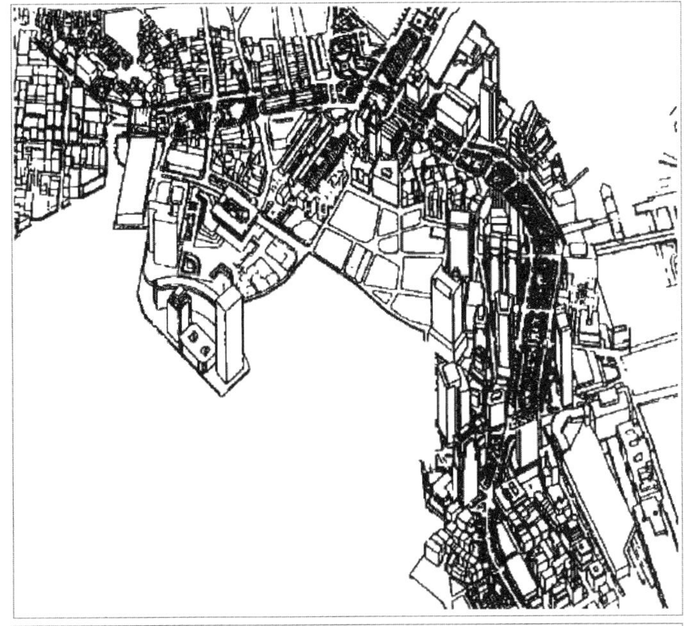

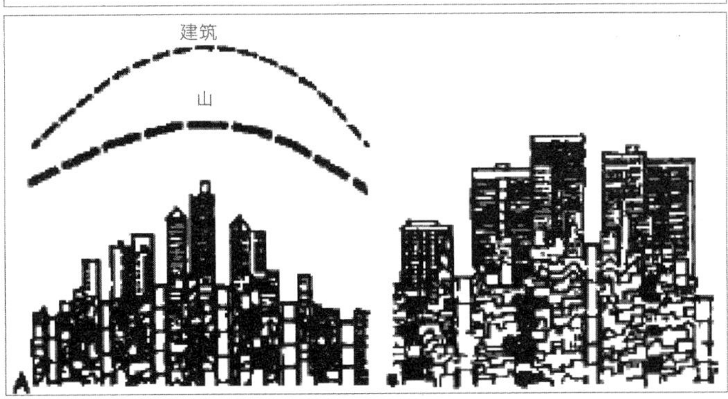

2
3

2.通过具体设计参与城市设计——BOSTEN 中央干道设计：城市设计以具体设计图纸的方法来实现
（资料来源：JONLANG:URBAN DESIGN - THE ANERICAN EXPERIENCE, 1994）

3.通过编制城市设计大纲参与城市设计——1989 年旧金山城市设计大纲，城市设计大纲列出设计目标、原则和对设计师的指导，但不作具体设计
（资料来源：JONLANG:URBAN DESIGN - THE ANERICAN EXPERIENCE, 1994）

在旧金山城市开发过程中，城市新开发必须与完善城市和住区环境统一。每一个新地块的建设活动都必须细致地考虑与周围现存环境与发展要求协调。每一个新建建筑的尺度都必须与这一地区主导的建筑高度和体量相关，并同时考虑其对天际线、景观特征的影响。较大基地中的建筑设计有更多的环境影响，因而需要更加给以关注。

城市设计基本原则及其解释说明了这一规划的基本原则和特征，并阐述了在重要地段新开发中与城市设计的关系。

一个建筑的尺度和形状，在城市中的视觉效果、对自然环境以及建成环境的影响等问题决定了其在城市中的成败。

A. 靠近山顶的高而体量不大的建筑有利于强化和保护山体特征

B. 靠近山体的大体量建筑会破坏自然形态、街区特色和城市特色

C. 建在山脚下矮的小尺度建筑，可完善地形形态而不影响周围环境景致

指令性或指导性的设计大纲，何者为佳，迄今仍无定论。采用指导性的大纲无疑更为建筑师欢迎，因为给他们留下了更多的创作空间。但由于没有具体的数据作控制依据，指导性大纲易为“人治”留下空子，最后凭审批人员的主观评价来决定设计表现是否合格。指令性大纲则相反，缺乏灵活性却易于管理。在美国，一般技术力量雄厚的大城市多采用指导性大纲，在缺乏技术人员作客观评价的小城市则多用指令性大纲。

3.2.3 采用城市设计大纲的必要性

以城市设计大纲来实现城市形象的创造，不但解决了从抽象的政策及原则落实为具体的设计指导的可操作问题，更有其客观的需要。

首先，在城市快速发展时期，城市设计工作往往量大面宽，而留给设计者的时间却很有限。而当设计项目相当大时，全包式的或总体合成式的城市设计都难以解决问题，因为没有一个设计师能在给定的时间内既有宏观、又有微观地完成庞大的设计工作。这时，就不得不组织多位设计师共同参与设计。这样，一套能指导全体参与者、整合各局部工作为一体的设计大纲就成为必要。

更重要的是，在现实工作中，大规模的建设，大面积的开发，往往要相当长的时间才能实现。在较长的建设周期中，城市的领导班子可能变化，客观需要可能变化，原订的项目和实施的财力也可能变化。为了保证城市形象在此过程中能连续地、累积性地得以实现，以城市设计大纲来保证持续性就十分必要。以美国的经验，城市设计大纲是城市规划部门在控制城市形象上的主要工具。

3.3 两种城市设计途径的比较及应用

综上所述，可将城市设计的两种途径总结如表 1。

从表中可见，一个地段甚至一个城市的城市设计大纲只有一个，但在此大纲下的城市设计项目却可以有多个。

基于上述分析，可以进一步来讨论我国城市设计及城市设计竞赛中的一些问题。近年来，组织城市设计竞赛蔚然成风，这对提高设计水平起了积极的作用。但是在组织竞赛时，竞赛的范围、内容和标书的编写都存在着问题。第一是竞赛设计的范围和所要求的内容之间有矛盾。如上所介绍，项目大小和城市设计的途径、内容有密切关系。

当一个项目不太大，有可能在一次实现，或至少可实现主体部分时，以具体设计为主的全包式或总体合成式的设计较为可行；相反，当设计范围很大，项目必须经过相当长的时期

城市设计两种途径的比较 表1

城市设计的途径		适用的建设范围	实施期限	主要参加者	主要成果
通过具体设计	全包式设计	小型项目，如一个行政中心，文化中心等	全部工程一次性完成	建筑师为主，景观设计师、规划师参加	设计图，模型
	总体合成式设计	中型项目、如一个新居住区	主体工程一次性完成，次要部分分期完成	同上	设计图、模型、设计要点说明书
	基本构架式设计	中型、大型项目，如一个新城	只有道路和基础设施一次完成，其余分期实施	同上	设计图、设计大纲，有时有模型
通过编制城市设计大纲	城市设计大纲	主要用于大、中型项目，也可用于大、中、小各类项目	大多为长期实施的项目，但也可用于一次性完成的项目	规划师为主，建筑师、景观设计师参加	设计大纲，附以地图、分析图及照片

才能逐步实现时，编制城市设计大纲则更为实用可行。

反观我国的城市设计竞赛，不论项目大小、建设周期短长，往往一律要求做具体设计式的城市设计。当设计范围相当大时，由于覆盖面积大，这种设计的成本就高，所以竞赛的奖励也不得不提高，使招标组织者的成本增加。但由于设计范围过大而竞赛时间又有限，真正仔细推敲的设计内容就变得单薄，而虚张声势的分析图、表现图却占了多数。又由于大型项目涉及的开发、设计、实施单位多，周期又长，故很难相信竞赛中由单个设计者提出的设计图能真正对未来的具体设计、开发有什么影响。对于此类项目，比较有用的是编制城市设计大纲。故组织城市设计竞赛不一定非要求提出具体的设计和模型，如果项目过大，竞赛可以是编制城市设计大纲，或在关键地段提供一些具形的设计供领导参考。

近两年来，有几个大城市已经组织，或准备举办滨水地区的城市设计竞赛。从已公布的成果看，不少设计有新意。但如果考虑到组织成本和实际效用，也许有更好的办法。如果要求对整个城市数十里长的滨水地区做出详细具形的设计和模型，而这些地区又无法一次建成，则具体的设计成果可能事倍功半，花了大价钱得来的图纸及模型仅仅成为规划展览厅中的又一件陈列品。

其次是竞赛标书的编写。编写一个地区城市设计的标书，实质上就是编制该地区的城市设计大纲，或起码是勾画出市政府对该地区城市形象的大致构思。有趣的是，为该地区的形象提供新构思本身往往就是竞赛标书所要求的目的。这说明当组织者要求参赛者提出具体设计时，组织者自身往往尚未对该项目作过认真的分析和研究。如果没有这些基本研究，在评审方案时就不可能有准确、一致的评价标准，这往往是评标时出现意见相左、矛盾叠起的根本原因。只有在标书中清楚表明了对该地区的全面的要求（经济方面、社会影响方面、美观方面等），设计者才可能提出真正有应用价值的设计，而评审者也有了评定时的共识作为基础。遗憾的是，常见的标书立意含糊，要求抽象（如"社会主义的生态城市"等等），大多就项目论项目，看不到该项目在当前及今后在全市的地位和作用，看到的多是大篇技术数据（水文、地质、气候等）。这些技术数据虽然也重要，但在资讯发达的今天，都可以很容易找到。真正需要的是"活的"、对该地区发展的基本设想，这却往往在标书中一句带过。

归根结底，一些组织者往往自己尚未做好准备，就匆忙上马，急于发出竞赛标书。质量不高的标书自然无法引出高质量的设计作应答。而所谓高质量的设计，则不仅是立意新颖或图纸精美，而更应反映出设计者对手头问题的洞察以及对广泛的城市设计原则的正确应用。

4、城市设计的若干原则

城市设计是一门专门学科，专家群星灿烂，著作汗牛充栋，在此不敢造次。但城市设计作为城市规划和建筑设计的联结体，城市规划的一些基本原则对城市设计同样有指导意义，这些原则也是城市设计的原则。试对城市设计的若干主要原则作些讨论。

4.1 城市设计的文脉性

众所周知，"全局观念"是城市规划的基本原则之一。一个城市的规划，对该城市发展的论证，都必须从该城市在区域中的地位、在城镇体系中的地位去全面分析。在全球化的今天，甚至要从国际的层面去分析，而不能仅局限于城市自身来讨论。同样，城市设计的根本原则之一是文脉性。一个地段的城市设计一定要放在该地段所处周围地域的背景中去分析、构思，这就是文脉性。当代美国著名的城市设计师 J. Barnett 在他的每一本论城市设计的著作中反复强调："每个城市设计项目都应放在比该项目高一层次的空间背景中去审视"（Barnett,1984, 1988, 2000）。从某种程度而言，城市设计的精髓就是处理相互关系：一个项目与其周围城市空间及用地的关系，一幢建筑物和该建筑物左邻右舍的关系，建筑物实体和绿化空间之间的关系，等等。

遗憾的是，这个城市设计的基本原则被大大地忽视了。曾见到某市河南新区的城市设计图纸，新设计仅以河岸线为界，却不见已建成的河北区，不见河北区和河南区在经济、社会功能上的关系，以及它们在交通、视线上的联系。仿佛河南新区是建在空无所有荒漠中的孤单的新区。即使是在技术力量雄厚的大城市，城市设计的文脉性也未得到应有的重视。北京火车站口长安街上的交通部、全国妇联等一组建筑，单体各有特点，但从城市设计来看，却是败笔，因为建筑物之间缺少对话，不顾文脉性。苏州干将路改建后的尺度如此之大，虽然控制路边建筑的高度，但过宽的道路本身已破坏了古城的纹理，背离了苏州小桥流水人家的基本文脉。上海的徐家汇似可改名为“百家汇”，因其汇集了板式、点式、球形、尖顶等百家建筑之大成，可谓“建筑物的动物园”，但看不出尊重城市文脉的任何努力。当然，形成这些败笔的原因是复杂的，多方面的，在此无意苛求于设计师，说的乃是规划决策时对城市设计文脉性的忽视。

4.2 城市设计的社会性和公众性

翻开任何一本城市规划教科书，“社会性”和“公众性”都是规划的基本原则。从 L. Munford, P. Davidoff, 到 J. Friedmann, 贯穿当代美国规划学术界的基本理念是规划为全社会全体市民的长期利益服务。城市设计作为城市规划的一部分，当然同样应遵照这个原则。

城市设计的主要产品是城市公共空间，使用这些空间的主体是市民公众，公众使用公共空间具有重要的社会作用。T. Banerjee 作为 Lynch 的助手和学生，对公共空间问题有精辟的研究（Banerjee, 2001）。在私有制为主体的美国社会，城市公共空间，尤其是城市公园绿地，是城市中仅有的没有被私有化了的城市空间。它淡化了美国城市中的功利主义，有助于增加城市的人性化，其作用不仅是物质性的，更是社会性的。良好的公共空间能培育公民对自己城市的自豪感，增加不同背景的人群进行社会交往的机会，使公众，尤其是处于底层的弱势社群得到一定的自由感，因为在这里他们可与别人一样自由享受公共空间。更重要的是，公众在公共空间中的行为往往是他们最优良的行为，因为他们希望在别人面前表现出自己最良好的一面。因此良好的公共空间不但能培育公众的美感，而且能提升他们的公共行为意识和公民意识。今天，在社会资本（social capital）衰减的美国，良好的公共空间成为吸引人们离开计算机屏幕中的虚拟世界、重新走进真实的社会生活的重要因素。

为了实现公共空间的全部价值，城市设计就要更多考虑公共空间的共享性和易达性(accessibility)。城市中所有的公共空间都应可供普通市民 24 小时的免费享用，而不是要付费，或有选择地让人使用。在这里，又不能不对当前国内一些设围墙、有门卫的“高级住宅区”的设计提出质疑。一个时期以来，不少城市提出要“拆墙见绿”，让原来封闭在高墙深院中的绿地开放出来，增添城市的绿色。这是一个十分正确的做法（当然，如能再进一步，让这些绿地不仅可“见”，而且可“用”，推行“拆墙共享绿地”，则更加值得赞扬）。可是与此同时，一些设围墙、有门岗的住宅区也在悄悄地蔓延。这些住宅大院代替了过去的单位大院，新围墙代替了不久前拆去的旧围墙，非本处居民的一般公众又被隔离于那些有着“景观中心广场”的“高级公共空间”之外。若究其理由，说是“为了安全”。可这实在是一个站不住脚的理由。事实是，不管有无门卫，不管深院高墙，真正的犯罪分子如想进入，往往照偷不误，一样得手。前不久住在南京市某建围墙、设门卫的高级住宅区内的德国经理家中被窃一案就是明证。说到底，建高墙、设门岗，是怕“异类分子”的进入。所防止的异类分子，大都是低收入者，外来打工人员，或其他衣着不光鲜、形象不俊美的弱势阶层，他们似乎不配分享那些豪华的“景观中庭”。部分开发商和住户的这种心态，是一种不健康的高人一等的病态，和前文所说的假贵族，真暴发户的表演如出一辙。如果我们的城市设计师们一致起来和这种心态斗争，拆去“高级住宅区”的围墙，让那里的美丽的绿心、绿肺、绿带、绿色广场融入城市的公共空间系统，真正实现城市的全民的大花园，而不只是少数人享受的有围墙、带门卫的小花园，那么城市设计的社会性和公众性就得到了体现，而不只是停留在抽象的“以人为本”的口号上。

随着市场机制的引入，更多的城市公共空间会由私人开发商来建造，出现“私人投资并拥有的公共空间”。在大型办公建筑群、旅馆和商业中心的中庭，建筑物前的广场，甚至上述的居住区的景观中心，人们都可找到实例。城市规划部门应对此加强管理，有意识地把这些公共空间纳入全市公共空间系统之中，以政策法规引导它们对全社会开放，反对它们仅作为无用的装饰性空间，或甚至成为分隔“上等人”和“普通人”的藩篱。

对比私人投资（外资和国内开发商）的增长，以有限的公共投资建造的公共空间更显来之不易。这些以政府投资建造的公共空间和公共绿地，更理应对全体市民免费开放。

一个与此有关的问题是城市广场。近年来建广场之风大盛，对改善市容起了一定作用。建广场用的是公款，建成后当然要便于全体市民享用。但在已建成的广场中，往往有过多的草地硬地，过少的乔木大树；过多的喷泉雕塑，过少的座椅凉亭，使广场减失了公共交往空间的作用，因为使用者无不处在烈日或细雨中栖身。如果还在广场外围以栏杆，那么这就更不只是设计手法，而是设计理念的问题了。

总之，通过提供公共空间的共享性和易达性来实现城市设计的社会性和公众性的理念，仍是一个有待确实改进的问题。

4.3 城市设计的累积性

城市设计的项目有大小，但每个项目都和城市整体形象有关系，是整体形象的一部分。

整体形象的形成全在于一个一个建设项目的积累。当前，由于投资渠道的多元化，又由于大部分规划决策权下放到各区、县，各种各样的城市设计项目往往各自为政，缺乏在全市层面上的协调，未能实现“总体大于部分之和”的理想。就上海市来看，各区都有自己的区中心，但各区中心如何在风格上既协调又各有特色，却缺少在全市层次上的分析和构思。这样，零星的项目就无法积累而产生提高全市形象的作用。这个问题和城市设计缺乏文脉性有一定关系，但设计的文脉性更多是针对空间上的连续性，和具体项目的设计师更有关系，而城市设计的累积性则更多是时间上的连续性问题，则和规划部门更有关系。一个城市在编制总体规划时就应包括对该城市形象的构思，在总规中为详规和城市设计定下基调。市级规划主管部门应发挥业务上的指导作用，尽可能把各区、各县、各种投资渠道的城市设计项目结合起来，为形成整体的城市形象而共同努力。

城市设计的前辈们，如 Lynch, Bacon, Barnett 和 Rapoport 等，早就从多方面对城市设计的原则作了论述。这里提出的文脉性、社会性、公众性和累积性仅是针对当前我国城市设计中的问题而特别强调的一些原则，尚不敢说是涉及了万一。

城市设计是为公众生活服务的。城市生活的改变，对城市的理念的改变，促使城市设计也发生改变。200 多年来，美国的城市设计从美化城市的工具变为促进城市经济增长的工具。20 年来，中国的城市设计也从改革开放前的政治宣传的工具（如“红太阳广场”）同样转变为促进城市经济发展的工具。

但在社会主义的中国，由于政府和市场及公众的关系与美国不同，城市设计的功能、目标也有差异。这里的共同处和差异处尚有待深入研究。当代中国的城市设计实践相当多，对比之下，对城市设计的研究仍觉单薄。谨以此文贡献管见，以期有更多的讨论。

参考文献：

[1] Banerjee, T. , The Future of Public Space: Beyond invented streets and reinvented places. APA Journal, Vol . 67,No. 1, 2001

[2] Barnett, J . , Urban Design. In Hoch et al.(eds.) The Practice of Local Government Planning. ICMA, 2000

[3] Lang, J. , Urban Design: The American Experience.VNB, N.Y. , 1994

作者简介： 张庭伟，美国伊利诺伊大学城市规划学院教授

原载于：《城市规划汇刊》2001 年第 3 期

发达国家和地区的城市设计控制

Urban Design Control of Developed Countries and Regions

唐子来　付磊
TANG Zi-lai, FU Lei

摘　要
在规划领域，作为公共政策的城市设计控制已经成为一个重要议题。一系列的国际研讨会和国际比较研究引起了广泛的关注。本文从体制类型、策略范畴、构成元素和运作机制四个方面讨论发达国家和地区的城市设计控制，以及对于我国的借鉴意义。

关键词
城市设计控制 发达国家和地区

1、引言

如同城市规划一样，城市设计也是政府对于城市建成环境的公共干预，它所关注的是城市形态和景观的公共价值领域（public realm）。因此，城市设计作为公共干预具有两种基本方式，分别是形态的（physical measurers）和规章的（regulatory measures）。形态的干预方式就是对于城市公共空间（如街道、广场和公园等）的具体形态设计，可以称为形态型的城市设计。尽管城市公共空间在城市建成环境中起着主导作用，但就建成环境的投资构成和用地构成而言，建筑物占了绝大部分，并在很大程度上影响到城市公共空间的形态和景观品质（如街道、广场和公园的周边建筑物所形成的界面，城市的天际轮廓）。因此，城市形态和景观的公共价值领域不仅包括各种公共空间本身，而且涵盖对其品质具有影响的各种建筑物。政府对于建成环境进行公共干预的另一项重要职能就是制定和实施城市形态和景观的公共价值领域的控制规则，可以称为策略型城市设计（urban design policy）。如今，认为城市形态和景观具有公共价值，因而有必要控制开发活动可能产生的负面影响，已经形成社会共识。大部分发达国家的相关法律都授权政府的职能部门对于开发活动进行城市设计控制。

在一些欧洲发达国家，城市设计控制已有相当长的历史。如早在1912年，一个荷兰城市(Laren)就制定了城市美学控制（aesthetic control）规则，并设置了专门委员会。第二次世界大战前后，现代主义运动曾使欧美城市的传统风貌受到冲击，20世纪六七十年代的大规模城市更新又使长期形成的社会网络和城市肌理受到严重破坏。20世纪70年代初期的能源危机所引发的经济危机使西方发达国家的不少城市首当其冲，人们开始反思城市发展中走过的不少弯路，历史保存和环境保护逐渐成为一种主流的社会意识，对于城市设计控制也产生了深远影响，特别是城市设计开始作为公共政策的组成部分。到了20世纪80年代，全球化的进程日益显著，城市之间的相互竞争趋于激烈，城市建成环境的历史、文化和景观价值越来越成为城市发展的重要资源。全球化进程使许多城市风貌趋于类同，但也令越来越多的城市意识到地方历史和文化特色的保护价值，对于城市设计控制提出了新的要求。到了20世纪90年代，新城市主义（new urbanism）提倡可持续发展的城市设计理念开始广为人知。

在城市规划领域，城市设计控制已经成为一个重要议题。一系列的国际研讨会（如1992年10月，在美国辛辛那提举行了设计审议的国际研讨会）和国际比较研究（如欧美国家的城市设计控制的比较研究）引起了广泛的关注。笔者将从体制类型、策略范畴、构成元素和运作机制四个方面讨论发达国家和地区的城市设计控制，以及对于我国的借鉴意义。

2、城市设计控制的体制类型

开发控制和设计控制都是规划控制的组成部分。开发控制所关注的是城市建成环境的功能合理性，通常会涉及土地用途、开发强度、交通组织、设施配置和环境标准等方面的控制要求。设计控制所关注的是城市建成环境的“形态和谐性”。除了建筑高度和体量以外，其他控制元素往往是根据特定情况有所选择。欧美发达国家的城市设计控制体制可以分为几种基本类型。

在大部分欧洲发达国家，开发控制和设计控制是一体化的，这就是说，作为规划控制依据的法定规划包含了开发控制和设计控制的内容。较为典型的是德国的 B- Plan(建造控制规划)，除了区划控制的通常指标以外，还会涉及地区特定的设计控制要求，甚至包括屋顶形式、墙面处理、植物配置和雨水径流等。除此以外，有些地方规划部门还编制设计指南 (design manual)，对于各项设计控制要求进行解说，并对可能采取的对策进行示例。当然，B- Plan 中的设计控制要求是法定的，而设计手册中的对策示例只是引导性的。德国的设计控制体制的另一特点是经常采用设计竞赛方式来为 B-Plan 提供基础方案。

英国的开发控制和设计控制也是一体化的，法定规划作为开发控制和设计控制的策略依据，地块规划要点 (planning brief) 包括了开发控制和设计控制的具体要求 (见图 1) 。但是，英国和欧洲大陆国家的城市设计控制体制之间存在重要区别。根据英国的规划法，法定的地方规划只是作为规划控制的主要依据而不是唯一依据，开发申请与地方规划相符并不

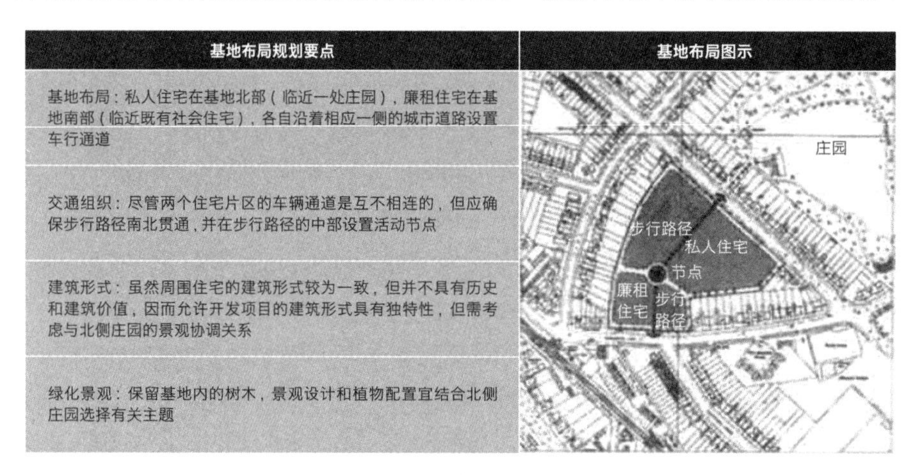

基地布局规划要点
基地布局：私人住宅在基地北部（临近一处庄园），廉租住宅在基地南部（临近既有社会住宅），各自沿着相应一侧的城市道路设置车行通道
交通组织：尽管两个住宅片区的车辆通道是互不相连的，但应确保步行路径南北贯通，并在步行路径的中部设置活动节点
建筑形式：虽然周围住宅的建筑形式较为一致，但并不具有历史和建筑价值，因而允许开发项目的建筑形式具有独特性，但需考虑与北侧庄园的景观协调关系
绿化景观：保留基地内的树木，景观设计和植物配置宜结合北侧庄园选择有关主题

图 1. 英国规划要点中的基地布置要求

意味就能够获得规划许可。由于地方规划是比较原则性的，法律授权规划许可还要根据开发活动的特定情况，确定具体的规划条件，其中涉及设计控制要求。因此，英国的开发控制和设计控制体制都具有明显的自由裁量（discretion）特征。

欧洲大陆国家的城市设计控制体制具有较多的相似性，都采取类似区划（zoning）的规划控制体制，如果开发申请与法定规划的控制要求相符，则肯定能够获得规划许可，因而具有规则约定（prescription）的特征。当开发申请与法定规划的设计控制要求相符，但仍有完善必要的话，只能在磋商和协调的基础上达成共识。在欧洲国家的一些城市，还设立了设计审议委员会（design reviewcommission），对于开发申请的设计控制方面进行审议和提出改善建议，但往往只是作为顾问机构，并不具有法定职能。

1992 年，对美国 360 个市镇的一项调查显示，83% 的市镇进行某种形式的设计审议，绝大部分市镇的设计审议是强制性和法定性的，只有少数是指导性的。由于美国各州乃至各个城市的规划体制并不相同，城市设计控制体制也不一致。

波士顿的城市设计控制体制与英国很相似，开发控制和设计控制是一体化的，但都采取自由裁量的方式。旧金山具有相当完整的城市设计策略，并且纳入区划控制要求，城市设计控制具有规则约定的特征。波特兰也制定了完整的城市设计策略，但设计控制和区划的开发控制是并行实施的，设计控制只是针对大型开发项目，管理职能部门为设计委员会（design commission）和地标委员会（landmarks commission），并且更多地采用绩效性而不是规定性的控制要求。

在欧美发达国家，历史保护地区的城市设计控制是最为严格的。在英国，法律授权地方政府划定具有特殊建筑或历史意义的地区（area of special architectural or historic interests），并且明确在历史保护地区内实施更为严格的设计控制。在法国，历史保护建筑周围的 500m 半径范围内（相当于 78. 5hm^2）的开发申请必须由专门认定的建筑师 (ABFS) 进行审理。在意大利的历史城市中，设计控制的各项规定十分具体，涉及建筑物的形态、风格、材质和细部，以及外部空间的格局。由于设计控制的规定过细，在实施中也遇到不少困难。随着历史保护意识的日益增强，历史建筑和历史地区都在不断增加，使城市设计控制的影响更为广泛，并且推动了设计控制实践在方法上和技术上的不断成熟，为其他地区提供了有益的经验。

综上所述，一个国家或地区的城市设计控制的体制类型可以从两个方面进行考察（见表 1）。

第一，将设计控制要求纳入开发控制规定之中，设计控制范畴几乎涵盖所有的开发项目。在设计控制和开发控制并行的情况下，各自都有相应的法定依据，而设计控制往往只是针对指定的大型开发项目进行设计审议。

城市设计控制的体制类型　　　　表 1

	与开发控制一体的	与开发控制并行的
自由裁量	英国 美国少数城市 （如波士顿）	
规则约定	欧洲大陆国家 美国部分城市 （如旧金山）	美国部分城市 （如波特兰）

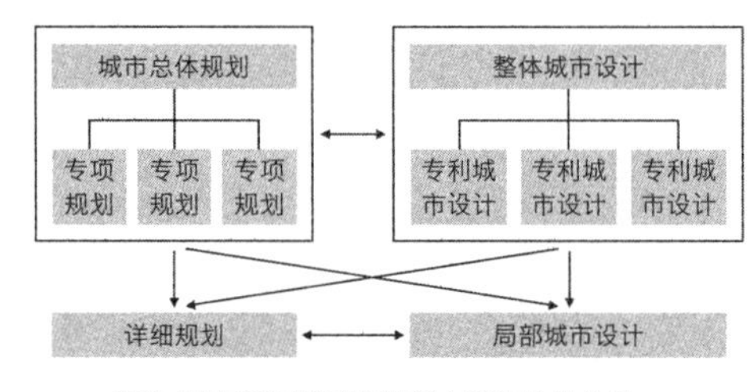

图 2. 城市设计和城市规划之间的协同关系

第二，设计控制是规则约定的还是自由裁量的。在规则约定的情况下，设计控制是以完整的城市设计策略为依据的，开发申请与设计策略相符合意味着肯定能够获得规划许可，也就是说，规划许可的决策受到城市设计策略的法定约束。在自由裁量的情况下，城市设计策略是原则性和指导性的，开发申请个案的设计审议在相当程度上取决于规划人员的专业素养。无论是设计控制还是开发控制，规则约定体制和自由裁量体制是各有利弊的。前者的客观性 / 确定性和后者的针对性 / 灵活性都是设计控制和开发控制需要兼顾的，也是规划控制中特别引人注目的议题。

3、城市设计控制的策略范畴

有效的城市设计控制往往是以完整的城市设计策略为依据的，并且城市设计与城市规划之间保持协同关系。在一体的情况下，从总体规划到详细规划的各个层面中都包含了城市设计策略。在并行的情况下，尽管城市设计策略形成相对独立的体系，包括总体城市设计、专项城市设计和局部城市设计，但同一层面的城市设计和城市规划之间保持协同关系，并且都是作为下一层面的城市规划和城市设计的指导依据（见图 2）。

由于自然环境条件和建成环境特征不同，各个城市的总体城市设计策略也会有所侧重，但核心内容是城市空间形态，通常会涉及高度分区和天际轮廓、公共开放空间体系、具有重要景观价值和场所意义的轴线网络和节点布局，有时还会划定具有风貌特征和历史意义的地区，以便编制更为详细的地区城市设计。

以整体城市设计为依据，可以进一步编制专项的和局部的城市设计。专项城市设计是针对城市形态和景观的重要元素，制定更为专门的城市设计策略，比如城市高度分区、街道景观和广告标志的设计控制。局部城市设计是针对城市中具有重要或独特品质的地区，制定更为详尽的城市设计策略，比如具有重要景观价值的滨水地区和城市中心地区等。

实例 1：旧金山的城市设计策略

旧金山的总体城市设计是作为 1972 年的城市总体规划的组成部分。根据旧金山的自然环境条件和建成环境特征，总体城市设计选择了城市形态格局（city pattern）自然和历史保存（conservation)、大型发展项目的影响（major new development）和邻里环境（neighborhood environment）作为城市设计的策略领域（见表 2）。在阐述人与环境之间关系的基础上，分别制定了城市设计目标（objectives）、达到目标所需遵循的基本原则（fundamental principles）和所需采取的实施策略（policies）。在 1968~1970 年期间，规划部门编制了 8 个基础报告和进行了 3 项专题研究，为总体城市设计提供了充实的基础。

旧金山总体城市设计中有关城市形态格局的目标和策略　　表 2

目标	强化具有特征的形态格局，建构城市及其各个邻里的形象以及目的感和方向性
策略 1	识别和突出城市中的主要视景，特别要关注开放空间和水域
策略 2	识别、突出和强化既有的道路格局及其与地形的关系
策略 3	识别对于城市以及地区特征能够产生整体效果的建筑群体
策略 4	突出和提升能够界定地区和地形的大尺度景观和开放空间
策略 5	通过独特的景观和其他特征元素，强化每个地区的特性
策略 6	通过街道特征的设计，使主要活动中心更加显著
策略 7	识别地域的自然边界，促进地域之间的联结
策略 8	增强主要目的地和其他定向点的视见度
策略 9	增强旅行者路径的明晰性
策略 10	通过全市范围的街道景观规划，表示不同功能的街道
策略 11	通过全市范围的街道照明规划，表示不同功能的街道

根据美国加利福尼亚州的法律，地方政府必须将城市设计策略转译成为区划法规的控制条文，作为城市设计的实施工具。1979 年的旧金山区划法规引入了城市设计的控制要求，特别是对于建筑物的高度和体量控制，还包含了更为详细的控制元素，形成规定性极强的控制方式，一定程度上制约了城市的建筑形态，在实施中引起较大的争议。可见，成功的城市设计控制不仅在于编制完整的城市设计策略，还取决于合理有效的实施方式。

除了总体城市设计策略，旧金山还分别制定了滨水地带、中心城区、市政中心和唐人街的地区城市设计策略。中心城区的城市设计策略涉及商业和居住发展、开放空间、历史保存、城市形态、交通组织和防震安全等议题。其中，公共开放空间的城市设计策略是十分详尽的，几乎可以成为专项的城市设计策略。

城市设计策略将公共开放空间划分为 11 种类型，分别制定了城市设计导则，包括尺寸、位置、可达性、休憩座椅、景观设计、服务设施、小气候（阳光和风）和开放时间等方面（表 3）。

旧金山公共开放空间的城市设计导则（以城市花园、公园和广场为例） 表 3

	城市花园	城市公园	广场
面积	1200~1000 平方英尺	不小于 10000 平方英尺	不小于 7000 平方英尺
位置	在地面层，与人行道、街坊内的步行通道或建筑物的门厅相连		建筑物的南侧，不应紧邻另一广场
可达性	至少从一侧可达	至少从一条街道上可达，从入口可以看到公园内部	通过一条城市道路可达，以平缓台阶来解决广场和街道之间的高差
桌椅等	每 25 平方英尺的花园面积设置一个座位，一半座位可移动，每 400 平方英尺的花园面积设置一个桌子	在修剪的草坪上提供正式或非正式的座位，最好是可移动的座椅	座位的总长度应等于广场的总边长，其中一半座位为长凳
景观设计	地面以高质量的铺装材料为主，配置各类植物，营造花园环境，最好引入水景	提供丰富的景观，以草坪和植物为主，以水景作为节点	景观应是建筑元素的陪衬，以树木来强化空间界定和塑造较为亲切尺度的空间边缘
商业设施		在公园内或附近处，提供饮食设施，餐饮座位不超过公园总座位的 20%	在广场周围提供零售和餐饮设施，餐饮座位不超过公园总座位的 20%
小气候（阳光和风）	保证午餐时间内花园的大部分使用区域有日照和遮风条件	从上午中点到下午中点，保证大部分使用区域有日照和遮风条件	保证午餐时间内广场的大部分使用区域有日照和遮风条件
公共开放程度	从周一到周五为上午 8 点到下午 6 点	全天	全天
其他	如果设置安全门，应作为整体设计的组成部分	如果设置安全门，应作为整体设计的组成部分	

注：1 平方英尺≈ 0.093m^2

实例 2：香港的城市设计策略

为了应对人口增长和城市扩展的压力，提升香港作为国际都市的建成环境品质，香港规划当局进行了城市设计导则的最新研究工作，分别在 2000 年 5 月和 2001 年 9 月发表了香港城市设计导则的公众咨询文件。

根据第一轮公众咨询的反馈意见，城市设计导则的第二轮公众咨询文件围绕五项主要议题，分别是香港各个区域（如港岛和九龙、新镇、乡村地区和维多利亚港周边地区）的高度轮廓（见图 3）、滨水地带发展、城市景观（涉及开放空间、历史建筑保存、坡地建筑）、步行环境（步行交通和街道景观）、缓解道路交通所产生的噪声和空气污染。作为一项特别重要也是颇有争议的设计控制议题，城市设计导则专门讨论了维多利亚港两岸的山体轮廓的视域保护范围，以使其免受滨水地带发展可能造成的不利影响，并且提出了可供考虑的控制策略和实施机制。

香港城市设计导则的公众咨询文件表明，作为公共政策的城市设计控制既是专业技术过程，更是民主政治过程。

4、城市设计策略的构成元素

尽管各个国家和地区的城市设计控制的策略范畴不太一致，并不都会包括总体城市设计、局部城市设计和专项城市设计。但是，一项完整的城市设计策略（无论是总体的还是局部的）往往包括目标（objectives）、达到目标所需遵循的原则（principles）和采取的导则(guidelines) 作为构成元素。

旧金山的整体城市设计的策略构成是广为人知的范例之一。在每项策略领域，目标 - 原则 - 导则构成完整的逻辑关系。但在许多其他案例之中，原则和导则两个词汇往往是相互通用的。

在城市设计策略中，城市设计导则是以规定性 (prescription) 为主还是以绩效性 (performance) 为主，往往是颇有争议的。规定性的设计导则强调达到设计目标所应采取的具体设计手段，如建筑物的高度、体量、比例的具体尺寸、立面的特定材质、色彩和细部等。

绩效性的设计导则注重达到目标的绩效标准，如建筑物的形体、风格和色彩应与周边环境保持和谐，而不是规定某一特定的形体、风格和色彩。以确保城市公共开放空间具有充足的日照作为设计目标为例，规定性导则将会具体地限定广场周边的建筑高度，而绩效性导则只是设置广场的日照标准，只要周边建筑的高度能够满足广场的日照标准，则无须加以干预。

规定性导则较为具体，为设计审议提供较为明确的评价标准，但往往又对建筑设计形成过多的制约，影响到建筑设计的创造性，导致城市景观的单调划一。绩效性的设计导则提倡

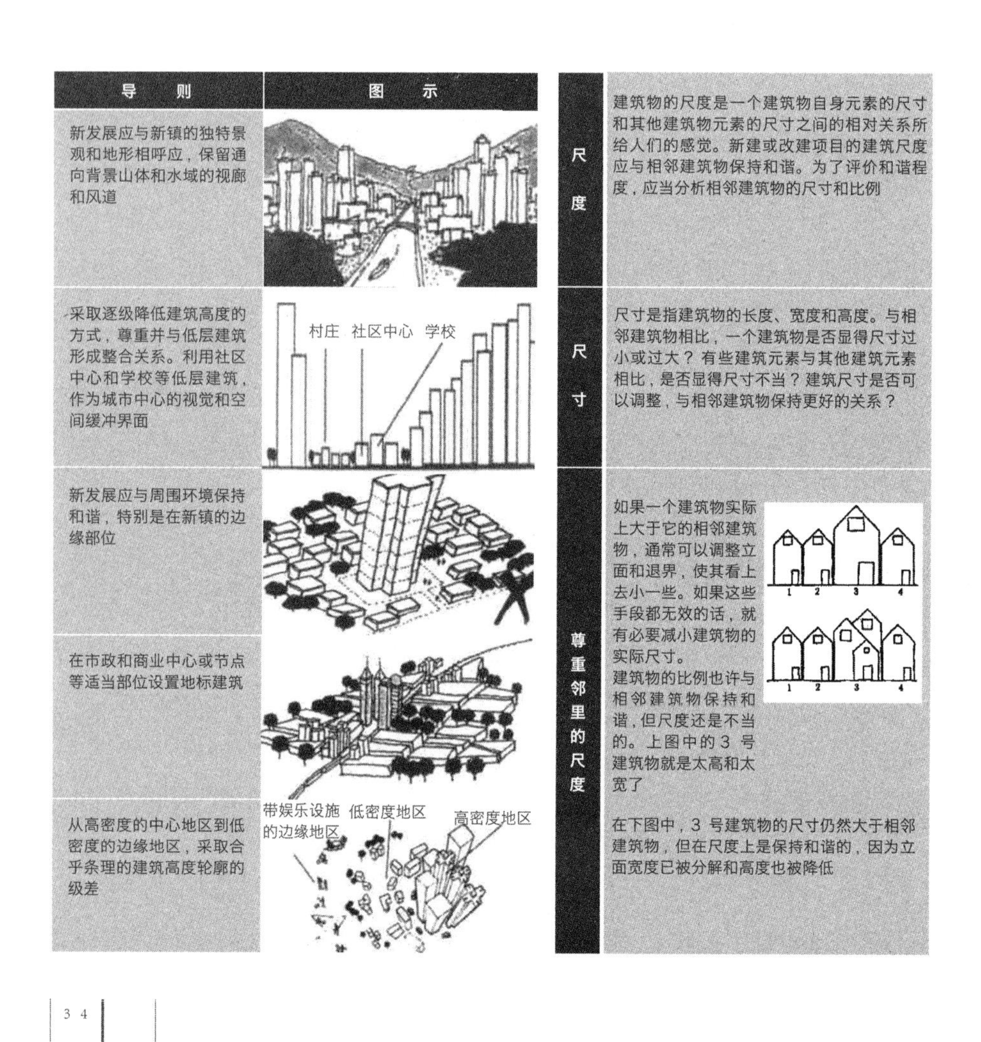

导则	图示
新发展应与新镇的独特景观和地形相呼应，保留通向背景山体和水域的视廊和风道	
采取逐级降低建筑高度的方式，尊重并与低层建筑形成整合关系。利用社区中心和学校等低层建筑，作为城市中心的视觉和空间缓冲界面	村庄 社区中心 学校
新发展应与周围环境保持和谐，特别是在新镇的边缘部位	
在市政和商业中心或节点等适当部位设置地标建筑	
从高密度的中心地区到低密度的边缘地区，采取合乎条理的建筑高度轮廓的级差	带娱乐设施的边缘地区 低密度地区 高密度地区

尺度	建筑物的尺度是一个建筑物自身元素的尺寸和其他建筑物元素的尺寸之间的相对关系所给人们的感觉。新建或改建项目的建筑尺度应与相邻建筑物保持和谐。为了评价和谐程度，应当分析相邻建筑物的尺寸和比例
尺寸	尺寸是指建筑物的长度、宽度和高度。与相邻建筑物相比，一个建筑物是否显得尺寸过小或过大？有些建筑元素与其他建筑元素相比，是否显得尺寸不当？建筑尺寸是否可以调整，与相邻建筑物保持更好的关系？
尊重邻里的尺度	如果一个建筑物实际上大于它的相邻建筑物，通常可以调整立面和退界，使其看上去小一些。如果这些手段都无效的话，就有必要减小建筑物的实际尺寸。 建筑物的比例也许与相邻建筑物保持和谐，但尺度还是不当的。上图中的 3 号建筑物就是太高和太宽了 （图示：1 2 3 4） 在下图中，3 号建筑物的尺寸仍然大于相邻建筑物，但在尺度上是保持和谐的，因为立面宽度已被分解和高度也被降低

3 4

图 3. 香港城市设计导则的区域高度轮廓（以新镇为例）
图 4. 旧金山的居住区设计导则（以尺度为例）

达到设计目标的多种可能途径，鼓励建筑设计的创造性，有助于塑造丰富和生动的城市景观，但对于设计控制的实施提出更高的要求。

再以旧金山为例，公共开放空间的设计导则显然是以规定性为主的，但也包含一些绩效性的设计导则，如景观设计和小气候环境。而旧金山的居住区设计导则完全是绩效性的，并且每项设计导则都配有引导性的示例，采取文图并茂的形式，有助于解释每项导则的控制意图，而并不规定具体的解决方法（见图4）。

在实践中，城市设计控制往往会采用规定性和绩效性导则相结合的方式，分别适用于不同的控制元素。但普遍认同的观点是，尽可能多地采用绩效性的设计导则，确保达到设计控制目标但不限制具体手段，除非地区特征（如历史保护地区的文脉特征）表明采取规定性的设计导则是必要的、合理的和可行的。

同时，在发达国家和地区，城市设计控制作为对于私人利益和私人行为的公共干预，必须在政治上是可行的，即城市设计策略的控制元素必须是广大公众所认可的公共价值范畴。所以，香港的城市设计导则采取了绩效性而不是规定性方式。旧金山的居住区设计导则明确表示，设计导则是为建立和谐的邻里环境提供起码的准则而不是最高的期望。这也同样说明，城市设计作为一项公共政策，具有技术性和政治性的双重特征。设计导则的规定性和绩效性需要同时考虑技术上的合理性和政治上的可行性。

5、城市设计控制的运作机制

5.1 法律的机制

无论是作为相对独立的体制还是作为法定规划（如区划法规）的组成部分，城市设计策略（通常采取设计导则的形式）都可以作为设计控制的法定依据。如纽约和旧金山都将城市设计导则转译成为区划法规的控制条文。在大多数欧洲国家，设计控制是以法定规划中的城市设计策略为依据的，并且涉及几乎所有的开发项目。而在美国的许多城市，设计审议只是针对大型的和重要的开发项目，或在指定范围（如历史保护或自然保护地区）内的开发项目，其他的一般开发项目只需进行常规的区划控制。

5.2 行政的机制

由于设计控制往往涉及难以度量的品质特征，城市设计导则也相应地采取绩效标准的方式，在设计审议中一定程度的行政解释是不可避免的。为此，在规划管理方和开发申请方之间需要建立有效的沟通和磋商机制，使双方对于达到城市设计目标可能采取的具体手段达成共识。

在发达国家和地区，规划申请之前的非正式磋商（pre-application consultation）是很必要的，有助于规划管理方和开发申请方达成共识。为了使开发者以及一般公众都能够理解城市设计的控制意图，有些城市设计导则配有相应的解释、建议和示例，并且采用图文并茂的形式。即使在规定性很强的德国 B- Plan 中，也难免需要对于满足设计控制规定的具体对策进行磋商，以取得令人满意的结果。在美国的波特兰，为了有效地实施 1988 年的中心城区规划，特意编制了“开发者指南（Developer's Handbook）”，以易于理解的图文并茂形式，解释各种规划、政策和法规，建议如何应对设计导则，特别强调了满足设计导则具有多种可能对策，鼓励富有想象力的设计方案，而不是规定采取一种设计结果。

5.3 经济的机制

与欧洲国家不同，美国的不少城市采取容积率奖励的经济机制来推动设计控制策略的实施。奖励机制（bonus system）已在美国区划中得到广泛应用，通常是为了鼓励开发者提供公共设施和公共空间。在区划法规中引入城市设计控制以后，往往也会采取奖励措施作为实施机制。城市设计的有些控制要求（如建筑形体和立面处理）更适宜于采取奖励性（incentive）而不是强制性（mandatory）的实施机制。

另一种经济机制称为“关联条件”(linkage requirement)。根据开发项目的建设或者投资规模，要求开发者提供或者资助相应的公共设施或公共空间。在旧金山，要求商业开发项目按照 1:50 的建筑楼板面积提供公共开放空间，还规定了开发项目造价的 1% 用于城市公共艺术。

5.4 政治的机制

城市设计控制作为一项公共政策，必须建立在社会共识的政治基础上。在城市设计的各个阶段，必须包含广泛的公众参与。

在旧金山城市设计策略的基础研究中，进行了公众感知和公众意愿的调查。在香港城市设计导则的第一轮公众咨询中，大部分的设计控制议题取得了广泛共识，但仍有一些控制议题（如街道广告标识和屋顶形式的设计控制）被认为是不必要的。为了保护维多利亚港两岸的山体轮廓的视线范围，需要控制滨水地带发展的建筑高度，对此已经取得社会共识，但对于具体控制方式仍然存在分歧，有人担忧这将会制约建筑设计的灵活性，从而导致单调的城市景观。于是，这就成为香港城市设计导则的第二轮公众咨询文件的核心议题。规划部门对于这一设计控制议题在方法上、法规上和机构上都提出了多种设想，征求公众意见，

香港城市设计导则的公众咨询议题（如何保护山体轮廓的视域范围） 表 4

议题	陈述或建议	征询公众意见
方法	（1）1991 年的都会规划导则可以作为保护山体轮廓的考虑起点 （2）在适当部位，根据个案所具有的特定突出效果，可以允许放宽高度限制的灵活性 （3）基于公众的可达性和认知度，选择观景视点 （4）在著名旅游点的观景视点应当得到保护 （5）如有可能并且得到公众的广泛支持，保护具有突出特征的所有山体轮廓 （6）避免私人土地的开发容积率受到损失 （7）考虑土地使用、区位和对于保护山体轮廓的影响，允许在战略性部位设置高层建筑节点	如果规章性措施是必要的，应当如何确定维多利亚港两岸发展的整体高度轮廓？
规章	1991 年的都会规划导则提出了保护山体轮廓的视域范围，但只是指导性而不是强制性的。目前，维多利亚港两岸的有些建筑高度已经突破了都会规划的导则 控制视廊范围内的建筑高度有如下几种备选方法： （1）引入新的法规，确定建筑高度的上限 （2）在既有的法定规划（OZPS）中，确定视域范围内的建筑高度或层数限制，同时可以加上适度放宽的条款 （3）由于大的基地较有可能产生高层建筑（如果建筑密度较低的话），可以在既有的法定规划中，适当控制这些大基地的建筑密度下限，低于建筑密度下限的开发项目必须得到规划委员会的许可 （4）超过一定高度的新开发项目必须呈报规划委员会，评价对于山体轮廓保护的视觉影响，而不必在法定规划中规定高度或层数控制	您是否仍然想要依据导则来保护山体轮廓的视域范围？ 是否有必要引入规章性措施来控制建筑高度？ 您认为哪类规章性措施更为合适？ 您还有其他建议吗？
机构	另一种方式是将滨水地区划为特别设计审议区，城市设计导则可以作为设计审议的参照依据。规划委员会可以将滨水地区的设计审议作为法定规划和开发控制过程的组成部分，特别考虑滨水开发项目对于山体轮廓的视域范围的影响，以及设置作为滨水地标的超高层建筑的理由。另外，滨水发展项目可以由专门的设计审议小组受理，有各类专业人士参与，也许可以下属规划委员会。并且，还有必要对于设置监督滨水发展项目的合适机制进行调查	您是否赞同将维多利亚港周边的滨水地区划为特别设计控制区？ 您是否认为滨水地区的发展项目应由规划委员会进行设计审议，作为既有的法定规划过程？ 您是否认为滨水地区的发展项目应由专门的设计审议小组来受理？设计审议小组的职能是指导性还是决策性的？设计审议小组是否应当下属规划委员会。 您还有其他建议吗？

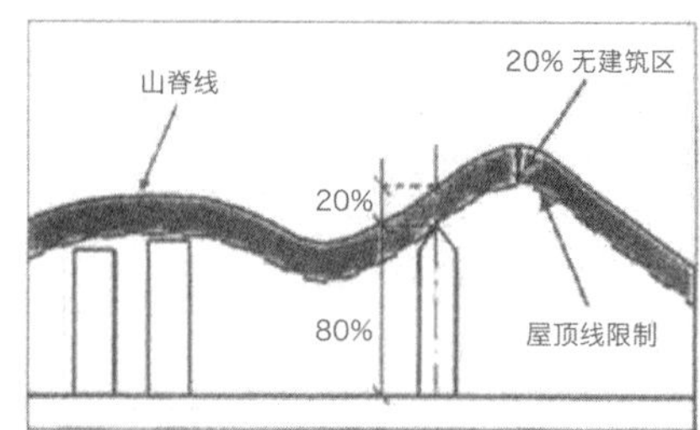

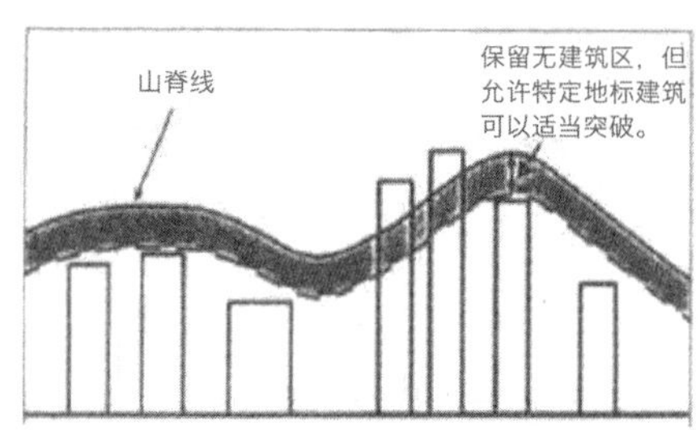

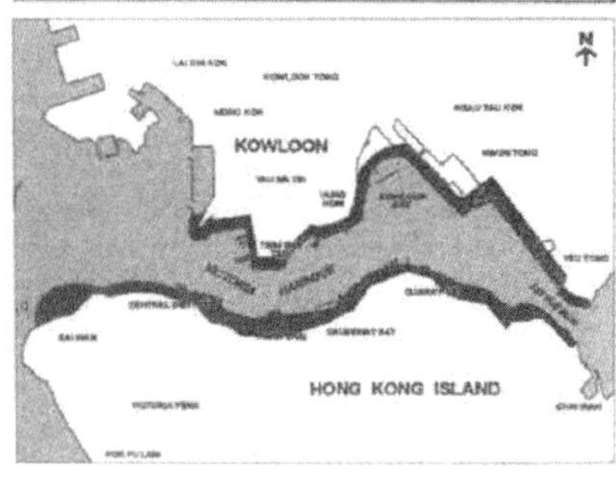

图 5. 1991 年香港都会规划导则提出保护山体轮廓的概念
图 6. 都会规划导则的修正方案
图 7. 滨水地区作为特别设计控制区的建议范围

西雅图社区设计导则的编制指南 表 5

工作阶段	政府的帮助	导则编制工作
组织和设计过程	可以向市政府申请邻里配套基金 市政府参加工作启动会议 市政府为调查邮件提供地址清单	成立邻里工作小组。设计工作过程和公众参与计划。制定时间进度和预算。聘用咨询机构（可选择）
进行邻里调查	市政府提供地形图、文件和土地使用 / 区划信息	完成初步任务 (界定研究地域、准备地形图、汇编研究报告) 进行物质调查，包括自然和文化特征、土地使用和区划 其他调查 (可选择) 分析邻里的区划 汇编和分析结果
了解公众意愿和确定目标	可以参阅市政府收集的各种设计导则 市政府可能参加社区会议	调查设计和开发意愿 (社区讨论会) 将需求和意愿转译成为目标 目标排序 (社区讨论会) 编制邻里设计图 (可选择)
编写导则	市政府评议邻里设计导则 市政府可能参加社区会议	查阅城市范围的设计导引 评议城市范围的设计导引是否表达了邻里目标 编写导则，如有需要可展示 导则草案的社区评议 (社区讨论会) 导则的正式稿呈报市政府审议和批准

并且鼓励提出新的建议（见表 4、图 5、图 6、图 7）。

与欧洲城市相比，美国的一些城市不仅在城市设计控制过程中强调公众参与，而且鼓励各个社区编制各自的设计导则。西雅图市政府印制了社区设计导则的编制指南，详尽阐述了组织过程、社区调查、拟定设计目标和编写设计导则的基本要点，并在财力、人力和物力上提供相应的帮助（见表 5）。

6、结言：对于我国的借鉴之处

6.1 城市设计控制应当有章可循

近年来，我国的不少城市都开展了城市设计工作，但绝大部分案例都是形态型而不是策略型城市设计，关注的重点是广场、街道和滨水地带等公共空间的具体形态设计，往往是需要进行整体开发才可能得以实施的终极形态蓝图，缺乏对于城市建成环境的形成过程进行控制的城市设计策略。

实际上，我国规划管理中的规划设计要点往往包含不少城市设计控制，但缺乏城市设计策略作为依据。我国的绝大多数城市，包括规划人员相对较为充实的大城市和特大城市，都缺乏整体城市设计策略，局部城市设计策略也并不多见。

为此，不但应当加强城市设计控制，更重要的是有章可循。首先，在各个层面的城市规划中需要加强城市设计策略，有条件或者有必要的话，应当编制更为完整的城市设计策略，特别是具有战略意义的总体城市设计策略和城市中心的地区城市策略。无论是作为各个层面的城市规划的组成部分还是作为相对独立的城市设计策略，都应当与城市规划保持协同关系，因为城市设计策略及其实施是与城市规划紧密相关的。

6.2 城市设计策略应当具有研究基础

城市设计策略应当建立在充分研究的基础上，既要分析自然环境条件和建成环境特征，又要调查公众意愿和公众感知。行之有效的城市设计策略源自对于地方（自然、社会、历史和文化等）特征的深刻理解，同样也取决于广大公众的认可程度。

我国城市设计过程中的公众参与也许可以从公众意愿和公众感知的调查工作开始，进而开展城市设计策略的公众咨询，然后再向公众参与的深度和广度推进。

6.3 城市设计导则应当注重实效

首先，城市设计导则应当具有合理的范畴，它所关注的应当是城市形态和景观的公共价值领域，包括建筑物对于城市形态和景观的影响，但不是建筑物本身。这就是 J. Barnett 所提出的“设计城市而不是设计建筑物”。比如，在风貌特征相当明确和突出的历史保护街区，建筑物的形体、风格、材质和细部都必须与周围环境保持和谐，因此成为具有公共价值的领域，而在其他地区，它们只是建筑物本身的构成元素而已。

其次，城市设计导则应当采取规定性要求和绩效性要求相结合的方式，因为这些要求适合于不同的控制元素，但也确实需要避免过度地采取规定性要求所带来的负面效率，切忌在地区特征并不明确的情况下强加建筑风格和色彩之类的具体规定，不适当的干预意味着决策过于集中，必然会导致城市形态和景观的单调划一。

第三，为了使城市设计导则的绩效性要求达到令人满意的控制效果，附加解说、建议和示例是十分必要的，并且采取图文并茂的表达方式，使之尽可能地易于理解。同时，也要求规划人员具有相当水准的专业素养，在实施过程中规划管理方和开发申请方之间的及时沟通和磋商也是十分必要的。

6.4 城市设计审议应当客观公正

对于大型的和重要的开发项目，需要采取设计审议制度。设计审议应当以城市设计策略作为主要依据，确保评判的客观性。同时，绩效性的城市设计导则可以使设计审议成为规划管理方和开发申请方之间的互动过程，有助于寻求富有创意的解决对策。

另一方面，为了确保设计审议的公正性，上诉机制应当成为城市设计控制过程的法定环节，切实保护行政相对方的正当权益免受侵害。发达国家和地区的实践表明，设计控制是比开发控制更有可能发生争议的公共政策领域。为此，美国最高法院在一项判例中要求设计审议必须以完整的城市设计策略作为依据。

参考文献：

[1] Barnett J., An Introduction to Urban Design. Harper & Row. New York, 1982

[2] Barnett J. , Urban Design as Publ ic Policy. McGraw Hill . New York , 1974

[3] Calderon E. J. , Design Control in the Spanish Planning Syst em. Built Environment, 1994, 20 (2) : 157- 168.

[4] Loew S. , Design Control in France. Built Environment , 1994, 20 (2) : 88- 103.

[5] Nelissen N. J.M. and Vocht C.L.F.M. D. ,Design Control in the Netherlands. Built Environment, 1994, 20 (2) : 142- 156.

[6] Nyst rom L , Design Cont rol in Planning: The Swedish Case. Built Environment,1994, 20 (2) : 113- 126.

[7] Pantel G. , Design Control in German. Built Environment , 1994, 20 (2) : 104- 112.

[8] Planning Department of Hong Kong SAR Government, Urban Design Guidelines for Hong Kong (Public Consultation II) . 2001

[9] Punter J. , Design Guidelines in Ameri can Cities: A Review of Design Policies and Guidance in FiveWest Coast Cities . Liverpool University Press, Liverpool , 1999

[10]Punter J. Design Control in England. Built Environment , 1994, 20 (2) : 169- 180.

[11]San Francisco City Planning Department, Residential Design Guidelines. 1989

[12]San Francisco City Planning Department, Downtown : An Area Plan of the Master Plan of the City and Count y of San Francisco, 1985

[13]San Francisco City Planning Department, Urban Design: An Element of the Master Plan of the City and Count y of San Francisco, 1972

[14]Scheer B.C. and Periser W.F.E. (eds.) , Design Review: Challenging Urban Aesthetic Control. Chapman & Hall, New York, 1994

[15]Southworth M. Theory and Practice of Contemporary Urban Design: A Review of Urban Design Plans in the United States. Town Planning Review, 1989, 60(4) : 369-402.

[16]Vignozzi A. Design Control in It alian Planning. Built Environment, 1994, 20 (2) :127- 141.

作者简介： 唐子来，同济大学建筑与城市规划学院教授

付 磊，同济大学城市规划系硕士生

原载于：《城市规划汇刊》2002 年第 6 期

论城市设计整合机制

On the Integrative Mechanism of Urban Design

卢济威
LU Ji-wei

摘　要
论文分析了工业时代由于城市建设学科专业分科化，带来城市系统中要素的分离需要整合，从而提出城市要素三维形态整合的城市设计机制，然后研究整合机制的层次，整合机制的运作和整合机制下的城市设计内容。

关键词
城市设计　系统　整合　机制

改革开放以来，我国城市建设高速发展，城市呈现出一片欣欣向荣的景象。然而人们回过头来，发现很多地方整体环境质量并不如意，主要表现在城市要素之间不够协调，城市文化与自然特质没有充分表现，城市特色渐渐消失。我国的城市规划对社会经济发展、土地资源的利用，以及交通、生态等建设发挥了巨大的作用，但对优化城市环境却显得力不从心。规划与工程设计（建筑、景观和市政交通）之间存在着一段很大的真空。当城市建设从追求数量到进入追求质量（或质量、数量并重）的阶段，人们越来越多开始关注整体形态的完善、环境品质的优化、城市活力的提升和特色的塑造，城市设计也逐步得到重视。长期以来，我国的城市规划将规划与设计视为一体，规划过程中虽然也在不同程度上考虑形态设计，所谓城市设计贯穿于城市规划的始终，城市设计没有独立的操作体制，然而对于一些重要的城市或城市地区，规划、建筑界逐渐意识到切合我国建设需要的城市设计操作是有益的、必要的，从学术界、政府主管部门和开发机构也都接受了这个事实。上海浦东陆家嘴 CBD、深圳福田中心区，还有其他很多大学城、滨河区域等都进行了城市设计国际竞赛或咨询。

1、城市设计是时代发展的需要

工业革命前，社会经济的发展状况使城市发展保持在一个比较稳定的水平上，弗兰姆普敦把处于这种发展阶段的城市称为“有限城市”[①]。在“有限城市”阶段，城市功能不复杂，环境建设的相关工程简单，专业工种没有细分，建筑师往往承担城市建设中的各项设计工作，例如文艺复兴时期的米开朗琪罗，既是建筑师，又是雕塑家，还能设计广场和道路。设计师的注意力集中在城市整体视觉形象的控制上，使当时的城市环境形态得以保持良好的秩序，体现出一种和谐性和整体性。

18 世纪工业革命以后，城市发生了史无前例的巨变，城市建设的各个系统在技术与理论上不断发展，形成相应的专业与学科，包括建筑学、景观学、道路工程、市政工程、交通工程、桥梁工程和地下工程等。专业的分工和发展还促使管理系统的分离，城市各系统越来越独立，甚至形成各自为政的权力范围。建筑设计专业局限在基地红线范围内设计建筑，景观专业仅对城市开放空间从事景观与园林设计，至于道路、桥梁、市政和地下工程等专业设计更是以其工程技术目标为单一的价值取向。这些专业设计所建成的城市构成要素往往无视整体环境，各自为政的专业设计组合只能使城市环境形态成为无序、混乱的拼凑，当然与环境的和谐、统一相距甚远。

现代主义以《雅典宪章》为代表的规划思想是工业时代追求理性、强调学科专业分工主流思想的产物，追求严格的功能分区、树状分级结构等。虽然这种思想和方法对于当时解决城市发展诸多问题起了十分重要的作用，但随着社会的发展，进入后工业时代，人们追求学科的综合、交叉和渗透的思想逐渐为科学界所接受，对于过细的学科专业化的分离提出质疑。

实际上，真实世界生活中的所有课题，都是处于相互重叠的复合状态，城市也一样，是一个错综复杂的复合体，既有确定的有序的一面，也有随机和无序的另一面，既有可度量的因素，也有很多无法度量的因素，系统中的各要素是互相渗透、混合重叠的。由不同专业设计的城市要素，无法实现城市这个复杂系统的有序运转，也不能满足城市生活的多样性和环境和谐统一性的追求。城市规划是二维的，无法全面地将三维的不同专业的工程设计进行整合，为此现代城市设计的发展势在必行，可以从观念层次形成各专业共享的环境价值观，从操作层次成为二维的城市规划向三维的专业工程设计过渡的桥梁。

2、城市设计的机制——城市要素三维形态整合

城市设计是“对城市体形环境所进行的设计”[②]，“是对城市环境形态所作的各种处理和艺术安排”[③]。城市设计研究城市形态（实体和空间）已为大家所共识，但对城市设计的内容和如何操作等许多问题，还存着不同的理解，很多人将城市设计与景观规划设计等同起来，仅以美学为依据进行形态设计；在实际操作中，城市规划与城市设计界限不清，以为将规划中的建筑请建筑师做深入一些就是城市设计。以上各种看法的差异是由于每个人所处的背景不同，政府主管、规划师、建筑师和景观设计师从各自的目标和工作经验出发，得出不同的理解是必然的。

城市设计作为一种观念、思想、原则应该贯穿于城市规划的各个阶段，城市设计作为一个操作层次，与规划阶段有一定联系，但具有独立性的认识已逐渐受到重视。城市设计的操作如何与详规、建筑群设计、景观设计区分开来，是城市设计学科发展的重要课题。这就得研究城市设计的实质，即城市设计的机制。

机制的概念，原是指机器的构造和动作的原理，后来生物学、医学通过类比借用了这个词。现在关于机制的概念已扩大到各个领域，它是指事物内在工作方式，包括事物结构组成的互相关系。阐明事物的机制，意味着对其认识从现象的描述进入本质的说明。研究城市设计的机制应建立在实践的基础上，在研究国内外实践的同时特别要注意国内的设计

实践。目前实践中的城市设计工作过程，一般分三个阶段：1.背景研究，理解作为设计重要依据的城市规划，对设计范围及其周边进行现状调查、分析，特别要寻找基地的环境资源；2.确定城市设计目标，根据设计目标，结合城市经济、社会发展的需要、城市行为、自然生态、技术条件和视觉艺术理论等建立城市形态，这是个创作过程；3.依据经过论证确定的城市形态发展模式，制定设计准则（或称导则），以指导下一层次的工程设计，包括建筑设计、景观设计和市政、交通设计。在这三阶段中，最核心的是第二阶段，是城市设计特殊性的所在，这阶段创作过程的关键是城市要素的三维形态整合。美国伊利诺伊大学张庭伟教授在“城市高速发展中的城市设计问题：关于城市设计原则的讨论”一文中提出：“从某种程度而言，城市设计的精髓就是处理互相的关系。”④

城市这个复杂的大系统，是由各种城市要素组成，每个要素都有其社会、经济、文化、生活等存在的意义，不会像雕塑作品可由艺术家畅想创作，城市设计的创作主要建立在要素的关系组合上，城市的多样性、有序性、和谐性来源于要素的组合。因此研究城市要素及其之间的关系，必然成为城市设计的创作机制。早在1953年，英国F·吉伯德在《市镇设计》(Town Design)中指出：“城市设计的基本特征是将不同物体联合，使之成为新的设计，设计者不仅必须考虑物体本身的设计，而且要考虑一个物体与其他物体之间的关系。”这里所指的物体即城市要素。美国城市设计学者Gerald Crane在《城市设计的实践》中也指出：“城市设计是研究城市组织中各主要要素互相关系的那一级设计”。⑤

城市设计强调三维整合，这是因为城市要素的存在是三维的，城市设计涉及和指导的工程设计也是三维的。当城市尺度很大时，二维性就被突显，例如总体城市设计、很大范围的局部城市设计，可能二维形态的研究占主要地位，但是对其节点和重点区域进行三维设计仍还是重要的组成部分。二维是三维的一种特殊形式，属于三维形态整合的一部分。

3、整合机制的层次

整合是个宽泛的概念，城市要素在复杂的大系统中形成不同层次的整合关系，一般可分为：实体要素整合，空间要素整合和城市区域整合。

3.1 实体要素整合

城市实体要素包含：建筑、市政工程物（如桥梁、道路、天桥、堤坝和风井等）、城市雕塑、绿化林木、自然山体……它们之间的关系处理对城市的景观有着极大的影响。城市要素是城市功能的需要，不能回避，使其整合。要素本身对于景观来说，不存在优劣好坏，正像色彩一样，没有一种色彩是难看的，关键在于要素存在的形态和如何处理它们之间的关系。目前我国各城市为了优化交通建造了很多高架路、天桥，的确绝大部分与周围建筑和环境不相协调，但不能认为天桥、高架路必然破坏景观，这是因为我国的天桥等都是由市政部门设计的，没有经过城市设计预先进行整合设计，世界上高架路、天桥与建筑、环境协调统一的例子很多，例如日本新宿的高架路成为立体化城市的有机组成，给人以耳目一新的感觉。日本北九州火车站前广场的二层步行系统和三层轻轨高架良好地整合，也形成了优美的城市环境。这些都是城市实体要素三维形态整合的结果。

3.2 空间要素整合

城市空间要素是人们赖以生存、进行生活和社会活动的环境。空间要素包含：街道、广场、绿地、水域，要素的整合涉及：地上与地下空间、自然与人造空间、历史传统与新建环境、建筑与公共空间、建筑与交通空间等。空间要素整合以城市公共行为为主要取向，当然也受经济、生态和美学等因素的影响。公共行为是城市活动的总称，是城市空间整合的主要内因与依据，正像美国城市设计理论家林奇所说：“城市设计的关键在于如何从空间安排上保证城市各种活动的交织”。

巴黎市中心的中央商场地区改造城市设计是一个地下与地上空间整合的佳例。20 世纪 60 年代，由于该地区的市场衰败，环境差乱，政府决定进行综合改造。基地东北侧有中世纪的教堂，地下有两条地铁交汇的枢纽。城市设计将地面留作绿色广场，避免对古教堂的干扰，地下开发四层商场，与地铁枢纽站连接；在东侧中间设计了一个 $3000m^2$、深 13.5m 的下沉广场，作为地面与地下联系的公共空间，既是地下商场的主入口，又解决了商场的自然采光要求。建成后这里成为集交通、商业、文化娱乐和休闲于一体的城市中心区。城市设计很好地整合了地上和地下空间，十分关键的手段是运用了作为地下公共空间的下沉广场。在这个改造设计中还进行了新环境与老建筑环境、人工环境与自然环境的整合。

3.3 区域整合

这里主要针对城市内的区域，它是指在功能或形态方面具有某种特质，由若干物质与空间要素构成的复合体，是扩大了的城市空间。区域整合包括：区域与区域之间的整合，区域与城市整体的整合。

当前由于对生态的重视，很多城市十分关心水域环境的保护与开发，人们逐渐意识到，以景观为目的规划朝综合取向的城市设计转变更有利于城市的发展。在滨水环境的城市设计中，注重堤坝与市民活动空间的整合，促使防洪与亲水休闲功能的兼顾；强调绿化与人工设施的整合，力求在保证江滨公共使用的基础上增加支持活动，提高活力；重视桥梁与周边建筑和环境的整合，避免自成体系的通病。以上这些都是实体要素和空间要素的整合，实践中的很多设计往往遗漏了区域的整合，把河流、水体看成一个封闭的系统，没有考虑水环境作为城市的一部分，与周边区域建立联系、进行整合，以使自然生态资源的开发促进周边地区的繁荣。

21世纪初刚刚建成的柏林联邦政府区城市设计是区域整合的典范，德国政府为了迁都，决定在原来古典主义的国会大厦周围建设新的政府区，1993年的国际竞赛从800多个方案中选出了舒尔特斯 (Axel Schultex) 和弗兰克 (Charlotte Frank) 合作的方案作为实施方案。基地位于施普雷河湾、东西柏林的交界处，设计将总理府、议会办公和大会堂等功能组合成宽100m，长1500m的建筑群，跨越河流，称为“联邦纽带”，象征联系东、西柏林的桥，整合曾被历史分离的东、西柏林，整合被河道分割了的城市区域。

整合的层次是相对的，在具体的设计中都是各种层次整合的综合，当然会有主有次。柏林联邦政府区的城市设计，重点是区域整合，同时进行了新老建筑的整合，将新建筑群围绕国会大厦建造，国会大厦输入玻璃圆顶等现代元素，促使互相协调，另外，设计中还将建筑群自由地融入城市中心绿地，使人工环境和自然环境有机整合。

4、整合机制的运作

城市设计整合机制有其自己的运作方式，包含四方面的内容：深入研究要素；让要素开放、促使要素互相渗透、结合；寻求要素的整合方式和结合点设计等。

4.1 深入研究要素

分析要素在城市中的定位、功能和形态的可能性，是要素整合的基础。乔纳森·巴奈特关于“城市设计是设计城市，不设计建筑”的名言[5]，指的不设计建筑不等于不研究建筑。为了整合城市要素之间的关系，必须对相关要素，包括建筑在内进行分析，预测其功能的可能性和形态的可能性。在步行商业街的城市设计中，应对街道、界面建筑、服务后街、出入口和绿化广场等每个要素进行研究。以建筑为例，首先要研究商店的业态特征与分布，以及适应业态变化的建筑布局；同时还要探讨适应房产市场需要的上部建筑功能，符合街道空间良好比例与尺度的建筑高度，商店进货与顾客分离，以保护传统建筑为目的的新老建筑结合，入口处建筑形式，以及丰富街道空间并拓展商业经营面的界面处理等等。只有在对建筑要素的上述分析后，才能研究与其他要素的整合方式。

4.2 让要素开放，促使要素之间相互渗透、结合

城市的要素，无论是建筑、公共空间或道路等，本来就是开放的、互相联系的，自从城市建设的专业细化，设计要素的专业都将自己设计内容的周边条件封闭起来。城市绿地、建筑用地和道路用地之间均以红线为界，井水不犯河水，只求自身的完整性；滨水绿带为了避免公共性被侵不准建设功能性的建筑；天桥只能作为步行交通使用，不允许建筑功能介入等等。然而信息社会的现代化城市正在冲击这种封闭，越来越趋向开放的网络系统演变，各要素之间的相互开放反映在空间形态上要素与要素之间互相渗透、要素与城市空间互相渗透，这已成为现代城市形态发展的一种重要趋势。

城市广场建到建筑屋顶上，建筑中庭成为城市广场，火车站厅与城市广场融于一体，城市过街天桥的楼梯与建筑中庭大踏步共用，建筑架空作为城市的公共空间，至于建筑敞廊作为滨水灰色公共空间更是常见。以上现象在当今的很多城市中已屡见不鲜，这些城市空间的互渗也是城市设计师、规划师和建筑师进行城市要素整合的结果。

城市设计面对城市空间发展的趋势，首先要促使要素开放自己的界限，为空间渗透创造条件，当然这过程会冲击原来各要素及其专业的传统研究和设计内容，甚至会涉及相关的规范，例如土地的“空权”问题。同时城市设计应在要素开放的基础上推进它们之间的相互结合、相互渗透，以达到城市机能的高效性和景观的宜人性。要素的开放和渗透还反映在要素所处的用地上，在可能的条件下，在城市设计范围力求空间重叠，如上海静安寺广场与静安公园分属两个业主，经城市设计与双方协商，将广场作为地下商场的屋顶，让公园绿地延伸到其上，堆土成丘，使公园绿化增加了 $0.4hm^2$，无论对公园还是广场的景观都有增无减，达到了双赢；要素开放、渗透还表现在用地的各种指标，包括容积率、绿化率和覆盖率等，在城市设计范围内统一平衡，不强调每块用地平衡。无论静安公园与静安寺广场红线界限模糊，还是用地范围指标统一平衡，都是为了城市环境的大手笔创造。

4.3 寻求要素的整合方式

系统论认为，系统是由很多子系统组成，子系统的不同形式组合能产生无限的多样性

和可能性。城市作为有机的大系统，要获得 1+1 大于 2 的效果，必须研究要素之间的组合方式。要素的整合依据来源于城市的公共行为，它包括认知行为和活动行为，认知行为在景观整合中研究较多，涉及环境的和谐统一性；活动行为是指市民各种活动方式，例如通勤、购物、旅游、休闲、广场文化活动、节日庆典、交通流动、服务供应等，涉及环境的效率。整合是创作过程，也是多种方案比较过程，既有逻辑思维，又有形象思维。

4.4 结合点设计

城市设计在整合过程中，要素之间的结合点设计极为重要，它是城市要素统一、渗透、结合的节点处理，也是城市设计能否实现的关键所在。结合点设计必须对节点的相关要素或系统进行可能性的分析研究，必须深入到要素的内部，例如在城市密集的 CBD 区域，要建立二层步行系统，城市设计就得研究步行系统所涉及的建筑，研究建筑第二层的功能特征，促使它公共化、开放化，根据跨路天桥的布置位置确定连接点的位置和标高，以及垂直交通可能布置的方式。如果已明确业主，可以与建筑师详细研究，如果没有业主对象，就得凭城市设计师的职业实践经验，对城市发展的综合分析预测。结合点设计必须是三维的，在保证系统建立的基础上应有弹性，最后还得变成建筑设计和市政设计共同遵守的准则。结合点的选定应根据城市设计的范围而区别，局部地区城市设计可能是上述二层步行系统与建筑的结合点，也可能是地铁站枢纽的综合体、滨水区堤坝与公共活动广场的结合点、新老建筑环境结合的过渡区、作为地下与地上空间联系的下沉广场等；总体城市设计的结合点是以城市系统的结合点方式出现，往往是城市的节点，例如区域中心，与周边地区密切联系的商业街，重要的城市广场，交通枢纽等，这一层次的结合点往往是局部地区城市设计的对象。

5、整合机制下的城市设计内容

城市设计内容通常也称城市设计要素，它区别于城市要素。国内外的城市设计论著有不同的说法，目前我国的实践中一般都根据美国城市设计师哈米德 · 胥瓦尼在《都市设计程序》(The Urban Design Process) 一书中提出的城市设计八要素，进行操作：

1. 土地使用 (Land use);
2. 建筑形式与体量 (Building form and massing);
3. 流动与停车 (Circulation and Parking);

4. 人行步道 (Pedestrian ways);

5. 开放空间 (Open space);

6. 标志 (Signage);

7. 保存维护 (Preservation);

8. 活动支持 (activity support)。

这八要素作为城市设计内容能将城市设计与城市规划区分开来，但我们在长期的实践中也碰到很多问题，在这里提出来商榷。

1. 土地使用是二维规划的概念，城市设计在研究二维土地使用的基础上，更强调土地使用的高效性，功能复合和空间布局的立体化，如果沿用“土地使用”概念很难推进以上空间特征的实现。

2. 开放空间，传统的开放空间包含开敞和公共两层意思，随着时代的发展，空间的这两个概念已逐渐分离，现代化城市很多空间具有公共性，但不一定开敞，例如地下步行街、中庭式的城市广场等。我以为开放空间应强调公共性为宜，故建议采用公共空间。

3. 标志，对于城市的景观和功能都很重要，但对城市形态整合、确定城市整体形态不是直接发挥重要作用，很多城市设计做了也只是起到锦上添花的作用，它与城市灯光夜景的性质差不多，可以不在城市设计阶段设计。

4. 保存维护，主要是针对历史文化遗存的保护与利用，它对于城市文化的认同与发展具有重要意义，但随着人类对生态观念的重视，保护自然环境也受到广泛关注，历史文化遗存和自然山水都是城市的资源，它们都对城市形态的发展具有非常大的意义，我们以为如果将保存维护的概念扩大到自然与历史资源的保护和利用，更有利于城市的可持续发展。

5. 活动支持，对于城市空间的形成十分重要，但它不是城市形态设计的本体，是影响城市形态形成的重要因素。活动支持属于城市行为范畴，与城市美学原则、生态原则、社会因素等均属影响城市形态的因素，是城市设计必须研究的重要课题，不是城市设计内容的本身。

6. 八类要素中涉及景观方面的有建筑形式与体量、标志和开放空间等，但天际线、视觉通廊、城市入口标志等均未列入。城市景观的这些内容都是由城市多个要素组合而成，例如天际线，是城市竖向构成物，包括建筑、构筑物、山体、林木等要素共同构成，单以建筑所形成的天际线是不完善的。我国近年来的城市发展对景观十分重视，而且取得了可喜的成绩，景观对城市整体形态的形成有着重要的作用，结合国情，将景观以独立系统作为城市设计内容，对城市形态的完善会提供有利的前景。

根据以上分析，胥瓦尼的城市设计要素并不完善、全面。

根据前文对整合机制三个层次的概括，可以认为：空间要素扮演着承上启下的角色，实体要素在空间要素内组合，空间要素是实体要素的载体，同时空间要素的组合又形成区域，为此以空间要素层次组织城市设计的基本内容能较全面地，更确切地实现城市设计的整合机制。在这个概念下，结合我们多年的实践和研究，建议将城市设计内容（要素）归纳为五个方面：

1. 空间使用体系

包括：三维的功能布局和使用的强度。

2. 交通空间体系

包括：车行交通、轨道交通、步行交通、停车、换乘等。

3. 公共空间体系

包括：广场、公共绿地、滨水空间、步行街、二层步行系统、地下公共空间、室内公共空间等。

4. 空间景观体系

包括：空间结构、城市轮廓线、高度控制、地形塑造、建筑形式、地标、对景、城市（或区域）入口处理等。

5. 自然、历史资源空间体系

自然资源包括：自然山体、自然水体和自然林木等。

历史文化资源包括：历史建筑、历史场所和历史街区等。

以上概括的城市设计内容，对于具体的设计项目而言，不一定所有内容都要进行设计，应根据项目的特征和城市设计的目标、取向，对设计内容进行取舍。

当前，我国城市设计的发展趋势大好，我们应该在不断实践的基础上，坚持理论研究，为建立适应国情的城市设计体系添砖加瓦。

注释：

① 引自肯尼思· 弗兰姆普敦著．原山等译．现代建筑——一部批判的历史．中国建筑工业出版社，1988.8

② 引自中国．大百科全书

③ 引自英国．大不列颠百科全书

④ 引自城市规划汇刊．2001.3

⑤ 引自乔纳森·巴奈特著．舒达思译．URBAN DESIGN AS PUBLIC POLICY

作者简介： 卢济威，同济大学建筑与城市规划学院教授

原载于：《建筑学报》2004 年第 1 期

我们需要怎样的城市设计

What Kind of Urban Design Proposal Do We Need

金广君　刘堃
JIN Guang-jun,LIU Kun

摘　要
市场经济的发展、城市建设问题的复杂化决定了当今的城市设计需要从产品型的空间美学设计向过程型的空间管理工具的转变，决定了城市设计必将成为城市建设管理法制化的重要组成部分。通过对当代城市设计概念的重新梳理，提出了城市设计应注重设计的四方面内容，提出了可操作性的城市设计成果的表达形式，并介绍了近期在城市设计实践中的探索。

关键词
城市设计　设计团队　成果特征　设计框架

城市景观是城市设计的外在作用结果之一。从哲学的角度上讲，一切事物都是内容决定形式、过程决定结果。因此，为塑造良好城市景观，我们就不能不探求隐藏在其背后起决定作用的城市设计过程，研究城市设计如何协调城市建设中复杂的社会经济因素，将城市空间形态的控制与城市建设相契合，实现经济、社会、环境三个效益的完美结合。

1、对城市设计问题的理解

城市设计作为一个新的学科和概念，自 20 世纪 80 年代引入我国以来，引起了学术界极大的关注和广泛的讨论，并适时地被广大同仁积极运用于城市规划和设计的实践中。随着我国经济环境的转变，城市设计在我国的发展也逐渐深化，城市设计由关注景观形态转向关注经济与社会发展，由重视最终图纸转向重视管理与建设的全过程，由专业的设计创作转向实施过程的民主机制。

然而，学术界对城市设计概念的认识仍是众说纷纭。因此，要回答“需要怎样的城市设计”的问题，需先对城市设计的一些基本问题做必要的梳理。

1.1 概念的思考

关于城市设计的概念，学术界有多种多样的讨论，以下仅选择几个典型的学术观点做简单介绍：

（1）“二次订单”的城市设计概念。“二次订单设计（Second-order Design）”的城市设计概念由美国伊利诺伊大学瓦科基 · 乔治（Vakki George）教授于 1997 年提出。他认为由于城市经济、技术、社会环境的变化与越来越多不确定因素的产生，要求城市设计应脱离一次订单设计范畴，更多地转向设计目标、设计策略、设计导则与实施计划（图 1）。

因此当代城市设计的方法应该是二次订单设计方法，即城市设计师并非像建筑师或景观建筑师那样直接设计出具体对象，他们设计的是影响城市形态的一系列“决策环境”，使得下一层次的设计者们在这一决策环境规则的指导下做专业化的具体设计[1]。

（2）“城市设计框架（Urban Design Framework）”的概念。近年来，城市设计框架一词在国外城市规划与设计领域频繁出现。早期的城市设计框架多半是针对城市形体环境的设计，通过借鉴凯文 · 林奇“城市意象”的五元素来形成点、线、面交织的空间形态网络，是一种塑造形体环境的整体框架。自2000年以后，城市设计框架逐渐向实施管理和策划工具的方向转变，发展成为政府管理层面用来组织协商、进行项目策划的一种行动计划，其内容也不断拓宽。

可见，城市设计框架概念的建立是将城市设计作为一个完整的过程，形体环境的设计逐步成为其中的一个环节，前期的策划、土地的开发、设计的实施、后期的管理与维护均是城市设计框架所包含的内容。城市设计框架的建立，为城市建设的科学发展和可持续发展提供了一个有效的实施工具，有利于实现社会、经济和环境效益的有机平衡（图2）。

（3）“城市触媒”的概念。“触媒”（catalysts）理论，是针对城市设计过程“动态特征”提出来的。触媒理论认为，城市环境中的各个元素都是相互关联的，这种关联不仅仅存在于外在的视觉形态方面，也存在于内在的经济联系。如果其中一个元素发生变化，它就会像化学反应中的“触媒”一样，影响或带动其他元素发生改变。

把这一原理加以引申，不难得出：一项政策、一个建设项目、一个环境条件的改变都会对城市建设活动产生影响，激发或限制城市某一特定片区内建设活动的发生或建设速度的快慢，进而影响城市设计的实施过程[2]。因此，城市的发展是“可设计”的，城市设计的目标不只是塑造良好的空间形态，还可以设计科学的城市发展计划，运用市场经济合理调配资源，调动城市开发的能动性，为城市带来更大的收益。

（4）“圈层论”的设计概念。美国哈佛大学的教授认为城市设计并非技术学科，而是用于建立多样规则的决策框架，由于领域的概念可被解释为行动的圈层（spheres of action），因此城市设计的领域即可被认为是一系列城市建设行动的圈层（spheres of urbanistic action）中的决策活动。对应不同的圈层，其设计内容包括：①城市设计是城市规划和建筑学之间的桥梁；②城市设计是基于城市形态的公共方针；③城市设计是城市建筑学；④城市设计是城市改造的策略；⑤城市设计是创造场所的手段；⑥城市设计是城市有机发展的保证；⑦城市设计是对城市基础的整体布局；⑧城市设计是“景观城市”的保证；⑨城市设计是对城市远景的构建；⑩城市设计是创造和谐社区的保障。

从以上10点决策内容可以看出，城市设计已经从单一的城市空间设计，扩大到对城市发展全过程的决策，涵盖城市建设的物质空间（圈层①、③、⑤）、改造的公共方针与策略（圈层②、④）、经济增长（圈层⑥）与近远期目标体系的建立（圈层⑦、⑧、⑨、⑩）。

通过对以上设计概念的表述和学习，我们不难得出，当代城市设计学科的发展已经不限于对形体环境的形态设计，更多的是对城市开发与实施过程的制定与影响。由此我们得出：

良好的城市设计不仅仅以城市景观的美学法则作为唯一的衡量标准，而应该把空间作为资源，把城市设计与城市开发、经济建设与人的使用结合起来，塑造有价值的、健康适居的、方便高效的城市空间。

1.2 项目的特点

通过对当今城市设计实践项目的统计分析，可以看出，城市设计项目有“四多”的特点，即多学科、多层次、多投资、多变化。以下展开论述。

（1）多学科。吴良镛先生一直认为城市设计是一个“融贯学科”。20世纪60年代在哈佛大学召开的首次城市设计教育国际研讨会上，与会学者普遍认为城市设计以建筑学、景观建筑学、城市规划三个学科领域构成了它的学科主体。如果说当今城市设计是“一系列的行政决策过程”，是“编制着一个看不见的网”的话[3]，在学科的主体中至少还应该加入城市公共管理和房地产开发的内容。此外，城市设计还受许多学科领域的影响，这些学科分别按三维和二维尺度的划分对城市设计产生着不同的影响（图3）。

（2）多层次。就城市设计的项目而言，其规模大到一座城市，小至一片社区，在城市建设的各个阶段均有所涉及，项目的类型也多种多样。不同层次的城市设计项目对设计成果的内容与表达形式有不同的要求。

一般来说，城市设计的规模越小，其设计成果越趋向于设计产品；随着规模变大，设计成果越趋向于设计过程。设计产品的设计成果是具象的、控制是明确的；而设计过程的设计成果则是意象的、导控的，其成果主要有研究报告和图、导则等等。

（3）多投资。一般来讲，城市设计项目是城市政府开发建设城市、发展城市经济的手段之一，由政府牵头策划和实施。在实施的启动阶段，政府会有一些资金投入，在开发建设启动之后，则需要政策的保障来吸引多方投资、多渠道开发。

因此城市设计的实施过程是复杂的资本运转过程，吸引投资、推动开发均需要提供较小风险与较高回报的投资环境。这就要求城市设计师在制定城市设计计划时了解市场经济的作用规律，制定合理的开发时序，并注重吸引投资、推动开发的技巧，兼顾政府、开发商和市民三方的利益，实现城市建设的目标。

（4）多变化。城市设计操控的对象不只是一栋建筑或一个广场，而是存在于城市复杂巨系统中的城市空间，其形成并非一朝一夕，而需要经过漫长的城市发展过程。

在较长的时段内，城市设计的实施环境会随之不断变化，台湾学者喻肇青在《都市设

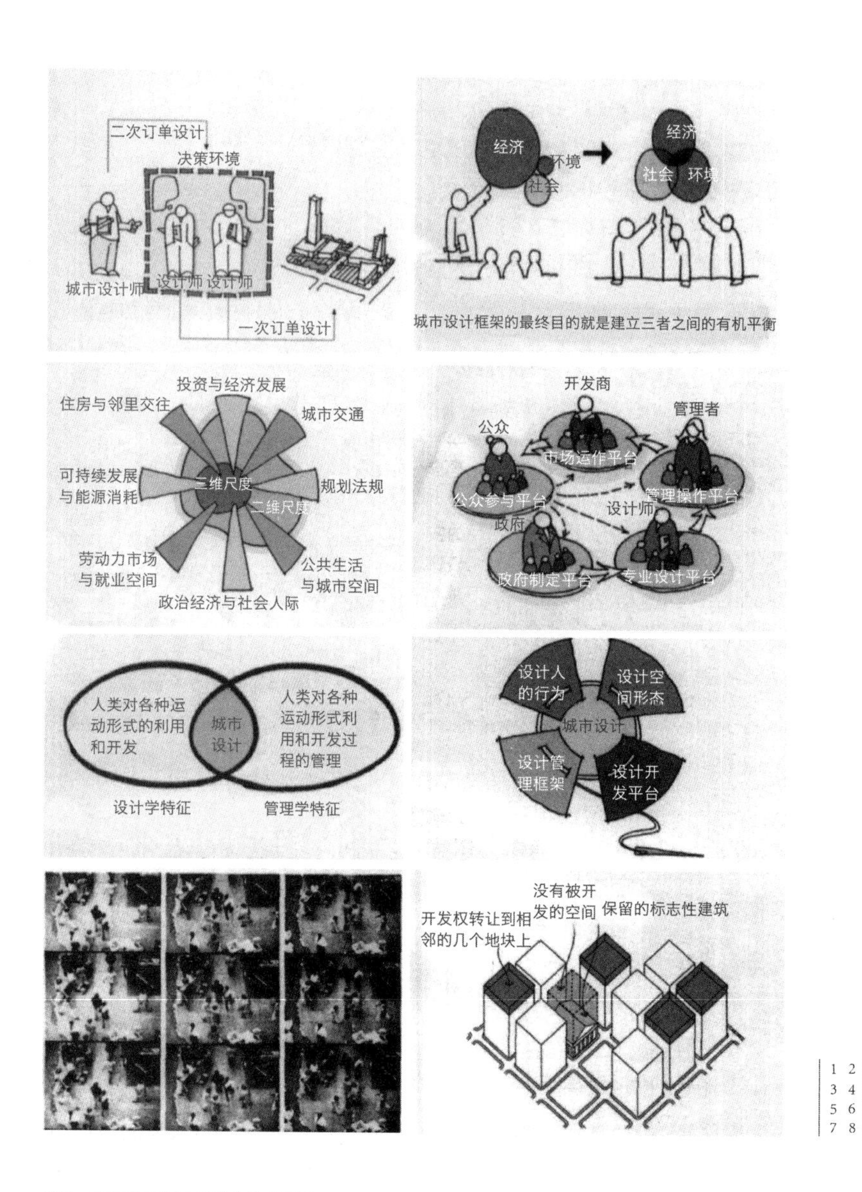

1 2
3 4
5 6
7 8

图 1. 二次订单的城市设计概念图标
图 2. 城市设计框架的效益协调作用
图 3. 与城市设计相关的研究领域
图 4. 城市设计工作平台 -- 团队构成对应关系
图 5. 城市设计的双重性特征
图 6. 城市设计应包含的四部分内容
图 7. 运用定时影像记录人的行为活动
图 8. 空中开发权转让

计的危机与定位》中指出“变”是城市设计的重要特点之一，这就要求城市设计师不得不把时间作为一项重要的设计影响因素，通过动态反馈过程不断调整设计内容与实施策略，以更好地推进项目进程，顺应城市建设。

从全过程的观点来看，城市设计项目的实现是团队合作的结果。在整个过程中，城市设计师仅仅是团队中的一分子，需要通过多个平台和各个利益群体配合与合作。城市设计师在其中扮演组织与协调的角色，通过搭建一系列的交流平台使城市设计的思想成为共识，通过一系列的决策过程，通过城市建设实现各个平衡的利益（图 4）。

1.3 成果的构成

为了适应全过程的城市设计实施管理，当今的城市设计成果突破了“产品特征”与“过程特征”的局限，正向着体现双重特征的方向发展[4]，同时，在城市设计学科研究和设计方法上分别体现着设计学和管理学的特征（图 5）。

在设计学方面，城市设计一直秉承对城市景观艺术的关心和创作的传统，通过对城市远景蓝图的构想提出城市空间形态的发展趋势、空间的意向、城市景观的特色等等。不同的是，城市设计对上述目标是通过一系列导控的技术来实现而不是具体的设计和终极产品。

在管理学方面，城市设计关注着对其目标实现过程的控制和引导，并从管理学科汲取营养，重视管理方法和技术研究。因此一个完整的城市设计创作，包括对目标、计划、组织和控制的整体设想。在设计创作的基础上，设计成果被抽象转译成为各种规则与导引，使之持续地引导与管理着城市设计的实施过程。

以上这些特征决定了城市设计的成果应由两个部分组成：

（1）设计研究。设计研究是通过对城市相关资料的搜集和整理，运用城市设计的理论与方法，针对设计的关键问题，提出设计目标、设计主题和设计概念，并提出对城市远景空间形态发展的构想。从创作过程上讲，设计研究是设计创作的基础和使设计成果参与建设管理的科学依据，通过被各种城市设计技术与技巧的转译，设计研究的成果才能具有参与实施操作的可能性。

（2）实施策略。目前对城市设计实施策略的考虑大多局限在对设计创作成果的转译，即将城市设计对空间的创作转化成城市设计的图则和导则，包括整体的导则和具体设计地段的导则，目的是通过这些具体的控制和引导来实现城市设计的目标。

然而，设计图则和导则仅仅是为管理者提供对建设项目审批的依据，没有发挥参与城市计活动的各方利益群体的潜力。因此城市设计的实施策略还应该包括能引起人们参与的宣传成果和能吸引多方投资的奖励政策,这样才能利用经济杠杆推进城市设计项目的进程。

2、对城市设计内容的思考

城市设计学科的假设是“城市是可以被人所设计的，只有经过良好设计的城市才有适居性（livability）”。城市设计活动的最终目的是为塑造“适居性强”的城市空间提供科学的依据和操作计划。为了实现这个目的，城市设计的创作应是整体的策划、通盘的考虑，其设计内容应包括设计人的行为、设计空间形态、设计开发平台、设计管理框架等四个部分（图 6）。

2.1 设计人的行为

城市空间是城市生活的发生器，为人的行为活动提供场所。迪赛（C. M. Deasy）在《为人的设计》（Design for Human Affairs）中指出“规划和设计的目的不是创造一个有形的工艺品，而是创造一个满足人类行为的环境”。因此，城市设计作为城市空间的塑造者，应充分认识到设计的最终服务对象，把人的活动作为创作源泉与依据，设计人的行为以迎合公众的使用需求，从而保证空间的使用效率。

人个体活动的多样性，决定了城市空间对人活动的关注不可能也不必面面俱到，城市设计对人行为的考虑主要集中于直接与空间使用相关的以下几个方面:

（1）便捷的交通——可达性。可达性是城市空间的使用前提。在这个层面上，对人行为的设计即为运用合理的交通方式引导与组织人的活动，为城市空间中活动的发生提供可能。随着当今人们“效益”观念的增强，可达性对人行为的影响力逐渐减小，只能满足人的必要性活动，而高效便捷的交通组织能够吸引更多的自发性与社会性活动①。

举例来说，以公共交通为导向的发展模式（TOD）即为以提供高效的城市空间使用为目标的城市空间开发组织模式。TOD 模式虽然更多的是对城市土地开发与交通组织的指导，但归根结底还是以方便人的到达与使用为根本目的，通过完善的公交系统方便人的快速到达，借助土地的混合开发为公众提供多元的城市功能。可以说，便捷的交通是满足人在城市中开展活动的前提，是任何类型的城市空间设计均应考虑的首要问题。

（2）人性化尺度——舒适性。城市空间为人所使用，因此用人性尺度塑造城市空间是城市设计应该遵守的空间设计原则之一。人性尺度的运用可以方便人的使用，增强空间的舒适性，从而形成良好的空间感受。

城市设计各个层次对城市空间的控制均涉及人性尺度的应用。在宏观层次上，城市公共空间的分布，社区、步行街区规模的确定需要基于人性尺度的考虑；具体到一个街区的街道高宽比、广场的尺寸、建筑群的体量关系也应运用人性尺度去衡量；微观到街头的环境设施，座椅的高度、摆向、树木的栽植则更需要确切的人性化设计。总之，人性尺度的把握是创造舒适宜人的城市活动空间的主要手段，是设计人的行为的基本内容。

（3）群体性需求——适应性。由于城市空间的服务对象为群体而非个人，因此城市设计师应关注群体的行为特征与行为需求。对群体行为特征的研究一般分为两个部分，一部分为对公众行为规律的观察与归纳，是针对不同城市空间、不同人群的行为特征的研究，与城市空间类型、人的生活习惯、心理特征与社会准则、伦理道德有关，属于群体需求的共性研究；另一部分则是对特定的活动、集会的关注，包括节庆、民俗活动与各种有组织活动，它们更多地与城市的历史、民族的文化、习俗相关，是群体需求的个性研究。

共性的研究建立在对城市公共生活的观察与记录的基础之上，个性的研究则需要深入地了解地方的风土人情，充分尊重其文化习俗。在西方，从威廉·怀特（Willam Whyte）创办的 PPS 组织（Project for Public Spaces）到扬·盖尔（Jan Gehl）与丹麦皇家艺术学院的研究人员，很多学者都在近 30 年来持续地观察研究着城市公共生活，运用访谈、观察、影像记录等方式记录人的行为，通过长时间的积累与归纳得出不同人群在不同场所的行为规律与需求（图 7）[①]。设计者只有掌握了群体的活动特征，才能确定其对城市空间功能及布局的要求，从而大大提高城市空间对公众活动的支持度与适应性。

（4）24 小时活力——持续性。从时间维度上考虑人的行为，是对行为活动发生与持续特征的研究。所谓 24 小时活力，就是保证城市空间全天候为人的活动提供支持，满足公众各个时段的活动需求，在塑造城市活力的同时，求得社会公平。

场所、活动内容与人群是影响活动时间的主要因素。城市设计在时间维度的考虑上如果忽视了任一因素，都会带来许多使用矛盾：私人开发的购物中心为公众活动提供了休息与活动的场地，但并不能允许商店关门后公众能继续在此活动；许多喷泉广场在喷泉表演的时候人满为患，但在其余大部分时间里却空无一人；公园能在白天为老人小孩提供户外活动场所，却无法满足为上班族提供晚间的活动需求……私人管理与公共利益的矛盾会导致社会有失公平，而公共活动与硬件设施的矛盾则会造成多方的利益冲突。因此，设计人的活动，应充分考虑活动的时间特征及其相关因素，为公众提供全天候的活动支持，求得空间效用的最大化。

以上内容均是城市设计的创作依据，也是政府、开发商与公众应该共同关注与倡导的设计内容。只有将“设计人的行为”作为城市设计不可或缺的一部分，才能将以人为本落到实处，发挥城市设计创造方便高效、机会均等、适应发展的城市空间的效用。

2.2 设计空间形态

如今，城市设计逐步向实施管理工具转变，但仍以创造有机的城市格局、积极的空间形态、舒适的空间尺度、特色的城市景观为主要任务。这就要求城市设计在设计阶段仍需勾画出城市空间的远景蓝图，并以此为依据确立需要控制的内容，以保证城市建设过程中城市空间形态的良性发展。

（1）确定远景构想。远景构想是建立在一系列理论研究、专业判断基础之上，运用空间设计手法为城市描绘的目标蓝图。远景构想综合考虑环境资源、历史保护、社会人文、经济发展等各方面因素，理想化地协调其间关系，使其在空间环境中达成均好。远景构想的作用在于通过对城市建设影响因素翔实的考虑表现设计的合理性，从而达成政府、专家、公众与开发商多方的共识，统一建设目标。

（2）控制基本格局。远景蓝图为城市空间发展提供了终极目标的一种可能，但在复杂的社会与经济因素作用下，建成的城市空间不可能与远景蓝图完全一致，蓝图并不能起到指导城市空间发展的作用。因此城市设计师需要从远景构想中提炼出可以对空间格局起到控制作用的内容，概括表达基本的空间格局，作为城市建设各个阶段需要统一遵循的条件，限定出城市空间形态的发展范围。

能够控制基本格局的内容主要包括景观视廊、开放空间系统、建筑高度、绿化骨架、街道界面等等，它们可被归类于凯文·林奇的城市意象五要素中，而由五要素组成的目标控制体系就是早期的城市设计框架的控制内容。

2.3 设计开发平台

带有计划色彩的城市设计成果考虑公共利益与美观、舒适的城市空间，会带来市场经济背景下私人利益的损失；而过分注重市场经济的作用则必然导致城市设计成果的失效。

因此，城市设计师需要为城市发展设计开发平台，一方面编制计划性较强的导控体系以保证良好的城市空间的实现，另一方面运用市场经济规律制定奖励制度、协调公私利益。

（1）导控体系。导控体系为城市开发提供空间发展的控制内容，由空间形态的设计成果转译而来，是每一个开发项目均应遵循的空间导控要求，是城市建设的管理依据之一。

对城市形态的导控通过城市规划师编制的图则、导则来实现。其中，图则用于表达地块开发的硬性规定（包括容积率、建筑高度、退后、停车等方面），导则用来体现遵循城市设计思想的弹性设计原则。两者作为城市开发的限定条件，在严格控制基本城市空间格局的同时提供相对宽松的单体设计环境。

（2）奖励制度。单纯的导控并不能激发投资者的投资热情，开发商仍多以经济利益最大化作为追求目标。因此就需要城市设计师设计一系列的奖励制度，制定游戏规则，将空间效益与经济效益相联系，从而在保障公共利益的同时，保障私人的经济利益。

奖励制度一般分为两种类型：一种是对较好贯彻城市设计意图的建设行为的奖励，如规划单元整体开发（Planned Unit Development）[②]；另一种是对保障城市公共利益的建设行为的奖励，如空中开发权转让（Transfer of Development Right，图 8）。这些游戏规则因项目而异，灵活多变，能对城市设计的实施起到强有力的推进作用。

2.4 设计管理框架

城市设计操控对象的复杂性决定了其实现过程的复杂与漫长。保证城市设计在复杂的城市建设过程中的科学决策与持续效用，就是我们要建立管理框架的目的所在。管理框架是城市设计实践动态连续的时空体系，由目标导向机制与动态反馈过程共同作用（图 9）。因此，城市设计师需要设计为目标导向机制服务的行动计划与动态反馈过程中的参与机制。

（1）行动计划。行动计划是对城市设计实施过程的统筹安排，包括开发时序、重点项目、近期建设等等。行动计划的确立能够明确城市设计实施各阶段的子目标，构架科学的目标体系，进而形成完整确切的目标导向机制。

行动计划的制定需要对城市发展有较为充分的预计。城市触媒理论是制定行动计划的主要依据与入手点。城市设计师通过确定带动城市发展的“城市触媒”，设计出符合城市发展趋势的开发时序，进而形成城市设计实施过程的行动计划，并导出与计划相对应的目标导向机制，规范与引导开发建设。

（2）参与机制。为保证动态反馈的全面性与决策的准确性，需要确定合适的信息来源。

最主要的信息应来源于城市空间的服务对象，即公众。公众的参与是对城市设计中公共利益的有效保障，能够提高决策的民主性与透明度。同时，城市设计项目四多的特点，也决定了决策与反馈的过程需要多元团队的参与。

为设计成果编制面向社会的宣传手册与管理手册能较好地提高公众与社会的参与程度。其中，宣传手册面向市民与开发商，用于介绍城市设计内容，展示远景蓝图，并征求反馈意见；管理手册面向城市建设的管理者与开发商，提供两者直接对话的机会，建立开放、透明的城市设计管理程序。

以上四点设计内容中，设计人的行为与空间形态为城市设计的“设计研究”部分，用于得出城市设计目标与设计构想；设计发展平台与设计管理框架属于城市设计的“实施策略”部分，用于科学指导城市设计的实施管理。它们贯穿了城市设计的全过程，共同组成完整的城市设计研究成果，是当代城市设计不可或缺的设计内容。

3、对城市设计项目的实践

以下两个城市设计项目是我们基于上述讨论的学术观点进行的创作实践。

3.1 深圳市宝安新中心区城市设计

深圳市宝安新中心区位于深圳市特区二线以西的滨海地带，由填海造地而成，总用地面积 6.4 km^2。设计的前期研究从区域整体入手，基于对珠三角发展战略与深圳市的发展方向、机遇与优势的思考，综合确定中心区的设计主题、总体布局与功能定位。

（1）科技创业园的项目策划。创业园的策划基于宝安区低廉的地价与便利的交通，为适应政府吸引海外留学人员归国创业而设置。不同于城市的其他功能区，创业园要求更加高效的人的活动，因此园区的设计主题为效率与人性化，通过安排配套齐全的功能设施、组织以人为本的步行交通，满足使用者的行为需求（图 10）。

（2）24 小时的活力分析。为保证中心区聚集足够的人气与活力，在不同时段安排了具有白天与夜间不同特色的活动内容，以求得中心区活动的互补与联动，扩大服务人群，从而使 24 小时都充满活力（图 11）。

整体空间形态的设计由三个主要空间骨架构建：基于空间形态与交通、地价等综合因

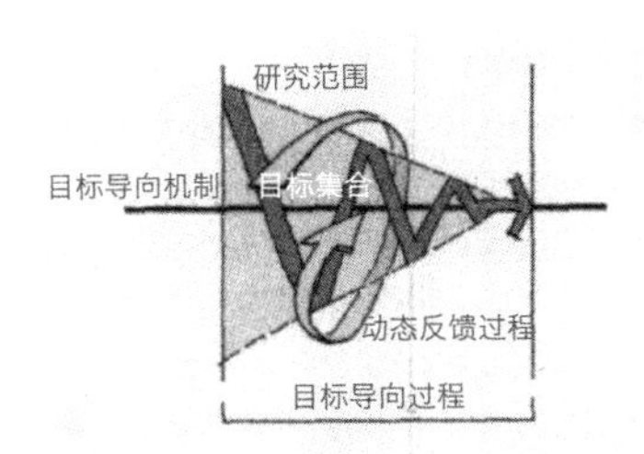

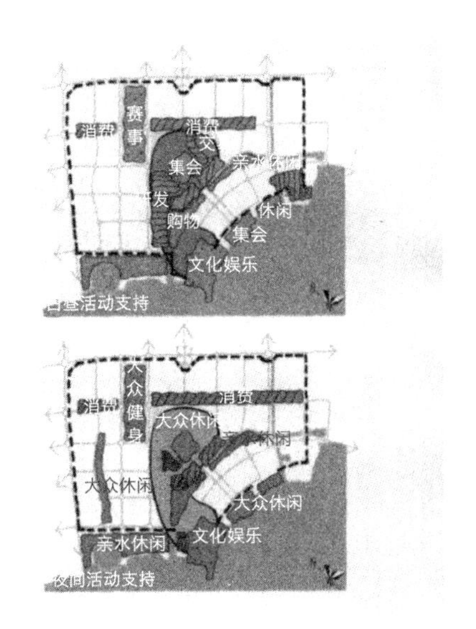

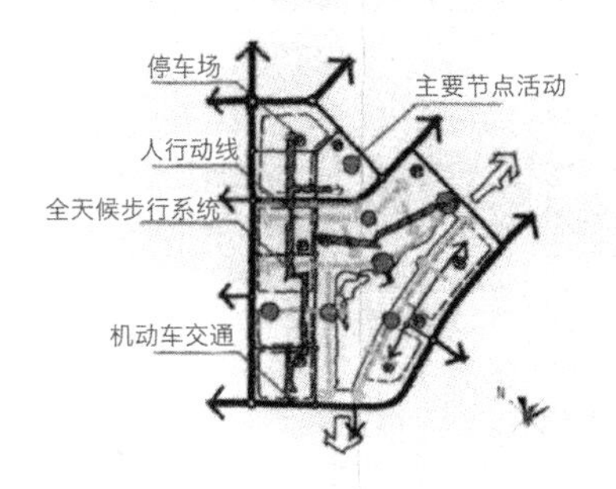

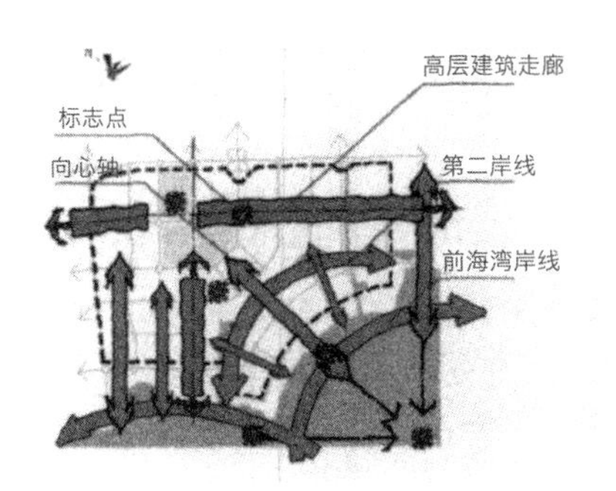

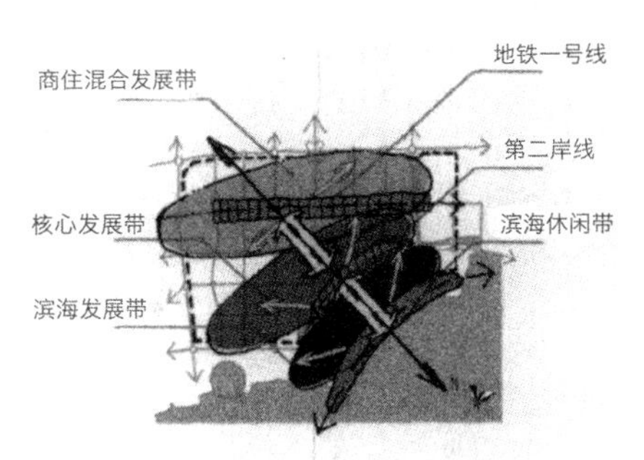

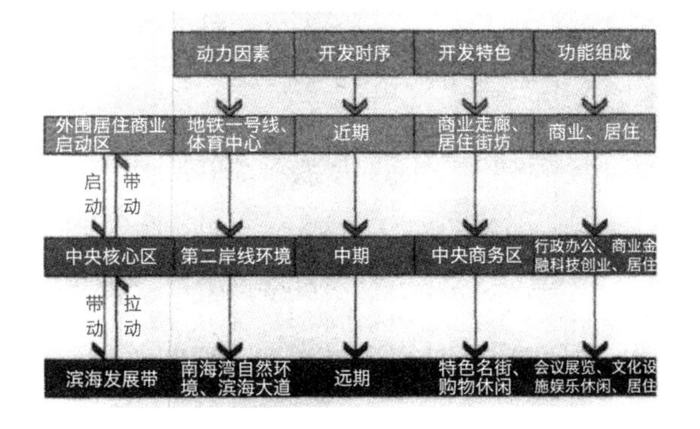

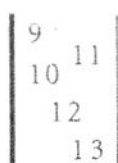

图 9. 管理框架的目标导向机制与动态反馈过程
图 10. 创业园的人性化交通组织
图 11. 中心区昼夜活动分布示意
图 12. 中心区空间秩序分析
图 13. 中心区开发时序示意

素的考虑，将地铁沿线地块控制形成横纵两条高层建筑走廊；为将滨海资源引入中心区，设计了连接海岸与行政中心的景观主轴线；将前海湾的街区路网与绿化带均向心布置或垂直滨海绿带布置，以增强前海湾的秩序感，紧密联系城市与海湾（图 12）。

（3）实施管理。根据城市触媒理论，确定地铁一号线、第二岸线与滨海休闲带为中心区的触媒元素，以它们为城市发展的动力因素带动周边地块发展，制定由地铁沿线的商住混合带至中央核心区，再到滨海休闲区逐层推进的开发时序，在各阶段充分利用城市开发的能动性，促进城市自发而有序地生长（图 13）。

此次设计的控制框架由地块城市设计控制图则组成，用于控制建筑限高、后退红线、车行路径、重点建筑界面、空中步道、景观视廊、地标性建筑等内容；对地块具体设计的建议与引导通过地块城市设计导则与指引来实现。

3.2 重庆市西永副中心城市设计

重庆市主城区位于中梁山与铜锣山之间，为适应重庆作为西部唯一直辖市的发展需求，新版的城市总体规划（2005-2020）确定城市突破两山阻隔向东西向发展，形成两个新的城市副中心，西永副中心便是其中的一个（图 14）。它位于中梁山以西，西部片区的中部地区，用地范围 33.14 km^2，由高压走廊划分为东西两区，已建项目有重庆 8 所高校与高新产业园区；局部城市设计范围位于两区中心，面积分别为 3.27 km^2 与 1.37 km^2。

在此项目中，为明确地体现城市设计成果的双重特征，我们将城市设计成果分为设计篇与实施策略篇两个独立的部分。设计篇用于表达在设计目标与概念指导下的对城市远景空间形态的构想，通过前期研究、案例借鉴，运用城市设计理论与方法针对设计地段的关键问题，提出设计目标、设计主题与设计概念，并提出空间形态方面的设计构想；实施策略篇则为实现这一构想提出实施管理手段，具体包括作为城市设计实施管理依据的设计图则与设计导则、设计指要，用于普及城市设计成果、加强公众参与的管理手册与宣传手册，与优化城市设计实施管理体制的工作建议。

（1）主要设计内容。人口构成决定需求，不同的功能需求又对应不同的空间形态。在总体城市设计范围内，我们通过对东西区人口构成的研究，得出了两区不同的功能需求：西区的需求以购物、商业、文化、休闲为主，东区的需求则多为办公、商贸、休闲与旅游。同时，由于两区的人口数量悬殊较大（西区服务 58.1 万人，东区服务 29.4 万人），因此对应于两区中心区的建设规模、空间形态也应有很大不同。通过充分的论证研究，我们最终

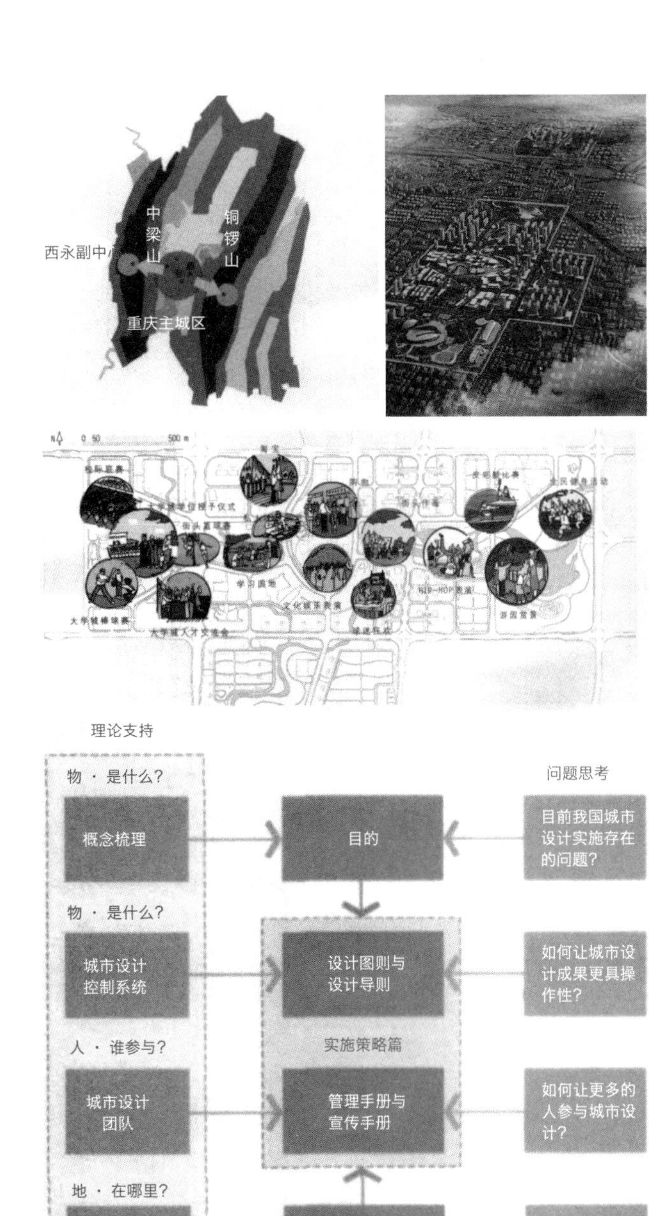

14 15
16
17

图 14. 重庆市城市发展方向
图 15. 西永副中心东西中心区空间形态对比（近处为西区中心区，远处为东区中心区）
图 16. 西区中心区特色活动策划
图 17. 实施策略篇研究框架

确定东西区中心区的主辅关系：西区中心区发展高密度、综合化的商业中心区，而东区则突出商务、休闲与旅游功能，发展低密度的、与自然共生的辅助中心（图 15）。

西区中心区不同于一般的城市中心区，周边 8 所高校的存在决定了中心区应满足大量的群体文化与集会活动需求。因此，方案提出“校园与社会共享，文化与生活共享”的设计主题，在具体创作中，将各种面向公众的文化设施（体育馆、展览馆、图书馆、美术馆、音乐厅、科技馆、博物馆等）与集会活动（校际联赛、各种仪式、划艇比赛、文化展览等）安排于贯穿全区的中央绿带中，形成特色鲜明、集聚活力的中心区（图 16）。

（2）实施管理。为了便于成果的管理与实施，我们将设计成果转译成为运用严谨法律语言表述的管理文件，以求设计成果能在实施管理中得到充分的体现。其中，图则导则将城市设计的构想与意图用简明的图示与文字条款抽象表达，对决策管理与下层次的设计活动起到控制与引导作用；设计指导要则是在导则基础上针对某些重点地段与建设项目做出的更为详细与严格的控制要求。

为了实现广泛的公众参与机制，加快实施进程，我们借鉴了国外的城市设计项目运作的成功经验，编制了面向市民与开发商的宣传手册与便于管理者操作的管理手册。宣传手册通过通俗易懂的语言与美观活泼的图示向公众、投资者与游客介绍西永副中心城市设计，以增强城市设计的开放性与开发建设的透明度，调动公众的参与意识，广泛征求反馈意见；管理手册帮助管理者梳理各个地块的导控要求，便于城市设计的实施操作，建立管理者与开发商的直接对话，是城市建设管理公开化、规范化的工具（图 17）。

具有设计与管理双重性特征的城市设计内容与成果表达了我们对城市设计概念及运作的认识。如今的城市设计拥有史无前例的巨大市场与发展机遇，城市设计学科的发展也面临着前所未有的挑战。

注释：

① 扬·盖尔在《交往与空间》中，将人的户外活动分为必要性、自发性与社会性活动。其中，必要性活动指在各种条件下均会发生的活动，自发性与社会性活动则只有在适宜的户外条件与社会环境中才会发生。

② 即为开发不受地块划分的限制，可将多块用地联合开发，以求得更大的设计灵活性，保证开发的整体性。

参考文献：

[1] George R V. 当代城市设计诠释．金广君译．规划师，2000（6）：98～103

[2] Attoe W，Logan D. 美国都市建筑——城市设计的触媒．王劭方译．台北：创兴出版社，1995.

[3] Barnett J. 都市设计概论．谢庆达，计建德译．台北：尚林出版社，1984.

[4] 金广君，顾玄渊．论城市设计成果的特征．建筑学报，2005（2）：12～14

作者简介： 金广君，哈尔滨工业大学深圳研究生院教授

刘堃，哈尔滨工业大学深圳研究生院全职教师

原载于：《新建筑》2006 年第 3 期

我国城市设计研究现状与问题

CHINA'S URBAN DESIGN STUDY: CURRENT SITUATIONS AND PROBLEMS

余柏椿
YU Bo-chun

摘　要
在整理 30 年来重要研究论文基础上，分析了我国城市设计研究的类型、现状和问题，认为应该加强城市设计的关联性、基础理论、设计类型及设计评价方面的研究。

关键词
城市设计　研究　现状　问题

经历了近30年的研究和实践，我国现代城市设计逐步走向成熟。尽管城市设计研究已经取得了丰硕的成果，然而，符合国情的城市设计理论研究的任务还相当艰巨。在我国，已经做了哪些方面的研究？哪些方面的研究比较薄弱？回答这些问题是实现我国城市设计研究目标的前提。因此，有必要对我国城市设计研究的现状及问题进行分析。

1、研究的阶段和类型

至2007年止，我国城市设计研究可分为两个大阶段：第一个阶段是1980年-1999年，第二个阶段是2000年-2007年。这2个阶段的研究表现出各自的特点。以下分析结论主要依据我国权威学术期刊有关城市设计方面的研究论文。其中，1980年-1999年的研究结论来自《城市规划》编辑部编辑的《城市设计论文集》，2000年-2007年研究结论来自这个时间段的《建筑学报》、《城市规划》、《城市规划学刊》和《国外城市规划》中的有关城市设计论文。

从我国城市设计研究内容来看，可以把城市设计研究概括为定位研究、基础理论研究、方法研究、实施研究和相关研究几种类型。

所谓定位研究主要是指有关城市设计的概念定位、运作方式定位和学科定位方面的研究。具体包括以下内容：城市设计概念、城市设计工作方式——设计、指引、控制、公共政策等方式、城市设计工作框架和工作内容、城市设计目标、城市设计作用、城市设计学科和其他学科的关系、城市设计和其他规划设计的关系、城市设计成果等等。

所谓基础理论研究主要包括以下内容的研究：人和城市设计对象的关系研究——人的生理和心理特征、人对城市的认知、人的行为和生活模式、城市设计思想、城市设计对象、城市设计法则、相关学科理论（系统论、控制论、心理学、社会学、生态学、混沌理论等等）在城市设计中的应用研究等等。

所谓方法研究主要是指不同城市规划阶段的城市设计方法、地区或地段设计方法、相关技术的应用、设计构思、设计评价等等方法研究。

所谓实施研究主要是指城市设计的实效性、城市设计管理与法规、公众参与设计和管理等方面的研究。

所谓相关研究主要是指国外城市设计介绍、城市形象、城市夜景、环境艺术、居住环境、公共艺术、城市设计问题等有关方面的研究。

2、研究的概况

2.1 1980年-1999年研究概况

《城市设计论文集》分国内篇和国外篇，其中国内篇的论文有86篇，国外篇的论文有34篇。

在国内篇中标题为城市设计的论文中，定位研究的有11篇（28.2%），方法研究的有21篇（53.8%），实施研究的有1篇（2.6%），相关研究的有6篇（15.4%）。从这个论文类型的比重来分析可以看出，在这个时期中国城市设计的主要关注点是城市设计方法，其次是城市设计的定位。也就是说，在这个时期，城市设计是什么？城市设计应该怎么做？这2个问题是学者们最关注的。事实上，在这个时期这2个问题并没有统一认识。比如，在《城市设计论文集》的86篇国内论文中有47篇（54.65%）并没有直接提"城市设计"，这些论文是属于景观、空间、环境规划和设计等方面的论文。可见，在1980年-1999年期间我国对城市设计的定位是不明确的，把相关规划和设计也纳入到了城市设计范畴，城市设计是一个广义概念。

另外，在《城市规划论文集》的34篇国外城市设计论文中有4篇是综合性的，有6篇是日本的，有2篇是澳大利亚的，英国、意大利、法国、新加坡和朝鲜各1篇，有17篇是美国的（50%）。这表明，在1980年-1999年期间我国介绍国外城市设计的国家主要是美国和日本，尤其是美国，有极少量的其他国家。因此，在这个时期我国城市设计受西方城市设计理论思想影响的主要国家是美国，可以放宽到欧美。在1980年-1999年期间中国城市设计研究的薄弱环节是实施研究和基础理论研究，尤其是基础理论研究。其中实施研究论文只有1篇（2.6%），而基础理论研究论文为零。

2.2 2000年-2007年研究概况

在2000年-2007年期间，《建筑学报》、《城市规划》和《城市规划学刊》共有城市设计方面的论文153篇（表1）。其中，定位研究的论文20篇（13.1%），方法研究的论文63篇（41.1%），基础理论研究的论文13篇（8.5%），实施研究的论文7篇（4.6%），相关研究的论文50篇（32.7%）。从这个不同类型论文的比重来分析可以看出，在这个时期中国城市设计研究开始关注城市设计的实施性和基础理论，其中《城市规划》在2007年的4篇城市设计论文中有3篇是关于实施性研究方面的。这两个方面的论文虽然和其他论文比较起来不算多，但是和 20 世纪 80 年代 -1999 年期间相比却有很大的改进。尽管如此，基础理论研究和实施研究仍然是个薄弱环节。

在这个时期定位研究已经不再是主要研究内容，但是还是占有一定比重（20 篇，13.1%），这说明，城市设计在中国还没有确立它的明确位置，还需要不断深入的研究。

关于国外城市设计介绍，在这个时期主要是介绍欧美国家，包括美国、英国、德国、荷兰和西班牙等国。

权威学术期刊 2000-2007 年城市设计论文研究类型构成　　表 1

论文研究类型	三杂志不同研究类型论文数量			各类型研究论文数量	各类型研究论文占总论文数量的比例
	建筑学报	城市规划	城市规划学刊		
定位研究	9 篇	11 篇		20 篇	13.1%
方法论	36 篇	14 篇	13 篇	63 篇	41.1%
基础理论研究	5 篇	4 篇	4 篇	13 篇	8.5%
实施研究		7 篇		7 篇	4.6%
相关研究	39 篇	7 篇	4 篇	50 篇	32.7%
总计	**89 篇**	**43 篇**	**21 篇**	**153 篇**	**100%**

3、研究的问题

归纳和分析 2 个时期城市设计研究的类型及其比重后不难看出，我国城市设计研究需要解决的主要问题是深化研究和拓宽研究领域，尤其是以下几个方面需要加强。

3.1 关联性研究

城市设计和其他相关规划设计的关系是什么？这涉及城市设计和其他学科专业的关联性方面的研究。我国这方面的研究主要是针对建筑设计、城市规划与城市设计的关联性，但是，在景观规划和设计、风景园林规划和设计、环境艺术设计等等其他学科和城市设计的关联性方面的研究极为缺乏。实际上，这些类型的规划设计和城市设计的关系是很密切的，因为城市设计的任务和目标不属于单一学科专业，它是相关规划和设计共同作用的结果。

那么，在完成城市设计任务和实现城市设计目标时，城市设计的角色是什么？其他各规划设计的角色是什么？只有研究明确了各学科专业相互间的关系,各学科专业才能相互协调，才能在相关学科专业大系统中获取学科专业子系统的优化效应。

3.2 基础理论研究

在城市设计基础理论研究方面较缺乏的是中国城市设计思想研究、城市设计法则研究和城市设计系统研究。

现代城市设计兴起的重要意义之一是唤醒了人们的城市设计意识，这既是对古已有之的城市设计思想的重视和再认识，也是对创新城市设计思想的希望和努力。中国博大精深的民族文化孕育了中国特色的城市设计思想，这些思想符合中国人的价值观、审美情趣、审美价值与审美判断标准，归纳总结或深入研究这些古已有之的城市设计思想是构建中国城市设计思想体系的基础。在挖掘本民族和学习西方优秀城市设计思想的基础上，用可持续发展和优化发展的观点和科学方法创造出符合新文化要求的新城市设计思想是社会经济发展和城市发展的必然要求，也是构建中国城市设计思想体系的保障。

研究城市设计法则就是研究相关规划和设计为实现城市设计的目标所应共同采用的基本设计准则。城市设计法则是影响城市空间环境的宜人性和特质性的有关规划设计法则，换句话讲，凡是可以影响城市空间环境的宜人性和特质性的规划设计都需要应用城市设计法则。研究城市设计法则的意义就好比研究美学法则一样，美学法则并非某一个学科专业或领域的应用准则，而是一切与美学有关的学科专业或领域所共用的准则。

研究城市设计系统的主要目的是研究明确城市设计要素的构成关系以及要素间的优化组合关系，其中要素本身的研究是基础。就我国现状而言，且不谈城市设计要素的“关系”方面的研究，仅城市设计要素本身的概念和分类方面研究的任务就相当繁重。城市设计要素较多，要素的分类标准和概念不同所构成的城市设计系统也就不同，这需要认真研究并统一认识和应用。我国关于城市设计要素的提法有很多，含义不统一，比如，空间、公共空间、环境空间、景观空间、空间景观、空间环境、景观环境、环境小品、建筑小品、小品建筑、天际线、轮廓线……等等。这些概念的基本含义和相互关系是没有统一基本认识的，这对城市设计学科发展和城市设计实践极为不利。

在基础理论研究方面较为薄弱的是人和城市设计对象的关系方面的研究、其他学科相关理论在城市设计中的应用研究、城市品质的审美标准研究等等方面。

现代城市设计兴起的另一个重要意义是人性意识的觉醒，关心人、研究人是重要的城市设计指导思想和任务。研究人和城市设计对象的关系是从人的生理和心理特征出发研究和把握人对城市空间环境的体验或感知规律，这需要借用有关学科的基础理论，比如社会学、美学和心理学等等学科的理论。我国在人和城市设计对象关系研究方面应用美学、环境心理学或格式塔心理学的比较多，但是应用认知心理学、视觉心理学、审美心理学、社会心理学等有关分支心理学的非常少，不少领域是空白，这是城市设计研究必须加强的领域。

关于相关理论在城市设计中的应用研究除了通常采用的城市规划、建筑学、美学以及相关的心理学外，社会学、系统工程学、生态环境学、色彩学等等相关学科的有关基础理论都是建构完善的城市设计理论体系所应该借用的。比如应用社会学理论来研究建立公平、和谐的城市空间环境设计和评价理论；应用系统工程学理论来研究建立城市空间和景观系统优化设计理论；应用生态环境学理论来研究建立宜人的生态城市设计理论；应用色彩学理论来研究建立城市色彩设计理论及城市夜景设计理论等等。

关于城市品质的审美标准方面的研究任务有两个：一是要研究什么是好的城市设计，或者说要研究什么是公众喜好的城市空间环境，这是基于城市空间环境的公众审美价值取向研究，是城市设计研究的重要任务之一；二是要研究什么是有特色的城市设计，或者说需要研究城市特色和景观特色方面的问题。我国城市和景观特色方面的基础理论研究较薄弱，随着城市设计目标的进一步明确，随着城市质量意识和城市形象要求的进一步提高，研究建立具有较强指导和操作意义的城市和景观特色基础理论十分必要。

3.3 设计类型研究

在城市设计方法研究方面比较薄弱的环节是不同类型城市设计方法的研究，即城市设计类型及其方法研究。我国普遍开展的是方案类型的城市设计，这种城市设计的实效性差，而属于思想层面的概念性城市设计以及属于引导或指导层面的城市设计指引（UDG，urban design guidelines）是值得倡导的类型，需要进行系统的研究。

关于概念性城市设计在我国城市设计实践中占有一定比重，这充分反映了该类型城市设计的应用价值。但是，概念性城市设计的目的、工作内容、成果要求以及和其他规划设计的关系等等问题在实践中并没有明确，而是模糊的行为。概念性城市设计是针对城市特定地区（或小规模城市整体或地段）而进行的空间环境意向设计，这种城市设计是以设计思想或设计概念为主要任务的城市设计，主要包括设计目标——拟解决的关键问题、设计构思——解决问题的思路或创新思想、设计表达——意向设计方案。我国不少城市把概念性城市设计当作实施性的方案来进行设计，考虑问题过于仔细，成果要求过于复杂，而在原则性问题上、设计思路和创新等方面考虑问题不到位。这些实际问题反映出概念性城市设计理论和方法研究的欠缺和需求。

城市设计指引（UDG）是我国香港地区以及欧美国家比较盛行的一种指导性城市设计。城市设计指引不是进行具体的实施性方案设计，是应用城市设计思维、法则和系统论方法，采用示意图、文字及表格形式对城市设计对象的设计、营造和管理提出指导性的规定和建议。属于原则性控制、优化性指导的一种很有价值的城市设计类型。城市设计指引如何在我国推广？符合我国国情的城市设计指引在工作层次、内容、成果形式、评定标准和方式、同其他规划设计的关系、实施管理等等系列问题都是需要研究的新课题。

3.4 设计评价研究

在城市设计实施研究方面比较薄弱的环节是城市设计评价体系。我国城市设计思想活跃，城市设计活动频繁，不同类型的城市设计做法也不少，但是缺乏规范的科学的城市设计评价指标来指导城市设计实践和认定城市设计成果。城市设计评价的随意性对城市设计成果及其实施有不良的影响。

城市设计评价体系是一个系统工程，它包括城市设计的编制、审查和实施全方位的评价，它由城市设计单位资格评价、城市设计师资格评价、城市设计方案评审专家资格评价、城市设计方案评价以及城市设计实施管理合格评价等环节构成。

城市设计评价是把握城市设计质量的关键环节，它的科学性来自于研究，它的系统性和复杂性要求应用系统论、评价理论等相关学科的理论和方法来进行有针对性的研究，研究建立相对独立的城市设计评价理论和方法体系是城市设计质量的基本保障。

城市设计评价体系研究离不开城市设计编制体系研究，城市设计评价体系研究的实质是要做好城市设计编制和评价协调统一的研究，同时，还要做好城市设计编制和我国城乡规划编制关系的研究。

我国新出台的《城乡规划法》对城乡规划的编制提出了新的要求，城市设计作为一种辅助性的设计工作，它应该如何处理和法定的城乡规划的关系？也就是说，基于法定的城乡规划，城市设计的角色到底该如何定位？只有解决了这个前提问题，才有依据评价城市设计的是非。

4、小结

本文对我国城市设计研究的现状和问题的分析仅仅是一个框架性的提示型的简单论述，还有不少问题没有涉及。发现问题并不难，难的是解决问题，解决问题才是根本。本文虽然只是提出问题而没有解决问题，然而，希望所提问题能够成为研究和解决问题的方向或目标，也希望有更多的学者关心我国城市设计研究问题并积极参与城市设计研究，关心城市设计研究并非是件小事情，实际上，关心城市设计研究问题也就是在关心我国城市发展中的城市环境质量问题，也就是在关心城市优质发展和可持续发展的大问题。

参考文献：

[1] 《城市规划》编辑部 . 城市设计论文集 [C].1998.

[2] 余柏椿 . 城市设计目标论 [J] . 城市规划，2004，（12）.

[3] 余柏椿 . “城市设计指引”的探索与实践 [J] . 城市规划，2005，（5）.

[4] 建设部 . 中华人民共和国城乡规划法 [Z].2007-10-28.

作者简介：余柏椿，华中科技大学建筑与城市规划学院教授

原载于：《城市规划》2008 年第 32 卷第 8 期

简析当代西方城市设计理论

An Epistemological Analysis Of Contemporary Western Urban Design Theories

张剑涛
ZHANG Jian-tao

摘　要
当代西方城市设计理论起源于 19 世纪末。首先对这些城市设计理论根据不同的研究领域进行了分类综述和评析，然后对它们各自的研究对象进行了归纳，并在此基础上对它们进行了进一步的分类。

关键词
城市设计理论　认识论　研究领域　研究对象

1、研究背景

西方学术界普遍认为 (Carmona, Heath, Oc and Tiesdell, 2003,p6; Moudon, 1992, p3) 最早面世的关于当代西方城市设计理论的著作是 Camillo Sitte (1889) 的 *City Planning According to Artistic Principles* ① 和 *The Art of Building Cities: City Building According to Its Artistic Fundamentals* ②。在这两本著作中，Sitte 系统地阐述了他的城市规划（实际为城市设计）观点，即城市设计应按照（视觉）美学的原则来进行。同时也详细地阐明了他根据城市物质空间形态所归纳和总结出的视觉美学原则。在此之后的一个多世纪内，关于城市设计理论的著作陆续面世。这些著作从不同的领域研究了城市设计，并提出了相应的理论。针对这些城市设计理论，一些学者 (Broadbent，1990；Moudon，1992；Carmona，1996a，1996b) 从若干方面，如研究方法 (Research Stratelgy ／ Methods)、推理方法 (Mode of lnquiry)、研究哲学 (Research Ethos)、应用领域 (Impacts on Practice)，进行了归纳总结。笔者回顾了当代城市设计理论的发展和相关的评价分类（至 20 世纪 90 年代），从认识论的角度将各种城市设计理论根据不同的研究领域进行分类，评析了它们的内容和要素，并在此基础上，对不同的当代城市设计理论按照各自的研究对象进行了重新分类。

2、研究目的和方法

认识论源于西方哲学研究中的 Epistemology 一词，其意为“the study or a theory of the nature and grounds of knowledge，especially with reference to its limits and validity” ③。可见认识论是探求知识的本质和基础，特别是知识的有效性和局限性。因此，笔者研究的重点是各种城市设计理论的基础内容和要素，包括它们的有效性和局限性。笔者研究的目的是探求对当代西方城市设计理论按照研究对象进行分类。

笔者的主要研究方法为文献分析，包括文献综述和归纳分析两部分。文献综述主要是对当代西方城市设计理论和现有对这些理论的分析归类进行全面、扼要的综述。归纳分析分为分析、对比、归纳三部分：即对各领域的城市设计理论组成要素的分析，各领域理论按照要素分解后的对比，以及在对比基础上的归纳总结。

3、城市设计理论的哲学基础

当代西方城市设计理论从最初的以建筑景观设计为基础的主观审美判断，之后通过融入了城市规划、地理学、历史学、心理学、社会学、系统工程学等多方面的理论，逐步形成了各种不同的城市设计理论。Broadbent(1990) 将大多数城市设计理论的哲学基础 (Philosophical Bases) 归纳为两类：经验主义 (Empiricism) 和理性主义 (Rationalism)。此外，他还注意到了以实用主义 (Pragmatism) 为哲学基础的城市设计理论。Lang(1994，p46) 将城市设计理论中的经验主义和理性主义精要地概括为"looking back"和"looking forward"。"looking back"指出基于经验主义的各种城市设计理论都是通过实证研究 (Positive Research) 归纳过去和已有的设计经验、城市物质环境的规律和特征、研究者的观察分析结果以指导城市设计。因此，Sitte(1889)，Lynch(1960)，Cullen(1961)，Bacon(1976) 等学者根据对城市环境和空间模式的总结而提出的城市设计理论都是基于经验主义的哲学基础。可见经验主义的城市设计理论与实证主义 (Positivism) 有密切的联系。而"looking forward"则指出基于理性主义的各种城市设计理论都是学者基于对未来城市的 (理性或主观) 分析推理而提出的。Howard 的"田园城市 (Garden City)"、Le Corbusier 的"光辉城市 (Radiant City)"、Wright 的"广亩城市 (Broadacre City)"都是这类的理论。实用主义的哲学起源并盛行于北美 (美国) 的学术界。同样，基于实用主义的城市设计理论主要见于北美学术界 (Broadbent，1990，p84)。这些理论强调城市设计的实用性，即城市设计对改造城市环境以及相关的社会、经济、生态等方面所产生的效果。Lang(1994) 在 Broadbent 的分类基础上，提出了以功能主义 (Functionalism) 为哲学基础的城市设计理论。功能主义的城市设计理论起源于现代主义的建筑设计思潮，强调设计的目的是为了满足人类的各种需要，设计首先要满足个人和社会的功能需求。因此，功能主义的城市设计理论实质是实用主义的哲学基础结合了经验主义的城市设计分析方法。同时它还包括了对个人和社会的功能需求的理性推理和分析。功能主义的城市设计理论也主要见于北美学术界 (Lang，1994，p149)。因此，当代西方城市设计理论的哲学基础主要包括经验主义、理性主义、实用主义和功能主义。

4、当代西方城市设计理论的研究内容

4.1 当代西方城市设计理论综述

根据研究领域的不同，一些学者对城市设计理论进行了归类。Moudon(1992) 将城市

设计理论概括为：城市历史研究 (urban history studies)，景观研究 (picturesque studies)，意象研究 (image studies)，环境——行为研究 (environment-behavior studies)，地点研究 (place studies)，物质研究 (material studies)，类型——形态研究 (typology-morphology studies)，空间——形态研究 (space-morphology studies)，自然——生态研究 (nature-ecology studies) 等九个不同方面的研究。此外，她还提及了程序——过程研究 (procedure studies)。Carmona(1996a) 将城市设计理论分为：视觉 (visual)，认知 (perceptual)，社会 (social)，功能 (functional)，可持续 (sustainable)，空间 (spatial)，形态 (morphological)，环境 (contextual) 等八种类型。Carmona，Heath，Oc and Tiesdell (2003) 则将城市设计理论归纳为：形态 (morphological dimension)，认知 (perceptual dimension)，社会 (social dimension)，视觉 (visual dimension)，功能 (functional dimension)，时间 (temporal dimension) 等六个研究方向。这些分类基本相同或相似。根据这些分析，可以归纳出当前城市设计理论的研究内容主要涉及七个领域：景观——视觉、认知——意象、环境——行为、社会、功能、程序——过程、类型——形态。以下是对这些领域的理论从起源与发展、研究对象、研究目的、主要研究内容、研究方法、哲学基础以及代表学者和著作七个方面进行的分析和总结。

4.2 当代西方城市设计理论的不同研究领域

4.2.1 景观——视觉领域的城市设计理论

景观——视觉领域的研究是现代西方城市设计理论的基础和传统研究领域，在城市规划和建筑类院校的教学中以及在城市设计实践中占主导地位。它起源于传统的对于（城市）景观和建筑美学的研究。这一领域的研究始于 19 世纪末 ~20 世纪初，早期的研究见于 Camillo Sitte(1889) 和 Raymond Unwin(1909) 的著作。

这个领域的研究对象是客观存在的城市的物质环境所形成的景观以及视觉特征。其研究目的是以研究者分析总结出的城市环境景观范例和规律来解决现存的城市环境景观问题和指导将来的城市设计。主要的研究方法是研究者对城市环境的（主观）观察、分析和评价。主要研究内容是研究者对于城市环境的观察和分析主要是建立在自身的知识、审美、价值观和主观判断上，通过文字和图片描述他们所归纳和总结出的（好的）城市环境和城市设计范例。这一领域的研究缺乏系统的、客观的、能被普遍认同和重复验证 (widely acceptable and verifiable) 的方法论，研究结果很大程度上取决于研究者的主观、直觉和个人

因素 (objective, intuitive and personal factors)，而非研究方法。这一领域的研究者基本是建筑、城市规划、景观及相关领域的专业人士，其知识基础和审美观与普通大众有相当的区别[④]，导致相当的研究结论与公众的看法相左。同时也导致了这一领域的一些理论在城市设计实践中的应用引起了专业人士和公众之间的争议。

景观——视觉领域的城市设计理论是建立在经验主义的哲学基础上。这主要体现在两方面。首先，这一领域的研究是以过去或现在的经验来指导将来的城市设计。其次，研究者的研究是建立在自身的主观经验之上。

这个领域的主要研究者有 Camillo Sitte(1889)，Raymond Unwin(1909)，Gordon Cullen(1961)，Paul Spreiregen(1965)，Edmund Bacon(1976) 等。Sitte 和 Unwin 这两位先行者的研究近来又受到学术界的广泛关注 (Moudon,1992，p.338)。Cullen(1961) 的研究被学术界认为是这一领域的经典著作之一。它的出现打破了二战后被现代主义思潮所主导的建筑界和城市规划界的研究对于绝对理性、技术和功能的局限，使学术界重新关注到城市环境在视觉和美学方面的特征和其重要性。同时它也强调了建筑设计和城市规划设计之间的联系。Spreiregen(1965) 的著作至今仍是西方院校城市设计方面的经典入门教材。

4.2.2 认知——意象领域的城市设计理论

景观——视觉领域的城市设计理论研究了人们认知到的城市环境，认知——意象领域的城市设计理论则在其基础上进一步研究人们如何认知城市环境。早期的认知——意象领域的城市设计理论研究出现于 20 世纪 40、50 年代，代表著作如 Gyorgy Kepes(1944)。其后，Kepes 在麻省理工学院 (MIT) 的学生和研究合作者 KevinLynch 在 1960 发表了经典著作《城市意象》，为这一领域之后的研究奠定了基础，也对其他城市设计研究领域产生了巨大和深远的影响。多数规划师和设计师认为这一领域的研究是当代城市设计研究的主要成就[⑤]。它为城市设计的研究领域从单一的客观城市环境拓展到人与环境的二维领域奠定了基础。

这一领域的研究对象是人对环境的认知结果。其研究目的是通过对人们的城市意象的分析和理解，掌握影响人们认知的环境 (要素) 及其特征，以此指导城市设计，改善／创造城市环境使之符合／接近人们的认知规律。主要研究内容包括了人们对城市环境的 (主观) 意象，人们是如何认知城市环境并形成城市意象，以及不同人的城市意象的异同 (及其原因)。不同于景观——视觉领域的研究局限于专业人士的城市意象，这一领域研究了不同群体和人的城市意象的异同，也因此被认为是对景观——视觉领域研究的企承和拓展。

这一领域的研究是社会学、心理学与城市设计的结合，以社会学的理论、方法和思维方式来研究城市环境和生活在其中的人。其主要研究方法是以案例研究为基础的实证研究。

这个领域的研究是建立在对不同人的城市意象的分析和归纳的基础上，评价现有的城市意象及其相对应的城市环境要素以指导将来的城市设计，因此是以经验主义为哲学基础的。同时，研究中应用社会学的理性和系统的分析方法，因此也具有理性主义的成分。这改变了城市设计领域传统的主观和个人经验主义的研究方法，为理性的城市设计研究和分析奠定了基础。

认知一意象领域的代表除了Kepes(1944)，Lynch(1960)之外，还有Appleyard et al.(1964)，Kepes(1965，1966)，Appleyard(1976，1981)。它们分别代表了Kepes带领的在麻省理工学院的环境研究小组(Environmental ResearchGroup)和Appleyard带领的在加州大学伯克利分校人——环境研究小组(People-environment Research Group)的研究成果。

4.2.3 环境——行为领域的城市设计理论

环境——行为领域的城市设计理论出现于20世纪60年代，是在认知一意象领域研究的基础上对人对环境的认知和反应的更深层次的拓展研究。两者之间关系密切，基本形成发展于同一时期，具有相同的研究对象、研究方法，但是研究重点有所不同。

这一领域的研究对象是人对环境的认知和反应，包括了人、环境及它们之间的相互关系。其研究目的是掌握人的环境认知、反应的规律及其特征，并以此指导城市设计以创造与人的环境认知和反应规律相符的良好的城市环境。与认知——意象领域的研究不同的是，环境一行为领域的主要研究内容更注重人与环境之间的互动关系和过程，以及人在认知环境之后对环境的反应（包括对环境的改造），其中的重点就是（有针对性的）城市设计。同时，这一领域的研究通过环境心理学和行为心理学从人类的生理、心理、社会属性上分析和解释人类环境认知和反应的本质和原因。而认知——意象领域的研究重点是人类环境认知的结果。环境一行为领域的研究方法主要采用社会学和心理学的研究方法，以实证研究和理性系统的分析为主。这一研究领域涉及了城市规划、环境、社会学、心理学等诸多学科，并且随之发展出现了跨学科(Interdisciplinary)研究和在某一学科内深入研究两方面的研究发展趋势。这一领域的特殊性和其发展使之形成了一个“环境设计研究(Environmental Design Research)”学科。加州大学伯克利分校在20世纪60年代早期成立了“环境设计学院(College Of Environmental Design)”；20世纪70年代早期北美学术界成立了“环境设计

研究协会 (Environmental Design Research Association)”，其会员遍布北美的设计类院校。

这一领域的研究以对人与环境的实证研究和归纳研究者的观察分析结果为基础，因此也是建立在经验主义的哲学基础上的。同时，这一领域的研究的重点是人的基本生理、心理、社会需求与城市环境（的功能）之间的关系。因此功能主义和实用主义也是它的哲学基础。

Kevin Lynch1960 年的著作是这个领域研究的启蒙之作。早期这一领域的代表学者 KevinLynch、Amos Rapoport 和 Donald Appleyard。从这些学者也可以看出这一领域与认知——意象领域的密切关系。这一领域的代表有 Appleyard (1976，1981)，David Canter(1977)，Kurt Bloomer，Charles Moore and R．Yudell (1977)，Rapoport(1977，1982，1990)，Kaplan and Kaplan(1978)，JonLang(1987)，Robert Bechtel，Robert Marans and William Michelson(1987)，Jack Nasar(1988，1998) 等。Appleyard 的研究重点是人与城市和街道；Rapoport 的研究重点是人与城市和社区，以及人类环境认知和反应的心理学原因；Canter 和 Kurt Bloomer 和 Charles Moore 的研究重点是人类环境认知和反应的心理学原因；Kaplan 和 Kaplan 的研究重点是人与开放／公共空间；Bechtel，Marans 和 Michelson 的研究重点是人类环境认知和反应的研究方法；Lang 的研究重点是人与建筑和空间；Nasar 的研究重点是人的环境审美 (environmental aesthetics)。

4.2.4 社会领域的城市设计理论

社会领域的城市设计理论是一个多学科／跨学科 (multidisciplinary ／ interdisciplinary) 的研究领域，包括了社会学 (Sociology)、人类学 (Anthropology)、城市／社会／人文地理学 (Urban ／ Social ／ Human Geography) 等几种学科与城市环境研究的结合。与认知——意象领域和环境——行为领域的研究一样，这一领域的研究始于 20 世纪五六十年代。其发展反映了西方社会科学对城市设计乃至建筑设计这些传统的美学研究领域的逐步加强的影响。

这一领域的研究对象是个人、不同的社会群体、全社会／公众所形成的社会问题与城市环境之间的相互关系。其研究目的是通过理解社会问题、社会需求和城市环境之间的关系以指导城市设计改善城市环境，进而解决相应的社会问题。研究中强调个人／群体和（物质）环境是人类社会的基本组成部分，它们之间相互影响，关系密切。个人和群体作为社会的创造者和主要组成部分，城市的物质环境作为社会生活的物质承载体和物质组成部分，个人和群体（作为主体）和环境（作为客体）之间存在相互适应、满足、改变。这一领域的研究重点是人／社会对环境的不同需求、环境对于人／社会的功能以及人／社会对环境的改造。因此，这一领域的很多研究和社会学、人类学、地理学的研究相近或相似。研究方法主要采用社会科学的实证研究的方法。其研究方法成熟，分析理性且系统。这一领域最初的研究基础是对于城市社会问题的反思以及其中涉及到的城市环境问题。这方面早期的可以追溯到空想社会主义的理想社会／城市（乌托邦）概念，较晚的可见于之后马克思和恩格斯对于工业革命时期欧洲城市的社会问题的研究和分析（Broadbent，1990）。之后陆续有学者提出针对基于各自理念的解决／改善社会问题的（理想）城市（环境）模式，如 Howard 的"田园城市"、Le Corbusier 的"光辉城市"等。可见，对于城市社会问题和城市环境之间关系的（理性）分析是这一领域研究的基础，因此其涉及范围也相当之广。

这一领域的研究以实证研究和归纳推理为基础，但同时对城市社会问题和城市环境的分析以理性的逻辑推理和分析为基础。此外，对于人对环境的需求、环境对于人的功能的研究是基于功能主义的理论基础。因此是这一领域的研究的哲学基础以经验主义和实用主义为主，兼有理性主义。

社会领域的城市设计理论的代表学者有 Lewis Mumford(1961)，Jane Jacobs(1961)，Grady Clay(1973)，Anthony Sutcliffe(1984)，Jan Gehl(1987)，Jon Lang(1987)，Ali Madanipour(1996) 等。其中，Mumford(1961) 和 Anthony Sutcliffe(1984) 研究了城市发展和社会问题之间的关系；Jacobs(1961) 和 Clay(1973) 研究了美国城市的社会问题；Gehl(1987) 和 Lang(1987) 研究了人／社会需求与城市建筑／空间／环境之间的关系；Madanipour(1996) 研究了城市（空间）设计如何满足人／社会需求。

4.2.5 功能领域的城市设计理论

功能领域的城市设计理论与社会领域的城市设计理论有密切的关系。它们有相近的研究对象、研究内容和哲学基础，相同的研究方法。这一领域的研究起源于现代主义思潮的建筑设计理论研究，强调城市环境最重要的因素是它的功能。在功能和美学两大目标中，城市设计的首要目标是提供满足人和社会的功能需求的城市环境（Lang1994，p.148）。

这一领域的研究的目的是理解人和社会的基本生活和工作需求，通过城市设计使城市环境的功能满足人和社会的需求。与社会领域的主要研究内容在于社会问题与城市环境之间的关系不同，社会领域的研究将社会视为一个复杂的网络，而个人、群体、社会问题和城市环境在这个网络中交织在一起。功能领域的研究则分析人和社会的需求与城市环境的功能之间直接的对应关系。从 Carmona(1996a，p. 60) 对这两个领域所要解决的实际问题的举例可以看出它们的主要研究内容之间的区别。

社会领域研究要解决的实际问题: 可达性 (access)、犯罪、土地利用的兼容性 (mixeduse)、生活质量、公共空间、儿童游戏空间、公共健康、社会活力、社区、社会公平、社会融合、个人隐私、个性化、少数群体的需求等等。

功能领域研究要解决的实际问题：日照、基础设施、户型、建筑风格和立面、小区和建筑的总平面规划、停车、道路设计、道路安全、交通噪声、绿化和绿地、灯光等等。

功能领域的研究方法主要包括两部分，实证研究和逻辑推理。其哲学基础以功能主义和实用主义为主，也包括了理性主义。这一领域与传统设计研究领域 (如景观——视觉研究领域) 相似，理论研究直接应用于设计实践，理论与实践紧密结合；同时研究者大多为专业设计人员有着丰富的设计经验。因为研究对象和主要研究内容相似，这一领域相当一部分的研究与环境一行为领域和社会领域的研究紧密相关或相互涉及。这一领域的代表学者有 William H. Whyte(1980，1988)，Kevin Lynch(1972，1976，1981，1984)，Ali Madanipour(1996)，Jon Lang(1987，1994) 等。

4.2.6 程序——过程领域的城市设计理论

程序——过程领域的城市设计理论与环境一行为领域、社会领域、功能领域的研究联系密切并且相互涉及。这一领域的研究始于 20 世纪 70 年代，从城市设计政策和实践两方面的研究开始，目的是使城市设计理论和政策具备可实施性以及发现实施它们的方法。

这一领域的研究对象是城市设计的程序和过程。研究目的是分析和发现关于城市设计的程序和过程的理论和方法，使城市设计的程序和过程合理化并有可操作性，以使城市设计及其目标得以实施／实现。其主要研究内容是入和社会 (通过城市设计) 改造城市环境的方法、程序、过程、效果，改造后的城市环境对人和社会的影响，以及相关评价。与环境一行为领域、社会领域、功能领域的研究注重人和／或环境不同，这一领域的研究重点是人和环境之间的互动过程。研究中大量采用了社会学中政策、公共管理、行政、决策、组织／机构、介入者／参与方 (Agent) 等方面的理论基础和研究方法。其研究方法主要为实证研究。

研究隐含的理论基础是过程合理即能确保结果合理可靠，这是一种建立在机械唯物主义之上的观点。因此这一领域研究的哲学基础是经验主义。同时，由于这一领域的研究以城市设计的实用性为目的，因此它也包含实用主义的哲学基础。

这一领域的代表学者有M. Wolfe and R. Shinn(1970)，Jonathan Barnett(1974)，Allan Jacobs(1978，1985)，Laurence Cutler and Sherrie Cutler(1982)，Kevin Lynch and Gary Hack(1984)，Hamid Shtwani(1985)，Jon Lang(1987，1994)。

4.2.7 类型——形态领域的城市设计理论

类型——形态领域的城市设计理论包括几个不同的研究方向：建筑形态、空间形态、城市形态。它们分别由建筑学、景观研究、城市形态学、城市／历史地理学、环境／行为心理学、美学等学科的研究单独或综合组成。这些方向的研究始于不同的年代。它们共同的研究对象是城市物质环境的形态以及不同类型的形态要素。研究目的是通过对城市物质环境的形态／类型分析指导城市设计，使城市环境中的新的／改变过的组成部分能与原有环境相协调，为人和社会提供良好的城市环境。

这一领域中不同的研究方向有不同的研究内容和研究方法。建筑形态研究的主要内容是不同的(单体和组群)建筑的类型及其与城市空间之间的关系。其研究方法类似景观一视觉领域的研究方法，以研究者的(主观)观察、分析和评价为主。其哲学基础是经验主义。这一研究方向的代表学者有Robert Venturi(1966)，Aldo Rossi(1982)等。这些同时也是建筑设计理论研究领域的经典著作。

空间形态方向的主要研究内容是城市环境中由建筑、街道等围合成或组成的不同类型和形态的城市空间及其组成要素。这一方向的研究方法有几种：以传统的研究者的(主观)观察、分析和评价为主；以认知一意象领域的研究方法为主；以环境一行为领域的研究方法为主。它们的哲学基础都是以经验主义为主。这一研究方向的代表学者有Unwin(1909)，Cullen(1961)，Christopher Alexander(1964)，Christopher Alexander et al. (1977)，Kevin Lynch(1960，1981，1984)。

城市形态方向的主要研究内容是城市物质环境的形成(历史)过程和原因、组成要素及其类型和形态。这一方向的研究涉及的城市形态从一个地块(Plot)内的建筑组合、街区(Block)内的地块组合、城市一定地区内的路网——街区系统，直至整个城市(从城市中心到城市远郊区边缘)甚至组团型城市／城市组群的市域范围。针对不同范围内的城市形态有不同的研究方法。对于地块和街区范围内的城市形态，研究方法类似于建筑形态研究，以研究者的(主观)观察、分析和评价为主。其哲学基础是经验主义。代表学者有Saverio Muratori(1959)，Saverio Muratori et al. (1963)，Gianfxanco Caniggia et al. (1979)，Jean

Castex et al.(1980)。对于街区、城市某一地区、城市范围内的城市形态，研究方法以城市历史地理学 (Urban Historical Geography) 的实证研究为主。其哲学基础也是经验主义。代表学者和著作有 M. R. G. Conzen(1960)，J.W.R. Whitehand(1981)，T.R.Slater(1990)。对于更广范围内的城市形态，研究方法主要以城市地理学和经济地理学的实证研究为主，同时也包括对城市发展 (原因) 的理性主义的逻辑推理和分析。其哲学基础也是经验主义。代表学者和著作有 James E. Vance(1990)。

5、根据城市设计理论的不同研究对象的分类方法

城市设计其实质是人和城市环境之间的一种互动: 人作为主体，人类生活的环境是客体; 人类通过 (城市设计) 活动改变环境，而环境同时也影响人类和其活动。因此，城市设计包涵了三方面的要素：人 (主体)、环境 (客体)、(人和环境之间的) 相互作用 (过程)。根据之前的分类综述可以看出，当代西方城市设计理论的研究对象都包括在这三方面之内 (见表 1)。

不同领域的当代西方城市设计理论的研究对象　　表 1

不同领域的城市设计理论	研究对象		
	人 (主体)	环境 (客体)	(人和环境之间的) 相互作用
景观——视觉领域		√	
认知——意象领域	√		
环境——行为领域	√	√	
社会领域	√	√	√
功能领域	√	√	√
程序——过程领域			√
类型——形态领域	√	√	

通过表 1 的归纳和之前对当代西方城市设计理论的综述可以看出，早期 (19 世纪末 20 世纪初) 的城市设计研究领域，如景观——视觉领域和类型——形态领域中的大部分研究方向的研究对象都是单一的城市设计的客体，即城市环境。之后随着城市设计理论的逐步发展以及与其他理论研究领域的交融，特别是受到当代社会科学发展的影响，其研究对象逐步扩展到

了城市设计的主体，人与群体。这体现在始于20世纪50、60年代的认知——意象领域和环境——行为领域的城市设计理论中。之后，随着城市设计理论的进一步发展，从20世纪70年代开始，城市设计理论的研究对象又扩展到了城市设计的主体和客体之间的相互关系和相互作用（过程）。这体现在社会领域、功能领域和程序—过程领域的城市设计理论的发展过程中。

因此，根据研究对象的发展与不同，同时也符合理论发展的时间顺序，各领域的现代西方城市设计理论可分为三类：①早期的，以城市设计的客体（城市环境）为研究对象的城市设计理论，包括景观——视觉领域和类型——形态领域的城市设计理论；②之后的，以城市设计的主体（人）和客体（城市环境）为研究对象的城市设计理论，包括认知——意象领域和环境——行为领域的城市设计理论；③再后的，以城市设计的主体（人）、客体（城市环境）和主体和客体之间的相互关系和相互作用为研究对象的城市设计理论，包括社会领域、功能领域和程序—过程领域的城市设计理论。

6、结语

城市设计理论从最初的建筑和景观美学研究的基础上发展至今，其间受到了社会科学发展的巨大影响。研究对象从单一的城市物质环境扩展到了人、环境以及人和环境的相互作用关系。研究方法从研究者的（主观）观察、分析和评价发展到大量应用社会科学的理性、系统和客观的研究方法论。哲学基础从以经验主义为主扩展到理性主义、实用主义和功能主义。当代西方城市设计理论与社会学、心理学、地理学、历史学、工程学等学科日益融合，体现出多学科和跨学科发展的趋势。城市设计理论的不同研究领域之间相互影响，相互交叉，关系紧密，不存在泾渭分明的学术界限。不少学者的研究和著作涉及几个领域。笔者尝试对现有的西方城市设计理论的主要研究领域进行分类综述和分析，并根据研究对象对这些理论进行了进一步分类，以提供给读者西方城市设计理论发展和研究成果的概要。限于精力、时间和篇幅，笔者对西方城市设计理论的综述和分析还将于今后作进一步的深入解析。

注释：

① 本书的德文原版名为*Der Stadte-Bau nach sienen kun stlerischen Grundsatzen trans*。

② 本书的法文原版名为*L' art de batir•les villes: L' urbanisme selon ses fondements artistiques*。

③ 引自*Merriam Webster Collegiate Dictionary*(1997，p390)。

④ Moudon(1992，p339) 指出一些专业人士对自己的审美观抱着一种盲目的绝对自信。原文为“a nai ve ‘good-professional-hnows-it-all’ posture”。

⑤ 原文 (Moudon，1992，p339) 为“many planners and designers see image studies as the main contfibution of urban design”。

参考文献：

[1] Alexander, C. Notes on the Synthesis of Form. Cambridge, MA: Harvard University Press, 1964.

[2] Alexander, C., Ishikawa, S. and Silverstein, M. A Pattern Language: Towns, Buildings, Construction. New York: Oxford University Press, 1977.

[3] Appleyard, D. Planning a Pluralistic City: Conflicting Realities in Ciudad Guayana. Cambridge, MA: MIT Press, 1976.

[4] Appleyard, D. Livable Streets. Berkeley, CA: University of California Press, 1981.

[5] Appleyard, D. , Lynch, K. , and Myer, J. The View from the Road. Cambridge, MA: MIT Press, 1904.

[6] Bacon, E. Design of Cities. New York: Penguin, 1976.

[7] Barnett, J. Urban Design as Public Policy: Practical Methods for Improving Cities. New York: Architectural Record Books, 1974.

[8] Bechtel, R. , Marans, R. and Michelson, W. (eds.) Methods in Environmental and Behavioral Research. New York: Van Nostrand Reinhold, 1987.

[9] Bloomer, K. C., Moore, C. W. and Yudell, R. J. Body, Memory, and Architecture. New Heaven: Yale University Press, 1977.

[10] Broadbent, G. Emerging Concepts in Urban Space Design. London: E&FN Spon,1990.

[11] Caniggia, Gianfranco and Maffei, Gian Luigi Composizione architettonica e tipologia edilizia, 1. Lettura dell'edilizia di base, Venice: Marsilio Editori, 1979.

[12] Canter, D. The Psychology of Place, London: Architectural Press, 1977.

[13] Carmona, M. (a) Controlling Urban Design——Part 1: A Possible Renaissance? Journal of Urban Design, Vol. 1, No. 1, pp. 47 ~ 74, 1996.

[14] Carmona, M. (b) Controlling Urban Design——Part 2: Realizing the Potential. Journal of Urban Design, Vol. I, No. 2, pp. 179 ~ 200, 1996.

[15] Carmona, M., Heath, T., Oc, T. and TiesdeU, S. Public Spaces, Urban Spaces-The Dimensions of Urban Design. Ox ford: Architectural Press,2003.

[16] Castex, Jean, Patrick Celeste and Philippe Panerai Lecture d'une ville: Versailles. Paris: Editions du Seuil, 1980.

[17] Clay, G. Close-up: How to Read the American City. New York: Praeger, 1973.

[18] Conzen, M. R. G. Alnwick, Northumberland: A Study in Town-plan Analysis. Publication No. 27, London: Institute of British Geographers, 1960.

[19]Cullen, G. The Concise Townscape. New York: Van Nostrand Reinhold, 1961.

[20]Cutler, L. S. and Cutler, S. S. Recycling the Cities for People: The Urban Design Process (2nd ed.). Boston: Cahners Books International, 1982.

[21]Gehl, J. Life Between Buildings: Using Public Space. New York: Van Nostrand Reinhold, 1987.

[22]Jacobs, A. Making City Planning Work, Chicago: American Society of Planning Officials. 1978.

[23]Jacobs, A. Looking at Cities. Cambridge, MA: Harvard University Press, 1985.

[24]Jacobs, J. The Death and Life for Great American Cities. New York: Random House,1961.

[25]Kaplan, S. and Kaplan, R. Humanseape: Environment for People. North Scituate, MA: Duxbury,1978.

[26]Kepes, G. Language of Vision. Chicago: P. Theobald, 1944.

[27]Kepes, G. The Nature and Art of Motion. New York: G. Braziller, 1965.

[28]Kepes, G. Sign, Image, Symbol. New York: G. Braziller, 1966.

[29]Lang, J. Creating Architectural Theory: The Role of the Behavioral Sciences in Environmental Design. New York: Van Nostrand Reinhold, 1987.

[30]Lang, J. Urban Design: The American Experience. New York: Van Nostrand Reinhold, 1994.

[31]Lynch, K. The Image of the City. Cambridge, MA: MIT Press, 1960.

[32]Lynch, K. What Time Is This Place? Cambridge, MA: MIT Press,1972.

[33]Lynch, K. Managing the Sense of a Region. Cambridge, MA: MIT Press, 1976.

[34]Lynch, K. A Theory of Good City Form. Cambridge, MA: MIT Press, 1981.

[35]Lynch, K. Good City Form. Cambridge, MA: MIT Press,1984.

[36]Lynch, K. and Hack, G. Site Planning (3rd ed.). Cambridge, MA: MIT Press,1984.

[37]Madanipour, A. Design of Urban Space: An Inquiry into a Social-spatial Process. Chichester: Wiley,1996.

[38]Merriam——Webster Inc. Merriam Webster Collegiate Dictionary (10ta ed.). Springfield, MA: Merriam-Webster Inc,1997.

[39]Moudon, A. V. A Catholic Approach to Organizing What Urban Designers Should Know. Journal of Planning Literature, Vol. 6, No. 4, pp. 331 ~349,1992.

[40]Mumford, L. The City in History: Its Origin, Its Transformations and Its Prospects. New York: Harcourt, Brace & World,1961.

[41]Muratori, Saverio Studi per una operante storia urbana di Venezia, Rome: Instituto PoligratSco dello Stato. 1959.

[42]Mtiratori, Saverio, Renato Bollati, Sergio Bollati and Guido Marinucci Studi per una operante storia urbana di Roma, Rome: onsiglio nazionale delle ricerche. 1963.

[43]Nasar, J. L. (ed.) Environmental Aesthetics: Theory, Research and Applications. Cambridge: Cambridge University Press, 1988.

[44]Nasar, J. L. The Evaluative Image of the City. Thousand aks, CA: Sage,1998.

[45]Rapoport, A. Human Aspects of Urban Form: Towwards a Men--Environment Approach to Urban Form and Design. New York: Pergamon Press, 1977.

[46]Rapoport, A. The Meaning of the Built Environment: A Nonverbal Communication Approach. Thousand Oaks, CA: Sage, 1982.

[47]Rapoport, A. History and Precedents in Environmental Design. New York: Plennm,1990.

[48]Rossi, A. The Architecture of the City. Cambridge, MA: MIT Press. First Italian edition (1966) ,1982.

[49]Shirvani, H. The Urban Design Process, New York: Van Nostrand Reinhold, 1985.

[50]Sitte, C. (1889), Translated by Collins, G. R. and Collins, C. C. City Planning According to Artistic Principles. London: Phaidon Press, 1965.

[51]Sitte, C. (1889), translated by Stewart, C. T. The Art of Building Cities: City Building According to Its Artistic Fundamentals. New York: Reinhold,1945.

[52]Slater, T. R. (ed.) The Built Form of Western Cities. Leicester: Leicester University Press, 1990.

[53]Spreiregen, P. Urban Design: The Architecture of Towns and Cities. New York: McGraw--Hill, 1965.

[54]Sutcliffe, A. (ed.) Metropolis 1890 ~ 1940. Chicago: University of Chicago Press, 1984.

[55]Unwin, R. Town Planning in Practice: An Introduction to the Art of Designing Cities and Suburbs. New York: B. Blom, 1909.

[56]Vance, J. E. Jr. The Continuing City: Urban Morphology in Western Civilization. Baltimore, MD: John Hopkins University Press, 1990.

[57]Venturi, R. (1966) Complexity and Contradiction in Architecture, New York: Museum of Modern Art. Republished also London: Architectural Press, 1977.

[58]Whitehand, J. W. R. (ed.) The Urban Landscape: Historical Development and Management: Papers by M. R. G. Conzen, London: Academic Press, 1981.

[59]Whyte, W. H. The Social lAfe of Small Urban Spaces. Washiongton, D. C.: Conservation Foundation,1980.

[60]Whyte, W. H. City: Rediscovering the Centre. New York: Doubleday, 1988.

[61]Wolfe, M. R. and Shinn, R. D. Urban Design within the Comprehensive Planning Process. Seattle: University of Washington,1970.

作者简介： 张剑涛，上海社会科学院城市与人口发展研究所副研究员

原载于： 《城市规划学刊》2005 年第 2 期

对我国城市设计现状的认识

Understanding the Status Quo of Urban Planning in China

王世福　汤黎明
WANG Shi-fu, TANG Li-ming

摘　要

当前，我国的城市设计存在“编制数量不断增加而实施效果依然含糊”等现象。在城市设计中，应既重视技术性因素，又注重制度性因素；应提高城市设计的合理性和合法性；应在实证研究的基础上建立我们的城市设计的理论。

关键词

城市设计　现状　发展

在我国城市建设以大规模物质形态建设为特征的时代背景下，在我国传统城市规划学科具有浓厚建筑学科色彩的氛围中，城市设计作为一种规划形式，作为一种宣传手段，作为一种研究议题，作为一种发展策略……被广泛地运用。自 20 世纪 90 年代中期开始，至今已有大约 10 年的时间，城市设计一直是一个热门话题。

本文拟从城市设计现象的角度入手，分析我国城市设计目前存在的问题，进而从城市设计发展的学科原因、与西方的不同，以及我国城市设计发展需重视的因素三方面来认识我国城市设计的现状。

1、现象与问题

1.1 编制量的增加和实施效果的含糊

随着城市建设水平的不断提高，城市设计在规划编制项目中所占的比例越来越大，并且有继续增加的趋势。在编制数量增加的同时，编制类型和编制对象也在扩展。

城市设计的编制类型，按设计范围划分，可分为整体城市设计和局部城市设计；按设计目的划分，可分为开发性城市设计和保护性城市设计；按工作内容划分，可分为综合城市设计和专项城市设计（如雕塑、灯光等）。编制对象也由早期的城市公共空间逐步走向了更广泛的领域（如城市新区、历史街区，科技园区等），以及大型市场开发项目（如工业园区、大型房地产等非公共空间）。

伴随着编制数量、类型和对象的扩展，编制单位也呈现出多元化特征，国际、国内的规划设计和研究机构、建筑设计公司、景观设计公司纷纷参与进来，带来了更多的观念和方法，从而进一步凸显了城市设计本该具有的选择性特征。

但是，大量编制的城市设计在规划实施层面，效果依然含糊。原因之一是在对城市设计的理解上存在局限，将城市设计当成灵丹妙药，把难以解决或者无法定性的问题都交给了城市设计，盲目地进行项目委托或举行国际招标。原因之二是城市设计成果与规划管理无法衔接，隐含于形态背后的土地供给、开发模式、经济绩效等开发控制要素没有被揭示。面对众多城市设计成果，规划管理部门常常无从着手，不知道通过何种途径、何种手段进行有效管理，故城市设计的价值未能得到充分的体现。

1.2 研究广度的扩展和系统理论的缺乏

随着以城市设计为议题的学术专著、学位论文及科研论文的大量增加，城市规划和建筑学的学术界对于城市设计的关注、研究和讨论也越来越多。在高校教育中，城市设计越来越受到重视，在本科、研究生教育中开设了各类城市设计课程，以城市设计为研究方向的研究生的数量逐渐增多，研究领域由过去的以设计手法探讨、设计实例分析为主，开始向更广的领域(如城市公共行政、城市经营、社区规划等)扩展。

但是，我国的城市设计专业教育还缺乏系统性，在培养目标、课程设置、教学手段、实习安排等方面还未形成明确的体系。在城市设计研究方面，独立自主的专门化研究比较少见，更多见的仍然是对既有国外理论和实践的介绍，并且缺少对最新进展的介绍。城市设计核心领域的技术支持系统、设计方法系统、开发控制系统等尚未建立。

1.3 规划实施的重视和实施手段的贫乏

城市设计的项目委托绝大部分来自政府，其目的是希望通过城市设计来提高城市建设水平，塑造城市特色，改善城市景观环境质量。许多城市的新区建设、重要景观大道、环境整治工程是在城市设计的指导下开展和完成的，这反映了政府层面对城市设计的重视。城市规划管理部门在面对城市重点地区或较大型开发项目时，常常遇到规划控制指标之外的建筑协调、公共空间控制等问题，而控制性详细规划却往往难以应对，因而对城市设计的期望也是规划实施层面日益重视城市设计的原因之一。

但是，城市设计并不是可直接实现的物质性空间形态，城市设计的规划实施表现为对相关规划、设计的控制和引导。由于城市设计本身的编制标准、评价体系尚未建立，加上相应的管理机构和管理程序尚未健全，城市设计在不同地方的实施都遇到了不同程度的困难，即实施城市设计的手段贫乏，既没有借鉴国外先进经验(如公私合作、发展权转移、整体开发单元、容积率补偿等手段)的政策环境，又缺乏相应的法定权力来限定建筑形态和公共空间。

2、城市设计发展的学科原因认识

2.1 与城市规划学科的关系

(1) 传统城市规划与现代城市规划

传统城市规划源于建筑学科，而现代城市规划则向更广的领域扩展，从城市思想、城市经济和社会发展到城市制度变迁、公共行政等，日益呈现出显著的广谱特征。从我国目前城市规划的专业体系看，大量城市规划专业属于建筑类院校，建筑学色彩仍较浓厚，仍然处于由传统城市规划向现代城市规划发展的初步阶段。传统地理学科的经济地理专业已经在城市规划专业指导委员会的指导下纳入了城市规划学科，其经济、社会的宏观分析能力较强，但是在处理物质形态规划方面仍然处于起步阶段。因此，目前城市设计的主要教学和研究工作基本上集中在了建筑类院校的城市规划专业中。

(2) 城市设计与传统城市规划

传统城市规划由于被划分为总体规划和详细规划两个层次，导致三维空间形态的表达主要集中在修建性详细规划层面，总体规划则主要以平面表现为手段。城市设计凭借其可以表达大规模空间形态的优势总揽总体规划和详细规划这两个层面，因而获得了以“直观可视”为核心优势，以包罗宏观、微观为作用范围的极大的舞台。

在总体规划层面上，出现了整体城市设计项目，其强调对整体城市空间形态和景观环境特色的塑造。在详细规划层面上，城市设计更多地取代了传统的修建性详细规划，在很多时候也包含或取代了控制性详细规划。

2.2 与建筑学科的关系

目前，在建筑类院校的城市规划专业中普遍开设了大量的城市设计方面的课程。值得重视的是，该类院校的建筑学专业在城市设计领域中也开展了大量的教学和研究工作。

传统建筑学科的发展实际上一直徘徊在单体设计如何走向群体设计的议题上，城市设计以建筑与环境关系为基本命题，大大拓宽了建筑学科走向城市研究的渠道，建筑学也因此获得了处理大规模空间形态的舞台。

大量建筑学背景的本科生乐于选择城市设计作为研究生学习的方向。城市设计产生的本意之一就是加强建筑学和城市规划之间的沟通和联系，其直接作用之一也是通过城市设计成果干预或引导个体的建筑设计。而建筑学专业开展的城市设计研究和实践实际上也大大丰富了城市设计的方法和理论，在许多城市重点地段的城市设计中，已经出现了许多基于建筑学方法的成功案例。

3、我国城市设计发展与西方的不同

纵观城市的发展历史，城市规划与城市设计在概念范畴上基本是无明显区别的，城市设计也不是什么新鲜事物，中国古代的京城、西方中世纪的广场，以及近代美国华盛顿、澳大利亚堪培拉等不仅被认为是城市设计的典范，同时也被认为是优秀的城市规划。现代建筑运动早期，城市设计的倡导者伊利尔·沙里宁就曾经说过："为了在分析中避免引起误解，谈到城市的三维空间概念时，就避免使用'规划'，改用'设计'这个名词。……在不牵涉到所讨论的问题时，同意接受'规划'这个通称。"

3.1 西方重视城市设计的原因

现代城市设计在西方受到重视，是在西方城市规划由物质规划转向经济及社会综合性规划，更多地研究城市经济、社会问题的同时，在一定程度上减少了对城市空间物质环境关注的背景下出现的，实质上是一种恢复和反省。正如美国建筑师协会(AIA，1965)所述："正是由于过去的认识分歧，我们不得不建立城市设计这个概念，并不是为了创造一个新的分离的领域，而是为了防止基本的环境问题被忽略或遗弃。"

3.2 我国重视城市设计的原因

我国的城市规划仍未摆脱物质规划的束缚，从"城市规划设计"的用语中即可见一斑。在实践中，规划和设计往往融合在一起，在大多数的详细规划中，或多或少地包含了城市设计的某些内容,如控规制定的关于建筑形体的一些指导性指标,而总体规划中的一些分项，如城市景观、城市风貌的规划也类似于城市设计。

我国城市设计受到重视的原因与西方有所不同，其主要触媒是市场经济体制，因为市场经济体制的建立改变了计划体制下的城市开发模式，土地使用权的市场化及投资多元化，大大刺激了城市的发展。在大规模建设过程中，传统规划轻三维形态的工作方法显现出弊端，城市设计因三维整体形态的模型或图纸展示易使人产生直观感和新鲜感而受到推崇。但是将来一块块分而开发的基地如何与漂亮的设计模型取得一致，规划管理如何实施等核心问题没有得到解决。可以说，我国目前的城市设计对三维形态本身的物质设计强调得太多了，主要关注城市空间的物质属性，而忽视了社会、人的心理属性及城市开发的过程。在理解其与城市规划的关系方面，我国目前的城市设计忽视了与城市规划的编制和管理体系的内在联系。

4、我国城市设计发展需要重视的因素

4.1 城市设计既包括技术性因素，更包括制度性因素

作为技术方法的城市设计，其目标是缔造理想的城市空间，在设计过程中提取城市空间中的相关元素，有序地予以组织并制定适当的控制和引导条件。

在实践中，城市设计的实施必须依赖于城市规划对城市开发的公共干预权，通过对城市开发执行开发控制及对各类设计执行设计控制来操作，实际上是设定有利于公共利益的开发预期并以此来约束城市开发，这些开发预期的设定必须以一定的制度作为保障。在我国的规划实施中，城市设计实际上已经基本实现了与控制性详细规划这个“法定”规划平台的衔接，但是关于控制性详细规划的法定程序、法定效力仍然有待明确或强化。

对城市设计来说，制度建设的内容既包括对城市设计的编制、审批及纳入法定控制条件的规范，也包括对依法定控制条件执行开发控制和设计控制的程序和实体的规范，以及对一系列的修改或上诉程序的设定。

因此，制度性因素是实施城市设计的基础，技术性因素通过制度性因素发挥作用，而制度性因素必须以技术性因素为操作手段，二者共同构成城市设计可操作性的条件。

4.2 法制化进程中的规划管理呼唤有法律意识的城市设计

随着我国行政法制化力度的加大，规划管理的法制化进程也在迅速推进。许多时候，法制化的规划行政管理已经反过来挑战城市设计的技术合法性及合理性，如城市设计可设定地块的公共通行空间的合法性，可在限高条件下无法实现容积率时反过来质疑开发控制指标，允许相近条件地块的开发强度存在差异，等等。

在编制和实施城市设计过程中，存在规划师和管理人员的法律意识问题，如果将城市设计的编制和实施认为是准立法和执法的过程，就会更深刻地理解到技术性因素必须经历制度化过程的洗礼，才可以有效地发挥作用。

4.3 实证研究是建立我国城市设计理论的重要途径

我国的城市设计编制量是惊人的，相当数量的城市设计在实际规划管理中或多或少地得到了实施。但是在研究领域，针对城市设计的研究缺乏上升到实证的理论积累，仍然还停留在十年前就已经引入国内的美国城市设计理论的水平上，缺乏有持续意义的实证研究

（如巴奈特对纽约的研究、旧金山整体城市设计执行的实证研究），这导致了理论不能对实践进行必要的指导，不能对实践中存在偏差的行为进行纠正，更无法实现有中国特色的城市设计。

与近年来城市规划研究大量运用经济学、社会学方法的做法相似，城市设计研究缺乏最朴素的实践反馈和跟踪研究，规划的各支力量均关注新方法的引介和规划形式的创新，没有充分的意识和精力进行设计跟踪和设计回顾。因此，从促进我国城市设计发展的角度出发，本文呼吁城市规划研究者积极开展有关中国城市设计案例的深度研究，为形成有中国特色的城市设计理论奠定基础。

参考文献：

[1] Paul D.Spreiregen.Urban Design:The Architecture of Towns and Cities[M]. Mc Graw Hill Book Company, 1965.

[2] Barnett.J.Urban Design as Public Policy[M].Architect Record, 1974.

[3] Madanipour.A.Design of Urban Space:An Inquiry into a Socio-spatial Process[M].John Wiley & Sons, 1996.

[4] Matthew.C. Design Controll-Bridging the Professional Divide[J].Journal of Urban Design, 1998.

[5] Punter.J, M. Carmona. Design Policies in Local Plans[J].Town Planning Review, 1997.

作者简介： 王世福，华南理工大学建筑学院教授

汤黎明，华南理工大学建筑学院副教授

原载于：《规划师》2005 年第 21 卷第 1 期

寻找适合中国的城市设计

The Study of Urban Design Practicability for China

郑正

ZHENG Zheng

摘　要

回顾中国现代城市设计发展的历程，阐述城市设计的概念及其在中国城市规划建设体系中的定位，指出中国的城市设计应当适合中国的国情，中国城市生活的要求，符合中国城市所在的自然地理环境条件；融合中国的社会、经济与文化传统精神；切合中国的城市规划建设管理的实际。

关键词

中国　城市设计　城市规划

为明确城市设计在我国城市规划建设体系中的定位和作用，探索和总结适合我国国情，符合中国城市的自然地理环境，融合中国城市的社会、经济条件与文化精神，适合中国城市生活的需求和切合中国的城市规划建设管理实际的中国城市设计之路，必须引起我国城市建设主管部门和从事城市规划设计建设工作者的高度重视。

1、释义

城市设计在中、英大百科全书以及中、外不少城市设计专著中，有着多种不尽相同的定义，但如何全面、清晰地理解城市设计，并用这些定义去解释它与城市详细规划、城市景观设计的区别时，往往难以确切地回答，即连我国的大百科全书中的表述也模棱两可，包含了“一般是指在城市总体规划指导下为近期开发地段建设项目而进行的详细规划和具体设计”的片面、不准确的提法。

20多年来，笔者从对城市设计从一无所知，到逐步形成一个比较明晰的概念，经历了一个从学习、讨论和从中国城市规划与城市设计实践中不断总结的过程。认为城市设计是一种从特定的城市条件出发，对城市的外部空间，尤其是公共生活空间与环境进行整体优化的设计策划。它以城市中所有的物质要素为对象，以精神要求为依托，以城市整体和谐、宜人并充满活力为目标，通过城市设计，对影响城市整体或局部空间环境品质的诸多要素及组成部分的设计，包括城市规划、建筑设计、园林绿化、街道、广场，以及街道家具小品、广告、标识等等的设计，提出引导与控制，以达到优化城市空间与环境品质，增强城市的特色与魅力，提升城市的活力与城市市民的生活质量为最终目的。

城市设计与城市规划及建筑、园林等单项工程设计的物质对象是共同的，而最大区别是它不代替详细规划与各单项工程的具体设计，它不着重讨论各单项工程设计本身的合理与否，而是始终站在城市整体的视角来审视、研究、评价和策划上述规划与设计。它的重点在于关注城市公共开放空间，建筑与建筑，建筑与环境，城市公共空间与人的活动之间的关系，包括它们的尺度、形态、布局、营造的氛围等等，是否合理、和谐、宜人与生动有序。如北京的国家大剧院，如果撇开造价是否过于昂贵的争论，将它放在一个开阔的有大片水面、绿化与现代建筑群的基地环境之中，它无疑是一个充满想象力的杰作。但在世界闻名的独具历史文化传统氛围的北京城核心区，放上这样一个格格不入的“巨蛋”，从城市设计的角度评价，无疑是一个对北京城市文化形象造成巨大破坏并无可挽回的“败笔”。如把城市设计比喻为一台大戏的导演，它更多是从剧情、整体的演出要求出发，主要从大的原则和关键的表演上，指导把握演员的表演及剧务工作，而不是亲自代替他们去演出。

必须给城市设计以科学、准确的定义，明确它与城市规划、建筑设计、景观设计的关系与区别，才能给出恰当的法定地位，让它在提升城市规划建设的品质中发挥应有的作用。

近年来，城市设计的实践正热火朝天地进行着。遗憾的是在“城市规划编制办法”中，只是被轻描淡写地提及只是“城市空间环境规划中”适用的一种“方法”；或者仅仅是用于控制性详细规划中，确定地块建筑体量、体型与色彩指导原则用的一项不能进入规划编制与管理体系的设计而已。在如此重要的文件中回避城市设计，不给它以应有的法定位置令人费解。以致至今众多的城市设计无法可依，无法审批管理，无法与相关规划衔接，以指导与优化各项工程设计。城市设计在我国不应当还是飘在空中的“五彩气球”，需要尽快让它降落在城市的土地上，生根、开花、结果。

2、回顾

西方在20世纪30年代开始现代城市设计，而我国在1980年，周干峙在中国建筑学会第五次代表大会上发表了“发展综合性的城市设计工作”的文章，可能是国内最早公开发表的关于“城市设计”的文字论述。之后，陆续有项秉仁、黄富厢两位先后分别翻译、编译出版的凯文·林奇的《城市的意象》与E·N·培根等的《城市设计》影响较大。1986年，同济大学建筑与城市规划学院城市规划系成立了我国最早的“城市设计教研室”，并在规划系与建筑系陆续开展了城市设计的教学与研究活动，作为正式文件中出现“城市设计”则是在1988年建设部发布的“城市规划”工作纲要(1989——1993)以及20世纪90年发布的《城市规划编制办法》之中。我国最早的现代城市设计实践应属黄富厢主持的1983年上海虹桥经济技术开发区规划中结合城市设计的尝试。20世纪90年代起，关于城市设计的讨论、介绍、论著日渐增多。我国学者第一本关于城市设计的论著，是1991年王建国的《现代城市设计理论与方法》。不久，美国H·胥瓦尼的《都市设计程序》，J·巴特的《都市设计概论》以及M·索斯沃斯的《当代城市设计理论与实践》等有影响的国外城市设计著作的中译本也在国内出现。1997年，建设部总规划师陈为邦发表了“积极开展城市设计，精心塑造城市形象”的论文。之后中国建筑学会与中国城市规划学会相继召开以城市设计为主题的学术年会和学术研讨会，开始了一轮城市设计理论学习与研究的热潮。直至世纪之交，我国现代城市设计的学术研究、设计实践以及体制实施的讨论与尝试才开始掀起了高潮，

最近的十年里，我国大、中、小城市开展的城市设计实践，估计达到上千项之多。中、外众多设计单位与城市设计、规划、建筑专家受邀参与到这世界上规模空前的城市设计大实践中来，并取得一定的成效与经验。但是，如果回顾、总结、思考一下这些年来我国的城市设计实践的经验与教训，相对我国投入的人力、物力与财力而言，实在不能令人满意。就总体而言，城市设计水平参差不齐，实施成效不大，城市设计编制与管理的机制仍然缺乏。以上海陆家嘴金融贸易区的城市设计为例，举行的国内、国际城市设计招标及方案设计先后不下三次。而今天基本建成的陆家嘴地区，却是一个非人性化的城市空间。使人晕头转向的交通组织和玩“帽子展览会”的建筑群形象让人无法不对这里的城市设计及实施提出质疑。可以说，在实践中还没有完全找到一条适合中国的城市设计之路。

3、途径

大量城市设计与实践成效不理想的原因，除了受权力与资本的操控、干预外，设计师的设计水平不高和设计管理与实施的机制不全，则是最普遍、直接的两个主要原因。

我国城市设计起步晚，理论水平与设计实践经验不多，城市设计人才也缺乏，邀请境外知名设计事务所参与我国的城市设计招标与征集，提高城市设计水平是必要和有益的。遗憾的是某些城市领导与主管部门，却在所有重要项目的设计中，完全排斥国内的设计单位参与。而进入中国的境外设计单位也是鱼目混珠。个别设计师竟把几个平方千米的项目，当作几公顷的规模做；某些设计师把中国城市当作他们形式主义与奇特思想的试验场，来设计在他们本土从未做过，或者无法实施的方案。即便是有经验的知名的设计师、事务所，也都普遍存在对中国国情、城市实际很不了解的问题，以致他们的一些在形态上似乎很有想法创意的方案，实则很不切实际。一旦中选，还得由国内设计单位做收尾工作，调整修改，变成四不像的结果。

中国哲学主张天人合一，可以理解为强调主观与客观的统一。一个主义，一种思想，

一项设计，一件事物，好与不好，不在乎理论上如何高深莫测，形式上多么时髦新奇，在哪个国家、城市或项目中已取得怎样的成功，关键还在于它是否符合、适应特定对象的客观条件与使用需求。是否适合中国的国情，城市的实际，是城市设计首要的、根本的评价标准，是能否取得成功的关键。城市不是一道可以用公式计算的数学题，而是一个有生命的，几十、数百万人使用的社会、经济、文化生活的复杂的巨系统。不了解、研究、分析这个大系统的具体条件与实际需求，是不可能做好它的设计的。为此，在学习、借鉴他人经验的同时，必须结合中国国情。这是我国城市设计工作者不可推卸的责任。

3.1 结合中国城市的自然地理环境条件

美国园林设计师、规划师L·麦克哈格的《设计结合自然》书中，强调设计要充分结合、利用自然提供的潜力，而不是那种轻率、武断与损害环境。我国国土辽阔，北方城市地处寒带、温带，冬季严寒、干燥，冰雪朔风肆虐；南方城市多在热带、亚热带，夏日酷热、潮湿、烈日雷雨濒临。平原、水乡辽阔秀美，丘陵、山城蜿蜒壮丽。众多城市所在的自然地理环境各有差异而极少雷同。自然环境是城市诞生、发展的母体与摇篮，是城市肌体不可分割的组成部分。按L·麦克哈格的说法，“自然与人的关系问题不是一个为人类表演的舞台提供一个装饰性的背景，或者甚至为了改善一下肮脏的城市，而是需要把自然视为生命的源泉，社会的环境，诲人的老师，神圣的场所来维护。”从这个观点出发，城市设计结合自然，不仅只是局限于利用自然，而是要从每个城市特定的自然地理环境条件出发，探求城市与自然的有机融合，构建宜人的与自然和谐的城市空间环境，突现城市的形象和个性。这是城市设计的重要基点与途径。

3.1.1 让自然融入城市，塑造城市的特色与魅力

许多国家的城市风格的形成与当地的自然地理条件有直接的关系。只是在当代经济、文化、技术全球化的影响下，各种建筑文化思潮，现代建筑技术、材料、结构等，通过信息化渠道快速传播、流行到全球各个角落。建筑界对于建筑适应当地自然气候、地理环境的注意力被忽视，导致建筑的地方性差异逐步缩小，城市的建筑面貌日趋雷同，特色消失。试图通过建筑的地方特征来表现城市的个性，变得越来越困难。

唯有每个城市的自然地理条件具有唯一性，它不可能受全球化的影响。结合山水、植被，气候等自然环境条件，运用自然的非建筑元素，塑造城市特色是一个有效的方法。成功的

实例如我国江南古城常熟，就是一个有山有水特征的城市，明代诗人沈玄的诗句“七溪流水皆通海，十里青山半入城”就是它最好的写照。美国旧金山有顺应地形起伏的道路，随时能从不同的视角，鸟瞰、仰视特有的城市景观。再如历史文化名城绍兴，自古以来，一直以“三山万户巷盘曲，百桥千街水纵横”的诗句闻名于世。山、水、街、巷、桥、房的有机交融，是该城与自然巧妙结合的结果。

城市设计结合自然，让自然融入城市，既要充分利用城市原有的自然地理条件，借青山绿树、江河湖海的诗情画意、自然魅力，来凸现城市的特色意境，又要运用山、水、林等自然景观元素，进行自然环境的再创造。如合理疏理水系，适度改造地形，建造树林绿地，来强化城市的自然特征。这种因地制宜的设计制作原则，不仅适用于城市设计，也是诸多艺术创作共同的原则。中国台湾地区的故宫博物院里有一件镇馆的国宝——翠玉白菜，是古代艺人用一块半白、半绿双色的天然玉石雕琢而成。白色部分雕成水汁欲滴的菜帮，绿色部分雕成鲜嫩无比的菜叶，叶上还爬着两只小蝈蝈，活似从地上采来的新鲜白菜，令人叫绝。遵循这个原则，笔者在温州市中心城市设计中，利用现状一座被开山取石破坏得支离破碎的山体，设计建成为具有盆景造型特色的山水公园——绣山公园，取得了较好的效果。

3.1.2 设计符合当地自然地理条件，营造宜人的生活空间

营造宜人的城市生活空间是城市设计的重要目标。城市空间环境，包括街道、广场、建筑群体、绿化等的设计，如果不考虑当地的自然气候、地形地貌条件，不管在形式上如何新奇、时尚，在国外如何时髦、流行，在我国城市，就不能为市民提供舒适的生活环境，就不是一个好的城市设计。城市的空间组织、建筑布局、道路与绿地系统设计，要考虑与地形的良好结合，顺应地形起伏和水体走势；要考虑日照、气温、风向、降雨等自然气候的影响。对此，我国古代城市中有不少很好的经验。如江南水乡等南方市镇，傍水的传统商业街一侧设有廊沿，成为遮阳和避雨极佳的步行购物通道；北方的四合院住宅，有利于防寒风，迎阳光，为了避免市民在街道上受烈日之苦，我国街道上还普遍植有行道树，曾有国外朋友称赞这是中国城市的创造。此外我国在大、中城市建造较多高层建筑，也是针对城市土地资源紧缺的国情所决定的。

不少境外设计事务所由于不了解中国城市的自然地理条件，生硬地将他们的经验搬到中国来。更有少数设计师无视城市的气候、地形与现状条件，将设计基地当成白纸，玩起了在高空拼画几何图案的形式主义游戏，把中国的城市当作实施他们意图的试验场。不顾

气候朝向的周边式建筑布局，无视地形、现状条件的轴线、几何图案满天飞，更可悲的是这种构思，却受到了某些城市主管领导的青睐，认为“有创意”而加以采纳。以致圆形的广场、道路、建筑、水面设计随处可见。更有甚者将城市也设计成圆形，或把各个城镇分别按不同国家城市的模式来建设，完全无视城市的建筑形态，是由特定的自然、地理、文化、经济、技术与生活习惯等诸多因素构成的起码道理。这种只注重形式上的抄袭，不仅毫无创意可言，一旦实施，不仅只是“不知何处是故乡？”，还直接影响市民的使用和城市的品质。而对这种设计思潮的追捧，迫使国内的设计师只得听命、无奈接受而广泛采用，其危害可想而知。

3.2 融合中国的文化精神，符合中国的社会、经济发展水平

如果把自然地理环境比喻为城市生存的母体，那么社会、经济与文化就像是维系城市生存与成长的物质、精神食粮。中国的城市设计必须立足于此，才能使城市健康发展。

3.2.1 继承中国优秀的传统文化遗产，借鉴创新当代的中国城市文化精神

物质空间形态是城市的躯壳，文化是城市的思想与灵魂。因为从一个城市的空间形态、环境、特征，市民的文化活动与文明程度可以反映与感受这个城市的品格、气质、精神与个性。一个城市的历史与文化是它生命的基因与源泉。

城市文化包括物质、精神、行为、制度多个层面，城市设计只是其中一小部分。它要研究的是如何继承中国城市建设中优秀的历史文化遗产，借鉴古今中外的哲学、技术科学、文化等方面的理念与精神，丰富、发展与创新中国当代的城市文化，进而落实到特定的城市空间布局、形态、景观与环境的设计，城市文化品质与氛围的营造以及行为活动场所的组织。

我国许多传统文化精华，从哲学、艺术、技术各领域，从城市建设到诗词、绘画、戏曲、音乐等方面，都能给城市文化的继承与创新以丰富的养料和有益的启迪。

在中国古代的城市建设中，“天人合一”的哲学观和蕴涵着朴素的生态环境观的风水术，对城市的选址与布局有着重要的影响，至今仍有一定的现实意义。“天人合一”，强调自然环境与人工城市的和谐融合，因地制宜、“道法自然”；强调客观条件、规律和主观意愿、构想之间的统一。即便是按照皇权思想建造起来的宏伟、严谨对称的北京紫禁城，仍然有优美、自然、舒展的北、中、南三海与之相辅。东晋著名的风水宗师郭璞为温州古城选择了一个山水环境俱佳的城址，温州今有郭公山以为纪念。风水中所述的避风、聚水，向阳、靠山以及诸如对“墙角冲房”的忌讳，与现代生态环境学与环境心理学的观点也是相吻合的。

中国传统文化的精髓——和合文化，是中国古代人文精神的核心。和是要和谐，合是指符合。无论是人与人，人与社会，人与自然之间都要求和谐、相合，“和为贵”，“无和不成”。论语中谈到要“君子和而不同”，主张在和谐统一中允许有差异、多样，可以兼收并蓄。这一点与西方文化注重个性、独立有明显的区别。对在城市设计中如何体现中国传统文化精神，关注城市中人与自然、城市各物质要素之间、精神与行为之间以及历史与现代之间和谐协调，是不无指导意义的。而在美学中，“和谐——多样的统一”，恰巧也是构成形式美的物质材料的总体组合规律。美国科林·罗在《拼贴城市》一书中指出，“城市形态记载着历史，城市形态是各种历史片断的丰富交织。当现实与历史能恰当地和谐共处时，形成的城市空间形态是最富有魅力的，可以共同演绎出最有文化活力的新形象”。

遗憾的是，一些城市建设常常背离和谐的原则，无视自己的历史文化传统，将现代性同新奇怪异，模仿西方混为一谈。正如美国规划协会政策主任，曾长期参与中国城市规划的学者苏解放(Jeffrey L·Soule)批评的那样：“一个有着最伟大城市设计遗产的国家，竟如此有系统地否定自己的过去”。

中国的传统文学、艺术的特点是注重写意、抒情、传神，尤其是诗词、绘画、戏曲、音乐、书法等，以其发散的形象知觉思维，能给人们以艺术创新的启迪。画家马骏的“万壑争流图”那么气势磅礴，大师齐白石的“柳牛图”何等清雅传神；听秦腔高亢激昂，闻昆曲优雅妩媚。让人们不由联想古都北京、西安之皇城大气，古城苏州、绍兴的水乡诗情。

地方的典故、传说、民俗、工艺以及市民的习俗等，其中尤以传统与当代的各种节庆活动、民俗活动，如灯会、舞龙、龙舟、风筝、歌会等等，都能为城市的文化生活与形象增添活力，并且随着时代的发展而出现新的内容、形式和观念。这需要在优秀传统文化基础上的现代升华，大型原生态民族歌舞“云南印象”和“多彩贵州风”，能给人们很好的启发。复古、崇洋、抄袭、模仿是没有出息的自馁自弃。

3.2.2 符合中国城市的社会与经济发展水平

我国人多地少，必须对有限的土地资源加以控制。因此，我国城市人口的高密集度，土地的节约利用，城市空间的紧凑布局，建筑的适度向空中与地下发展就显得更为必要。“广种薄收”的开发区，奢华占地的大学园区、大广场、大马路不符国情。我国城市需要方便市民就近活动具有均好性的小广场、小绿地系统；需要与快速汽车交通分离的步行优先的商业街系统；需要有足够宽度、平整、有良好铺装、设施与绿化遮阴的人行道与过街设施；

需要为老龄化社会的老年人及天真活泼的孩子们提供安全、舒适、卫生的城市步行生活空间。

2005 年我国的人均 GDP 仅有 1703 美元，我国的城市建设只能与自身相应的经济发展水平相符。追求新奇奢华的设计，像中央电视台新楼那样要花 50 亿去建造一幢违背建筑原理，挑战地球引力的怪异建筑，不仅与北京古都文化不相符，也是国家（人民）的财力所不容许的。

同时，还必须注意到我国城市的贫富差异及社会分层的状况。据国家发改委发表的报告，我国城市收入分配差距的“基尼系数”已达到 0.4 这个国际警戒线。中、低收入阶层占相当比例，中等收入阶层的比重还远低于发达国家水平。上亿农民工在城市里从事二、三产，他们经济状况更为困难。在这样的经济水平与社会分层状况下，城市设计必须思考是面向少数富裕阶层，还是关注最广大市民；是将最好的城市空间、环境，滨水岸线留给公共使用，还是由少数权力和财富拥有者占有。

3.3 切合中国城市规划编制与管理的实际

关于城市设计的定位及其编制与管理问题需要尽快明确解决。此前，城市设计的编制应当与城市规划编制办法与建设管理尽可能采取与之协调、结合的方法，以取得实效。

3.3.1 我国城市规划编制办法及规划管理中存在的一些问题

我国城市规划编制办法将城市详细规划分为控制性与修建性两类。但这两类规划的内容，对于城市重要地段，如城市中心区、车站区、主要街道、商业步行街区、滨水区、历史文化保护区等而言，都无法完全适用。控规内容比较局限，偏重于确定的、量化的定性、定位、定量控制，对城市空间形态、环境品质等设计范畴的内容极少进行规划研究，并作出相应控制引导。而重要地段往往用地功能复合多样，建筑性质、规模、要求不完全确定，相应的控制指标的编制以及管理相当困难、多变。不通过城市设计，这些控制指标的确定更缺乏科学合理依据。如果作为修规进行，这些地区的建设项目又不像居住小区那样明确，建设时期较长，而且经常变化、调整。如何进行总平面布置、竖向设计及综合技术经济论证？要估算工程量、总造价，分析投资效益的意义及科学性又有多大？所以这些地区做控规或修规，是否符合编制办法的要求，是否科学合理都值得置疑。正因如此，近年来，几乎所有城市的这些重要地区，都在做城市设计，而做完了成果又如何同详规协调，成为法定管理依据，始终成为难题。

至于城市总规，如果撇开了城市设计的研究，就很难全面地从宏观层面把握城市空间形态、公共空间，绿地系统与自然地理环境、历史文化传统、市民的公共生活之间的协调和谐，很难从城市整体角度体现城市特色和环境品质。

从城市规划管理的角度来审视，也存在与城市设计相关的问题：①由于城市设计在规划编制办法中并无法定地位，当然成果也就无法审批，不能作为规划管理的依据；②目前按城市规划法制定的城市规划管理内容主要包括核发建设项目选址意见书，建设用地规划许可证以及建设工程许可证及监督检查，竣工验收等。对于偏重城市空间形态、环境设计策划的城市设计，其具体设计项目往往是不确定的，很难列入规划管理的范畴。因而，城市设计在现行的规划管理内容中，又只能属于“没有户口的流浪汉”；③即使规划管理部门想将城市设计列入工作范围，管理难度也很大。例如在控规中，要求对建筑的体量、体型和色彩制定城市设计导则。导则如何编制如何管理执行，还需要规划管理工作者具备相当高的专业素质和业务水平，这一点对诸多中、小城市的管理部门而言，很难办到。

3.3.2 城市设计要切合我国的城市规划编制办法

我国城市设计如果离开了规划、建筑、景观、园林绿化等具体的规划设计，它就失去了意义。

城市设计应按规划阶段的划分，按其设计的规模、范畴，同相应的城市总体规划或详细规划结合进行。

对于城市总体或城市中心城区宏观层次的整体城市设计，一般不宜单独进行，应当作为城市总规中的一项重要内容或专项规划与总规同时进行。因为城市设计对于城市空间形态、布局的思考，将为城市的土地使用、公共设施、绿地系统与景观等规划提供重要的参谋、指导作用。而有关城市特色、色彩、高度、夜景、雕塑以及广告标识等的设计构想、导则，将作为相关规划与单项工程设计与管理的深化依据。城市总规常注重研究城市的定位与发展战略，着重解决土地使用与工程建设的经济合理性。相对而言，对于从整体上建构城市的空间形态特征，塑造与自然环境和谐共生的宜居环境重视不够。

城市重要地区必须强调要进行城市设计，并要与控规相结合，以适应规划建设与管理的需求。而缺乏城市设计的控规，会使城市变得呆板、平庸、毫无特色与活力。但城市设计如果离开控规自成一体，只能成为挂在墙上供欣赏的图画，这正是我国近年来一些城市设计的结局。笔者曾于 1993 年及 1999 年先后在厦门市厦禾路以及温州市中心区两项城市设计中，采用将城市设计同控规相互配合与融合的实践。尤其是后者，在温州市规划主管部门支持下，取得了较好的实施效果。

至于城市工业开发区、居住区的控规以及某些用地性质比较单一、确定、规模不大的一般修建项目，如学校、居住小区、公园等的修建性详规，可以不需要单独做城市设计，但必须用城市设计的思维、方法来全面把握规划与周边城市环境的功能、空间形态等的协调和谐关系。当然，有些项目也可先进行城市设计，然后在此基础上深化，完成修规与工程设计。

3.3.3 城市设计应当与我国城市规划管理实际相适应

城市规划管理是规划实施的指挥与监督保证。是将设计变成现实的“桥梁”。

对于规划管理，难度最大的是重要地区的城市设计，因为这些地区，功能复合多样，建设实施周期长，受投资、需求、现状及发展等多种因素左右，存在着众多可变性。城市设计面对的是许多不确定的内容和一系列难以准确定性、定量、定位的对象与要素，设计本身难度就不小，而要想将城市设计的构思，转换为可供规划管理操作的导则、成果，并由规划管理部门根据建设发展的实际，严格而又灵活地运用这些成果指导管理，其难度就更大。而我国城市设计的规划管理体制与人才又都存在严重的缺位现象。为此，必须在城市规划管理部门增设城市设计管理机构，集中并稳定有相当城市设计专业素质的技术管理成员，从事城市设计编制、审批的组织与实施管理工作。要通过调查、研究与实践总结，尽快制订适应我国实际的城市设计编制办法。深圳市早在20世纪末就设立了城市设计处，编制了深圳市城市设计编制办法；编制技术规定以及设计指引技术规定，经7-8年的实践，积累了不少经验。

面对我国城市规划管理的实际状况，城市设计要突出重点，不同的城市不妨在内容与深度上有所差异。要把注意力从塑造城市终极的形态，转变为引导良好的城市空间开发，制约负面的城市形态形成。对城市公共开放空间的布局、形态、尺度、界面和步行环境的设计营造和控制，应当成为设计的核心。城市设计成果中形成的设计准则、导则，必须精炼、简明、易于管理操作。美丽的建筑表现图，细致昂贵的模型，详细的建筑设计方案，实际上并无实用意义，除了比较形象直观、方便群众参与之外，还有可能起到某些误导的不良后果。

参考文献：

[1] 王振复．城市“设计”的文化理念 [N]．解放日报，2006-10-08．

[2] 郑时龄．全球化影响下中国建筑 [C]．科学与中国一院士专家巡讲报告集，2006．

[3] I·L 麦克哈格著，黄经纬译．设计结合自然 [M]．中国建筑工业出版社，1992．

[4] E·沙里宁著，顾启源译．城市它的发展衰败与未来 [M]．中国建筑工业出版社，1986．

[5] 杨一介．世纪之交看中国哲学中的和谐观念 [J]// 大国方略——著名学者访谈录．红旗出版社，1996．

[6] 刘叔成等．美学基本原理 [M]．上海人民出版社，1984．

[7] 科林·罗等著，童明译．拼贴城市 [M]．中国建筑工业出版社，2003．

[8] E·C 普洛宁，杨堡亭等译．城市中心规划设计实施 [M]. 中国建筑工业出版社，1987．

[9] 耿毓修．城市规划管理 [M]．上海科学技术文献出版社，1997．

作者简介：郑正，同济大学建筑与城市规划学院教授

原载于：《城市规划学刊》2007 年第 2 期

第二章
空间解读

北京“单位大院”的历史变迁及其对北京城市空间的影响

History Flux of Beijing Unit Yard and Its Effect on Beijing Urban Space

乔永学
QIAO Yong-xue

摘　要
从新中国成立初期北京单位大院的形成开始谈起，对单位大院产生的背景、空间的形态以及几十年来的变迁等作一简要论述，进而对不同时期和形态的单位大院对北京城市空间的影响进行总结和分析，试图从中找到一条认识现代北京城市空间的新途径，为今天的北京城市空间设计提供一些借鉴。

关键词
北京　单位大院　城市空间　历史　影响

单位大院是新中国成立以后北京城新出现的城市空间形态，在北京城市空间的发展史上具有承前启后的独特地位，对现代北京城市空间的发展影响尤为突出。但是，相对于社会学界对于“单位”及“单位制”的深入研究，建筑界对单位大院空间的研究还十分不足，这无疑会成为我们认识近现代北京城市空间发展历史和建设当代以及未来北京城的不利因素。本文对北京单位大院的产生、发展演变及其原因作一简单论述，试图抛砖引玉，吸引更多的有识之士到这项研究中来。

1、几个概念

1.1 单位

单位是单位制的基本组成部分，是我国计划经济制度下的特殊产物。从第一个五年计划开始，我国开始照搬苏联的经验建立了一整套计划经济的运行模式，单位成为国家政治、经济和社会结构的基本组成细胞和运行单元。单位在社会运转中的作用是多方面的，在政治上，单位都具有一定的行政级别，是整个国家政治体系的一部分，是个人和国家沟通的桥梁，“起着政府的作用”①；在经济上，单位是相对独立的经济实体，是国家资源运转、分配的中心环节；在城市社会生活中，单位是城市社区普遍采用的一种特殊的社会组织形式，是社会结构的基本单元；在城市的设计建设中，单位大院是城市规划设计和城市空间构成中的基本单元。

在城市人口中，几乎每个人都分属于不同的单位。单位不仅仅是人们工作的场所，而且是一个集社会调控、政治整合、资源配置、社会保障等众多功能于一身的万能组织②，是一个小社会。单位根据其性质可分为国家机关单位、事业单位、企业单位、军事单位等等，根据其单位建制和占地规模又可分为大、中、小不等。

单位的主要特点是：独立性，每一个单位都是相对完整的社会细胞，具有人们工作生活必需的各种社会功能；复合性，每个单位都是一个功能的复合体，同时肩负着政治、经济、社会等各方面的角色；封闭性，内部的独立和完整导致单位人对外部世界依赖的减弱，对外交流的极端缺失导致封闭性加强。

1.2 院

“院”是典型的中国传统城市建筑空间形式，在中国传统的城市/建筑设计中占有举足轻重的地位。“院”具有社会和物质形态两方面的含义：从社会意义来说，“院”是与“家”一一对应的，而家是中国社会组织的最小单元，是中国传统宗法礼制的基本载体，从物质形态来说，“院”是由墙围合而成的具有强烈封闭性和内向性的空间形式，“院”内是一种秩序井然的、复合和开放的空间；“院”的这两种含义是高度统一的有机整体，是一个事物的两面。作为中国古代城市/建筑设计的典范，“院”在北京城市空间中占有重要地位，具有空间“原型”的意义。从最简单的四合院到大型的院落群，从皇家宫苑到整个城市，都是“院”的不同体现，古代北京城市建筑正是以一道道大大小小、相互叠加的“墙”，也就是“墙套墙”结构为主要特征[3]（图1）。

1.3 单位大院

根据上文所述，单位实际上具有传统社会“家”的含义，“单位人”常年聚居、生活在一起，他们之间具有一种明确有序的关系，只不过这种关系不是血缘关系，而是一种政治、经济上的关系。每个单位都有与之对应的城市物质空间，其中单位大院是最常见的空间组织形式。所谓单位大院，就是以“院”这种传统空间形式组织单位运行所必需的办公、生活、附属建筑等，人们在院内就可以得到生活、工作所需的几乎所有资源，甚至有人开玩笑地说：除了火葬场，大院里面什么都有了。

单位大院这种城市建筑空间组织形式在中国城市空间中既是新生事物，又有其必然性，是传统城市院落空间的新发展。尽管建筑价值观念发生了变化，但产生空间原型的传统宇宙观、空间观依然沉淀于民族审美的深层，所以庭院本体作为历史的限定，在当代的功能与观念下，必然与传统相叠合而形成新的形态，焕发出新的色彩[4]。城市社会由各种不同的单位构成，同样的，单位大院也成为城市空间的基本组成单元，单位大院成为社会文化与物质形态的高度统一体，这一点和传统的“院”有着异曲同工之妙。

1.4 北京单位大院

作为首都，北京无疑是单位制的发源地和集中体现；作为中国古代城市设计的典范，北京城无疑是“院”这种传统城市空间形式的代表。因此，由“单位”和“院”结合产生的“北京单位大院”就成为新中国“单位大院”这种城市空间形式的典型代表，同时也是新中国以后北京城市空间的重要特征，它的发展演变一直伴随着北京城的发展变化，即使在计划体制逐渐打破，市场体制已经建立的今天，单位大院在北京城市空间中依然占据着重要的地位。因此，研究北京单位大院对于研究城市设计不但具有重要的历史意义，而且具有突出的现实和实践意义。

2、北京单位大院的变迁

2.1 单位大院的出现及成因

北京单位大院的初步形成。新中国成立之初，北京作为新中国的首都成立了大量的国家党政机关，急需大量办公、居住的场所，它们先是利用旧有的王公贵族的府邸大院作为权宜之计，同时积极筹备新建；另外，北京解放之时，许多军队营区被安排在北京西郊，每个营区单位基本上占用一块方正的用地，围合成封闭的营房，这是新中国成立后北京最早出现的单位大院形态。1953 年开始的第一个五年计划确立了中国的计划经济体制，“单位”开始登上历史舞台，北京的“单位大院”也开始大规模形成。北京拥有众多的国家党政机关、科研院所、大专院校以及军事单位等，它们成为形成单位大院的主力军（图 2）。

从过程上看，单位大院的形成是从土地的划拨开始的，各个单位根据其规模、行政级别等因素得到国家划拨的一块城市土地，然后一般是用围墙把土地一围，形成一个封闭的院落，在院内建设自己的工作、生活建筑，形成一个个单位大院。有趣的是，这种形成模式与北京旧城的形成有几分相似，也是先用城墙围出一个大“院”，然后在其内部进行规划建设。单位大院内部的设计建设一般都由单位自己来运作，最后由单位的领导批准执行，当时主要的城市规划设计部门都市计划委员会的主要工作一度是“忙于划拨土地”，[⑤]根本顾不上具体的单位大院内部的规划设计。在这之后的几十年里，单位大院的设计建设基本处于这么一种状态，这也在一定程度上导致了整北京城设计建设各自为政的混乱局面，虽然有关部门想扭转，但成果甚微。

从以上论述可以知道，单位大院的出现并不是设计者特意规划设计的结果，而是在单位体制下受传统的院落生活影响的一种必然选择，是传统文化与特定的社会发展阶段相结合的产物；单位大院的形成还受到当时规划设计中邻里单位思想的影响，使人们的居住、工作地点尽量靠近，缩短交通距离；单位是非常独立的社会实体，从管理和安全的角度来讲，

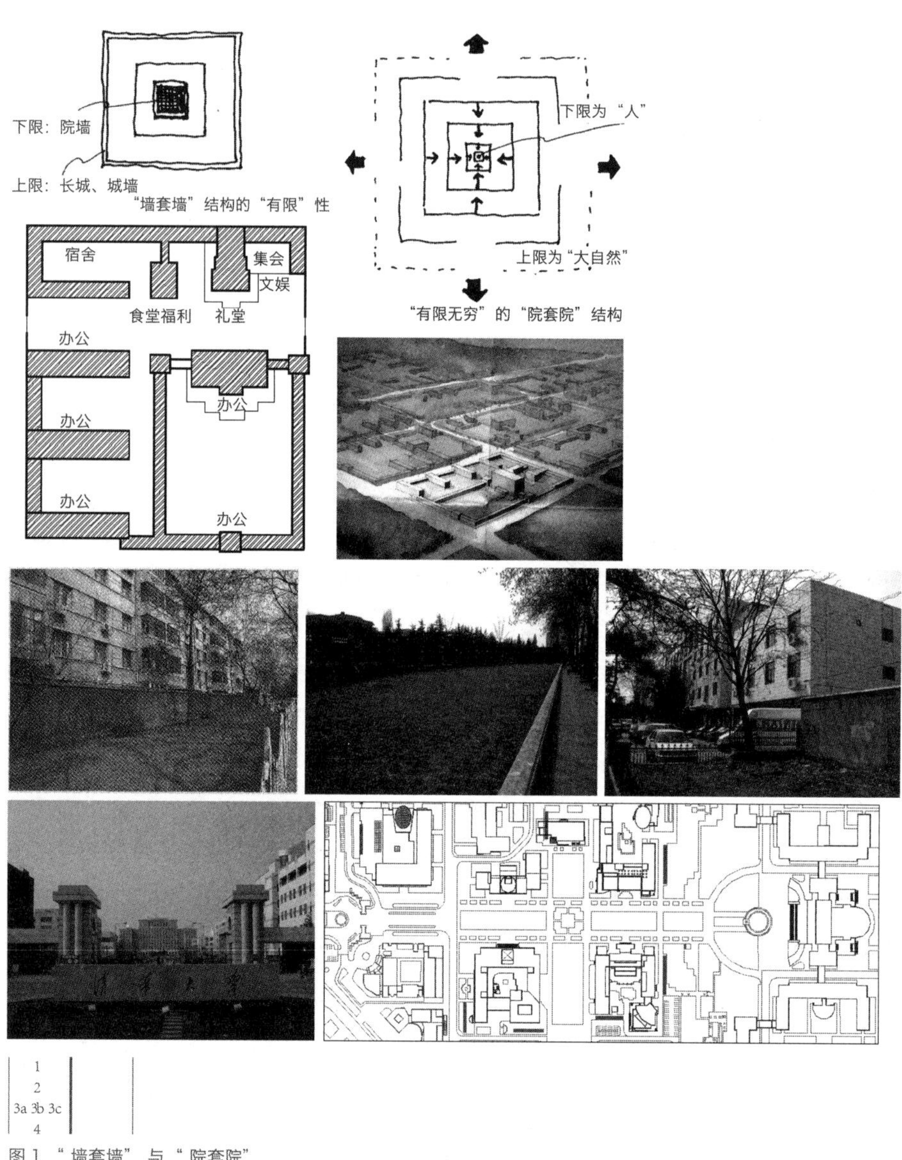

图 1. “墙套墙”与“院套院”
（资料来源：朱文一，跨世纪城市建筑理念之一——从轴线对称到“院套院”. 世界建筑，1997（1））
图 2. 梁陈方案之一个部的设计（新中国成立初期在对北京中央行政区的设计构想中，梁思成和陈占祥的方案中就采取了大院的布局方式）
（资料来源：梁思成 1950 年对北京总图的建议）
图 3. 北京单位大院围墙的演变 (a 围墙的实化，b 围墙的虚化，c 破墙开店）
（资料来源：自摄于 2003 年）
图 4. 清华大学主入口——东门广场（资料来源：左图自摄于 2003 年；右图，ftp://166.11116227）

封闭的大院是比较理想的选择；在具体的实施操作上，单位大院这种形式也有其便利性，在城市百废待兴、城市建设急迫而量大的情况下，城市规划部门只需划拨土地，却也可以形成比较统一有序的街道空间。

2.2 单位大院的发展与变化

单位最初得到的土地一般比较大，首先建设急需的办公、居住建筑，初步形成单位大院。以后，随着单位的发展，各种附属设施和建筑不停加入，院内建筑和空间逐渐完善起来。但是，由于有些大院的建设缺乏统一连续的规划设计，建筑乱插乱建、空间混乱，逐渐变成了大杂院，这种情况在“文革”期间尤为严重；也有的单位大院比较重视院内规划设计，使院内空间不断完善、优化，同时注重园林绿地，提高环境质量，其中以军队大院尤为典型。

改革开放以来，市场经济的日益发展以及建筑密度的增加使单位大院发生了显著的变化。

首先体现在院墙的变化上，主要有两种趋势。一是院墙的虚化，从原来的高大厚实防卫性极强逐渐变为透空、轻灵，隔而不断，甚至简化到只以绿化相隔，这种改变导致大院封闭性的减弱，内外空间的流通，使大院内的风光在街道上一览无余，丰富了街道景观，反映了社会不断开放的趋势和人们对街道景观的逐渐重视；二是院墙的实化，墙被建筑代替，形成“建筑墙”，流行一时的“破墙开店”现象就是其中一种，院墙的单一墙体被沿街的商业建筑取代，这些建筑向院内是封闭的，向街道是完全开敞的，这样大院的封闭性加强的同时，街道的商业性增加了，街道的景观也大大改变，这一变化反映了市场经济发展规律对城市空间作用的效果。除了以上两种变化外，也有许多围墙一直保留原状，延续着大院最初的形态（图3）。

值得注意的是，这些单位大院空间围合形态上的变化，并不一定就直接反映了人们对城市空间感受的深层心理，比如说虽然围墙拆除了，并不等于大院空间的公共化或者人们可以任意进出、使用大院空间，反而感受到有道无形的墙在区分着大院内外，这道墙通过来回巡逻的保安、草地上的严禁入内的警示牌以及高处的监视器交织而成。在院墙逐渐弱化、消失的同时，同是大院围合部分的大门却朝着更加突出和强化的方向发展。一方面，大门本身的设计花样翻新；另一方面，大门以内入口广场的规模和形态朝着更加壮观和复杂的空间形态发展，比如有的单位主楼已经演化成为夹道相持、规模宏大的一组建筑群，如清华大学主楼前建筑群（图4）。

单位大院的另一变化体现在大院内部空间上。由于大院居住人口的不断增加，以及居民生活设施的改善，大院内部建筑密度也随之增加。一方面，建筑的增加使得大院的空地减少，大院的空间环境逐渐拥挤、恶化；另一方面，高层建筑尤其是高层住宅塔楼在大院里拔地而起，对大院空间和城市空间都产生严重影响，不但破坏了大院亲切的空间氛围、良好的空间秩序，也使得城市里到处是孤立无序的高点，造成空间秩序的混乱。

今天看来，北京的单位大院空间从新中国成立之初开始形成，随着国家计划经济下单位体制的健全而不断发展、完善，直至今天还普遍存在并对北京城市空间发挥着重要作用。但是，毕竟计划经济已经逐渐被市场经济取代，单位体制也逐渐被市场体制代替，人们的居住、生活不再作为福利同单位发生必然联系，生活在一个单位大院的人也不一定是一个单位的人，大院内的公共设施也不再为大院内的人们所独享，逐渐成为附近街区居民的共同资源，单位大院存在的土壤在一定程度上已经消失；与之相伴的是原来单位大院空间模式的转变，主要趋势就是大院开放性不断加强，大院空间更多地融合到城市空间中来。

2.3 单位大院的未来走向

随着计划经济逐渐被市场经济所替代，单位制也渐渐退出了历史舞台，单位大院是否也将就此消失呢？或者说单位大院将来的发展演变将会如何呢？

依作者看来，未来北京单位大院的发展主要有三种趋向。第一种是继续保持原来的大院空间形态，并进一步发展完善并得到加强。单位制的解体不等于单位的消失，一些原来的单位将继续存在，大院的模式没有根本改变，比如一些党政机关大院、军队大院和大专院校等；第二种是大院空间受外部因素的影响有所弱化，在城市空间中呈现半社区化的“隐性大院”状态，这主要是一些进入市场经济的企事业单位，大院的边界已经建筑化，纳入到城市中去，大院内部也已经人员混杂，原单位大院的公共设施如体育场、会堂等成为周围社区的公用设施，大院在物质形态上已经非常模糊。第三种是大院形态完全消失，被新的开放式的城市街区和社区所代替。

3、北京单位大院空间模式及特点

3.1 单位大院空间基本模式

任何一种城市空间模式都与一定的城市生活模式密切相关，单位大院同样如此。尽管单位大院的规模、布局等不尽相同，但其基本的构成元素却基本相同，典型的单位大院一般由办公区、居住区两大部分，办公区靠近主入口，居于大院的前部，居住区在办公区的后面，类似于传统城市的“前朝后寝”的布局；每一部分又有次一级的部分组成，比如办公区又可分为主楼区、辅助功能区，居住区又可分为住宅区、公共设施区等。在大的单位大院里，每个功能区又可能由墙围合起来形成相对独立的院落，比如办公大院、居住大院等，形成院内有院的多层院结构；住宅区内甚至还可以根据单位内不同人群的性质细化大院空间，分别布置不同的建筑类型，比如单身（男女）宿舍楼、已婚家属楼、老年楼等；另外，根据不同人员的级别、职务等所分配的住宅也不尽相同，这也可以对应到不同的院内空间形态上，所以单位大院内各个部分的空间又由于这些细化形成了微妙的空间含义，只有单位内部的“单位人”才能体会其中的差异，这也可以称为居住空间的心理秩序，是大院内部空间的一种隐性秩序。

北京单位大院空间的基本构成模式是主楼及前广场、院内建筑、大院主（次）入口以及院墙通过对称轴线组织起来的建筑群体，其中尤以大门、入口广场和主楼形成的大院前区空间序列更为典型，基本为所有的大院所必备，其他各种形式的单位大院都是在此基础上演化而来的。值得一提的是，单位大院的空间构成原型，与中国传统的城市院落布局有着惊人的相似，这也说明了中国古代文化在深层对现代的深刻影响（图 5、图 6）。

3.2 单位大院空间特点

单位大院空间的特点在很大程度上是和单位的诸多特点相对应的。

3.2.1 大院空间的封闭性

相对于城市空间，单位大院是一个个封闭、独立的实体，既像一个个不加顶的建筑综合体，又像是一个个城中之城（图 7）。墙是实现其封闭性的主要手段，单位大院的院墙一般采用实体材料砌筑，高度以阻挡视线和阻止翻越为原则，有的墙顶上甚至有铁丝网和碎玻璃，达到隔绝内外的目的；如果院墙分隔的是两个单位大院，那么墙上不会开门，墙实际上是一道不可逾越的鸿沟，如果院墙分隔的是大院与城市街道，院墙上有限的大门成为内外空间沟通仅有的通道。墙的首要属性就是它的分隔性，用以把两个不同的空间隔绝开来，当然根据需要隔绝的程度，墙的形式也可以有不同的处理；墙的防卫功能是其基本和原始的属性，隔绝外部的危险和干扰，使墙内形成一个安全、舒适的空间环境；墙还可以起到标识内部

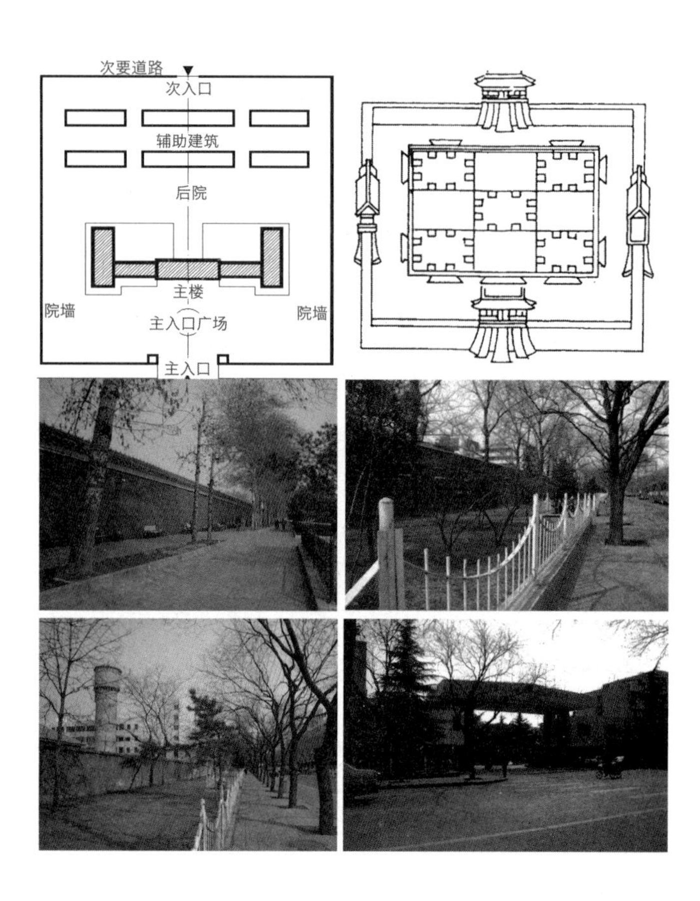

5 6
7
8 9

图 5. 单位大院空间模式示意
(资料来源 : 自绘)
图 6. 根据《三理图》绘制的周代及秦代《明堂图》
(资料来源 : 李允鉌 . 华夏意匠)
图 7. 院墙的空间分隔性（左为北京皇城红墙，右为北京西郊某大院外墙）
(资料来源 : 自摄于 2003 年 , 从这两幅照片不难看出古今两种院墙的相似性)
图 8. 院内建构筑物对街道的影响
(资料来源 : 自摄于 2003 年 , 北京某大院)
图 9. 某单位大院大门
(资料来源 : 自摄于 2003 年 , 北京)

空间的作用，根据墙的设计形式可以判断出墙内空间的社会意义，标志大院主人的身份，墙从这个意义上讲是“院”的外衣。

绝对封闭的空间是不现实的，单位大院除了占主导地位的封闭性外，还具备内外空间的有限沟通性。门是实现内外空间沟通交流的主要渠道，单位大院一般有两种不同性质的门——主门和次门，二者对应于内部不同的功能需要；主门是单位的主入口，一般位于单位主楼的前门，面向城市的主要街道，主门更强调的是单位的对外性，是标识单位性质、地位的重要载体，它配合主楼、主楼前广场一起形成单位大院在城市中的形象并同时暗示出单位在社会中的地位，因此，主门的设计尤其重要，其尺度、布局都在强调这个原则；次门则更多地考虑单位“自己人”的交通需要，在各个方面的考虑要比主门简单地多。值得注意的是位于大院主入口处的单位主楼，实际上是传统“院”中影壁的再现，在空间上起到阻挡外部视线的作用，加强了大院开口处的封闭性。

3.2.2 大院内部空间的复合性

一个完整的单位大院内部有功能齐全的建筑，形成不同的空间领域，因此大院实际上是一个在平面上展开的复合空间综合体。不同的空间具有不同的形态，肩负着不同的使命：主入口广场空间是大院必备的空间，它一般是单位主楼前面通向街道的过渡空间，是单位大院的主入口，也是单位而向城市和社会的窗口，它的象征意义和礼仪性尤为重要，因此成为单位大院里最重要的空间，在空间组织上往往运用对称、轴线等手法，不但主体建筑和大门如此，而且通过中轴线组织绿化、雕塑、大片铺装等来加以衬托和强调；公共服务设施空间是大院内另外一个重要的公共空间，是大院里人们使用频率最高的空间，它一般包括健身场地、食堂、会堂、医疗等场所，在空间布局上一般靠近大院的中心，方便就近使用，建筑和场地的设计比较自由；居住空间是单位大院的主体空间之一，居住建筑最初一般采用行列式的布局形式，随着不断的零星加建，点式住宅和其他形式的住宅出现，居住空间呈现出复杂的多样化状态；后勤服务空间像锅炉房、车库等一般位于大院的次要位置，规划设计也比较随意；另外，还有一些没有得到利用的剩余空间，散布在大院的各个角落和墙根。

3.2.3 大院内部空间的复杂性

上述大院内部空间的复合性就直接导致了空间的复杂性，各种空间互相交错、渗透，有时甚至是不分彼此，换一个角度考虑，这种空间的复杂性也反映了大院空间的丰富性，对创造一个丰富多彩的生活环境有一定帮助。另一方面，大院空间的复杂性与各个单位各自为政，缺乏城市宏观的规划设计和管理有关，单位大院出现以后就成为城市规划设计的盲区，单位大院土地归单位使用和支配，有的单位自己随意在院内见缝插针建设房屋，根据自己的需要不断盖宿舍、办公楼，原先的空地出现了楼房，原先的低楼变成了高楼、原先的孤楼变成了建筑群，这些都造成院内空间的混乱，并在由点到面不停改变着城市的面貌。

3.3 单位大院空间形式的优缺点

北京单位大院这种空间形式的优点主要体现在：首先，方便居民的工作和生活，通过步行就可以到达各个地点，具有邻里单位的性质，同时也符合今天新城市主义所倡导的一些原则；其次，由于居民大部分的日常活动都在院内解决，因此减少了居民的外出活动，从而减轻城市交通负担；再次，容易形成亲切、宜人、安全的生活环境，形成空间的场所感，促进人们的交流，形成人们的归属感和集体感，具有北京传统院落空间的优点，“可以肯定地说，就目前的居住状况来讲，几乎只有机关大院是具有我国汉民族文化传统民居居住方式延续性的居住形式。”[⑥]在计划体制条件下，单位大院是和单位制最相匹配的城市空间组织形式，在新中国成立后几十年的北京城市空间发展中占有重要的地位。

但是在提倡城市现代化的今天，单位大院的缺点也是明显和突出的。首先，单位大院已经不适应今天市场经济条件下对城市空间的要求，单位制的解体、单位专业功能的强化以及住房改革等使单位大院失去了存在的基础；其次，单位大院空间的封闭性不适应当今社会开放的潮流，不利于形成民主、平等的城市氛围；再次，单位大院过分的独立性使它长期游离于城市整体规划设计的约束之外，造成城市空间的混乱；还有就是单位大院形成的城市街道空间单调、封闭，不适应现代城市空间的要求。

4、北京单位大院对北京城市空间的影响

单位大院主要通过对城市街道、街区和整体三个层次对城市空间产生影响。

4.1 单位大院对街道空间的影响

4.1.1 院墙对街道空间的影响

墙是分隔大院与城市街道的界面，是围合街道空间的主要元素，因此墙的形式是大院空间对街道空间产生作用的直接形式；同时，新中国成立以后北京城虽然拆掉了城墙却又建起了无数院墙，“（大）院墙”林立已经使北京城变成了“墙”的博览会。[7]单位大院形成的街道空间与旧北京城胡同空间有些神似，只不过尺度放大了而已。两墙夹持的街道事实上造成了街道交通功能的凸显和其他公共空间功能如商业、休闲的缺失，同时也导致街道空间和景观的单调、乏味。

20 世纪 80 年代以后，随着改革开放和市场经济的实行，院墙的建筑化和虚化成为大院发展的两个方向，对街道空间有着不同的影响，请参考前文有关论述。需要补充的一点是，在院墙虚化的过程中，一方面院内优美的景色成为街道的共享；另一方面，院内的有些杂乱的建（构）筑物也成为影响街道空间的负面因素，因为原来大院里靠近院墙的部分一般安排辅助性的建筑如锅炉房、仓库等，而且院墙附近的建筑主要朝向一般是大院内部，朝向院墙的是建筑的背面，是最容易被忽视的，但院墙透空之后，这些都完全不同了（图 8）。

4.1.2 入口空间对街道的影响

主楼、入口广场和大门三者形成固定的单位大院入口空间组合，对街道空间产生影响。门是大院空间与城市街道空间联系的唯一通道，门也是大院空间序列的入口和起点；受等级制度的影响，门还起到了标志门庭的作用，所谓“门当户对”；在街道景观上，门还起到取景框的作用，丰富建筑组群在进深方向的空间层次，或者是更好地衬托入口空间和院内主楼的形象；门本身就是一件可供欣赏的城市构（建）筑物，一般结合功能把门卫、传达室融合在大门的设计中，门是围合城市街道空间的重要构件，往往是街道立面中最精彩的部分；但是由于其重要性和礼仪性，大门空间却又是只可远观或经过，而不能任意停留的地方，因此往往在街道上形成威严的衙门禁地的感觉，尤其是对于本单位之外的人而言（图 9）。

单位主楼一般体量、面宽很大，根据其距离道路的距离不同，对城市空间的影响也不同。有的靠近大门，紧邻街道，几乎没有了入口广场，建筑成为街道的直接围合界面，对街道空间造成威压；有的退后红线一段距离，形成入口广场，布置铺地、绿化、雕塑等，建筑对街道的影响范围就要小； 还有的主楼退后到大院纵深很多，建筑通过一条长长的通道或是大片的绿化与街道相连，通道两侧有时布置一些辅助建筑，这样主楼对街道空间的影响几乎没有了，但是在街道的垂直方向形成了一根轴线，形成层次丰富的街道纵深景观。

4.1.3 次入口对街道空间的影响

次入口虽然在建筑形式和布局上比较简单，对街道影响不大，但是由于它是院内居民日常生活出人大院的主要人口，是人流集中的地方，势必在门外的街道上吸引为居民服务的设施，形成商业和生活气氛较浓的空间氛围，间接对街道空间产生影响。

4.2 单位大院的组合对街道空间的影响

几个单位大院沿街道并列布置，就可以形成完整的街道空间，这在城外新辟的街区更为明显，尤其是西郊军队大院集中的地区。比起一般由建筑围合的街道空间来，通过这种方式形成街道空间，形成比较迅速，街道空间也比较完整，因为只需要“墙”和“门”就可以了。

街道的围合界面由各个大院的院墙和入口相间隔构成，形成一种有节奏的空间序列，与传统的北京街道空间有些相似。根据大院入口和院墙的空间关系可以把街道空间分为三种基本类型：第一，两侧都是院墙，街道的交通性和导向性较强，街道空间封闭，景观比较单调，有时可以隔墙隐约看到院内的高大树木和建筑；第二，一侧是墙另一侧是人口，形成比较活跃的空间节点，组成一定的街道景深，街道景观有所改善；第三，街道两侧相对都是入口，形成垂直于街道的空间轴和由两组人口空间形成的空间序列，这种街道节点空间是开敞而丰富的，形成街道空间的高潮。由以上三种基本形式的排列组合，就可以得到统一而又有变化的大院街道空间。

20世纪80年代以后，院墙发生了实化和虚化两种变化以后，街道界面的组合形式更多了，由此形成的街道空间变化也更加丰富多彩。

4.3 单位大院对城市街区空间的影响

中国古代城市建筑空间存在一个相互转化和渗透的关系，即单体建筑的复合化以及群体建筑甚至城市空间的单体化，建筑总是以群体的形象出现。单位大院在新北京的城市空间中发挥着这样一种承上启下的作用，单位大院是介于建筑外部空间与城市公共空间之间的一种城市半公共空间，作为城市空间的组成部分，它是一个封闭的城市空间实体，作为容纳“单位”功能运行的建筑综合体，它内部又是一个复杂的开放的空间体系。

新中国成立以后北京城缺少可供市民活动的城市公共空间，而比较重视政治性强的纪念性城市公共空间，单位大院在一定程度上发挥和分担了城市公共空间的作用，每个大院实际上就是一个面向大院内部人员的公共空间。单位大院的居民工作、生活、学习甚至锻炼身体和购物都可以在大院内部完成，方便了人们的使用，减少人们的外出活动，这样也就减少了城市公共交通和其他公共活动空间的需要。

由于单位的独立性，单位大院的规划建设都是各自为政，只考虑大院内部的空间关系，甚至一度缺乏城市总体规划设计的基本指导。因此，即使大院内部空间设计再好，相邻大院也不大可能形成完整、有序的城市街区空间，这也是长期困扰北京城市空间设计的一个难题。另外，不同规模的大院对城市的影响不同，北京的大院规模相差很大，有的功能单一，占地很小，只能满足成为大院的基本要求；而有的大院则人数众多，可达成千上万人，占地很大，可以覆盖一个或几个街区，内部就像是一个小城镇；越大的单位大院独立性越强，因而它的院墙越长、内部建筑物越多、空间越复杂，对城市街区空间造成的影响也越大。

4.4 单位大院对北京整体空间秩序的影响

一方面来说，单位大院的各自为政造成了城市设计的宏观失控，不利于形成统一完整的城市面貌；另一方面，从新旧北京的城市空间秩序的意义上来说，单位大院既和传统北京城市空间中院落体系的秩序有一定延承关系，又是新北京城市空间秩序的重要组成部分，体现了城市发展进程中城市深层结构的稳定性和延续性，更进一步说明了传统城市空间所具有的生命力。

北京单位大院形成的城市空间秩序来源于大院稳定的空间模式和结构组成，大院本身具有一种自相似性和层级性的结构秩序，城市空间在一定程度上就是由大大小小的单位大院组合而成的。这种秩序在物质形态上体现为城市街道空间大量“墙”与“门”的重现，在市民心理上体现为大院特定的场所性和它所包含的社会意义，从这个意义上来说，城市文化的传统并不仅仅是历史，而是潜藏着许多精华等待着我们去研究发掘、继承并发扬光大，为今天的城市建设服务。

5、北京单位大院空间与北京大院文化

一定的空间总是对应于一定的生活方式，而一定的生活方式总是反映一定的文化，因此，一种稳定的空间形式必定会与一定的社会文化现象发生关系，单位大院就是如此。旧北京的“院”体现了一种文化现象，那就是以血缘关系为纽带的，强调尊卑秩序的封建礼教文化；经过新中国成立以后几十年单位大院的稳定发展，城市空间与社会体制结合在一起，长期影响者单位大院居民的思想和行为，单位大院具有传统意义上“家庭”的意义[8]。单位大院已不仅仅是与街道并行的行政单位，也不仅仅是城市空间的组成部分，北京已经由此产生了一种特殊的大院文化，一种以单位为纽带的，建立在共同的经济利益和生活环境基础上的，强调集体主义精神的社会主义城市文化。

首先，大院文化与单位息息相关，单位的性质深刻地影响着该单位大院人们的思想和行为，同一单位的“单位人”具有一定的相似性，不同性质单位的人们之间存在一定的心理隔膜；其次，大院文化建立在人们长期共同生活的基础上，他们生活在同样的环境里，具有相同或相似的家庭背景，社会交往的范围也基本相似，大院具有人们共同的“家”的含义；再次，应该看到，大院内部人们的地位并不是完全平等的，单位的不同岗位、职务、级别都会对应到一定的建筑 / 大院空间形态上，进而对不同家庭的人产生影响。

大院文化在城市空间意义上更多地体现为一种场所精神，大院内的居民朝夕生活在一个空间里，对本大院有着强烈的认同感与归属感，产生故乡之于游子似的感情。由于单位及单位大院所具有的种种特点与原始的部落形式有一定相似。有的学者因此也称其为“单位部落”[9]，这在一定程度上是对单位的形象描绘。

6、结语

通过以上论述可以得知，北京单位大院是新中国成立后北京城市空间发展中重要的组成部分，它的产生、发展和演变具有一定的规律性，是研究现代北京城市空间发展历史的一把钥匙。单位大院的存在今天对北京的城市设计依然有着重要影响，我们应该充分认识和研究单位大院对北京城的现实意义和未来价值，赋予它在北京城市空间发展史中应有的地位。

注释：

① 揭爱花．单位：一种特殊的社会生活空间．中国社会科学文摘，2001(2): 58

② 陈志成．从“单位人”转向“社会人”——论我国城市社区发展的必然性趋势．温州大学学报，2002 (3)

③ 朱文一．跨世纪城市建筑理念之——从轴线（对称）到“院套院”．世界建筑，1997 (1)

④ 任军．传统庭院文化与类型．华中建筑，2000(3)

⑤ 梁思成．致周恩来信（1951-8-15）. 北京：梁思成全集（第五卷）122

⑥ 饶红．“院”与现代人居环境．新建筑，1999(2)

⑦ 朱文一．跨世纪城市建筑理念之——从轴线（对称）到“院套院”．世界建筑，1997 (1)

⑧ 关于单位大院的家庭式意义，参见：赵正雄．中关村中科院物理所、四通桥、海淀图书城城市空间初探：[硕士学位论文]. 清华大学建筑学院，2002.27

⑨ 王玲慧．定居城市——从单位部落走向社区．城市问题，1997(4)

参考文献:

[1] 揭爱花．单位：一种特殊的社会生活空间．中国社会科学文摘，2001(2)

[2] 路风．单位：一种特殊的社会组织形式．中国社会科学，1989(1)

[3] 王玲慧．定居城市——从单位部落走向社区城市问题，1997(4)

[4] 刘建军．过渡时期单位复合功能的变迁．新东方，1998(4)

[5] 张鸿雁，殷京生．当代中国城市社区社会结构变迁论．东南大学学报（哲学社会科学版）,2000, 2(4):32~ 41

[6] 彭穗宁．市民的再社会化：由“单位人”、“新单位人”到“社区人”．社会学研究《天府新论》，1997(6)

[7] 赵正雄．中关村中科院物理所、四通桥、海淀图书城城市空间初探：[硕士学位论文]. 清华大学建筑学院，2002.

[8] 朱文一．跨世纪城市建筑理念之——从轴线（对称）到“院套院”．世界建筑，1997 (l)

[9] 朱文一．秩序与意义——份有关城市空间的研究提纲，华中建筑，1994(12)

[10] 朱文一．空间、符号、城市．北京：中国建筑工业出版社，1993.

[11] 魏皓严．从家院到城市——中国古代城市空间中心谈，重庆建筑大学学报，1996 (6)

[12] 蒋涤非．门“道”——中国之门的社会伦理学诠释．华中建筑，2000(2)

[13] 顾馥保，汪霞．门的文化与“门式”建筑．华中建筑，2000(2)

[14] 饶红．“院”与现代人居环境．新建筑，1999(2)

作者简介： 乔永学，山东省建筑设计研究院国家一级注册建筑师

原载于：《华中建筑》2004 年 第 22 卷第 5 期

广场
关于北京建成环境的政治人类学研究

The Square
A Political Anthropology of the Built Environment of Beijing

（澳）麦克尔·达滕 著　陈逢逢 译　吴名 校
Michael DUTTON,
Translated by CHEN Feng-feng,
Proofread by WU Ming

摘　要
文章从天安门广场的黎明开始，以北京的建筑环境为依据，描述一个中国的政治宇宙。建筑环境的诊断价值，表现在它能够引导我们航行于政治宇宙的历史变迁和由此引起的这个城市的建造和再建造的过程之中。从古代王朝的“气韵”，到中轴线的颠覆和一个社会主义政治宇宙的建造，再到今天表现经济奇迹的幻象般的展现，建筑环境成为政治研究的考古挖掘基地，提示了一种民俗的、日常的观察政治的方法。该文以作者所著《北京时间》(哈佛大学出版社，2008; 合作者 H. S. Lo和 D. D. W U)的第一章改写而成。

关键词
政治 政治宇宙 日常性 建筑环境 北京

北京寒冷秋天的凌晨四点，特殊的寂静笼罩在城市上空。黎明前的北京是那样的超现实。没有车，没有人，没有任何的拥堵。没有数以百万计的人潮涌动的北京，是难以想象的，但在凌晨四点，这却是事实。当然，除非你前往这个城市的中心，天安门广场。在那里，在晨曦中，有一场更超现实的活动即将划破清晨的寂静。透过来自全国各地的许多颤抖的心灵的剪影，我们感到了空气中凝聚着的期待和盼望。他们从床上爬起，打着哈欠，匆忙中来到这黎明的现场，观望升旗，见证每天演绎的中华民族的国家的诞生。在新铺的花岗岩广场上，60 多人组织成的、人民武警国旗升旗卫队中的精锐士兵们，开始了他们每天举行的仪式。当国歌高奏，国旗冉冉升起之时，每一个在场的中国人，无不为之怦然心动。

日复一日，来自全国各地数以千万计的游客来此参加这个仪式，并由此重申和强化了他们对民族国家的归属感。奇怪的是，居然是旅游业复兴了这个曾经被遗忘的仪式[1]。如今，这项仪式已是很多中国人到首都旅游的“必看”项目，这些旅游者的行程从此地开始，而如果我们加入这些旅游的人潮，也会理解其中的道理。观察这个升旗仪式以及人们对此的反应，可以帮助我们理解当代中国人民想象中的民族的力量，以及北京和天安门广场在这个对民族建构的新的想象中的核心地位。

在天安门广场，我们的四周被民族国家的重大象征物包围着；在此环境下，在嘹亮高昂的国歌划破黎明前特殊的寂静的时候，我们都无法不为之感动。在被激情渲染之后，大家跟随导游上车，被带到城市的最边缘，然后再次感受代表中华民族伟大之处的一些关键的象征物。在城市的边缘，游客们看到了这个城市和国家的象征表现的另一面。那里，历史文物是古代北京的辉煌的象征符号。游客在黎明广场上为爱国而心动之后，然后搭车来到伟大的长城，观赏赞叹先辈们的智慧和伟业，再到明朝的陵墓（十三陵），参拜这个伟大城市的创始人。

辉煌的记忆缠绕着北京这座城市。这种辉煌的记忆，可以追溯到古代帝王时期，然后是 1949 年关于新中国和社会主义的庆贺，最后再逐步来到当下，即今天的再造的城市奇观和由此形成的一个后现代的全球的中心，以及随之形成的关于今天这座城市的独到特征。在建筑和空间上，北京是一座拥有多层次、多时区的城市[2]。尽管还在发展和变化，今天的北京也是一座博物馆，在建筑和空间的形式上，捕捉、收藏了中华民族的国家建构的各个时刻。

也许是因为这个城市能够包含这些不同的层次和意义，近现代中国最有影响力之一的建筑师梁思成曾说过，北京是“无与伦比的杰作”，应当加以保护[3]。也许出于同样原因，今天他的儿子梁从诫站了出来，对城市中心主要商业大街王府井边上的巨型项目东方广场，提出了反对意见。如果梁从诫反对大面积破坏旧城是因为担心后毛泽东时代自由的资本（主义）市场经济的贪婪豪夺的话，那么，对于梁思成来说，危险不在于此。对于梁思成来说，旧城保护面临的主要危险，来自他所担心的共产主义革命对老传统旧习俗的改造所带来的破坏。

梁思成担心，新的首都规划会殃及城市古典而独特的格局，所以呼吁政府要把新城中心建在西边以保护旧城区。可是他的意见未被采纳。确实，如著名建筑师陈干所言，在庆祝中华人民共和国诞生时，从新中国的红旗在天安门广场升起的那一刻起，梁思成的建议就已经死亡[4]。最后的结果是一种受苏联影响的对城市景观的社会主义改造，它给城市留下了印记，其深刻程度不亚于先前帝王时期留下的古代北京城市的痕迹。今天，这个社会主义的北京自身已经开始消失。如香港文化评论家陈冠中所说，改革开放后的北京，实际上是一个“波西米亚的首都”(bohemian capital)。[5]

“波西米亚北京”表现出这个城市的另一面，标志着这个城市已不再那么忧郁、不再那么保守，而是比以前更加轻松快乐。与作为过去的古代王朝和社会主义北京相比，当代北京更具实验性，更加开放和前卫。这个新城市的建筑的奇妙和壮观并不亚于过去，尽管它们已经有了不同的含义。从库哈斯 (Rem Koolhaas) 和舍人 (Ole Scheeren) 的中央电视台总部大楼，到安德鲁 (Paul Andreu) 的国家大剧院，再到奥运会各场馆的新的后现代的建筑形态：这个城市处处闪耀着光彩。然而这里还不仅仅是建筑物在更新着这个城市。这个城市有了越来越多令人兴奋、充满享乐主义氛围的夜生活地带，如北京工人体育场、后海和三里屯，等等。还有全新的购物区如王府井、西单和国贸等，以及像五道口那样的地区，充满各种咖啡馆和沙龙式书屋，以服务这个新的、更重视物质生活的中国。如果说 1949 年在天安门广场上升起的新国家的红旗，对于这个城市和民族国家重建的早期阶段具有重大意义的话，那么今天飘扬在各个建筑工地和城市更新项目之上的，是一面消费主义的大旗。的确，和中国其他大城市一样，北京已经用情人般的爱心拥抱了这个消费主义世界。

这个城市在蓬勃发展，而城市景观反映了这个事实。作为设计标签或艺术姿态的耀眼的新建筑在各处升起，到处是时尚新颖的商业购物中心，里面出售着同样代表了某某设计标签或艺术款式或潮流、同时更加个人化的各色物品。每家店铺都摆满了时尚消费品，从高档进口货到山寨时尚饰品；从最新的进口消费电子产品，到盗版的 DVD 里所收藏的最新好莱坞大片；北京的商店和市场，充满活力，应有尽有，一切可以想象的物品，一切可以想象的价格，都可以在这里找到。

到今天，已经有整整一代人与这些东西一起成长起来，在他们自己参与的世界中发展出他们自己的独特观念。虽然只有少数人可以购得高级“原装”正版，但是几乎每个城市街头的孩子都可以买到盗版的CD光碟(图3)和假名牌服装。确实，有如此多的孩子在盗版西方音乐的熏陶中长大，他们没有被称为“X的一代”(Generation X)而是被称为“打口一代”(saw-gash generation)。

“打口”是指西方唱片公司为处理多余光碟而打上的小口，这些打口光碟随后作为废品运往遥远的中国。打口的目的是使音乐无法播放，光碟无法销售。但是这些唱片公司没有估计到的，却是中国商人的智慧以及中国年轻消费者宁愿放弃第一、二首歌的乐趣。对于相对贫困的中国消费者来说，打口带仅仅是学骑脚踏车时后面的两个小轮子上的一个辐条而已，是年轻人学习西方消费文化和文化品位的一个小环节。总体而言，盗版商品是翻译西方文化和改变中国社会主义价值体系的一种重要设施。有了盗版物品和假冒品牌，那么中国城市里最贫困的人都可以参与这个新消费世界的时尚高端。打口光碟是这一过程的一部分，除了一两首歌的缺席之外，它们让中国的年轻人加入了消费主义的大合唱。

如果人们可以想象一个一整代年轻人听着磁带另一面的歌(B-Sides)长大的国度，那么人们就可以理解、洞察这个“打口一代人”的世界。他们选的歌，他们组织音乐风格的归类，他们对那些音乐的反应，都与西方几乎相同，但在很小却很重要的方面，他们却是如此奇异，如此熟悉而又陌生(unheimlich)！我们似乎可以讨论一个弗洛伊德式(Freudian)的怪诞之城了！无论如何，垃圾处理的全球化使得西方的废弃物可以转变成中国便宜的珍品，在新一代中国年轻人的发展转变中起到重要作用。试想一下，这么多年轻人都是非常认真地听着父辈认为是垃圾的音乐中成长起来的！

当我们意识到这些物品的力量不仅反映在市场上一席之地的占有，而且反映在对文化的重新塑造时，我们开始认识到，在中国，我们不仅要看国家的精品，也要看它的垃圾！为此，我们可以去看看类似百家村这样的地方：不稳定地坐落在北京外围的许多“垃圾城”中的一个。位于五道口之外的百家村，如被遗弃的物品一样，在地图上无法找到。然而，就是在如五道口和百家村这样的城郊地区，一个不一样的北京展现在我们眼前。如果说百家村为我们打开了贫穷的外来农民工的世界，那么五道口则为我们开启了一个波西米亚的天地。五道口有许多咖啡馆，周围有许多大学院校，这一带有许多大学生、青年艺术家和新近起步的电影导演们。当他们坐在这一带处处可见的时髦的沙龙里慢慢地喝着咖啡的时候，你会开始认识到一个消费的市场在改造这个城市的过程中已经发挥了巨大的作用。可以说，消费主义比政府任何一项法律或政治举措都更深刻地改变了这个国家及其人民和城市。它改变了一切，从人们的生活习惯一直到城市景观。在消费文化和由此带来的财富扩大的同时，曾经是这个城市一大特色的、传统迷宫般的灰色四合院住宅群，现在已经像是濒于灭绝的物种。庞大的城市人口，导致城市增长的唯一办法是向上发展，高层建筑因此出现。如今，在更加传统的街区里，老人们用复杂的心情看待“上楼”：一个用来形容高层生活的新俗语。对许多人来说，这不仅代表了房子的搬迁，更意味着从一种生活方式转变到另一种更现代的生活方式。从老房子搬到新高层公寓的人们也许真实而深刻地感受到传统社区的消失，但至少他们现在有了私人卫生间和自来水！老北京可能越来越深刻地感到精神的失落，但人们也承认这种新生活方式带来的物质方面的补偿。这是外国人往往看不到、读不懂的老北京的一面[6]。这种欲望主要是物质的，而这一现象可以在都市观念的改变中读出一二。

“文化大革命”时期对毛泽东宗教般的“三忠于”——忠于毛主席、毛泽东思想和无产阶级革命路线，后来让位于新的唯物主义，在20世纪80年代初成为对“三转”——自行车、缝纫机和手表的崇拜渴望。然而这仅仅是学骑自行车的辅助轮：后来出现的是一个新兴的以市场为基础的消费主义文化，它逐步淡化了曾经聚焦在政治上的集体主义思想。取代毛泽东时代政治理想的是消费者天堂的新欲望。这三个消费主义的辅助轮慢慢淡化了几乎是专一而虔诚的对政治的献身精神。然而，如果看看今天的欲望标签，即“四有”——有房、有车、有钱、有型，那么我们会认识到即便是物质的欲望也会膨胀！就是这种物质生活富足的梦想改变了北京及其人民。

这种新的渴望文化不仅拆除了旧思想，也随之拆除了整片的街区。随着对现代生活方式的欲望的增长，大片旧街区和社会主义时期的住宅楼被拆除，腾出地方来建设现代的高层的居住生活方式。

尼采 (Nietzsche) 曾经声称，未来伟大的领袖们将用锤子来研讨哲学。在北京，他们则将用凿岩机来捶打。其结果是，整片整片的街区消失了，取而代之的是新建的豪华高层公寓、购物商场和商业区。拆毁速度如此之快，以至于在20世纪90年代的一些时候，北京如中国其他城市一样成为一座“拆”的城市。“拆”字随处司见，它几乎成了全中国最为易见的文字符号。甚至艺术界人士也注意到这个字的重要性，因为几乎每隔一个建筑，就有一个潦草的“拆”字写在将要拆除的围墙上(图4)。

文化评论家宋晓霞 (Song Xiaoxia 音译) 抱怨说，“建筑拆毁的速度如此之快，我们都来不及用电影镜头拍摄”[7]。然而不仅是变化的速度导致了他的不安，拆毁之后，人们更加迷失了方向。

在这快速变化的文化中，出现了一代与其社会主义父辈非常不同的新的“少年先”。

1 2
3 4
567

图 1，图 2. 天安门广场
图 3. 打口光盘
图 4. 王劲松的作品《拆》
图 5. 北京 798 艺术区中的咖啡馆
图 6. 蒋快君和张淑音
图 7. 老人住所内的院落

他们正忙着探索和追寻中国新消费文化所带来的各种幻象般的可能性。从虚拟世界到朋克摇滚再到诸如“798”这样的先锋艺术家社区，我们看到，北京不仅在改变其城市景观也在改变人们过去的观念。

时尚的咖啡馆和酒吧间，开始在过去灰色的城市面貌旁边出现。这些新场所开启了一个非常不同的北京，迥异于充满政治热情的毛泽东时期或严肃节制的古代王朝时代。也许从来没有像今天这样，在表面之下，北京有如此多的层次和时区。当我们走出天安门广场时，我们会看到这些多层次和多时区的一幕幕。但是，这个广场依然是这些行程的必要的起点，而且因为如此，它继续在所有这些发展中投入它的影子。

当中国游客聚集在黎明前的天安门广场上时，升旗的精确时间表、鼓舞人心的国歌、精锐士兵的演练：所有这一切都在激发着对民族国家的自豪感。天安门广场是象征民族国家再生的场所，而不是研讨民族弊病的地方。它是一个光荣的所在，新中国在此宣布成立，而今天一个很不一样的中国也正在此崛起。确实，一些中国学者甚至认为，在21世纪，这个国家将领导亚太地区甚至可能是全世界[8]。

换句话说，天安门广场象征了中华民族的再生，而这对于全世界来说有重要意义。在进入新世纪的今天，如许多人认为的，中国的时代已经到来，而北京反映了这个时间表，因为它处在所有中国事务的核心。然而还有一个历史，在困扰着这个当代时间表。这个历史在背景中慢慢地起着作用。我们应该仔细聆听这个历史片断的声音，从中可以发现北京也在用其他的方式进入它自己的时代、自己的世界。然而，这个时代、这个世界，也不完全是它自己的。

波尔丁 (Martial Bourdin) 这个名字也许对中国问题专家没有任何意义；但是，从许多意义上讲，在描写这个法国无政府主义者在地球上的最后一天的文学小说中，我们可以稍微领略到中国革命的逻辑，这种逻辑最初通过政权的力量把北京变成了民族国家的时间看守人。波尔丁是康列德 (Joseph Conrad) 的小说《秘密特工》(The Secret Agent) 里的弗洛克先生 (Mr. Verloc) 的原型。康列德的小说，以这个无政府主义者在格林尼治公园不幸死亡为基础，勾画了一个企图以炸毁格林尼治皇家天文台 (Royal Observatory) 来毁灭时间的怪诞而几乎可笑的无政府主义者的故事。这个故事几乎在说，如果可以炸毁本初子午线，就可以摧毁整个资本主义赖以调整其手表的最基本逻辑。

革命性的变化历来与时间的颠覆相关。谁能忘记，在经典的俄国革命电影、爱森斯坦 (Eisenstein) 的《十月》(October) 里那个滴答作响的大钟，午夜的到来，就是布尔什维克 (Bolshevikes) 的到来。攻打夏宫仅仅是一枪之遥。另外，谁又能忘记法国革命年历在一声轰鸣中开始了它的第一年第一日，据说当时革命党人还向巴黎的钟楼开了火。当然，到20世纪70年代，红色高棉党(Khmer Rouge)人把时钟倒回至零点的过程中，开火的对象已经不是钟而是人了。中国共产党，对时间也进行了处理，尽管其方式没有那样的壮观。他们的革命变迁，没有与革命的浪漫主义挂钩，也没有与残暴的阶级消灭运动相联系；但是他们依然在处理时间的过程中表现出了他们对新秩序的理解，以此建立和巩固他们的新的世界秩序。

1949年9月28日，中国共产党机关报《人民日报》刊出时，似乎谁也没有注意到刊头日期已经不是过去的历法，而是采用公历(the Gregorian calendar)的符号和标志了。夹在两个划时代事件之间的这个小小的改变，大概是很容易被忽视的。如果确实如此，那么这种忽视也是有其道理的。

1949年9月21日，该报刊登了毛泽东宣布中国人民从此“站起来了”的著名演说；而在10月1日中国人民可以从毛泽东在天安门城楼上宣布中华人民共和国成立的历史性事件中，读到这篇演说的内容。在这两个重大事件之间，谁又会注意到该报报头并未宣布的改变呢？可是这个小小的改变，却反映出共产党实际上已经在计时上，从一种方法转变到另一种方法。

这个变化意味着中华人民共和国的成立，不是发生在“民国38年”，甚至也不是“中华人民共和国第一年”。它就是“1949年的革命”。科学和现代化，是这一革命的关键组成部分，而放弃阴历启用阳历，就明确表现了这种联系。当然，这种追求民族现代化的强烈欲望，还要求这个国家统一起来，而当时的另一项革命的时间的改变，把这种求得统一的愿望表现得很清楚。

在1949年国家成立的宣布中，不仅包括北京取代民国首都南京而成为国都，还包括北京将是国家的时间主人。中国在1949年之前分有五个时区，现在统一为一个时区。中国共产党领导着全中国，那么全国的时钟也就都要调整过来，以反映新政权的统一领导。在辽阔的大江南北，从西部的西藏到东部的海南岛，北京时间现在统一领导着全中国。把多重时区统一到一个时区，不是为了满足农事要求或最大程度利用白天时间的一种实用做法。它是一个政治的决定，使所有的决策，包括时间的计算和安排，都统一在北京，统一在党的手里。它被称为北京时间，它为这个民族国家注入了一个新的时间性。确实，我们甚至可以说，从1949年起，中国将随着滴答作响的党的时间而作息和发展，而这又意味着这种作息和发展与斗争紧密相连。

这个来自北京的滴答作响的革命时间，给1949到1979年间影响全中国的阶级斗争设了闹钟，上了发条。尽管中国在经度上有60°的覆盖面，但这个国家的时间是统一的，而时间序列的划分则是政治的。一个时区叫“革命前”，它无可救药；另一个时区叫“革命后”，它完美无缺。公历的采用和时区的统一，都无法表达这个新的革命的时间序列性。为了理解这个时序性，我们必须观察语言；在日常和官方的表达中，我们可以发现“新中国成立前”和“新中国成立后”的用语。

这个历史的切割甚至在今天的中国还能听到，人们在日常生活中还在使用“新中国成立前”和“新中国成立后”的用语。当然，在今天，这一对词组，就像一枚用了很久的硬币，已经仅仅是一种习惯，多少已经失去了当时所具有的政治意味。但是，在过去的一些时间里，这两个词的每个音符都曾经清楚地发出它沉重的政治意义。但是当我们听到“忆苦思甜”会议上那些革命前的中国的故事时，我们会意识到，对于许多人来说，解放的前后还是有意义的。对于那些道出过去苦难的人来说，这种时间的划分无疑不仅仅是宣传。从如北京交道口这样的老城区的老居民的叙述中，我们可以见证一下这种苦难的经历。

“我是 1947 年来到这里的，和我丈夫一起”，住在交道口西关巷的 93 岁的张淑音 (Zhang Shuyin 音译) 说道。尽管上了年纪，她还可以清楚记得内战时期极为艰苦的日子。“我们一路步行，你能想象得出来吗，一路步行，从山西过来 [9]！我们必须走，没有别的办法。所以一路上逃荒而来。”她可不是凯鲁亚克 (Jack Kerouac)。这是求生逃难的一路，不是什么发现自我的航行。

如今，张奶奶住在交道口一个大院的小居室，常和其他居委会的老太太们坐在一起，互相陪伴、安度晚年。在回忆艰苦往事时，当她看到她的朋友，心情会变得晴朗起来……你知道吗，当时生活是很艰苦的。我们总是吃得差，吃不够。我们什么都吃，为了避免饥饿和那种饥饿带来的恐怖感。你知道吗，事情真有意思，那时我年轻健康却没有足够吃的。现在我老了不中用了，却有吃不完的东西，现在也没有牙齿去吃了！”她轻轻地笑着对自己说。她暗淡的生活故事，充满了无情的贫困，但是终于解放出来；几分钟之前她的悲哀，最后转变成一个温暖的话题和一个讽刺幽默的微笑。

就在此刻，她最亲密的朋友和邻居，75 岁、活泼的蒋快君 (Jiang Kuaijun 音译)，从门口伸进头来瞧瞧这里在议论什么。随后她也加入了谈话。“哎，淑音，尽管我们当时食物紧缺，但是那个时候，至少我们分享我们的所有。”她也有一段新中国成立前悲惨的生活故事。

她 8 岁时，在满洲里一家日本工厂当童工，受到奴役。她逃了出来，几经辗转，最后来到了交道口。但是与张不同，她关于过去的故事讲的不是受难，而是挽救的努力。

“还记得住在这里的早些时候，当时我如果下班回来晚了，邻居都会忙着过来给我送吃的。我们那时候一起吃饭，一起享用我们的所有，现在我们比以前物质更加丰富了，但是也就再也没有分享了。现在谁都为自己，但是你知道吗，以前可不是这样的。事实上，当时我们都不用锁门的。现在我们离开家，必须把一切都锁好。”

无论具有冷战思维的斗士和目前一些中国问题专家如何众说纷纭，共产党实际上不仅消灭了他们的敌人，也给这座城市以及党的“朋友”和“人民”带来了新生。是天安门广场的故事的这些方面，诉说给了黎明时分来到广场的中国游客，他们会在关于当代中国的讨论中，冠以“新中国成立后”的序言。

和广场本身一样，这些说法也已成为一种革命的时间片断，唤起人们对历史事件的追忆，这些事件曾经震撼了中国，预示了这个民族国家的新的起步。这个新开端，与国家建设、现代化和社会主义紧密联系；而与全国任何场所相比，天安门广场是把这种新的想象物化成具体形态的最佳代表。

天安门广场在新民族神话中的核心地位，反映在革命后的新中国中央银行发行的刻有天安门城楼图案的第一张纸币上[10]。这张纸币的最初设计中有毛泽东画像，而当时毛主席的巨大画像已经取代蒋介石挂在了天安门城楼的中央位置。但是毛主席本人否决了这一方案。考虑到后来的个人崇拜，这是很独特的。毛主席说：人民的货币属于人民，它应该反映这一事实。随后设计人员按照毛主席的思路，加班加点，在设计上反映团结的人民，而不是毛主席个人。最后，他们选择了天安门城楼，却没有毛主席的画像，以此来最好地表现人民这个精神主题。

到了这个阶段，这个城市的中心已经与革命这个大主题紧密关联，而这就意味着原封不动地保护老城区的思路已经注定失败。如参与天安门广场更新设计的一位建筑师所明确指出的，“……当天安门成为中华人民共和国最重要的标志时，改造古城这项重任就落到了城市规划师的肩上。”[11]

确实，1949 年 10 月 1 日共和国宣布成立几个小时前关于在广场中心建“人民英雄纪念碑”的决定[12]，已经使天安门广场成为人民的广场。由于反复讨论一系列类似于货币设计那种象征语言形式的问题，人民英雄纪念碑推迟到 1958 年的劳动节才最后竣工。从决定要建纪念碑到最后竣工的这些年间，建筑师、理论家和空间规划人员之间展开讨论的内容不仅涉及纪念碑的造型风格，更是包括这个城市未来的发展方向等重大问题。北京应该继续保留它的古都面貌，还是应该改造成一个现代社会主义生活的典范，随后的发展表明，人民英雄纪念碑是建设新社会主义首都的大地上的第一个施工桩。

古代北京的宇宙论要求一切建筑朝南，而纪念碑却朝北；关于“气”的理论要求南北中轴线贯通以助“气”的流通，而纪念碑却是一个阻挡物；古代北京以紫禁城为中心，而新的布局却把中心移到了纪念碑的脚下。所以按照古代宇宙论来看，这个建筑物在这个城市的命运中构成了一个革命的转变。然而，它仅仅是一整套革命性举措中的第一步，这些举措改变了城市的方向，并把城市的象征中心移到了天安门广场。通过这一系列的改造，这个人们的场所成为城市的中心；而这个重建北京使之成为社会主义首都的整个空间工程的第一步，就是人民英雄纪念碑[13]。

纪念碑的总建筑师梁思成认为，这个设计采用了“社会主义的内容和民族的形式”。这个设计以中国古代碑体为原型，但在它朝北的正面，刻有毛泽东的手书:“人民英雄永垂不朽”[14]。

它不但朝北，而且还特别高。与传统的碑不同，这个结构不可思议地向空中升至37.94m，甚至超过了它北边对面的天安门城楼。梁思成认为传统的碑太矮小郁沉，没有英雄气概，无法真实反映人民的斗争精神[15]。所以，他改造了原型[16]，他增加了碑的高度，以克服矮小的问题，又采用了一系列设计手法和论说，以去除郁沉的格局。毕竟，这是一个关于斗争的胜利的纪念碑，是对这个历史的雕刻使这个构造物获得了生命。

一系列的大理石浮雕，按时间顺序排列在纪念碑底座；它们高2m，总周长40.68m[17]。从1840年焚烧英国鸦片开始，到20世纪40年代共产党游击队抗击日本帝国主义的斗争为止，这些雕塑的历史场景，体现了毛泽东关于中国近现代历史是人民反抗帝国主义侵略的长期斗争的历史的观念[18]。

然而，这些表现群众集体行动的浮雕非常与众不同：与一般共产党的宣传品不同，它们没有表现一个创造历史的、伟大的、敬爱的以及国家的领袖。的确，这是一段没有个人主体的历史。尽管如此，它也不是无名烈士碑，不是那种传统的、为战死者竖立的纪念碑或“无名战士陵墓”。如果说无名战士陵墓纪念碑诉说着“幽灵般的民族想象”的话[19]，那么纪念碑的浮雕所讲述的，是一个从群众的角度出发的、关于大众历史的故事。通过一种集体和积累的方式，这些浮雕给大家讲了一堂中国共产党革命历史写作的课。确实，它们基本上是毛泽东认为的一系列中国历史重要转折点的图像演绎。[20]

但是，如果仔细观察，我们会发现一种顽强的、挥之不去的现象：每一个浮雕场景都有一个超越的、非历史的特征。这些历史场景一个一个变化着，但是实际的人像不变。每一张脸上，都表现出钢铁般的决心；每一个姿势，都是一段关于革命的姿态。从这个意义上讲，每一块浮雕场景，都几乎是一样的，其积累的效果却有闪电般的效应。尽管每块浮雕都由不同艺术家刻成，但它们却惊人相似；这表明，从1840年到1949年的历史，是一段关于社会大众的英勇斗争的持久而连续的历史。这个纪念碑试图赋予这些图像以生命，使之不仅是历史的演绎，也是对马克思名言的确认："迄今为止，人类社会的所有历史，都是阶级斗争的历史。"[21]

然而，在纪念碑终于完工的时候，天安门广场本身也已成了建筑工地。最终在灾难性的"大跃进"运动热情最高涨的1958年，天安门广场的改造开始了。广场的改造是整个城市改造重建的一部分，其整体的最高表现是"十大建筑"。就如"大跃进"一样，这些建设项目是为了显示和证明，在强烈的政治献身精神的感染下人们所能体现的无比的积极性和超人力量。其结果是惊人的。在短短的10个月里，除一个建筑外，其他建筑项目都按时完成；这确实可以看成是革命以后的第一个建设高潮。除了天安门广场外，大跃进建设高潮的项目还包括北京火车站、民族文化宫、民族饭店、中国人民革命军事博物馆、全国农业展览馆、钓鱼台国宾馆和华侨大厦[22]。其中最壮观的，要数与新的伟大的天安门广场相联系的建筑群。

毛泽东曾要求，天安门广场要大到可以"容纳一百万人的游行集会"[23]；而尽管实际广场不到50万m^2，但其实已经很接近了！共产党人创造了世界上最大的城市露天公共空间。它当然有这个必要。毕竟，一个人民广场应该可以容纳"人民"，而它确实容纳了人民。在一个类似乔伊斯（James Joyce）的"每个人都来了"的革命性时刻，在"文革"初期的1966年8月，数以百万计的红卫兵，涌向天安门广场，参加游行，在他们敬爱的毛主席前面通过；他们望到的毛主席，手臂上也带着红卫兵的袖章。

因为容纳了如此多的旅游者，甚至天安门城楼都在人潮重力下开始下沉。也许毛主席在天安门城楼上接见红卫兵时已经感觉到了这种下沉。招来的建筑师和工程师在进行勘测后，发现这种下沉不仅是感觉[24]。在对这个政治上如此重要的象征标志物进行仔细而全面的检查后，工程师们认为，它已经无法支撑起这座体弱的550岁的古老结构了。但是在政治上，有重要的理由要求这个建筑必须支撑起来；因为即便是在历史的和辩证的唯物主义指导的时代，建筑的崩塌对国家政府而言也是一个不良征兆。（结果是一个奇异的秘密计划：在原地一砖一瓦地重新建造一个完全相同的复制的建筑。这样，远在经济改革开放导致盗版成风之前，毛的时代已经给新中国引入了这种概念，建造了现代的第一个复制品！）

换句话说，这个毛主席曾经站在上面宣告新中国成立和检阅百万红卫兵的天安门，这个今天仍然挂着他画像的天安门，这个重大的政治标志物，是一个复制品。在这里，我们无法细谈这个了不起的“文革”的“发明”，它如何虚构一个城门，并在之后几十年里笼罩在迷雾中；可以肯定的是这个重建工程的秘密性和“大跃进时期”的广场改造形成了鲜明对比。这广场的重建改造工程当然是极为公开的。事实上，它完全在公众关注和响亮号角声中进行。

广场扩大后，重新界定广场周边的建筑施工紧锣密鼓地开始了。在广场西侧他们将修建中国的国会大厦——人民大会堂。在东侧，将修建革命历史博物馆。这些建筑建成之后，天安门广场成了这个城市无可置疑的中心。紫禁城宫殿现在退后了，一个新的神圣之地成了这个城市的象征的心脏。

当然，新中国成立前，一切都非常不一样。在王朝后期的大多数时间里，紫禁城宫殿（或被称为皇城宫殿）是这个城市的象征的心脏。这个中心位置本身宣称具有神圣灵感，而且据传说，它甚至来源于一个神圣的起源。据说，当时明朝皇帝朱棣提议迁都北京时，他与工部产生了不同意见。

工部的记录显示，在提议的新都选址上曾经有一片海，称为“苦海幽州”，是一个邪恶的水龙王的巢穴。这个预兆要求在都城修建之前，先要平息这条龙。两位具有伏魔术的将军提出了如何平息这条龙来为建设都城拓平道路的方案。他们自愿要求去计划降伏这条龙和建造这个城市的方案。因为都在追逐荣誉，他们决定各自用十天的时间来设计各自的方案。一个将去北京的东面，另一个去西面。然后他们同意在十天后回到同一个地方见面并交换意见。

当他们各自在设计规划时，奇怪的事情开始发生了。无论他们去哪，都有一个穿着红兜的小孩出现在他们面前，每一次都建议他们“照我说的画，之后一切都会顺利的”[25]。到第五天，同一个小孩再次出现了，不过这次他穿了件荷叶斗篷，将斗篷系在小孩肩上的红色缎带像手臂一般在风中飞舞。直到那时他们才各自意识到，他们已经分别得到了传说中的“八臂哪吒”的访问。当他们比较各自为城市准备的方案时发现他们的方案是一样的。“八臂哪吒”已经将按照他八臂身体形态设置的一个城市方案给了他们两人。神灵小孩向外伸展的八支手臂中的每一支都形成了城市的东西轴线，而哪吒身体的躯干部分则形成了南北向的中线，并成为这个城市的主轴线。换句话说，这个城市平面的构成逻辑，与古代基督教世界的旧的T-O地图的逻辑，并无多大的不同；这种老地图把钉在十字架上的基督的身体转换为罗盘上不同的点，而耶路撒冷在它的心脏部位。当然在北京，位于心脏的是紫禁城宫殿而非耶路撒冷城市。这个王朝权威的神秘中心，就这样被确定为皇帝的居所。

古老书籍中最神圣的《周礼》，在它的书页中以一种更为平淡但同样被崇敬的形式提供

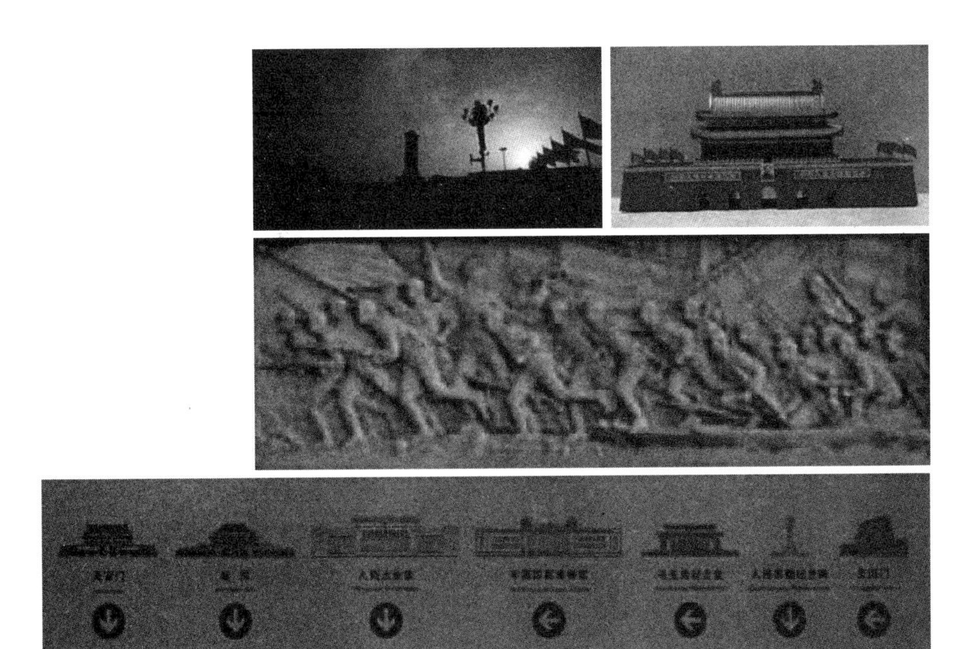

8 10
9
11

图 8. 纪念碑
图 9. 纪念碑浮雕
图 10. 天安门城楼的旅游纪念品：一座复制的天安门城楼
图 11. 天安门广场上的符号

了相似的设计。它说道: 一个理想的天朝国都的平面设计，应该“国中九经九纬，经涂九轨……前朝后市，左祖右社……”[26]。这样的一个宫殿体系，兼有教堂、政府办公和皇家宫寝的功能，同时具有实用的和神圣仪典的重要意义；北京就是按照这样的思路规划建造的。

这种精神意义上的重要性，实际上反映在宫殿的建筑上。据说，这个宫殿有9999个房间，在中国的数字占卦神话中，离完美只缺一间。完美是留给玉皇大帝的，据说他的宫殿有一万个房间。天子当然不能超越他的父亲[27]。另外，宫殿也是一个关注世俗事务的地方。《周礼》的规定是“前朝”，即宫殿前部为上朝和政府部门所在地，在这里大臣和皇帝交流，管理国家大事。如果说前部为宫廷大事所用，那么相对低下的宫廷的后面则为不那么威严而重大的事务所用。传统上，商业行为被认为是非常低贱的，所以它的空间位置也就有如此的反映。当然，1949年后，这一切都变了。现在不是市场，而是旧的王朝体系被放在了一个象征地位低下的位置[28]。所以，当吴良镛[29]提示，这个城市的新空间秩序使皇宫变成天安门的“后院”时[30]，他告诉我们的不仅仅是它的位置，还有它在社会主义宇宙秩序中相对卑微的象征性地位。

共产党将自己的宇宙秩序赋予这个城市，这件事可以在天安门广场工程的主要建筑师陈干的言论中得到证实。陈似乎在说，以阴阳法则为基础的关于占卜的道家玄学宇宙观（风水），应该被建立在辩证法基础上的新的科学理论取代。这个城市的空间组织原则，确实是从恩格斯的《自然辩证法》中发展而来。在恩格斯关于“零”的重要性的论述基础上，陈论述了天安门广场如何在新的宇宙秩序中成为关键的核心点。

如果对于黑格尔而言，“一个事物的无是一个决定性的无”，那么对于恩格斯，这个决定性的无，就变成了空间丈量的关键点。对于恩格斯，零比任何负数或正数都更加重要，以至于在一条直线上，它变成其他点都需要依靠的一个点；而对于陈，零的空间代表了人民纪念碑的位置[31]。对于陈，这个广场和位于中心的纪念碑，代表着一个阿基米德的决定点，而这一体系是由所谓十大建筑的建设来完成的。

合在一起，这些建筑抓住了具有宇宙象征意义的南北轴线，并使之发生倾斜。它们创造的新中轴线，沿长安街由西向东。这条新的中轴线，将由大跃进中的所谓十大建筑来主导。这个对城市的罗盘方位各点的新的想象，采用了纬度线而非经度线，创造了一个网格布局，在其中天安门广场成为核心点。在北面，毛泽东的巨幅画像挂在天安门城楼上；在西侧，是中国的国会大厦——人民大会堂；在东侧，是同样壮观的革命历史博物馆（现在改名为国家历史博物馆）：这样，广场的象征主义世界就完成了。毛泽东（他的画像）、人民大众（或大会堂内的人民代表）和他们共同的革命的记忆（在博物馆中），构成了主导广场的建筑环境。然而，尽管有这些明确的含义，天安门广场却非常矛盾地又强化了一个潜在的传统的象征逻辑。最终，它构成了一个空间，这个空间只能被理解成传统四合院建筑构造的一个模拟式再现 (mimetic reconfiguration)。

如皇宫一样，传统的院落住宅四周被围墙围合，而墙里的内部空间安排则有着重大的象征性意义。北面的房屋为父母套间，称为“正房”或者“北房”，东西两面分别为“东厢”和“西厢”，正房中间的房间为“堂屋”。长子和次子分别住“东厢”和“西厢”，而“堂屋”则是迎客和祭祀祖先的地方。整个结构的中间是“天井”或“天堂之井”。在这里，全家，理想情况是四代人，相聚在一起。

现在来看看天安门广场，我们会发现这里有一个相似的建筑构造，以此表达和强化社会主义的信息。广场北面建筑是天安门城楼，毛主席站在上面宣布了中华人民共和国的成立，而今天他的巨幅画像仍在上面悬挂。这已经变成了新的“堂屋”；在西面，“西厢”转换成人民大会堂；而在东面，国家历史博物馆成为隐喻的“东厢”；而广场本身，作为人民的广场，以人民英雄纪念碑为核心，成为照明的中心点。所以广场是天井。结果是，毛泽东、人民大众和他们的记忆，在广场并通过广场联系在一起，并由此获得多重的生命和意义。

广场肯定了革命的继续发展：它告诉大家，人民以前在那里（博物馆），人民将如何团结在一起继续前进（大会堂，中国的国会），以及他们的目标将如何发展推进（通过毛泽东思想，表现在天安门城楼上的画像上）。从 1977 年开始，这个广场的建筑，将非常奇怪地表现出这种视野的结束。

1976 年 9 月 9 日，毛泽东逝世。在接下来的日子里，中央委员会改变了主意。他们违背毛的愿望，决定永久保存遗体，而不是仅展示 15 天。建筑师们快速地设计着一个合适的纪念堂，以存放他们敬爱的主席的保存遗体。到这个阶段，党的领导已经决定毛泽东纪念堂将在天安门广场的南端修建，而它最核心的地方将安放永久展示毛泽东遗体的水晶棺。这样的话，毛的画像位于广场的北端，而主席的遗体位于广场的南端永久展示。广场南端建筑的加入，切断了社会主义和传统宇宙象征主义之间任何遗留下来的关系。20 世纪 50 年代的建筑工程创造了一个新的革命的象征主义格局，它弯曲了、扭转了，但却没有切断古代建筑构造的象征主义及其风水法则。其结果让人印象深刻。在新的社会主义国家的首都的城市中心，天安门广场展示了革命的新的象征主义世界的出现，同时又沿用了旧的象征主义体系。而纪念堂则破坏了这种延续的关联性。

也许，这种对旧宇宙象征体系的完全摧毁，对于建设一个新的社会主义体系是必要的，斯大林在列宁遗体防腐工作开始前，不是说过共产党人是用“特殊材料”做成的吗，这难道不是在说，如芙德里 (Katherine Verdery) 所言，“共产党人的身体不会腐烂！”芙德里继续说，木乃伊化的列宁，使永恒生命成为可能，是“最伟大的共产主义者”。除芙德里之外，还有一些学者在思考和理解死亡尸体的政治生命的问题。托多络夫 (Vladislav Todorov) 认为，列宁经过防腐处理的遗体，如木乃伊在“冷冻中等待”共产主义的到来[32]。也许，防腐技术通过提供永生的可能性，成为共产主义欺骗时间的方法。如果是这样，那么，中国共产党人还没有充分运用好他们古老的宇宙象征主义传统。因为，把毛主席纪念堂和遗体放在社会主义宏大广场南部中间，没有宣扬永恒的生命，而是切断了南北流通的“气韵”，明确标志了毛式社会主义的结束。

在水晶棺中，毛主席将目击他的城市的巨变和他的社会主义梦想的快速退出。那些在他领导的时代曾经充满政治含义的象征物，如毛主席像章、红宝书、毛主席画像和半身像，等等，现在已是市场上的古玩或新消费时尚的小饰品了。这个曾在他革命梦想中居于心脏位置的城市，已经转变成一个全球资本市场运作的核心。毛的时代来了又走了，他以政治为中心的世界现在已是遥远的回忆。一个新的充满活力的北京已经出现，带着非常不同的关于未来的梦想。让我们来测绘这些新的梦想的城市地图，更加仔细地去观察人们是如何重新勾画这个地图的。

注释和参考文献：

[1] 这项仪式以前一直存在，但没有今天这样的规模。从 1982 年 12 月开始，升旗任务从人民解放军转到了人民武装警察国旗护卫队手中。当时，升旗仪式简单，由 3 个士兵按照北京天文台提供的时间表完成。到了 1991 年 4 月，一种民族主义精神带来了国旗法的建立，也促使北京市政府要求扩大和强化仪式，以发扬爱国主义精神。到 1991 年 5 月，今天复杂而仪式化的过程确定了下来，从此成为北京最受中国旅游者欢迎的旅游景点之一。有关详细信息，请参阅贾英廷 . 天安门 [M]. 北京：中国商业出版社，1998:136-140.

[2] 有关老北京的功能性详细解说，请参阅 Jianfei Zhu(朱剑飞). Chinese Spatial Strategies: Imperial Beijing 1420-1911[M]. London: Routledge,2003.

[3] Chang-tai Hung. "Revolutionary History in Stone: The Making of a Chinese National Monument", The China Quarterly, 2001: 460. 有关这个内城的购物中心方案的争论的详细信息，请参阅 Anne- Marie Broudehoux. The Making and Selling of Post-Mao Beijng[M]. London: Routledge, 2004:120.

[4] 王军 . 城记 [M]. 台北：高谈文化有限公司，2003:53.

[5] 陈冠中 .“波西米亚北京”. 收录于陈冠中，廖伟堂，颜峻 . 波西米亚中国 [M]. 香港：牛津大学出版社，2004.

[6] 这个例子可以从近期流行新书中发现，请参阅 Michael Meyer. The Last Days of Old Beijing: Life in the Vanishing Backstreets of a City Transformed[M]. New York: Walker and Company, 2008.

[7] Song Xiaoxia .To Experience the City[J]. Twenty-First Century Bimonthly,1997(43):101.

[8] 关于中国人将成为 21 世纪的大国的中国人自己的言论，参看 .Chen Xiaoming, The Rise of "Cultural Nationalism" [J]. 21st Century, 1997(39): 35. 中国人关于中国未来的特别乐观的态度，可以从最近一个民意调查中看到：这个民调问了 80 个国家的民众他们对自己国家的未来是乐观看好还是前途暗淡。只有 3 个国家的回答是积极的，而来自中国的回答远远领先，最积极乐观。高达 83% 的人口的回答是肯定的，认为国家的未来是光明的。请参考 :Carole Cadwalladr. The Great Leap Forward [Dispatches][J]. The Observer Magazine, 2007: (32-41), 35.

[9] 她走了共约 483km(约等丁 300ml)。

[10] 这些纸币是在共产党力量取得胜利的前夜发放的。这些被称作"第一系列"的纸币在共产党进入各个城市后开始使用。关于这方面的细节，参见：Helen Wang. Mao on Money[J]. East Asian Journal, 2003, 2(1): 92.

[11] 陈干言论，见 : 王军 . 城记 [M]. 台北 : 高淡文化有限公司，2005: 53.

[12] 这个决定是在中国人民政治协商大会的最后一天，1949 年 9 月 30 日通过的。

[13] 中国共产党不是第一个改变这个城市的象征主义宇宙体系的政权。在民国初年，这个城市被第一次改变它的轴线关系。Geremie R. Barme(白杰明) 在他的讲座"Beijing Reoriented, an Olympic Undertaking"(2007 年 6 月 27 日) 中指出，开国第一总统和几乎成为事实的皇帝袁世凯在宣誓就职仪式中，组织军队从东向西走过，改变了城市的轴线关系。在此后的民国和日本占领时期，建立了建国门和复兴门，反映了民国时期民族精神和追求民族复兴的期盼。所以共产党不是第一个，但很显然是最成功的一个。

[14] 毛泽东的题字放在醒目的地方 :"人民英雄永垂不朽"周恩来的题字是比毛泽东更长的一段话，以诗词的形式出现，其中每一节重复出现"永垂不朽"，涵盖了民族解放斗争中各个时期的人民英雄。这些历史阶段都对应在大理石浮雕的一个个画面上。

[15] 参见 :Chang-tai Hung.2001:461.

[16] 学者 Chang-tai Hung 在此仅引用原文，重复了总建筑师梁思成的看法。

[17] 参见 Chang-tai Hung.2001:468 关于这些浮雕和广场更加细致的描写，并与当代艺术联系在一起的研究，请见 :Wu Hung (巫鸿). Remaking Beijing:Tiananmen Square and the Creation of a Political Space[M]. Chicago: Chicago University Press.

[18] Mao Zedong. On New Democracy[M]. in Selected Works, vol 2. Peking: Foreign Languages Press, 1977:354.

[19] 安德森 (Benedict Anderson) 在他的经典著作《想象的社团》(Imagined Communities) 中指出，"在民族主义现代文化的象征符号中，没有比无名战士纪念碑和纪念陵墓更加感人的了"。见：Benedict Anderson. Imagined Communities[M]. Verso: London 1983: 17.

[20] Mao Zedong(毛泽东).Chinese Revolution and the Chinese Communist Party[M]. in Selected Works, vol.2. Peking: Foreign LanguagesPress,1977:314.

[21] 这是写出《共产党宣言》的那个阶段的马克思。关于浮雕和更加细致的阐述，请参见 :Wu Hung(巫鸿).Remaking Beijing: Tiananmen Square and the Creation of a Political Space[M]. Chicago: Chicago University Press:32-34 以及 Chang-tai Hung, 466.

[22] 国家大剧院因为缺乏资金而没有建设，资金匮乏也造成了革命历史博物馆的内部空闲。请参见 : 邹德侬 . 中国现代建筑史 [M]. 北京 : 中国机械出版社，2003: 67. 关于十大建筑，参见 : 北京城市规划学会主编北京十大建筑设计 [M]. 天津 : 天津大学出版社 : 161-181.

[23] 引用于 : 王军 . 城记 [M]. 台北 : 高淡文化有限公司 2005: 23.

[24] 树军和贾英廷的话或许夸张。他们说，天安门城楼的损坏在 20 世纪 60 年代初已经被发现，1965 年开始修复。工作在"文革"时期中断，1969 年再开始，即毛泽东检阅广场上的红卫兵的 3 年以后。见 : 树军 . 天安门广场历史档案 [M]. 北京 : 中央党校出版社，1998. 以及贾英廷 . 天安门 [M].117-118.

[25] 照我说的画也可以理解为“照我说的做”。因为在中文表达中“照我说的画”的最后一个字“画”的发音可以写成两个字。一个是“话”，另一个是“画”。关于更多细节，请参考 : 金受申 . 北京的传说 [M]. 北京 : 北京出版社，2003:1-8.

[26] 王军 . 中轴线 : 北京生命线 [A]. 尹丽川 . 在北京生存的 100 个理由 [M]. 台北 :Dakuai 文化出版社，2005: 3.

[27] 事实上，地上的天子比他的父亲差远了。1973 年的一次皇宫调查揭示，在这个皇宫大院里事实上只有 8 704 个房间。原出处 : 北京故宫博物院和中国中央电视台，《故宫》，CCTV 电视系列，2005 年，第二部分。

[28] 这是因为市场在革命之后并没有被完全根除。因为根据马克思主义对中国独特近现代史的分析，中国当时是个半封建和半资本主义的社会，所以这种理论认定，1949 年后的中国还不是社会主义的，而是“新民主主义”的。只有在 1956 年之后，中国才宣步进入了社会主义的发展阶段。

[29] 吴良镛参与了广场的设计改造工作。

[30] 参见 :Chang-taiHung.2001:459.

[31] 参叨 :Wu Huang. Remaking Beijing, 2005:35-6.

[32] 参见 :Katherine Verdery. The Political Lives of Dead Bodies[M]. Columbia University Press. 2000: 143 (Footnote 127) 以及 Todorov, Vladislav()，Red Square Black Square: Organon For Revolutionary Imagination[M]. New York: SUNY1995.

作者简介： 麦克尔 · 达滕（Michael DUTTON）英国伦敦大学金史密斯学院政治学教授

译者简介： 陈逢逢（CHEN Fengfeng），澳大利亚墨尔本大学

原载于： 《时代建筑》2010 年第 4 期

蜉蝣纪念碑
中国建筑的速生与速灭

Ephemeral Monuments
The Rapid Construction and Demolition of Architecture in China

周渐佳 李丹锋
ZHOU Jian-jia, LI Dan-feng

摘　要

文章以图表和照片的形式呈现了近年来国内以大剧院、体育场等为首的大建筑在短时间内集中建成的现象，对比了同时期内曾经的“纪念碑”转瞬即逝的命运，旨在讨论这些建筑及其意义的偏离与统一。

关键词

速生 速灭 标志性建筑 纪念碑性

……体育场的建成，“标志着我县体育事业将进入一个全新的发展时期”……[1]

——湖南省桃源市大事记

如果未曾生产一个合适的空间，那么“改变生活方式”、“改变社会”等都是空话。[2]

——亨利·列斐伏尔

奥运会，世博会和亚运会的落幕是狂欢之后的清冷，令人有些怅然，然而它们也确实为主办城市留下了些身后之物，在改变城市面貌的同时也重载了城市的历史。鸟巢、水立方、国家大剧院、广州歌剧院、广州奥体中心体育场之类见证了盛事的庞然大物叫人艳羡。然而大事件总是千载难逢，“标志性”建筑物却叫人向往，如果细数近年来国内建成的大剧院和体育场，多少可以窥知每座城市在这个时代的热切希望。诚然，在各个地方的基础建设趋于完备的阶段，追求高品质的文化生活是一种必然，然而大规模、高等级的大剧院与体育场在短时间内如此频密地在各地井喷的现象还是令人生出疑问。

根据不完全统计，从 2003 年到 2010 年间全国就有近 30 座剧院落成，2007 年间至少有 7 座，2009 年的建成数量则超过了 9 座，还有数十座剧院正在兴建或筹建的过程中，其中的绝大多数都达到了国家一级剧院的规格。从 1999 年国家大剧院的方案设计确定，到 2006 年的落成，在时间上恰好接续了之后各地的剧院兴建大潮。从地理分布上看，多数剧院集中在沿海城市，仅广东一地就有广州大剧院、东莞玉兰大剧院、佛山顺德演艺中心和在建的珠海大剧院；浙江也是剧院大省，除了造价 9 亿元的杭州大剧院，绍兴、宁波、嘉兴等地也都有亿元级的剧院建筑。就连中等城市，小城市甚至一些经济欠发达地区也不乏一定规模的剧院。“剧院热”折射出的是中国城市的焦虑，剧院建成之后更令人焦虑的则是剧院本身经营的困境，维护费用的高昂、市场反应的冷热都是对盛名是否符实的考量。与风头正健的广州大剧院相距 200km 的深圳大剧院却处境凄凉，《深圳 2010 年绩效审计工作报告》显示，“这座于 2005 年耗资 1.21 亿元改建完毕的高端剧院每年有 2/3 的天数是空置的，近三年来，深圳市财政及宣传文化基金累计补贴深圳大剧院 2358 万元。”[3] 这座大剧院在 1984 年建成的时候也一时无两，当时“剧院”对多数中国人还是个陌生的概念，西方剧院庄严华贵的形象仍遥不可及，倏忽之间却在国内的大中小城市遍地开花了。

无独有偶，剧院的建造热潮余波尚在，北京奥运会与广州亚运会的召开又将高规格体育场提上了城市建设的议程。仅仅历数了 2006 年至今全国范围内建造的 4 万人以上的体育馆，数量就已经达到将近30座，另外有超过20座在兴建和筹建的过程中；其中大城市以6万座的规模为主，中小城市则多在4万座左右的规模，这些命名为“奥运体育中心”的体育场仿佛都在等待盛会的降临。与剧院相仿，体育馆的分布也呈现出部分省份密集的状况，其中除了经济大省之外也不乏内陆的体育历史大省、体育输出大省。体育馆座位数量再多也已经不足以令人振奋了，在鸟巢落成之后，用钢量才是衡量价值的准绳，“常规”的功能和人力、建材的巨大投入，把体育馆自身转化成权利和财富的象征。巨大的用钢量无论得当与否，都足以显现出这个体育场的“贵重”。足以提高拥有它的城市的声誉。这些体育中心、大剧院的生命还与中国各地新区的诞生息息相关，这些新区方兴未艾，各色文化中心或诸如“一城三馆”就已蓄势待发，这些是各地建设浪潮的见证，是这个热火朝天时代的标志。可正是因为这些设施远在新区，少人问津，所以甚至有体育场建成4年之后沦为牧场的案例[4]。然而，市民们还是得面对社区内缺乏基本健身器材的窘境。

在中国的古代，青铜礼器被称为“重器”，不但因为它材质、分量上的“重”，更是指器物在政治和精神意义上的重要性。这样看来，大剧院、体育场与其他的标志性建筑物也成了“重器”一样的“物”，除了尺度与用材之外，它还象征了某种级别的划定，与所在地方的行政级别保持着微妙的平衡，不可僭越又不甘人后，却向同一个目标看齐。在中国现代化的进程中，“样板思维”由来已久，过去就有工业上的样板企业、农业上的样板村镇，直到如今带有象征形式的样板建筑类型依然支配着当下的中国文化，支配着当代城市的发展。二线城市向京广沪看齐，三线城市向二线城市看齐，催生这些庞大的纪念物近几年来以惊人的地理密度、时间密度爆发。在每一座标志性建筑物落成之时，人们无不是欢欣鼓舞。这些建筑承载着城市“纪念”的梦想，然而它们的实体是否能够承担起精神上的意义呢？这些标志性建筑的生命昙花一现，速生之后的速灭来得如此暴风骤雨，以至于任何飞涨的消费都来不及填满它的意义。

于是，重载同一个地块上的标志性建筑也就成为一种新的操作方式。就在2008年，建成后规模达到全国第二的南京大剧院正式立项选址，建筑面积达到13万m^2，总投资20亿的剧院选址定在玄武湖边，正是南京著名的“太阳宫”水上乐园的所在。于是这座才使用八年，一度是南京有名的休闲去处的建筑就面临着会被拆除的尴尬境地。相比剧院、体育场的速生，“短命”建筑的速度更令人叹息。

中国是世界上新建建筑量最大的国家，每年20亿m^2的新建面积占到了世界总量的一半，消耗全世界40%的水泥和钢材，那些被拆除建筑的平均寿命却只有30年。根据现行的建

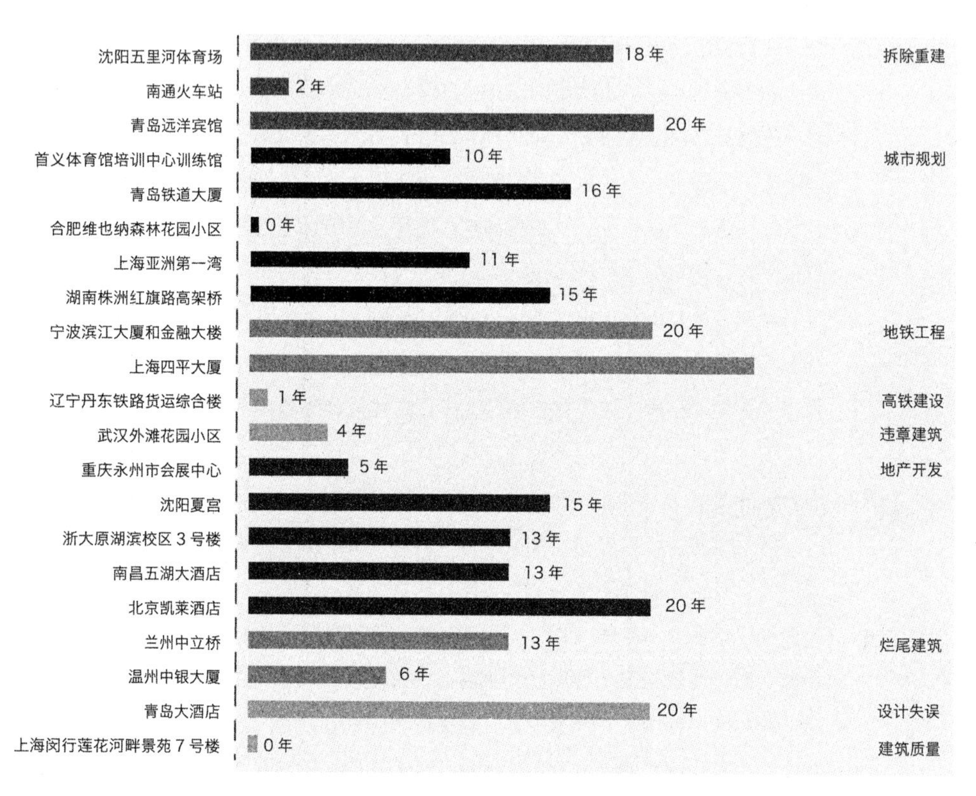

图 1. 近年来我国非正常死亡建筑的典型案例（不完全统计）

筑设计规范，重要建筑和高层建筑主体结构耐久年限100年，一般建筑也必须达到50—100年，即便如此，安全系数要求最高的公共建筑也难逃短命的噩运，常有中道崩殂事件发生（图1）。在地权70年的大限下，如此短命的建筑难免让人惴惴不安。那些正是在经济高速发展、建造技术飞速进步的年代建成的建筑正当壮年，却为何会遭此劫难？

为国内非正常死亡的短命建筑列一份名单的话，以上海闵行莲花河畔景苑7号楼为代表的"自杀楼"、"楼歪歪"、"跟斗楼"自然不会被遗漏，这些"建筑杂技"听来荒诞，却不断地在各处上演。设计与建造质量的低劣自不必说，打着"城市经营"旗号的拆除重建、重新规划、地产开发则是催生"短命"建筑的另一个原因。建了不到10年的星级酒店要拆，使用不到1年的立交要拆，落成1年还未使用的学校也要拆，一个"拆"字成了中国城市建设的关键词以及城市经营的主要手段；在消耗了全球最多的水泥钢材的同时，也生产出全球最多的建筑垃圾。一个是来不及"生"，另一个已经是等不及"死"了。

除普通住宅之外，许多城市曾经的标志性建筑也不能幸免而出现在这份短命建筑的名单中：无论是见证了中国国足首次世界杯出线的沈阳五里河体育场，还是有着"亚洲第一弯"美誉的延安路高架东段。如果说"建筑杂技"只是单体因为质量低劣而上演的独角戏，那么这些标志性建筑物因为另一场盛会的到来而倒塌的结局则更像是为城市、为大众上演的"视觉盛宴"。在一个地块内交替着只属于"当下"的好戏，这些标志性建筑的规模之大、出生速度之快、时间集中之密、寿命之短还是令人惊诧。

随着国足2001年世界杯的出线，沈阳五里河体育场因此成为中国足球的福地。但是由于2003年沈阳市申办2008年奥运会分赛场获得批准，政府决定将位于黄金地段的五里河地块置换银行抵押，在离五里河不远的浑南新区新建一座功能更齐全的奥林匹克体育中心。随着地块以16亿元的价格成交，五里河体育场在爆破声中飞灰湮灭，尽管曾有球迷表过誓与五里河共存亡的决心，但最终仍以一场闹剧收场。在国足每况愈下的今天，五里河的爆破声更让人感慨风光辉煌不再的凄凉。同样，有着"亚洲第一弯"美名的延安路高架东段1997年12月建成使用，是上海上一轮城市建设的见证。在世博会来临之际，整个外滩地段的交通却因为设施陈旧、行车拥堵和景观影响不得不面临整体改造，终于，"亚洲第一弯"在一片封存记忆的闪光灯下被拆除了。

约翰·布林克霍夫·杰克逊（John Brinckerhoff Jackson）曾经注意到"在美国内战后，出现了一种日渐高涨的声音，要求将葛斯底堡战场宣布为新建国家的'纪念碑'。"杰克逊认为这是一件前所未闻的事，"一片数千英亩遍布农庄和道路的土地，成了发生在这里的一件历史事件的纪念碑。”这个事实“使杰克逊提出‘纪念碑可以是任何形式’的结论。它绝对不必是一座使人敬畏的建筑，甚至不必是一件人造物……”[5]

很长一段时间以来，纪念性的建筑一直被视为城市中超越了时间与空间的存在，被视作权利的彰显和胜利的符码。可是在这里，类型学和物质形态不是决定纪念碑的主要因素，真正使一个物体成为纪念碑的是其内在的纪念性，即“纪念碑性”（monumentality）——是使一座建筑、一个雕像或任何一个物件具有公共性纪念意义的内部因素，或可以说是这些物质形态所包含的“集体记忆”[6]。也就是说物的“形式”与“内容”是分离的：并不是所有被期许成为“纪念碑”建筑的寻找都能唤起有关现在和未来的联想，反而是五里河体育场之类的倒掉被升格为某种仪式，成为这个时代与过往的追溯，它们因实体的倒塌获得了一种“纪念碑性”，从而被定格在历史中。

电影《三峡好人》片尾一座异化的火箭升空让人们记住了奉节县的“华字塔”。这座奇异的塔修建的位置距离长江水面只有30m左右距离，高13层，总体造型如同繁体字“華”，据称投资达到2000多万元。故而奉节对内称之为“华字塔”，事实上其真正的名称是“三峡移民纪念塔”，在2003年完成主体工程后却因为种种原因成了有碍观瞻的“烂尾楼”。它的名字叫作“纪念塔”，因为“纪念”而建，最终却因为仅仅在它倒塌之时才让人意识到而记录了另一重历史，从而成为“纪念碑性”最极端的案例。一个投入巨资、主体已经完工的工程仅仅因为一句话就被炸掉，留下了一个火箭升天一般怅然若失的结局。

在全国各地如雨后春笋般的标志性建筑建设浪潮中，五里河体育场、“亚洲第一弯”和“华字塔”事件代表了那些因为不再具有“纪念”价值而轰然倒塌的短命建筑。那些大建筑的起起落落如同蜉蝣的生命一般短暂，它们爱在傍晚的出生时分成群聚拢在街灯下翩跹，扑闪出明灭又转瞬即逝的辉煌。

注释和参考文献：

[1] 洪克非 . 湖南桃源投资千万体育场因质量问题弃置近 10 年 [EB/OL].http://news.163.com/10/1220/07/6OB505K400014AED.html, 2010-12-20.

[2] 包亚明主编 . 现代性与空间的生产 [M]. 上海：上海教育出版社 , 2003:47.
本文原发表于 2011 年。文中出现的所有数据和图表皆基于 2008 年至 2011 年 4 月之间中国剧院与体育场的兴建状况采集、绘制。在 2011 年之后不断有更多城市将剧院项目提上城市建设议程。2013 年 2 月 26 日，中国广播网刊发题为《二三线城市新建大剧院运营遇尴尬 成本高昂利用率低》的文章，反思全国各地，特别是中小型城市的“剧院热”与“体育场热。”

[3] 徐佳，孙亚玲，大剧院的光荣与梦想 http://financc.sina.com.cn/roll/20110311/01289509379.shtml
同样的，《二三线城市新建大剧院运营遇尴尬》一文中引用了来自云南省文化厅对剧院使用状况的调查，调查显示在云南省座位数 800 人以上的 20 余家大剧院中，会议功能占到了大剧院使用率的 60% 以上，大大超过演出。

[4] 湖南桃源投资千万的体育场因质量问题弃置使用近 10 年，以至于在逾百亩的草场上，农家的小牛与火鸡闲庭信步，一派怡人的田园风光。参加 http://news.163.com/10/1220/6OB505K400014AED.html.

[5] 巫鸿 . 中国古代艺术与建筑中的“纪念碑性”[M]. 李清泉 , 郑岩 , 等 , 译 . 上海人民出版社 , 2009.4.

[6] 巫鸿 . 谷文达《碑林唐诗后著》的“纪念碑性”和“反纪念碑性”[J]. 中国艺术 , 2010(1).24.

作者简介： 周渐佳，同济大学建筑与城市规划学院硕士研究生

李丹锋，同济大学建筑与城市规划学院博士研究生

原载于：《时代建筑》2011 年第 3 期

现代化、国际化、商业化背景下的地域特色

当代上海城市公共空间的非自觉选择

Regional Characteristics in an Era of Modernization,Internationalization and Commercialization

Unconscious Construction of Contemporary Urban Public Space in Shanghai

蔡永洁　黄林琳

CAI Yong-jie, HUANG Lin-lin

摘　要

文章通过对上海城市公共空间地域特质的发掘，从公共性，线性以及介质三个层面反观当代上海城市公共空间的建设，结合8个典型案例的解析，指出上海城市公共空间地域特色营造具有非自觉的特点，它是现代化，国际化，商业化热潮下的副产品。

关键词

城市公共空间　地域性　上海

上海这座城市总体上是拿来主义的。从近代殖民文化的影响，到过去20年的迅猛变化，这个超级城市在其发展过程中留下了上海人总是引以为豪的海纳百川的痕迹，它是中国现代化、国际化、商业化的标志。然而，最早的中西合璧在将这座新兴城市推为远东第一都市的同时，却也造就了其独一无二的城市特色。这归功于它特殊的地域条件，外滩、苏州河、里弄建筑、城市花园别墅以及产业建筑成为近代上海区别于中国其他任何城市的标签，这座城市也因此获得特定的地域特色，不仅是因为其拥有“万国建筑博览”美名的城市建筑，城市的公共空间同样扮演看重要的角色。

1、上海城市公共空间的地城特质

在《上海百年建筑史（1840-1949）》中，伍江教授曾以非正统性、商业性以及兼容性概括了上海地方文化的特点，这三个特点使上海在开埠前就成为“这个帝国最富有、奢华的最大商业城市之一”[1]。开阔的思路、有客乃大的胸襟、基于贸易而衍生出来的现实主义以及近现代上海蓬勃的工商业发展共同孕育了上海人独特的社会心态、生活方式以及价值观；也正是自19世纪末20世纪初以来上海“上层思想、基础建设和物质文化上的快速变化”催生了与其他地方截然不同的、鲜有的具有现代意识的市民阶层，从而使上海成为20世纪中华民族一波又一波“激进思潮的重镇”[2]。与此同时，东西方文化的碰撞与融合对上海城市空间的发展也产生了深远的影响。从早期老城厢、英法租界、公关租界以及华界的多方对峙、各自发展到最终通过《大上海都市计划》重塑城市格局，从20世纪50年代起的平稳发展到90年代末开始的高速发展期，上海城市空间形态呈现出独有的特质，具体体现在：空间形态变化频繁剧烈；“注重功利，追求时尚”[1]；局部有序而整体无序；不同历史时期、风格类型的建筑以及空间形态相互“拼贴”。

近代上海的城市发展已初步奠定其基本空间特质，颇具规模的石库门里弄住宅群、集聚“万国建筑博览”的外滩历史建筑群、记载着中国近现代民族工业发展历程的产业建筑群，在动态的发展历程中逐渐凸显、沉淀，最终演变为上海城市公共空间类型的典型代表，并呈现出三种典型的地域性特质。

1.1 公共性特征初现端倪

无论是洋行林立的外滩、著名的商业街或是家长里短的里弄（明显有别于中国传统的庭院），公共交往空间的特征均初现端倪。这一特征与市民阶层的孕育和培养相辅相成、互为因果，对城市公共空间的有效运作起到决定性的作用，成为近代中国城市特有的体现。

1.2 线性特征显著

线性城市空间虽然是典型的中国模式，但上海有别于其他城市。上海的线性特征一方面源于地形因素——水系的绝对控制，另一方面则源于大规模居住区开发过程中被广泛采用的源于西方的联排式布局，并被打上南北朝向的烙印。

1.3 建筑作为公共空间的介质

不论是公共性较强的商业街，还是里弄小区之间的生活性道路，上海一反中国传统城市以围墙限定城市（街道）空间的传统[3]，用建筑物划分空间区域，从而体现出更强的空间渗透性，增强了城市空间的活力。

显然上海城市空间的地域特质成为中国城市发展史上一种特殊现象。殖民文化以及地域自然条件决定性地影响了这一发展轨迹，使这座城市的空间比中国其他城市更具开放性和公共性。值得关注的是，在迅速发展的过去 20 年中，上海的城市建设没有从根本上摆脱上述影响因素，而其空间的地域性特征也没有在人们狂热追求的现代化、国际化浪潮中消失，更没有伴随着城市绝对经济化、商业化的倾向而弱化。事实上，今天的上海在诸多矛盾与冲突的困境中发展着，并以不断变化的面貌发展着自己特有的地域空间特质。

2、四组案例解析

本文选择当代上海城市发展中的四组典型案例进行观察，其中包括影响范围广、特色鲜明的新区开发或旧城改造项目。新区开发的典型特征是目的明确、规模大。旧城改造则带有更多的实验性和独特性，在对地域文化的尊重与继承方面也做出了更多有价值的尝试。本文观察的重点介于案例项目的主观愿望与现实结果之间。

2.1 标志性项目：小陆家嘴与世博园

在中国，找不出第二个能与陆家嘴金融贸易区相提并论的开发项目来体现中国人走向现代化、国际化的强烈愿望，这是一个试图与过去彻底决裂的典例。为了展示明天，“陆家嘴地区……进行了差不多是地毯式的改建……原来的路网和城市建筑肌理已经全面改变，延续下来的道路基本上是原来宽度的 3 倍以上……不再传承过去任何的信息”[4]。于是，在经历近 20 年举世瞩目的建设后，在各色建筑争奇斗艳、没有任何约束地绽放在这块土地上之后，一些冷静的旁观者开始用“不偏不倚的粗制滥造”[5] 来形容它，而“粗制滥造”的恐怕不仅仅是“求新求变”的总体规划，还有因为对使用者的忽视所导致的宏大尺度的泛滥、城市公共空间的消融、城市社会日常生活的消逝以及缺乏个性的城市空间。尽管小陆家嘴因为忽视人性、忽视城市文化传统而饱受争议，出人意料的是，恰好因为与浦江对岸外滩相对立的空间尺度、建筑风格，构成了这座城市过去与未来的对话。它没有延续滨江空间的地域特色，但它在创造一种能形成新的城市地域特色的传统，这种新的城市空间对话关系在夜间冷色（小陆家嘴）和暖色（外滩）的人工照明下被演绎得淋漓尽致。

相比小陆家嘴，世博园建设缺少了外滩这样特色鲜明的元素的支撑，但它同样因为黄浦江而获得生命。除了激情，2010 世博会的规划师们还兼具了理性和严谨，既考虑了整个展区的合理布局，同时还兼顾世博会的形象价值。从规划到建筑设计，公共空间体系一直受到关注。这是因为人们已经意识到，（世博园的）公共空间“不是场馆建筑落定后的剩余空间”，而是“容纳游客、容纳活动、容纳建筑”的城市会客厅[6]。虽然世博园仍在建设中，我们还无法对它实际的空间使用效果进行评述，但从世博协调局编制《2010 年上海世博会公共空间设计指南及建筑风格导引》这一事件，以及这本指南与导引细致的分类、论述及引导性控制中[7]，不难看出它竭尽全力试图呈现出对场址的尊重，对空间使用者的尊重，对历史的尊重。作为展示国力、表达现代化的产物，世博园将给黄浦江留下深深烙印，并与黄浦江其他重要建筑共同成为城市永久的标志。不可否认的是，如此大规模、短平快的开发建设对城市空间结构的影响是巨大的，其短时间内所产生的空间应力不但会破坏区域内业已成熟的城市运作模式，也会割裂埋藏于市民身体内的历史记忆。

2.2 旧城滨水空间：外滩与“梦清园”

外滩城市公共空间鲜明的地域特色体现在线性空间、水体及素有“万国建筑博览”之称的建筑群。外滩的历次改造均体现了提升这一空间价值的努力。正在进行的新一轮外滩改造工程，除了一如既往地打造这一城市历史景观名片，同时“还外滩于民”成为该轮滨水区城市设计的核心主题。具体的实施策略包括：通过外滩交通综合改造，拆除“亚洲第一弯”，恢复外滩原有建筑界面的连续性；将原有的 11 条车道缩减为 6 条，减少车流量、控制车速，恢复外滩风貌的整体性；扩建增设 4 个广场，包括黄浦公园广场、陈毅广场、位于福州路口的外滩金融广场以及以气象信号台为中心的延安路广场，结合长达 2km 的岸线平台以及集中绿化，使市民、游客在外滩的活动空间增加四成，强化外滩城市空间的公共性。除此之外，外滩地区设施的规模和布局也“以方便市民和游客为第一原则”[8]，充分保持外滩地区半边街的线性城市空间特色。虽然该项目尚在实施中，但对于外滩这一地域性特征鲜明的城市公共空间来说，在科学保护的前提下提升空间品质，无疑是旧城改造中最为稳健高效的一种建设模式。

“梦清园”围绕的是苏州河以及产业建筑这两个主题。同样是滨水空间，与外滩不同的是，“梦清园”所处的苏州河老虎爪湾南段这一半岛地块及周边区域，在 20 世纪末曾因水质黑臭、环境恶劣而被上海市民称之为城市死角。因此，“梦清园”的建设更多传递的是生态保护、还清水于民的理念。具体实施的策略包括：结合苏州河环境综合治理二期工程，推进两岸的环境改造，塑造宜人的滨水空间；建立生态环境教育基地，“赋予生态休闲公园以园林的外观、科普的实质和文化的内涵”[9]；发掘产业建筑的独特魅力，植入新的功能令其焕发新的生机。如今，这些举措都逐一显现成效。然而，作为城市重要的公共空间，“梦清园”及其所属的苏州河流域城市空间形态存在的问题依然不能小觑，有些甚至已经成为痼疾而无法转变。这其中最突出的就是苏州河沿岸大型居住社区的超尺度建设。使得“梦清园”和苏州河全部湮没在钢筋水泥的丛林中，鲜明独特的水岸生活至此被画上了永远的句号。显然，这个问题不可能通过一个园林景观设计就能解决。除此之外，可达性差也大幅度降低了“梦清园”的公共性使用效率；而由著名建筑师邬达克设计的、充分展现上海 20 世纪 30 年代艺术装饰风格（Art Deco）的上海最早的啤酒厂——斯堪的纳维亚啤酒厂，转身成为奢华餐厅的代名词，进而将普通市民拒之门外，公共性因此也一再退居其后。

2.3 石库门里弄改造：“田子坊”与“新天地”

同样作为典型的石库门里弄改造项目，“田子坊”、“新天地”虽然改造途径相近，但因两者运作模式、实施策略的不同而产生了截然相反的社会效应，并且通过挖掘地域空间潜力，在商业化的同时实现了国际化。

位于泰康路210弄的“田子坊”，长仅420m，北段为里弄住宅，南段为里弄工厂。田子坊的改造源于早期政府的政策引导：在西方国家旧城改造——用文化创意产业置换旧厂房、旧仓库、旧民宅——的理念影响下，“田子坊”前期的成功运作，点燃了周边里弄居民的热情，通过他们的共同介入，“田子坊”由点入线再到面，逐渐演变成为一个上海创意产业集聚区的代表，一个完全保持了原有空间特色和一定的社会生态结构，有能力形成微循环的、多元的城市街区。相对的“平民化”是其核心价值取向，它将一种邻里交往空间转化为城市公共空间。

与前者不同，“新天地”采取的是自上而下的商业运作模式。作为整个太平桥地区改造项目中的一部分，它的成功与否既直接影响中心城区的改造，也关系到后续的地产开发。于是，打造精英路线、走商业高端路线成为其根本策略。与“田子坊”不同，“新天地”对老式里弄街坊进行了有选择的保留与拆除，在保留线性里弄巷道空间的同时，局部拓宽了贯穿南北地块的步行道。针对里弄建筑，“新天地”也大刀阔斧地对内部结构重新建造，仅保留了原有部分建筑外墙。显然这种将现代与传统地域元素结合、熟稔把玩的手法深得“精英”人士的热爱，于是“门外是风情万种的石库门弄堂，门里则是完全的现代化的生活方式，一步之遥，恍若隔世。”[10]，“新天地”随即成为人们纾解怀旧情结的一道布景。新天地的商业成功，迅速拉动了太平桥地区的地价，其经济效应可见一斑。与此同时，绅士化、精英化也成为它永远摆脱不掉的标签。

2.4 产业建筑群再利用：“M50”与“8号桥”

里弄的改造依靠商家，上海的产业建筑则大多被艺术家们所占据。“M50”、“8号桥”同田子坊相仿，都是上海创意产业集聚区的代表。

“M50”，亦称莫干山路50号，位于上海春明都市型工业园区内。园内厂房建设的时间跨度长达半个多世纪，既见证了上海民族工业的发展，也记录了上海民族工业建筑的发展。园区内凌乱的建筑组群布局，略有衰败的建筑外立面，并未因艺术家的入驻而发生太大的变化，相反却因为他们各具特色的幽默、类似调侃的改造而愈发充满活力，整个园区的再利用忠实地保持了原有的空间特色。

位于卢湾区建国南路的“8号桥”与原生态的“M50”不同，其老厂区为20世纪70年代所建，无论是造型还是细部处理均比较粗放，从历史保护的角度讲，它的价值并不大。于是，“8号桥”的改造经历了一个整体设计的过程，无论是建筑单体还是外部空间，建成的“8号桥”和曾经的厂房大相径庭。譬如外立面的虚实对比、人行天桥的有机穿插、灰空间的丰富灵动，等等，令“8号桥”犹如嵌入城市之中的创意发动机，不但延续了空间的历史肌理，同时还孕育出新的场所感，吸引着人们驻足流连。

3、非自觉的选择

纵观上海城市发展，“地域性”在上海这个语境下似乎别有意味。它既不能用吴侬软语的吴越文化或是由坚船利炮带来的西洋文化所狭隘界定，也不能用“中西合璧”来简单概括。当我们尝试对上海城市公共空间的地域性特质进行归纳时，我们仅仅是在尝试从城市动态的发展历程中挖掘出静态的要素，而这些要素并不是那些外化的形式或手法。相反它们蕴含在城市特殊的地理地貌中，蕴含在其特殊的历史文化中，也蕴含在城市居民的日常生活中。反观当代上海城市公共空间的建设，不难发现城市特殊的地理地貌并未被给予足够重视，苏州河的水变清了但是宜人的水岸居住空间却消逝了；小陆家嘴高楼林立，却没有多少人游走嬉戏在浦江沿岸；历史文化转变为穿上保护外衣的商业开发，绅士化更是将老百姓的日常生活剥离出城市空间。与此同时，某些尝试也还是值得肯定的，譬如对于产业建筑的保护性利用，新功能的植入焕发曾经衰败的老厂区的生机；外滩的改造令人鼓舞。四组案例的改造都在很大程度上打上了现代化、国际化、商业化的烙印，动机各不相同，但皆在一定程度上为这座城市空间的地域特质增添色彩。从总体上看，上海城市空间的进化表现出以下倾向:

(1) 城市空间总体上从封闭走向开放，并不断向公共性发展。本文分析的大多案例，如里弄和产业园区改造都代表性地实现了从私密向公共的转化;

(2) 空间功能高档化，活动缺乏多元性，缺少对普通市民的关照;

(3) 地域特色的营造缺乏主动性，是非自觉选择的结果，具有某种偶然性。

上述三点中，前两点的正确性是保证一个城市的公共空间健康发展的前提，也是建立其地域特色的必要条件；第三点事实上肯定了上海城市公共空间的地域特色，尽管上海是拿来主义的，但它并未因现代化、国际化、商业化而完全西方化，它依然是上海。反思这一结果，上海更期待着一种自觉性，一种更加上海的、不受其他诱惑的选择。

注释和参考文献:

[1] 伍江 . 上海百年建筑史（1840-1949）[M]. 上海：同济大学出版社，1999.

[2] 李孝悌 . 恋恋红尘：中国的城市、欲望和生活 [M]. 上海：上海人民出版社， 2007:273.

[3] 蔡永洁 . 城市广场——历史脉络・发展动力・空间品质 [M]. 南京：东南大学出版社，2006:169.

[4] 孙施文 . 城市中心与城市公共空间——上海浦东陆家嘴地区建设的规划评论 [J]. 城市规划 . 2006(8).

[5] [澳] 乔恩・兰 . 城市设计：过程和产品的分类体系 [M]. 黄阿宁，译 . 沈阳：辽宁科学技术出版社，2008：239.

[6] 沈迪 . 塑造园区场所精神，构筑美好城市意象：上海世博园区公共空间分析 [J]. 时代建筑 . 2009(4):29-33.

[7] 该指南与导引共分 5 个章节，分别是公共空间的安全性、功能性、景观与视觉效果、建筑外界面要求，并提出了一系列的量化指标，为了强化公共空间的城市意象，指南和导引将园区划分为 8 个建筑风格类型区，提出 7 项建筑风格倾向性因子，以期从建筑形态、材料和颜色、尺度与比例、细部等四个方面提出控制性要求。必须值得关注的是，园区内有大量中国近代民族工业遗产保护建筑，分布在四个类型区内，新旧对话将成为又一要点。

[8] 上海市政府 . 外滩滨水区将最大限度释放公共活动空间，改造后欲媲美香榭丽舍大街 [EB/OL], http://www.shanghai.gov.cn/shanghai/node2314/node2315/node5827/userobject21ai362180.html, 2009-09-17/2009-09-22.

[9] 赵扬 . 上海苏州河梦清园规划设计 [J]. 中国园林 . 2006(3):28.

[10]叶季如 . 上海新天地建筑与环境设计探析 [J]. 中外建筑 . 2005(1):57-59.

作者简介： 蔡永洁，同济大学建筑与城市规划学院教授

黄林琳， 同济大学建筑与城市规划学院博士研究生

原载于： 《时代建筑》2009 年第 6 期

北京、上海、广州，城市公共空间的三城记

Beijing，Shanghai and Guangzhou Public Space：A Tale of Three Cities

（德）爱德伍特·奎格尔　童明
Eduard Kögal,TONG Ming

摘　要

北京、上海、广州是当前中国最具国际影响的三个城市，公共空间的形成与发展是城市关注的焦点，也影响着城市发展的未来图景。

关键词

北京 上海 广州 公共空间

北京、上海与广州，在中国城市史中可谓发轫于三种不同方向。13世纪元大都的理想规划构成了当前北京城市格局的基础，20世纪之交的国际经济力量推动促成了上海，而广州则始终经受悠久历史脉络和急剧外来影响的混合作用。如今，这三个城市的历史特征都处在迅速消逝之中，社会变革明确而急剧。

因此，有必要在快速发展时期构架一种关于未来的前景，这也是三个城市所共同关注的。而公共空间在这种形势下，作为城市发展的一个焦点，它必须在全新的社会结构中进行重构和提升，在新近发展的“急速增长”和“巨大变化”中，从人文角度给予必要的关注。

1、北京

1.1 从历史理想城市到超级交通格网

北京城市的结构和规模在它建立之初就已确定，理想都城的均质网格在水平方向伸展，几个世纪来构成着城市的肌理。这种肌理通过一种特定的居住单元来得以体现，除去尺度与功用，从家庭住房单元到皇宫都具有同样一种特征。1949年，当无产阶级政权接替之后，北京的城市格局和城墙大多依然存在。每个地块从70到700m^{2}不等，完好地嵌合于主轴线构成的网格中。规整的城市地形与无等级的道路体系，使北京长期成为一个自行车王国。直到1981年后期，英国画家大卫·霍克尼（David Hockney）认为，在他访问中国的照片中，有一样东西是共同的，那就是“自行车、自行车、自行车”。[①]

1992年的总体规划表明，自行车在当年城市交通的出行量中所占比例几乎达到60%，到2010年，自行车仍将占有27%。[②]在该规划中，同样也可以看到私人汽车所占比例在1992年是5%，2000年将达到8%。北京1992年注册机动车的总数大约38万辆，1994年70万辆，1995年增长到98.4万辆。[③]在如此的发展态势下，即使是不断发展的环城快速道路，也跟不上这种陡增速度。

在1974年至1992年之间建成的二环线，是严格按照北京城墙旧址修建的。梁思成在城墙上所说的“项链”[④]，在此变为全新的城市干道，成为谋害北京旧城的刽子手中的套索，只有城市某些干道的交叉口，仍以旧时众多城门的称谓来命名。城市西北角德胜门的望楼，夹杂在宽大道路中，这类历史遗存看上去就像来自迷失世界的恐龙。

快速干道之间的互交规模如此巨大，致使其他事物显得很不起眼。城西二环上的三元

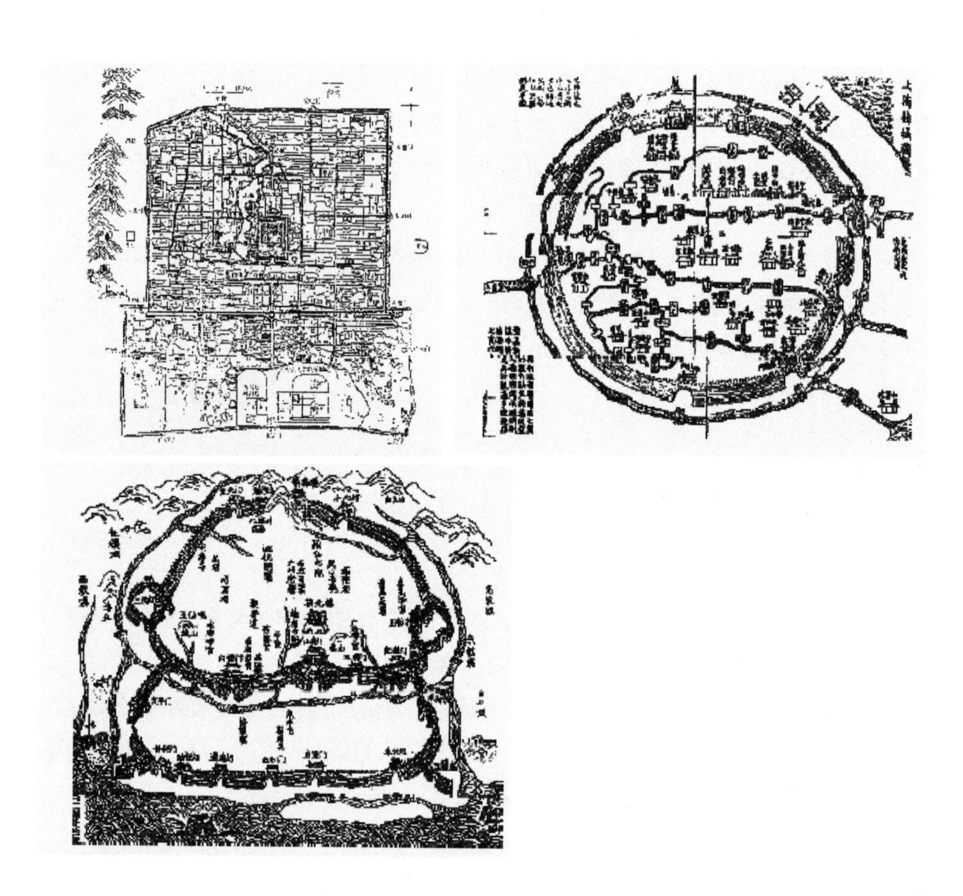

1 2
3

图 1. 北京老城区图
图 2. 上海老城区图
图 3. 广州老城区图

立交占地达到 26 万 m^2，而在三环上的四元立交占地更达 50 万 m^2，迄今为止是最大的[⑤]。相比之下，紫禁城占地只有 72 万 m^2。不难想象交通设施在城市肌体上所灼蚀出来的空洞。四环和五环接着又向外拓出很多，城市正不断向远处的腹地侵占着。曾经十分清晰的城市轮廓已经被各样的住区条带所浸渍，如同墨汁滴在纸上一样沾溅开来，而老北京的水平格局已不复存在。20 世纪 80 年代以来的诸多规划中，在二环和三环之间环绕旧城设置高层住区的计划，则不断受到当前开发新形势的影响。[⑥]

1.2 一个新中心的形成

紫禁城是皇宫所在和帝国中心。在那时，如今的天安门广场被围墙环绕着，沿着内城墙将紫禁城与正阳门连接起来。由于传统城市不可能为公众提供集会场所，天安门广场自从封建帝国衰亡之后，就成为北京的公共场所。早在 1919 年，北京市民就聚集在以往的管区前，抗议凡尔赛条约。当毛泽东 1949 年在这里宣布人民共和国成立时，天安门就被视作共产党政权的诞生地。作为一个公共场所，天安门广场与先前的“紫禁城”处在一种特殊关系之中。第一步是 1949 年决定建造一个纪念共和国英雄的纪念碑，并于 1958 年在南北中央轴线上建成。为了纪念中国人民为自由而战[⑦]，纪念碑反映了新政权向前辈们所进行的主题性和象征性的表达。如果 35m 高的太和殿是原来紫禁城中最高的建筑[⑧]，那么纪念碑的方尖顶则高出 3m[⑨]。

1958 年，天安门广场扩建工程开始进行，达到了 500m×800m 的尺度规模，使之成为迎接 10 年国庆而建成的一个崭新政权中心。广场将被开放，但不能停留于空白，它将要连接过去与未来，而成为一个人民的广场，成为党和国家最重要的场所[⑩]。因此，国庆十大工程也同时竣工[⑪]，其中两个是东侧的革命历史博物馆与西侧的人民大会堂，构成了广场两翼，突出了它的重要性[⑫]。

与它的周边建筑一起，天安门广场成为表达信念的一种政治宣言，它表明了相对于紫禁城的一个新姿态。当长安街成为东西主轴线之后，从中华帝国继承下来的南北轴线就被弱化了。1977 年，天安门广场的最后一个成员落成，这就是纪念碑南侧的纪念堂，用来纪念共和国英雄毛泽东，它在 10 个月之内就建成于南北轴线上。这是一种基于个人崇拜的空间表达，建筑室内的装饰以毛泽东本人及其思想的偶像化为目标。背景是黑色花岗岩，上面镌刻着泰山的雄姿，与从前朝代相暗合，以寻求不朽。天安门广场的每个地方都深深地浸透着历史，有着各自不同的指征，它们都是共和国的绝对中心。广场在国家中的重要性体现在它的使用上，从去毛主席纪念堂的朝圣，到国庆纪念活动和阅兵仪式，还有历史上众多的政治运动，在这里可以感受到国家命运的勃动。可以肯定，它对中国的社会和政治生活的重要性必将永久地持续下去。

2、上海

2.1 多核心城市结构和公共空间

20 世纪 80 年代以来，上海在开放政策下取得了巨大的经济成就，城市也获取了一种新的身份和地位。作为中国和全球经济发展的亮点城市，上海目前正成为中国走向世界的起跳板。以上海为带动的核心城市带向北可以延伸到苏州、无锡、常州、镇江和南京，向南可以延伸到嘉兴、杭州、宁波，这里集聚了大约 1.6 亿千万的人口。这些城市共同构成了一个城市群落，区域发展的丰富多样性，为上海持续发展提供了强劲的动力。[13]

1991 年 1 月，邓小平在上海南巡的讲话不仅为这种发展表达了正面而充分的肯定，并且也期盼着一种新的提升："上海开放较迟……我希望上海人民能够进一步解放思想，更大胆、更快速地走向开放。"[14] 随着 20 世纪 80 年代中期上海发展战略的调整，南行讲话的影响也越来越显著。当时还是上海市市长的朱镕基，积极支持中国走向国际化。

20 世纪 80 年代后期，在巴黎的"法国区域协调与城市规划研究机构（IAU － RIF）"的协助下，上海市政府将浦江东岸的陆家嘴金融贸易区规划成为城市发展的新核心[15]，以巴黎的拉 · 德方斯为样板，计划开发城市服务中心与商业中心，以此来促进上海成为一个国际中心和长江三角洲地区的龙头。浦东新区规模达 522km^2，有旧上海 2 倍之大。中心区陆家嘴则有 28km^2，以内环线为界，由南浦大桥（1992）和杨浦大桥（1993）与上海浦西相连接，中间还有地铁、隧道及定期渡轮等其他通道。

在法国有关部门的配合下，上海市政府针对陆家嘴中心区的城市设计举办了一个国际竞赛。这个占地 3km^2 的规划用地，将设计成为新区的中枢。1992 年 5 月，4 个国际和 1 个国内的建筑师参赛组，受邀参加新中心区的概念方案竞赛。中方政府对获胜方案以高度现实的方式进行了调整，但却得出了一个令建筑师们较为失望的结果。一条中央轴线由隧道口向东南延伸 5km，以中央公园为结束。69 幢建筑，418 万 m^2 的建筑在中心区的办公地块中获得了规划许可并得以建造。格外宽阔的道路以巨大尺度分隔着各种街区，却成为步行者的一场噩梦。规划师和政府官员们希望未来的陆家嘴金融区能够展现出一种可以与纽约、香港或东京相媲美的图景。[16]

2.2 从泊锚地到栈桥道，从赛马场到公共广场

自殖民时期以来，外滩逐步从一个泊锚地发展成为1公里长，20多米宽的滨水漫步道。从1933年起，步行道的标高就不断地抬高数米，以免遭黄浦江潮汐的影响。不久，这些城市“栈道”的组合就被收录到世界遗产目录中[17]。这条漫步道总是熙熙攘攘，带来一种给人印象深刻的横跨浦江两岸的新上海景象。每当夜幕降临，背景中的摩天楼就如同某部科幻电影中的超新星，在远方空中闪烁着。

城市中没有其他的公共场所能够如同外滩一样处在一种战略要地。历史中的老城厢源始于城南。步行者在从南到北的行走中，可以感受到左侧上海殖民时期的石质建筑，而浦江对岸的景象则提示着一个时代的更替。每天黎明时分，传统的太极拳和晨舞组团在这里营造着一种奇异的宁静氛围。白天一到，上班族、观光客纷至沓来；更晚时分，再有乘坐大巴的游客们一起来分享这个狭小的游程。

相反，人民广场被一圈风格相异的建筑们所围合着，它的旧址原先是一个跑马场，1949年以后，逐步改造成为一个公共休闲公园。在过去几年中，新的城建发展带来了新市政厅、上海歌剧院和上海博物馆，广场下面是商业中心和地铁站，各种人群经此川流不息。西侧看去则是传统里弄住区和高架内环线。在远景中，近期建造的高层楼群突破天际线，以一种急速的频率穿刺着城市历史的肌理。

人民广场体现着城市的一种新观念，它汇聚着文化、行政、历史和商业的方方面面。同时，它的地面以园艺种植为主，限定了可用空间的范围。由于广场是内城中为数不多的开敞空间，每天清晨，华尔兹舞者和舞棒弄拳者云集于此，每个组团都辅以各自不同的背景音乐，以声响效果获取一种独有的中心和边围。

在人民广场中央，也就是博物馆和市政府之间，每日早晨7点，一组喷泉就伴随着内设的古典音乐开始它的喷水表演，这意味着晨练自然的结尾和一个新的工作日的随即开始，其他各种人群开始涌入广场。每当此时，大多数公园座椅就被从周围拥挤不堪的住房中遁避出来的年轻人所占据，老年人则悠然端坐园圃，将他们的鸟笼吊在树枝上，使之能够在随后的烟雾来临之前，呼吸一下新鲜空气。喧嚣人群在夜晚散去之后，公园周边的树丛又将成为恋人们的理想场所。

3、广州

3.1 从先发到后起，夹缝中寻发展

相对于中国内地传统城市，广州始终带有一种异域的色彩。历史上，广州是中央政权在南方蛮夷之地长期设置的重镇，但时空差异也使之始终与历代王朝的统治保持着距离。广州在全国的声望始于近代，它是19世纪中国与西方直接交锋的前沿，也是数次中国近现代革命的起源地。与大多数直觉观念相反，广州悠久的历史堪与北京城相媲，自秦代起，就曾有过辉煌的历史。千百年来，广州是西方文明从海上登陆中国的跳板，地理位置的优越以及在对外贸易上的特殊优利，都使广州得风气之先。

广州的西式建筑集中在珠江岸边的长堤和沙面，沙面在19世纪中叶成为法、英租界，有不少外国领事馆、教堂、洋行等。而长堤则集中了邮电大楼、海关大楼、大新公司等宏伟的殖民时期建筑。

20世纪30年代上海的外滩开始兴起时，20世纪20年代广州的沙面就已经一片繁华，更不用说清代康熙年间，珠江岸边出现的盛极一时的“十三行”。有一种说法认为，1875年广州曾在世界十大城市中排名第七，而上海的崛起还是下个世纪的事情。广州是中国海上丝绸之路的发祥地，长期兴旺不衰，明代广州就成为中国最重要的对外贸易口岸，是广东最大的商业城市，是南中国的中心。

广州与北京和上海有所不同，它是一个汇集东西方的城市，虽然长期作为一个繁华的贸易港口，唐代广州即有外国侨民定居的“番坊”，但相对于上海，广州更加本土化，同样作为商埠和外贸城市，广州人爱乡而不崇洋；同是历史悠久，相比起北京，广州人追求时尚而不守旧。广州人常提关西大屋，而忽略沙面洋楼，爱泡茶楼而不饮咖啡，爱吃粤菜而不食西餐。

广州的公共生活处处体现着地方风格，商业街最具特色的是成片的骑楼。最早的骑楼出现于一德路、圣心教堂一带，据传这种格局是由早期的西方传教士带入广州，但很快就被融入了当地风格，骑楼底空间净高4~6m，有的甚至高达8m。一系列连续的骑楼底空间，构成了广州城市街景的主格局，也构成了老广州的城市公共空间。在第十甫路、上下九路、北京路、解放路一带较为集中。起义路是国民党时代的城市主轴线，1925年孙中山逝世，广东革命政府决定在越秀山南麓建造一座纪念堂来纪念孙中山，最后采用了年青建筑师吕彦直的方案。纪念堂的西侧有孙中山纪念馆，后面越秀山上有孙中山纪念碑，周边还有约

5 万 m^2 的草坪广场。从起义路至海珠广场，其间还有市政府大楼、人民公园和广州解放纪念碑等纪念性建筑物和公共开放空间，形成广州城市的纪念轴线。

3.2 寻找跨越时空的中心

作为珠江三角洲的中心城市，现代广州的发展始终处在夹缝之中。20 世纪 60 年代起，广州的核心地区让与香港，在经济上不得不尾随其后。20 世纪 80 年代开放之初，广州的步伐走在内陆中国的前列，新潮而殷实的广州人给各地带去了广泛的影响。但是随着深圳的异军突起，广州的步伐则显得滞涩而被动。夹杂在香港、澳门两个特别行政区，以及深圳、珠海两个经济特区之间，原来光芒四射的明珠城市显得黯淡许多。世纪之交，广州的发展目标定位在国际大都市，急需重新塑造一个具有影响力的公共空间，来增强城市的竞争力。

尽管广州在 20 世纪 20 年代就已拆除了城墙，但直到 20 世纪 80 年代，城市大部分的经济和社会活动仍然喜欢集聚在五分之一的城区内，旧城区的活动高度重叠。蜿蜒曲折的高架道路如同游乐场中的过山车一样，在城市万花筒般的建筑中穿梭往来。这就迫使市政府急切地希望跳出老城区，寻求一种脱胎换骨的新发展。

20 世纪 90 年代初，广州在城东开发天河新区，以往空白着的城市郊区出现了一条纵贯南北的宏伟中轴线。围绕着它，出现了许多体量巨大、亮光闪烁的新建筑，无论在高度上，还是在气魄上都力图为广州塑造出一个现代城市的景象。但是新区的中心不同于北京的纪念堂，也不同于上海的博物馆，而是由一组体量巨大的体育馆所占据。轴线另一端的开放空间则是广州目前最高建筑北侧的中信广场，规模堪与人民广场相比，但整齐满铺的绣花草坪如同一幅巨大的波斯地毯，阻碍了行人的步入，而只能被观赏。随后广州市在天河新区以南的临珠江地区，规划了占地约 6.8km^2 的珠江新城，以期望带动广州经济的起飞。但 7 年以来，珠江新城的开发量寥寥无几，开发面积不到 20%，新一届政府不得不考虑重新调整总体规划。

1992 年，广州市政府决心调整城市战略方向，向东南方向拓展，开发 173km^2 的南沙地区，以上海浦东新区为样板，再造一个广州新城，以此来确立广州市在华南地区的经济中心城市地位。为此，广州市也组织了一个国际方案竞赛，4 家国际设计单位受邀参赛，但因规模过大，尚未论及实施的阶段，一个类似于“东京湾”的设想仍在创建之中。

无论怎样，目前广州城市公共空间的主要目标还离不开珠江沿线，然而它与城市其他公共活动之间缺乏有效衔接，沿线建筑也缺乏统一有序的控制，因此广州市政府有计划建造一座 400 多米的观光塔，使之成为标志性景观。

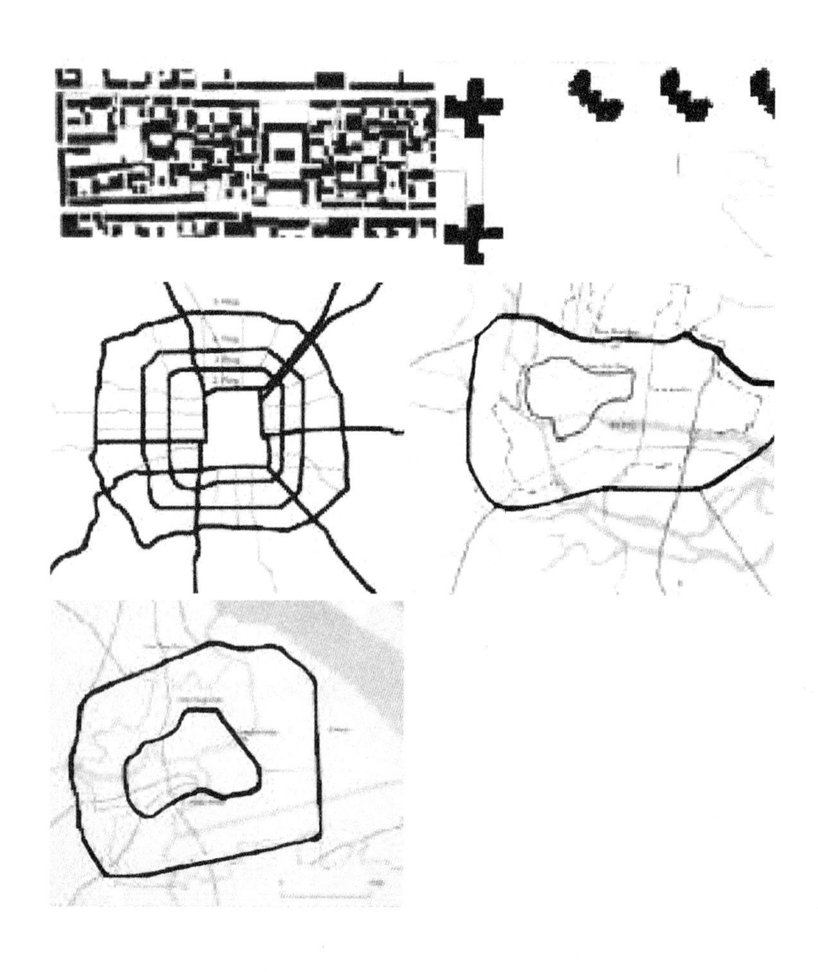

4
5 6
7

图 4. 城市的传统肌理与现代的城市结构肌理比较
图 5. 北京城市概念图
图 6. 广州城市概念图
图 7. 上海城市概念图

4、公共空间的三城概念

北京天安门广场无论在规模、周边建筑方面，还是在历史，或者相对于国家的持久重要性方面，它传达着国家政权对于人民的一种姿态。周边建筑的性质、材料、装饰及其功能，表达了它们作为一个整体对于国家的重要性。共产党政权用自己的仪式取代了帝王宫廷的仪式，毛主席纪念堂作为对人民英雄的纪念，还有中国革命纪念馆、人民大会堂，以及紫禁城，一同构成了中国历史的阶段性与延续性。

上海的人民广场则展示了一个完全不同的画面。它不再反映任何殖民时期所遗留下来的痕迹，而代之以优雅的、以本国特征为主的文化建筑，意图将广场的重要性提升为城市中心。广场的布局策略，使之不像北京一样成为一个大众集会场所。政治、文化以及商业行为的集聚，使它最终成为主要商业街（南京路）与外滩的连接点。外滩是购物者的天堂，一侧是虚假怀旧的殖民地景象，而对岸的浦东则反映着以高技术为特征的未来。

广州始终未能在传统城市中形成一个中心化的公共空间，这也是与广州特定的社会结构历史相对应，广州的中心散落在繁华的商业街巷中。但是为了重新获得已逐步衰退的地位，广州急切希望通过一个强大的新城市公共空间的塑造，来获取城市的再次振兴。在沿着天河中心与珠江大道所构成的城市新轴线上，期望中的公共中心尚未形成，珠江沿岸成为一个新的目标。

在三个城市中，仍然保存较好的历史地区决定着中心的内容和社会平衡。新规划中的功能主义划分将带来更多的交通，道路也变得越来越宽阔，并且不能成为连接不同地区之间的一种要素，行人穿越马路常常如同一次历险。同时，新开发的步行街，如上海的南京路和北京的王府井大街，都成为毫无特点的单调商业街。

对于当今涉及其中的规划师和建筑师（不仅限于北京、上海和广州），应当力图为新的公共交往场所提供一个时代表现，这是一个巨大挑战。无数新的空间设计仍然关注于活泼的地形要素，完全商业化的空间，以及反应急速变革社会中的政治教化。但最终，深层的、从复合功能而来的城市将决定公共空间的本质及形象，日益增长的不同生活方式必将在空间规划中得到体现。这种研究不是开发商的，也不是管理者的，它必然来自于建筑师对于生机盎然的未来的观点。

（感谢李翔宁、李少云在文章中提供的帮助）

注释：

① Stephen Spender&David Hockney，中国日报，纽约，1982。

② 北京城市规划设计研究院，《迈向 21 世纪的北京》，北京，1992。

③ 1996 年，对于 10%的机动车而言仍有适量的停车场，常盛德，北京“保护、环境和发展的展望”，《城市》，1998/1,P19。

④ On the proposal to preserve the wall as a wall-park, cf. Christoph Peisert, Peking und die 《nationale Form.》 Berlin 1996。

⑤ 城市道路的规模、线路与发展，引自李辉全，《北京道路改革》，北京，1996。

⑥ 北京天际线之争，引自 Victor F&Sit，北京，中国首都的自然与规划，Chichester，1995。

⑦ 详细内容参见，Ellen Johnston Liang, The Winking Owl. Art in the People's Republic of China. Los Angeles/London 1988。

⑧ “论人民大会堂的高度”，引自 Sit 1995。

⑨ “论人民英雄纪念碑的高度”，引自 Evelyn Lip. Feng Shui. Environments of Power. A Study of Chinese Architecture. London 1995。

⑩ “城乡规划史研究”，引自陈桐，一个人民的广场，中国建设，vol.14, 1965/2, pp. 22-23。

⑪ 详细参见邹德侬、窦以德，《中国建筑 50 年》，北京，1999， p. 40。

⑫ “让天安门广场为社会主义和共产主义服务”，梁思成，引自梁 1988, as cited above, p. 92 。

⑬ 引自吴良镛，“中国的大城市发展问题和展望”，《城市规划》，1992 年 2 月。

⑭ 引自邹德侬，“半个世纪的发展历程”，邹德侬、窦以德，《中国建筑 50 年》，北京，1999，P74。

⑮ “国际化上海的规划历程以及法国专家在其中的贡献的详细研究”，“国际设计咨询机构”与浦东建筑，《城市》，1997/2。

⑯ 上海的海平面标高为 2m，由于开来地下水，从 1921 年至 1965 年，上海下沉 2m。众多技术用来防止沉降。Frita Feeaer，《长江三角洲》。

⑰ 郑时龄，“外滩的发展与建筑”，《城市建设》，1999/142。

参考文献：

[1] 邹德侬、窦以德，《中国建筑 50 年》，北京，1999。

[2] 北京城市规划设计研究院，《迈向 21 世纪的北京》，北京，1992。

[3] 吴良镛，“中国的大城市发展问题和展望”，《城市规划》，1992 年 2 月。

[4] 郑时龄，“外滩的发展与建筑”，《城市建设》，1999。

[5] 黄爱东西，老广州。

[6] 张兵、赵燕菁、李晓江，“北抑南拓，东移西调，走向跨越式发展的广州”，《城市规划》，2001/3。

引证文献：

[1] 刘明欣．广州城市传统中轴线开放空间植物景观研究 [学位论文] 硕士 2005

[2] 郑飞．公共空间与城市社区发展——对北京市东城区东华门街道两个社区的实证研究 [学位论文] 硕士 2005

[3] 薄宏涛．城市梦想——安亭新镇的诞生及其城市设计特点剖析 [学位论文] 硕士 2004

[4] 李琳．城市设计视野中的高层建筑——高层建筑决策、规划和设计问题探讨 [学位论文] 硕士 2004

[5] 黄艳．城市广场文化生态设计研究 [学位论文] 博士 2003
本文链接：http://d.g.wanfangdata.com.cn/Periodical_sdjz200203002.aspx

作者简介： 爱德伍特·奎格尔，德国建筑评论家，学者及自由建筑师

童明，同济大学建筑城规学院教授

原载于：《时代建筑》2002 年第 5 期

“异卵双胞胎”和空间碎片

Non-Identical Twins and Spatial Splinters

（美）罗伯特·亚当斯 著　陈丽 译　王飞 田丹妮 校
Robert ADAMS,
Translated by CHEN Li,
Proofread by WANG Fei & TIAN Dan-ni

摘　要

文章着眼物质性实践和设计工作，进而探索共时性的创造与发展时间压缩之间的研究。这两者说明了中国城市化的特点，也对借助建筑实践和设计思考来度量中国转变的标准提出更多的要求。鉴于对中国城市化进程的激烈争论，建筑在实践中容纳复杂、激进的社会空间形式的程度有多少？纵观改革开放以来、毛泽东时代的30年间的悲与喜，以及之后到来的城市化超速发展的时代，对建筑项目来说重要的是什么？像通信和计算技术，建筑将变得更加普遍和成为一种较为理想的文化产物的模式，还是会沦为空间物质性的实践和机械化的形式？

文字围绕北京两幢相邻的住宅项目展开：联接复合体和清水苑。基于B.A.S.E北京建筑工作室的相关工作，这两者建立了围绕中国的城市化以及建筑教育方面问题的讨论框架。其目的是通过插入空间碎片和对进程的微妙打乱，直接的注意力并不在对中国城市化的“超速”发展的争论中，而是重点专注在社会有机体的城市进程中建筑如何体现基因多样性，以及既非均质处理又非沉溺于极端差异化的物质性实践。

关键词

共时性的创造　发展时间的压缩　基因多样性　建筑

1、革命性的实践

“知识和实践一起开始。理论知识是通过实践获得的，必须再回到实践去。知识本身的能动作用不仅表现在从感性到理性的认识之能动的飞跃，但——这是更重要的——它必须体现从理性地认识到革命性的实践的飞跃。”[1]

正如毛泽东主席的作品中所提到的，理论与实践的关系是递归的。当下诸多关于城市规划和建筑的论述中有采用多种方式来说明这一点，它也有助于我们对中国城市现状的理论化论述和现实中的实现情况存在一定的差距这个问题进行再思考。鉴于中国当代实践的广度和深度，知识生产是根本动力。这也受到凌驾于那些对环境、政治和社会现状的孤立回应的体制的限制，这使中国 21 世纪在全球的地位异常重要。像理论研究一样，当建筑不再纠结于方案的过度设计，从集权化的空间产物中分离出去，那么建筑将更活跃。在突变中，空间碎片与建筑的深层结构联系了起来[2]。

2、速度：高速公路和肯德基

6 年前，我第一次到北京，那时机场高速和二环路之间的交流道并不存在。北京城区是一席四合院与其间的浓荫交织而成的画卷，高速公路隐匿其间。此种经验与中国国画中迷蒙晕染的分界有异曲同工之妙，渲染了空间和时间上的跳跃，使其更富气氛和情境。现在，迷蒙晕染的是延伸的高速公路。在城市的这一端，以 850km/h 的速度在运行着，17 小时行驶 10000m；而在城市的另一端，一个人在深夜走过天安门广场的西南角狭窄的街道到肯德基三楼只是为了从窗口向外眺望[3]。这两者都令人意外。

高速公路在预料之中的发展速度是谨慎和斯文的。它是快速的基础设施，快速的空间，慢慢地沿着毛主席设想中用以拉近中央和首都机场距离的途径对空间进行规划。在为备战奥运而建设的高速公路竣工前的几个月中，对于基建速度的追求给新型空间实践提供了平台。奔驰、奥迪等高档车都在以 200km/h 的速度飞驰着，高速公路车祸的死亡率在攀升。合理的计算被忽略了，带来高速城市化引发的损失。而新的社会规范与维系秩序的礼节却难得可见。冲突碰撞在所难免。速度在横冲直撞。中国的空间被加快了。

从肯德基三楼的窗口向外望，毛主席的视线从人民广场的中轴线上穿过，而山德士上校（肯德基创始人，也是肯德基的标志）斜视着皇城的中轴线。人们吃着肯德基。肯德基源源不断的员工们被灌输着快餐礼仪。50m 外的明代历史文化中心（故宫博物院）已人去楼空。古代中国的空间规划策略也难逃美国郊区的病症，列宁式资本主义的冒险举动使城市的未来变得难以预料而不稳定。我们的眼睛刚从电焊的烧伤中恢复过来。如我们所知，城市化正在侵蚀城市。毛主席和山德士上校凝固的微笑渐渐被人遗忘。后毛泽东时代，后改革开放的 30 年，后奥运，后超速城市化，北京无法从其间全身而退。

3、两个建筑体的定位

在北京的东北部，机场高速高架桥和二环路之间，两个异卵双胞胎似的建筑物给社会文化提供了一个展示的平台。超越现实的梦想正在形成，城市意象开始模糊，后奥运时代带给北京的影响源源不断。两个建筑之间隔着高速公路。南侧的是清水苑，建于 1989 年，是一幢 4 000 户住宅单元的苏联风格的工人集体住宅建筑；对面的是当代 MOMA 联接复合体，一个近期完工的居住综合体建筑，由斯蒂文 · 霍尔事务所设计，是当代北京发展潮流中最具有标志性的项目之一。

这两个项目建成时间相差不过 20 年，他们像所有的双胞胎一样有许多相同的基因特征。异卵双胞胎中，每一个个体呈现略有不同的基因序列。这两座建筑关系与此雷同。虽然两者都是大体量的住宅建筑，但一个销售酒店式公寓，一个销售住宅单元；一个服务于高端上流的国际客户，另一个针对社会工人。两者都使用混凝土作为主要建筑材料，且两者都利用休憩花园和水景营造文化气氛。这里的戏剧性在于二者提供了建筑回应社会多样性需求的可能性，包括城市肌理的突然变异。

本期杂志的客座主编朱剑飞博士提出，如果我们处在一个要让建筑设计去承担“更为沉重的社会责任”的尴尬位置上，会有什么危机，更重要的是，社会责任的范围该如何定义，为建筑植入一个同社会有机体有关的特殊含义对建筑的意义是什么，建筑形态上的多样性是否就等同于对社会有机体的充分理解。而且，像空间碎片一样，建筑是否可以做到大隐隐于市，不再有政治或者文化层面的负担，同时又为社会注入全新的概念？

4、KMH 即清水苑

穿越市区和 B.A.S.E 北京建筑工作室，至东北二环，越过被拆毁的古城墙和古运河旧址，绕过机场高速立交，一片透明而醒目的粉色墙面犹如日蚀一般遮住了东南天空。远远看去，这幢粉红色的建筑就让我想起了维也纳的卡尔 · 马克思大院（以下简称 KMH），一幢由卡尔 · 埃恩 (Karl Ehn) 在 1927 年设计的工人住宅大厦。虽然 KMH 的体量要大得多，颜色也更红，但这种共鸣式的联想在我脑中一直挥之不去。我把清水苑称作为北京的 KMH。它的粉红色泽本应是触目的，而它的立面是如此严谨而理性，让色彩的视觉冲击弱化了。这得益于它将自己融入了城市的大背景之中，这与北京其他众多在建的标志性建筑完全不同[4]。某个早晨得闲，我搭了一辆计程车途经机场高速，KMH 逐渐进入了我的视野，也就是我后来知道的清水苑。

接下来的几周，B.A.S.E 工作室的学生以及作者自己，在 KMH 做了大量的调研、场地勘测、摄影、采访等工作。这是一个充满活力的社会空间，就像一个城市中的城市。老年人、退休工人与青年情侣、单身技术人员和农民工相邻而居，甚至会偶遇西边步行桥对面使馆区的俄国人。我们与清水苑社区里的居民有了很好的互动，他们向我们讲述了一些与北京古老的历史背景有关的清水苑里的日常生活琐事。我们也了解到很多影响城市发展的事件，以及中国城市形象塑造背后的社会因素。通过对一座建筑多角度的深度解读让我们对于思考、理解北京的地域性打开了思路。直接在城市建设中参与工作对于建筑教育来说是一个行之有效的模式，因为它使我们在实践中重新思考建筑，而不受限于书本上的条款。

相对于一些试图短期内挖掘出潜在的用地、为大的项目做规划设计等过程中与社会大众全无沟通交流的做法，我们对清水苑的调研工作更加深入而持久。这是个长期的工作，一种在一个社会结构和物质空间清晰可辨的建筑中人与人的关系，我们也对大量这种城市背景式的居住建筑在北京的城市变迁中扮演的角色更加兴致盎然。这种研究的手法似乎在北京的建筑院校中很少见。我们似乎更多的是在设计一种充满未知的需求和行动的生活，并不是试图去解决什么中国当前城市化进程中的问题，而是为其带来更多的丰富和意外。

5、再联接复合体

在 KMH 相关工作进行的同时，我们也一直在留意位于清水苑北侧的史蒂文·霍尔的联接复合体项目的建设进程。事务所合伙人，也是联接复合体项目负责人的李虎先生，在项目的建造施工过程中带我们去参观过几次。自 1982 年出版《混合建筑 9: 农村和城市房屋的类型》，斯蒂文·霍尔一直在对城市的核心空间进行反复思考，可以肯定的是，联接复合体是基于类型学的一种更过程化的应用。两年前，我有幸与史蒂芬·霍尔先生、李虎黄文蓄夫妇和他们的两个孩子、基地的主持人罗伯特·曼固彦和玛丽安·雷一起共进午餐。当时霍尔刚从工地回来，述说着在大体量混凝土框架中如何能够使人感觉像“在真实的城市”的概念。我对这个说法感到疑惑。对我来说，北京是由许多创伤和流离失所共同构成的一个非常真实的城市，而联接复合体是一个巨大的、超现实的遗传变异的产物。谈到清水苑，我问霍尔他是否知道就在联接复合体旁高速路以南的另一侧，有如此一个大型住宅建筑。他想了一会还是不知道我所说的清水苑，尽管清水苑有如此大规模的粉色立面。

本评论绝不是意在批判霍尔的任何一个标志性建筑，也非暗示尽管两个项目如此毗邻他却无法对其准确定位是一种忽视。这是一个实例，某一构筑体清晰的视觉识别性强化了另一构筑体的隐匿性，或者是一种情境如何不知不觉地隐匿了另一个场景。清水苑也是一个很好的例子，它的这种隐匿性也让它在当代国际上对中国的争论中可以置身事外。不论清水苑还是联接复合体都不在超速发展的风口浪尖，但是两者都确实为城市生活提供了一个普适化的空间范例。

6、城市建筑的公式：社会体 = 超速发展的时代 + 创造的共时性

北京当代建筑项目比如联接复合体的文化现状，表现得比形式上要含蓄一些。联接复合体并不是为了在最大程度上改善任何的社会住房危机，它更像是一种推动力，促使某代人对他们根深蒂固的关于工作、赚钱、休闲的观念进行反思，意在设计生活和扩大社会有机体的包容度。这种包容度暗示着苏联式的住宅组团的被动性，它们加强了快速民主化的社会背景。大规模的集中住宅，建筑的实用性特征，被认为是一个无消耗的生产机器，在支持工人的劳动。这些建筑乍眼看去不会给人留有深刻印象，似乎平淡无奇。外观的不乖张和不易识别使它们

像背景一样，增加了这些结构基因突变和适应日益突显的经济波动的可能性。这些背景化的构筑物，比起那些独立式的高层，更能容纳社会大众理想的家庭生活形式。

为了进一步探讨社会有机体、建筑和遗传特质的问题，有两个方面需要先弄清楚。首先是超速发展的时代（即CoDT）[5]，它是由科技和文化层面的进化速度和建设期限来定义的。城市化的地景对于在地质、文明、代际、寿命、日夜更替和纳米时间等层面上以不同速度发生的瞬时性发展具有暗示作用。例如，底特律用100多年的时间从一个人烟稀少和依赖社会救济的城市成为一个用汽车带给世界前所未有的震撼的城市[6]。同样，改革开放后的30年期间，深圳从一个渔村迅速发展成为一个有大约15万居民、生产世界上95%的电子产品的城市。深圳用30年的时间完成了底特律100多年才完成的发展。

第二点是共时性的创造。共时性的创造是内在的文化产物塑造、影响它外在形式的后遗症或者是意料之外的形式的程度。例如，20世纪初亨利·福特在底特律开发了汽车的装配生产线，以此开创了在交通和制造领域空前的文化形式。福特利用新车主对浏览美国全景的渴望推动了国家州际公路系统的建设。但同时，他无意中也带来了汽车文化的后遗症，包括全球变暖与相伴而生的环保主义运动。在中国，对汽车日益增长的需求是共时性创造的证据；并通过必要的金融手段平衡新的空间模式，为共时性的创造提供机会。建筑如何利于加快或减慢速率以及改变成长周期，以及共时性的创造作为设计的一种结构关系，需要更加深入的理解[7]。

将这两个毗邻的异卵双胞胎似的建筑物联系起来是一种定位的尝试，用侯瀚如的说法是一个中间地带，是一个由新兴的社会有机体的不确定性所主宰的空间和物质的实践[8]。如果说联接复合体是一个借由基因变异放大了方案不确定性的机器，一个桥接两座建筑物的游泳池；那么鉴于其稳定性，KMH清水苑是一个滋生遗传多样性的理想寄主。也就是说，联接复合体通过诱发一种变异来修复遗传密码。这是基因锁定。另一方面，由于从类型学上来说KMH对于建筑形式的异样很少关注，它就更能发展出一些更广泛的遗传多样性。虽然在后台运行，这些国内的基础设施能够产生自发的基因突变的形式，以及对变化有着惊人包容度的多样性[9]。

7、空间碎片和基因序列

空间碎片被定位为在基因组学、建筑、城市化之间的力学关系的探索，在不考虑实际能力的前提下，扩大社会有机体的可操作范围。基因组学是精确测量DNA结构的复杂序列、调控表达。对于遗传的不确定性的测量，引发了对变异的特殊关注，比如自发突变或基因缺失会增强结构序列性，常常改变生物体的行动能力。空间碎片阐明了调控序列的错综复杂，从基因类比延伸到建筑学的范畴。建筑与基因类比相关程度的问题必须挑战对于基因稳定性和建筑独特性的坚信不疑。如果自发性突变造成某一物种的退化，那自发性突变同时也可能触发进化的可能性，同样的道理，更多普适化的建筑形式也能激发设计思考的多样性。

当代中国是一个将城市化与基因序列进行类比的理想化的平台。中国有能力更深入地发展建筑对社会有机体的反应。这也是中国在21世纪得到国际社会如此关注的原因之一，因为世界上没有一个单位或机构能够计算出中国进化的潜力。建筑遗传多样性的丰富程度的价值从中国即可见一斑。鉴于建筑多样性的增长，设计能够将理论化和物质化的实践概念化，认知社会的多级化需求。国际社会在对中国城市化的超速发展争论的时候，忽略了推动共时性创造的意义，而共时性的创造是衡量文化构成中的复杂性和合作性的一个重要方面。空间效果的多样性将在中国通过复杂的网络进一步发展，并彻底重构社会有机体，而结局将出人意料。建筑可以从中获益，围绕这个出人意料的空间实体和当前时代的不确定性展开更有深度和更错综复杂的论述。

8、艰苦的事业

如今我们越来越习惯也热衷于远程化的工作和生活。不论全球通信协议和视觉化信息的增长是否开拓了我们的见识，或者我们的个体识别性在网络的逻辑上被打散了，密集的全球化的传播频率有点近乎疯狂。几个世纪以来，空间时间性和文化驱动力都被超速激化。从改革开放后的30年到现在，超速的发展对未来有着深远的影响。但是现在中国的超速发展是空前的，它成功地重新定义了全球化语境下的城市化对于时间和空间的理解。

如今，建筑的多元化是一个用于衡量城市化程度和社会对多样性的接受程度之间差距的独特标识。鉴于诸如北京这样的城市的繁复设计，可以赋予建筑自身的多样性以更新颖的概念，这是一种思路。鼓励用更复杂和相互关联的方法去进行设计和物质化实践，此举增加了建筑更广泛的包容度，旨在突出差异，而非消除差异。

从光在海底光纤网络中的传输速度，到原子武器装备潜在的毁灭速度，甚至街头暴动的速度；高速城市化和大规模的移民已扩大了城市的发展规模。如今，速度决定了适宜的体制、工程效率、社会运作方式。飞速发展的城市化，成为一个重要的遗传代码序列，所有的物种——人类和非人类，作用方与被作用方——都受其控制。也许现在是时候远离速度的戏剧化来进行工作，避免即将发生的碰撞，激发适应融入城市变革的更深层次的结构的更丰富的革命性的空间实践[10]。

可以说，中国的城市化过程中地景突变的戏剧性变化已经超越了社会有机体重构社会领域的潜在速度。换句话说，设计我们不知如何精确实践的空间是因为我们是在设计实践本身而不管如何在空间里实现物化。社会实践和物化空间如何同时创造空间的多元化，以及激发其他不可预见的文化现状，这既有必然性也有偶然性。

（鸣谢：文章中的项目涉及过去三年密歇根大学 B.A.S.E. 工作室的众多同学们的努力成果。在此由衷地感谢所有的参与者，尤其是 :B.A.S.E. 工作室的合作创始人玛丽安 · 雷教授和罗伯特 · 曼固彦教授 ;B.A.S.E. 工作室的负责人赵松杰（音）;B.A.S.E. 工作室过去的同事 Richard Tursky, 2008-2009 年 B.A.S.E 王的同事。并且感谢 Colin Richardson 终日驻守在 KMH; 刘森（音）对清水苑的资料整理；以及 2007-2008 年 B.A.S.E. 的 KMH 项目小组。感谢清水苑的负责人宋淑娴（音）女士热心和善地提供这个了不起的小区的通行许可，以及其深刻的洞见。此外感谢陶博曼学院的同事们提供的支持 :Jason Young 教授对速度的研究，Perry Kulper 教授对公共关系的研究，以及 Dawn Gilpin 教授和 Celeste Twigg Adams 教授。此项目的经费主要由密歇根大学中国研究中心提供。）

参考文献：

[1] 这句话出自《毛泽东选集作品——实践论：在知识与实践之间的关系，知行之间》，外文出版社。北京，中国。1937 年 7 月。 从毛泽东主席（当然还有其他国际领袖）到奥巴马总统在国家广场的就职演说都有体现，在重申我们国家伟大的同时，我们深知伟大从来不是上天赐予的，伟大需要努力赢得。我们一路走来，这旅途之中从未有过捷径或者妥协，这旅途也不适合胆怯之人，或者爱安逸胜过爱工作之人，或者只追求名利之人。这条路是勇于承担风险者之路，是实干家、创造者之路。这其中有一些人名留青史，但是更多的人却在默默无闻地工作着。正是这些人带领我们走过了漫长崎岖的旅行，带领我们走向富强和自由。January 20, 2009. For purposes of archi tecture and design, the "risk-takers, the doers, the makers of things" resonant with the cultural drive ofthis text.

[2] 碎片的概念来源于 Brian Boigon 的一篇演讲。碎片是没有特定的含义或叙述的基于元叙述的媒介。

"Unaccountable Static". Pulling Triggers Symposium. Taubman College. University of Michigan. March 13, 2004.

[3] 在我第一次去北京之前，我问密歇根大学妇女研究会的张教授，我去北京要看什么。她想了片刻，说道，“在天安门广场西南角的肯德基三楼”。张教授没有开玩笑。Lecture on the 20th century history of women through in China. Taubman College. University of Michigan. May S, 2005.

[4] Phenomenal invisibility取自“Transparency: Literal and Phenomenal”的引申.Colin Rowe; Robert Slutzky. Perspecta Vol. 8. (1963), pp.45-54.

[5] 超速发展的时代是 James Kynge《中国震撼世界》一书的主题。 Houghton Mifflin Company. New York. 2006. 我对超速发展的时代的兴趣是超速产生的同时性的发展，特别是超速的空间效果。

[6] Abundance of emptiness 是 Jason Young 教授的 [Taubman College. University of Michigan] 用来形容底特律当前的密度的用词。不同于消极描述当代底特律，公然赞美底特律是一个理想的现代城市。

[7] 据 Perry Kulper 教授 [Taubman College. University of Michigan] 建筑教育与建筑学科是一种关系的建构。Kulper 的观点为空间思维的带来新的启发。后设语言 = 空间花朵、唐老鸭走进了房间、色调等。

[8] 处于起步阶段的全球化是侯瀚如形容在当代中国的艺术实践语境下是如何把对全球化的理解形容为一种文化产物。这种观点是创造的共时性的一种形式，没有东方与西方的对垒，更多的后民族，跨界，星际空间。On The Mid-Ground. Ed. Yu Hsiao-Hwei. Essay by Hou Hanru. Timezone 8. Hong Kong. 2003.

[9] Tobin Siebers 教授 [English. University of Michigan] 写道：“当一个残疾的身体移动入任一空间，便揭示了那一空间所隐含的社会意义。” Siebers 认为遗传多样性，承认残疾的丰富性。推而广之，我对把这一观点引入城市化进程和建筑感兴趣。这不同于现代计算机程序化的遗传算法，更关注行为对空间形成的影响的深层的结构和组织。

[10] “核武器毁灭全人类的潜在速度”是 Anthony Vidler 在 *Ruins of Modernity* 中对现代主义的破产的基本观点。An International Conference and Project. Conveners: Julia Hell, German, University of Michigan, and Andreas Schonle, Slavic, University of Michigan. University of Michigan. Ann Arbor. March 19.2005.

作者简介： 罗伯特·亚当斯（Robert ADAMS），密歇根大学陶博曼建筑与城市规划学院教授

译者简介： 陈丽，同济大学建筑与城市规划学院

原载于： 《时代建筑》2010 年第 4 期

中国城市的图像速生

The Fast Production of Simulacra of Urban Image in China

卜冰
BU Bing

摘　要
媒体社会环境下的城市速生依赖于都市图像的类像生产，而中国的城市发展机制与城市理想模式不仅决定了中国城市的类像特征，同时也受图像类像所构建的超真实领域制约。

关键词
图像 类像 城市设计 自然生态 多元共存 改造更新

引言

城市速生本身并无贬义。速生或许可以是一个城市问题，但其解决之道绝不是通过刹车将速生变为慢生。许多历史名城在历史中某个特定的高速发展期都经历过速生，而这些当时速生而来的城市空间多半被今天的人们津津乐道。目前全球正处于高速的城市化进程时期，印度、巴西及南非的城市化速度绝不亚于中国，但区别是中国将这种城市化的规模、速度以及方法推到了极致，并且创造了令人瞠目结舌的绚丽都市图像。这种极致的背后必然有我们得意的所谓“集中力量办大事”的各种中国式智慧，也有当代各种技术手段、文化手段和设计手段的推波助澜，这与后工业社会、媒体社会的全球环境不无关系。中国独特的社会结构与经济基础所带来的发展需求在这一基础上造就了中国更加独特而恢宏的都市图像。

1、媒体社会特性

媒体社会的现实是人们每天所面对和处理的事务更多来自于电子设备的界面，人们的社会关系也更多地受到微博、脸书 (Facebook) 这类网络社交工具的影响。在这样的条件下，图像的意义有时会超越真实的空间体验，网络与虚拟环境削弱了传统公共空间的聚集作用，从而离散了传统城市空间的连续性。各种振奋人心的城市图像所创造的幸福感和骄傲感成为公众乐于消费的对象，而消费社会的喜好更决定了图像在低成本或无成本的情况下被快速、大量地组合、复制和传播，推动城市空间现实与映像的趋同。这也许正如法国社会理论学家鲍德里亚 (Jean Baudrillard) 所描述的媒体社会中的拟像 (simulacra，另译“类像”)，它作为没有原本的摹本，创造出一个超真实 (hyperreal) 的领域。[1]

2、中国城市速生的角色与任务

如果城市图像仅仅是自上而下向社会公众单向传递，那图像对城市速生的影响是简单而有限的。但是现代社会的网络特征和中国城市的高速运转使得图像往往在公众、专业人士、决策层和相关利益者之间往复传播，在这一过程中自觉与不自觉地产生巨大影响力。所以，我们需要了解中国城市图像速生中的各个角色及其各自的任务与诉求（表1）。

中国城市图像速生中的各个角色及其各自的任务与诉求　　表1

角色	任务	诉求
中央政府	国家形象、国家战略、全球事件（如奥运会等）	民族复兴、国际竞争、国家形象
地方政府	新城、新兴卫星城、旧城改造、开发区	城市竞争力、城市形象、城市名片
建设指挥	地标建筑、滨水空间、重点项目	速度、形象、价值
一级土地开发商	新区、产业园区	价值、效率
开发商	商业中心、居住区	价值、品牌
城市规划师	总体规划、控制性详细规划	城市规划价值观
城市设计师	城市设计导则、概念性城市设计	形象、煽动性
明星建筑师	地标建筑、公共服务建筑	表达、话题性
商业建筑师	商业中心、居住区	效率、符合公众审美
公众	图像消费、空间消费	喜好

3、图像化的中国城市理想

城市的图像化特征原本是城市速生的产品，但在以语言文字为基础的理论体系艰涩难懂、难以快速回应各类城市速生现象的情况下，图像在媒体社会中被交互传播、概括、认可和复制，从而影响城市发展进程中个体的思维方式与价值判断，继而成为一种指导城市速生的抽象纲领和价值体系。如果说中国改革开放前半期的城市建设理想或多或少是在西方城市模式和中国传统城市现实之间的游离与选择，讨论的是“借鉴先进”和“现实制约”这样的话题，那么近十年的快速城市化经验则定义了一系列中国独创的新城市理想。匡晓明在《中国式造城》一文中指出，中国式造城的特色是内驱力促成的。这是一种“混合模式”，既有借鉴拿来，更有源于中国本土文化哲理的兼收并蓄。[2] 下文从自然生态、多元共存、改造更新三个方面讨论这些城市理想如何在图像化的价值体系下影响中国式的城市速生方式。

3.1 自然生态

画面描述：很多树，大片绿地，有水面，天空中还有鸽子在飞翔。

生态城市是国际化趋势，而贴合自然、天人合一是中国人最根深蒂固的传统哲学思想之一，所以“自然生态”在中国必然是深得人心的城市发展第一要素。

自然生态的城市发展诉求在技术理论层面是高度抽象的，绿色低碳、节能减排、可持续发展这些生态城市要义尽管人人知其然，却不一定能知其所以然。正因为如此，不仅是公众，甚至决策层和专业人士都存有巨大的图像依赖：生态城市看上去是什么样的，所以，城市设计工作者也无法回避这个任何设计行业都会碰到的问题：设计的东西怎样做到看上去就符合所要达到的目标。

怎么能让城市看上去就是生态的？

绿地：设置绿地是最直接的方法。将绿地以各种方法——包括整片的中心绿地、贯穿轴线的绿廊、绿地网络等——形成画面上视觉的核心元素。

水面：将大片的水面布置在图像画面的核心位置，水面可以反射建筑倒影，画面更加生动。

曲线路网：用曲线的路网来表达自然生态，而且是形态有机的非几何曲线，似乎垂直正交的道路体系就是对自然界作用力的否定。

绿色建筑：将建筑的屋顶和外墙敷以草皮和绿墙；在高层建筑的顶部和中间设置空中花园，种植大型乔木。

这些手法都通过直白地叙述绿色主题使画面极具感染力。

什么让城市看上去不那么生态？

低密度开发：这是早年曾经成功的方法，用大量的低密度别墅区和低层建筑来证明生态，或者说用生态来证明别墅区的开发合理性。因为树木高度可以超过建筑，房前屋后还有大片绿地，因而从画面上看绿色很多。直到若干年以后，政府开始控制土地、设定容积率下限并限制别墅开发，这种手法才得以终结。

小尺度的河网，分散的小型邻里公园：在画面上缺乏连贯性，无法形成绿色的视觉刺激。

太阳能电池板，风力发电机：无论能源效率如何，是否适合在相应的城市地区使用，也无论是被粗暴地附加在建筑主体之上，还是被精妙地融入建筑立面中，这些建筑细部元素在图像层面都太过技术化和生硬，从而带来反自然的效果，受众会读到“高科技”，而非“自然生态”。

3.2 多元共存

画面描述：多样参差的建筑群落，玻璃幕墙的现代建筑前并置被保护的历史建筑。

“多元共存”不如“自然生态”在视觉上显而易见，却是一种针对速生新城产生的有效策略手段，始终在中国城市图像中隐约可见。相比旧城的更新改造，缺乏历史积淀、被当作“白纸一张”的新城建设更需要找到一个显性的多元状态以表现新城城市生活的活力。这不同于城市在长期发展中的机能或内容多元化，而是将多元作为一种配方快速并置而直接促使发生，即使这种多元并未真实发生，至少在图像上是显现为多元的。在这里，西方城市理论中的多样化诉求再次与中国传统艺术中图像的自我构图平衡找到了结合点。

这种多元图像的核心在于画面的平衡，它不仅仅要在自然生态和高度城市化之间平衡，也要在历史与现代之间平衡，在形式元素之间平衡。总而言之，将差异性元素整合在同一画面之中成为一种社会和谐之道的图像实现方法，而画面由于差异并置而产生的巨大视觉冲击更加深了这种和谐表述的直白性。

多元共存的图像有下述范例：

超大尺度绿地与超高密度建设区的平衡。这是自然生态与高度城市化之间的平衡，巧妙化解了城市用地紧张、新城远离现有城区等矛盾问题，也恰好符合了传统绘画里“疏可跑马，密不藏针”的图像审美习惯。

形式元素的画面平衡。直线的主轴与曲线的绿地水岸间相互平衡。北京城的中轴线就是如此与中南北后海相平衡的，而国家奥林匹克公园的主通道与绿地的形态关系也延续了这一手法。

新与旧的画面平衡。将保留的传统历史建筑并置于新兴的现代城市环境中，或者将现代形式的建筑物并置于传统历史街区中。这在上海都可以找到成功例证。前者有陆家嘴金融中心的绿地中保留的楠木厅，后者则是新天地中数栋现代风格的建筑。近十年来的快速建设已经让中国人很难理解巴黎人对埃菲尔铁塔或卢浮宫金字塔的抵触情绪，对国人而言，这种视觉冲击很大的画面是一种平衡而不是一种破坏。

普通与重要的画面平衡。普通建筑如住宅小区、办公楼等以市场化开发为主导的建筑项目，以平常的形式呈现；而重要建筑如文化中心、社区中心等由政府主导建设的项目，则以特殊的、非寻常的形式呈现。前者设计逻辑理性，市场认可，功能高效，往往是商业建筑师的工作内容；而后者呈现出造型的特异性，往往有非线性设计手法介入或是有明星建筑师的可识别性符号。前者构图均衡平直，成为城市的背景，而后者跳跃醒目，形成视觉的焦点元素。

3.3 改造更新

图像描述：大量的青砖铺装，老厂房暴露出钢梁或混凝土梁等构件，许多的公共雕塑。

无论是历史街区的整体保护性开发，还是将旧厂房改造为创意园区，中国式的旧城改造更新与新城建设一样规模宏大、速度迅猛，因而也拥有独特的宏观叙事的图像画面。或者也可以认为，并不是旧城改造的行为产生了这些图像画面，而是由于这样一些宏观叙事的画面易于传播理解，从而决定了旧城改造的方式。

历史街区的改造更新中常见的一个用词是“保护性开发”，这种保护性开发往往涉及大量原住居民的搬迁和新住户的定向导入，街区被定格归位到某一特定历史风格时期而被强行统一建筑的立面特征，旧有的城市商业活动被旅游相关的业态替换。改造完成后的历史街区往往成为旅游消费对象，其图像而非其生活机制是公众兴趣所在。

旧厂房改造为创意办公园区的思路来源于西方城市经验，其源头是艺术家自发的个体行为。但在中国的实践推广中，往往以由上而下的开发方式进行，公共环境立面的形象改造先行，而后进行招商招租。正因为如此，各种图像标签的介入以强调创意园区的特殊可识别性成为必要。

常用的图像元素：

青砖。青砖拥有怀旧伤感的冷色调，容易引发观者的怀旧情绪。它适用于从明清民居到近现代工商业建筑等各历史时期的多种建筑环境，也适用于历史街区和创意园区。可用于墙面、地面的铺装，也可作为景观小品的主要材质。

白墙灰瓦。图像特征温情，适用于包括江、浙、沪、皖等省市在内的大部分江南地区，也适用于部分西南地区，可作为在现代与传统建筑形态混杂区域起调和作用的强势色彩语言，适合营造轻松愉悦的商业或民居氛围。

暴露的结构构件：局部摘除屋面和墙体后裸露的钢梁柱或混凝土梁柱构架，易使人引发残缺、沧桑等美学联想，画面冲击力强。

烟囱。近代工业革命的象征，画面的视觉制高点，是工业改造项目的必要图像元素。

露天咖啡座与遮阳伞。昭示旧城改造后转变为商业性质，能够营造轻松生活氛围。

公共环境雕塑。可以证实艺术家的参与，可以证实园区的艺术特性。

不恰当的图像元素：

红砖。尽管很多历史街区和建筑是红砖为主材的，但红砖色调偏暖，过于喜庆，缺乏画面需要的陈旧感。

传统生活业态。烧饼油条铺、杂货铺、农贸市场等缺乏大众审美需要的画面愉悦感，不符合更新利用、提升价值的目标，不符合旅游消费所需的内容。

4、结语

从上述各种图像来看，对宏观叙事的追求和视觉愉悦的偏好是中国式城市理想图像的核心特征。在这样的图像特征中，许多城市问题被忽略和回避，有些是因为与终极目标理想存在距离的差异，有些是因为难以构成明确易懂的直观图像，有些是因为缺乏宏观叙事上的画面张力和感染力，还有些是因为被公众审美所拒绝。因此，新城建设在未完成状态下的城市空间、城中村或城市边缘地带中低收入阶层生存的居住消费空间，甚至高收入阶层对城市空间士绅化的个体行为都被忽略和遮盖。因为在任何媒体社会的类像生产中，现实是不可避免地隐藏于超真实之下的。[2]

参考文献：

[1] BAUDRILLARD J. Simulacra and Simulation. Translated by GLASER S F, University of Michigan Press, 1995.

[2] 匡晓明 . 中国式造城 [J] 城市中国，2005 (4): 12-15.

作者简介： 卜冰，集合设计主持建筑师

原载于：《时代建筑》2011 年第 3 期

转型中的困惑
当代大连城市片断解读

Chaotic Thinking of Transformation
Reading Modern Dalian City

孔宇航

KONG Yu-hang

摘　要

文章从对大连总体城市印象的描述开始到对特殊地段进行评析，分析了地缘、政治、文化因素对城市与建筑的影响，并对建筑师的角色进行深刻的剖析，指出当代中国城市在转型过程中存在的问题，提出在城市的各个层面只有通过不断的自我反省与诊断才可明确目标与思路，去创建深度有机的城市。

关键词

城市 建筑 文化 地缘 建筑师

时空的变迁改变着人类生活和思维的方式，文明的转型、认知的升华牵引着人类的行为，城市的变迁正是在这样的整体背景下进行的。而城市的集成则是人类群体行为的轨迹。现代文明造就了工业城市，而当前的后现代文明将城市推向一个更加复杂、多元的综合体。

20多年来中国社会经历了深刻的变化，这种变化在社会的各个层面均有所体现。人们从封闭的单一的社会突然走向一个开放的世界，这种变化几乎是突发的，感性的。从迷茫中慢慢走向理性的梳理，社会正在走向成熟。城市发展已经历着这样一个不可回避的历程，当今天我们重新回顾大连城市的时代变迁时，我们会发现这个城市的发展是整个社会转型期的缩影。

1、变迁中的城市印象

细观中国版图，大连实属东部沿海城市。但渤海湾的切入使大连置身于东北部的最前沿，同时亦是环渤海湾的主要城市之一。大连这样一个特殊的地理位置已经先天地奠定了大连城市与建筑的走向。然而在人文内涵，在当代建筑语境上来探讨当代大连城市与建筑现象，却令我有一种莫名其妙的困惑，有一种身在庐山之感。

笔者对大连这个处于东北地区最南端的海边城市充满着复杂的情感。它没有大都市的喧哗，亦没有东北其他小城市的匮乏，它还有着海边城市特有的景观以及舒适的气候。是适宜人居的最佳城市之一。作为建筑人，笔者亲身经历了近25年的城市变迁。20世纪80年代初期，大连仍是一个尺度宜人的海边城市。漫步其中可以感受到欧洲小城的风采。“毛时代”曾建设了一批经济适用房。给城市空间留下了计划经济的影子。但总体感觉良好。有时甚至梦想如果时间倒流20年，将大连城市进行保护性建设，那将是一个多么具有特色的中国北方海边城市。

大连的城市建筑没有中原建筑那么深厚的文化底蕴。在近代百余年建筑历史积累中，大致可分为4个阶段：从渔村小屋到殖民建筑，从“毛时代”实用建筑观直至20世纪80年代后的多元开放倾向。4个不同时期建筑的叠加形成当今城市建筑与空间的基调。如果将各时段建筑进行横断面剖切分析，建筑发展基本上为断裂状态，各个时期的建筑物之间的无关联性、无根性。这种状态与大多数沿海城市相近，是一种移民文化与外来文化的杂交，无文化传统的约束。

大连这个城市在20世纪80年代处于期待状态。20世纪90年代经历了一场轰轰烈烈的城市改造运动。在政府的倡导下，首先要建设“北方香港”，这是基于对外部世界的表象认识在城市建设中的反映。随着时间的推移，城市提出“欧式风格”。是一种急于改变城市形象的心态以及对发达国家仰慕的心理情结在城市活动中的体现。当城市提出“不求最大但求最好”时已经表现出城市决策层对质量追求的良好心态。短短十几年间，大连城市从一个缓慢的线性发展状态发生突变，知名度在全国急剧上升，城市原有肌理、形象在迅速变迁。笔者将这段时期称之为“薄熙来现象[1]”，其总体评价是喜忧参半。21 世纪伊始，大连城市发展似乎趋于常态。如果将城市发展策略分成点线面来描写的话，似乎政府决策层更热衷“面”的建设，如中心区改造、大企业搬迁、发展高技术产业园区。最近城市已经启动近 400 万 m^2 建筑面积的旅顺南路软件产业带，以期待大连成为东北亚最主要的信息科技与软件服务中心。大连的建筑设计业似乎从来未曾空闲过。笔者称之为“后薄”时代。

当我们以旁观者的姿态去重新评价置身其中的城市时。或许会获得一些新的收获。或许只是一种困惑。因为我们既不在其中亦不在其外。而是处于一种边缘状态。

2001 年我去芬兰考察，感受颇深。一个 500 多万人口的国家。全国人口几乎和大连差不多。竟有数百项优秀建筑标注在地图上供人参观。而在大连建筑中人们几乎很难找到几个真正的优秀建筑作品值得去考察的。这个问题很值得去深思。

当代大连建筑现象是一种多重因素交织在一起的综合征，它的地理位置在东北首屈一指。但能让建筑师发挥的土壤与经济背景似乎很有限。当代建筑大致可分为三种类型：①以政府为主导的样板工程。这样的项目往往以政府意志为主导，从而产生一批政府和外行认为还行的建筑产品，整体特征是设计周期短、建设时间快，是以决策层最高权力意志为转移而诞生的作品。然而这样的作品以建筑专家的眼光去看会留下很多遗憾。有些作品甚至可笑。②以开发商为主导的大批住宅项目。这样的工程往往以追求利益最大化为主要目标，建筑师有一定施展才能的机会，但很有限。③在两个主导类型之外的边缘区域，间或有一些建筑项目政府控制力较弱，业主能够尊重建筑师的设计。同时在建筑师本身素质亦很好的情况下，是精品建筑得以发展的土壤。

2、城市片断解读

在当代大连城市建设过程中。笔者选择五个具有代表性的地段进行解读。从中我们可以领略大连在城市更新过程中的得与失。

星海湾广场是大连当代建筑的缩影。会展一期,会展二期、古城堡、风格各异的高层公寓、高层办公楼以及沿海而建的饮食业建筑，围合而成亚洲第一大广场。该广场是建筑样式的博览会。现代的、古典的、纯粹的、折中的、简约的、烦琐的、严谨的、夸张的建筑形式可谓无所不在。这样的一个广场集群是在政府主导下、广场建设指挥中心组织下，历经12年建成的。整体现状是市政府主导概念不断交替、经济层面不断提高、只有控制性规划而缺少城市设计深化研究的必然结果。广场绿化、雕塑及百年城雕在整体上形成了广场空间的主旋律，灯光设计烘托了广场的夜间氛围。这是一个值得大连人骄傲的广场。也是大连市民与游客活动参观的场所，但很难称上是城市设计的优秀案例或有关大连地域文化、自然历史保护的优秀作品。

人与建筑均具有双重性，对建筑的专业追求与生活本身可能会构成各重矛盾。从参观、餐饮、娱乐来看，星海湾广场似乎成为必选之地。但从专业的角度来看，这个政府与开发商耗巨资建设的广场及建筑群，如果从一开始就对其进行精心策划与设计。它也许会成为国人为之骄傲，在当代城市建设史上留名的经典广场。

由政府引导，大连在旧区改造上进行了天津街、俄罗斯风情一条街、日本风情一条街的改造。天津街的改造是一个失败的案例，以前繁荣的城市肌理与商业形态不复存在，俄罗斯街仅余其形而缺少风情，日本风情一条街则对南山老街区破坏很大。老街区的改造尤其是历史街区改造决不能雷厉风行。而应该科学合理地进行各个层面研究，在政府引导下由社会各界精英群谋策划，在相关学术部门、商业策划机构精心审度下进行。

中山广场是老大连的标志性广场。其改造注重原有空间的界面保护。在广场的第一圈临界面保留得基本完好，然而广场的第二圈层则出现败笔。由于大量建高层，且界面设计没有严格的控制，使得广场原有尺度遭到破坏，留下了历史遗憾。与中山广场毗邻的友好广场则没有中山广场那么幸运。大尺度的玻璃球体已经破坏了原有的尺度，近几年的拆迁几乎使广场上很好的历史界面消失殆尽，剩下的保留建筑看上去像一些小型玩具。

大连软件园是城市近几年逐步开发成型的一个园区，整体上应该称得上是成功的。开发商很注重园区与整体环境的营造，追求高标准的设计。最近几个新建的建筑群更是各具特色。如东大软件学院依山就势，在建筑空间营造、材料选择方面各具特色，虽称不上是全国一流，但在大连还称上乘。数码广场周边建筑是很好的设计，建筑师着实下了功夫。无论从广场氛围、建筑形体还是内部空间，业主与建筑师均倾注了大量的精力来塑造，很有特色。该区在整体环境营造方面，具有一定的前瞻性。

在近十年的开发中，金石滩这块全国知名的夏季度假胜地。政府亦给予高度重视。在这里建有高尔夫球场、国际会议中心、猎场、模特学校、温泉度假中心。在同期建筑中，政府要求很高，但建筑品味与质量只属中上层。

以上大连城市5个地段均经历着20世纪90年代城市的成长期或青春发育期，我们可以感受到一种青春的朝气与蓬勃向上的城市景观，但这种青春冲动期留下的伤痕亦无法弥补。

3、地缘、文化、建筑师

从地缘层面解读，大连是一座名副其实的半岛，三面环海，一边是山，亦或是一座城，笔者一直以为身处大陆内地的人的心态与身处岛屿的人的心态是不一样的。岛屿者时时刻刻有一种危机感：地理危机、资源危机、忧患意识。正是这样一种心态隐藏着一种开放、求变意识。大陆人似乎很心安理得、满足现状，没有世界末日的感觉。以这个切入点去观看大连，也许会得到一些有趣的答案。大连这个城市具有开放的意识同时又心安理得。三面的海铸就了广阔的视域，北临大陆架、黑土地，按理说这是一个最佳地理位置。可以依靠大陆架源源不断的资源，又具有开放的视野，以此来塑造一个全国最有特色的城市，应该充满前卫性又有很强的根基。而事实上，大连城市没有达到这样的成就，的确让人有一种失望感。

从城市文化层面来解读这个城市，似乎上面的结果亦是一种必然现象。东北的政治文化层面与南方相比有一定的差异，决策的民主意识与政府机构的服务意识偏弱，这种现象影印在城市活动的每一个事件上。城市建设、建筑的评价标准本应该由一批精英的城市规划、建筑学专家来定夺，政府建立一套科学的程序以确保建筑的实施就可以了。在大连，这种良性的方式并非没有，但概率很少。建筑的评选在大连的“举措”是，专家的意见为参考性建议，政府的城建决策者为最终的裁判。这是导致大连建筑精品缺失的主要原因。

从建筑师主体的角度剖析，在20世纪80年代初期，全大连只有6个建筑师[2]，令人惊讶。虽然今天大连的建筑师数目很难统计。但不能否认这个群体在当代大连城市建筑活动中起着关键的作用。大连的建筑文化与其他大城市相比，几近可怜。一个城市，建筑文化的活跃决定着这个城市的生机，群体创作激情方能制造出城市中的精品。大连的建筑师似乎是一种处于受支配状态的匠人身份。这个城市虽然经常邀请境外建筑师参加投标，委托设计，但并不鼓励另类的建筑作品，亦无心培育本土建筑师成为建设中的主人角色。在权力意志与经济杠杆的双重约束下导致建筑师在城市活动中话语权的丧失、处境尴尬是最令人可惜的事件。创作的繁荣在于宽松的社会环境与充满生机的土壤，是在政府与开发部门的双重培育下，在健康的机制下进行竞争协调的结果。而就建筑师主体而言则应以不断提升自身修养为目标，有一种无愧于社会、无愧于城市的责任感。不断吸纳文化精髓，去创建一个真正意义上的人居环境。

4、转型中的期待

转型期是人类历史进程中的突发阶段，是一种自组织过程[3]，是不以人的意志为转移的客观规律。评论家通常以某一件具有标志性的事件或人物来定位转型期的起点。我们所处的时代正在经历着这样的蜕变。中国城市与建筑的发展历程正是这种蜕变的具体表现形式。大连是城市转型期的具体案例，有其普遍性亦有其特殊性。对大连的解读，如果我们进行追踪，进行更深层次的剖析，则会上升到社会层面、国家层面及时代背景。迷茫、困惑是转型中的必然现象，只有当我们有意识地使我们自己与所处的城市与时代拉开距离，以批评和自我批评的视角进行观察。才能逐渐看清事件发生的因果关系，进而进行诊断，明确下一步工作的目标和思路。笔者以困惑的笔调、批判的眼光解读大连，期望这座城市有更大的进步，从注重表象的建造转化到一个具有深刻内涵、充满人文生机的深度有机城市。

注释和参考文献：

[1] 薄熙来 1992 年至 2001 年担任大连市市长，对城市与建筑有浓厚兴趣，在此期间大连市在他的引领下掀起了一场声势浩大的城市改造与建设浪潮。

[2] 笔者于 1982 年初到大连工作，据当时统计，工作在大连建筑设计界第一线的建筑师（建筑学专业毕业）共有 6 位。

[3] “自组织和他组织的概念是在组织一词作为动词使用的意义上的复合词，系统的自组织包括系统进化与优化”，魏宏森．曾国屏．系统论——系统科学哲学 [M] 清华大学出版社。

作者简介： 孔宇航，天津大学建筑学院教授

原载于： 《时代建筑》2007 年第 6 期

中国城市空间词典（1978-2006）

Dictionary of Urban Space in China 1978-2006

匡晓明　姜珺　朱晔　苏运升
KUANG Xiao-ming, JIANG Jun, ZHU Ye, SU Yun-sheng

摘　要

文章归纳了自 1978 年以来中国城市发展过程中所存在的 20 种普遍现象，以呈现中国城市快速发展的一些典型特征。

关键词

城市空间　词典

1、拆迁（Relocation）

这一表面上与造城相反的动作事实上只是其前期准备。“被造的”将作为与目标地段价值更匹配的内容取代“被拆的”，这是区位经济价值对建筑历史价值的胜利。

1991年，全国土地市场开始建立。这一改变，使得中华人民共和国广袤的土地资源终于变成了资产，中国城市空间的生产方式由此被重新书写。从行政区划所界定的地表之下，土地因地租增值而爆发出前所未有的激烈轰鸣，这一轰鸣不仅来自象征现代化的推土机，还伴随着愚公移山式的铁锤的叮叮咣咣。城市作为权利与资本的集散地，其空间利益分配成为政府与资本、民众之间相互博弈的热点。“拆迁”所叙述的，就是中国城市空间在新的生产方式之下空间利益分配的当代史。

在土地公有制前提下，使用权和所有权分离创造了城市土地一级和二级市场成长的基础，而物权概念的建立和成熟，使得地上物业不再只是无法盘活的存量资产。拆城，先是拆活了经济，拆除了城市的毒瘤和隐患。然而，当拆城的潜在理由，从20世纪80年代单纯的改善居住生活质量，到后期支持市政公共设施选址建设，到20世纪90年代后的盘活城市存量资产、经营城市，再到后期的“拆除”城市刚性住宅需求以支撑潜在的成长过快的房地产市场，其内涵已经发生质的变化。希望“拆啦”=CHINA，最终成为历史。

2、移民城（Immigrant City）

移，迁移，形容“民”的行为特征与空间转换；民，百姓，指非官方身份的劳动力；城，城市。界定空间转换的出发点与目的地。当代城市之间的移民，始终被动地作用于经济的内驱：由个体利益为驱动的经济移民，对于城市而言是批量劳动力的流动与聚集，比如深圳与东莞的制造业所吸引的民工潮；以政府利益为驱动的政策移民，则以高于原有城市利益的公共利益为指归，在宏观层面做出区域规划，比如三峡库区移民。无论何种方式，劳动力的重新聚集必将导致生产的重组。并由此影响城市的空间生产。

3、城中村（Village-amidst-the-City）

城市化的快速发展与计划经济时代城乡二元体制之间的矛盾，直接催生了最初中国南方沿海城市中的城中村。城中村以自下而上的适用原则并行于自上而下的落后机制，以内爆的方式制造出农村机制与城市化进程相结合的自发奇观。

“城中村有两层含义，一是指它的空间特征：所有在近20年之间形成的城中村，都是由密不透风的楼高四五层的村民私宅组成的建筑集群。楼与楼之间几乎只有一臂之长的间距，所以这种建筑类型也被称为‘牵手楼’。二是指它的社会组织特征：由于新中国成立后长期奉行的城乡二元化体制，在乡村实行的宅基地政策到了城市化阶段反而成了村民们追求经济利益的唯一途径。因为大量农田已经转化为城市建设用地，村民们转而兴建私宅，并租赁给急剧增加的城市流动人口，以获取租金。”

（杨小彦，城市中国：城市回放，2005（3）：30.）

4、封闭式小区（Gated Community）

住房商品化政策在过去的单位分房背景下激发出来的全新社区形态，对楼市竞争力的追求使之越来越自成体系并趋向于形成独立于城市内部的微型城市。

楼盘是开发商们集体造城的成果，它们构成了当今城市中大大小小的封闭式微缩景区与资本准入式的独立王国。自圈地之日起，楼盘就界定出地理、心理与权力的边界：无论是片区式的“经济适用房”还是郊区化的“新都市主义”，都在致力打造着区域化的美好新生活，然而这一美丽新生活的方式是资本准入式的，楼盘按其价位高低构筑起了不同等级的当代紫禁城。它们以有条件的开放传达出与城市的消极关系，转化为居住孤岛。“家”与“园”作为社会实现与自我欲望的统一，此时已被楼盘转述为：在标准化的户型之中，共享贝尔高林式的标准景观。

5、一镇一品（One Town One Product）

一个市场、一个策划、一个产品带动一个城镇，而且其产品同这个城市原有的资源禀赋几乎毫无关联：其深层原因是本着摸着石头过河的心态，无数城市自下而上适应市场，创造市场的多层次创新，发挥政府和企业高效互动，在逆境中不断纠错而崛起。横店可以算是近期的明星：海宁皮革城，南浔的建材城，以及《城市中国》在《中国制造》中提及的上百个小城镇，都是“一镇一品”的代表。

6、卫星城（Satellite City）

一个位置上已经与中心城市脱离开来，而内容上却因其先天不足而强烈依赖于中心城市的附属城市。

早期的卫星城只是附属于大城市的居住区，这种城镇仅供居住之用，除了必要的生活服务设施，生产与公共生活仍然依赖于母城，故亦称“卧城”。然而这种卧城的实施并不成功，在第二次世界大战以后，逐步形成了现在的相对独立的“新城”思想。

上海早期的卫星城探索始于嘉定，是半独立的卫星城状态。随着城市化进程的提速，由城市人口激增带来的城市病逐渐显现，城市人口疏解成为解决城市扩张的重要手段。一城九镇便是一种尝试，如上海安亭新镇是以汽车城概念为依托，形成相对完善的产业体系，并具有个性化的建设风格。而随后上海和北京城市总体规划相继选择了“多新城”战略，即在主城周边规划数个相对独立的新城，以达到真正疏解城市的目的。这类新城具有独立完善的第二、三产业，提供居民在当地充分的就业机会。

7、行政新区（New Administrative District）

在珠三角，以香港为中心的第二产业扩散不仅是世界经济一体化格局下产业空间整合的表现，更造就了一个中国制造业名城——东莞。针对只有遍地开花的工厂，没有城市配套这一状况，东莞前任市委书记童星着力推进打造现代服务业平台的计划。在四年时间内初步形成了新区格局，广场、公园、市政府大楼、会展中心、图书馆、大剧院、科技馆和少年宫等一系列工程相继完成，不仅表现了政府建设东莞的雄心，也提振了市场的信心，更造就了东莞的历史。以政府搬迁为带动新区建设的手段，以土地市场经济运作为新区建设撬动的杠杆，实现了政府与开发商的双赢。但是大规模市政投资项目的集中建设，短期内耗资巨大。不建议推广。

巴西利亚的议会大厦和中心区，作为新城的核心，成为城市规划教材上的经典。青岛政府的东迁，作为战略性的举措，成功地带动了东部城区的发展，同样成为规划教科书上的经典案例。东莞政府的搬迁，创造了宏大叙事下的城市新区，也彰显和带动了东莞奇迹，成为一种模式的代表。在中巴政府公共投资以 1：7 的高效带动社会投资，创造了中国高速城市化中的新区模式。泰州、台州、温州、连云港、郑州、芜湖，等等并不是每一个城市新区都是成功和幸运的，但是 20 年内近百个城市同时以城市政府搬迁带动新区发展，中国城市创造了人类建设史上的奇迹。

8、造湖城（Synthetic-Lake City）

10 年前，苏州新加坡工业园区的金鸡湖的滨水改造，成为以湖为核心的成功开发代表。而之后在上海的临港新城、德国 gmp 建筑事务所的一滴诗性的水滴落在南汇滩涂上，创造了人类决心改造自然的“新奇迹”，今天这个规划也近乎完全地实现了，然而盐碱化的基底带来的淡咸水的水质条件，使得湖内生态系统的建构再生面临一个漫长的过程。而 2000 年，日本建筑师黑川纪章在郑东新区概念规划设计中中标，同样以生态的名义规划了一个椭圆形的龙湖，而笔者认为对其建设后的生态恢复应是其建成后的首要任务。

9、大学城（University City）

一个由数所大学聚集而成，倾向于具备完整城市功能的高教园区，其师生人口的消费需求和文化经济的辐射能力使之成为更大范围的新城开发的筹码。

中国高等教育与城市经济的“跨越式发展”直接导致了反生态的大学城出现。首先，随着高校扩招，一些高校不得不另寻新址扩建校园；其次，作为城市战略，大学城是个面积大、品位高的形象工程；第三，搭上教育的便车，开发利益就可以带上发展文化事业的假面具，低价获地，政府撑腰，还有后续的楼盘及商业开发计划在等着。在城市急速发展的时期，原有社会结构通过规模的边界变更，必然会使其所属系统的生产方式更为模糊与多元。然而现实是高等教育伴随着城市发展的世俗功利主义，更为深层的转变在于：一切与个人社会生活相关的事物都可以以资本的逻辑进行转换，比如情感资本、知识资本、社会关系资本。面对利益驱动的造城暴力引起的城市演化与结构性的突变的现实，面对学生甚至病人都被作为经济生产链的一环的社会伦理，我们不得不问，到底什么是大学？

河南龙子湖的大学城创造了省级部门批准后违规的先例，近期成为规划界的“明星”。2004年河北廊坊的大学城的违规事件是全国叫停大学城的诱因。然而之前，大学城作为一种城市战略，得到政府和规划界的普遍推崇。当问题发生时，规划也因此变成千夫所指，然而，在这样的事件中，规划能够而且应该承担的责任却是有限的。而之前，较早规划并成功建成的大学城，例如宁波、广州、上海松江大学城都是大学城的榜样。

10、经济特区（SEZ）

最早建立的一批在经济上（而不是政治上）用以实验多种发展方式的城市，其地理位置的指向上具有明确的对外引资意图，而其政策优势在内地的扩大开发进程中逐渐弱化。

特区城市是中国计划经济向市场经济转型时期的产物，作为政府验证生产资料所有制形式与生产力之间互动关系的实验地，特区首先被选定于具有经济地缘优势的沿海城市，并以“时间就是金钱、效率就是生命”的价值观，颠覆了以意识形态为主导的生产模式。

特区城市以“政策——经济——城市”的链式反应，实践着马克思主义政治经济学与中国国情相结合的成功。然而，随着中国整体的开放与发展，城市作为经济单位共同地建构起城市间的经济链，特区除却之所以成为“特区”的政策优势之外，地缘优势较之一般城市已不再明显。

回顾中国改革开放以来的发展，中国经济近20年的发展是典型的特区经济模式。在中国绝大多数地区还不开放，政策还不很优惠的情况下，经济特区主要是遵循通过相对优惠的政策，吸引外来投资，并起到一定的表率作用，获得发展经验，从20世纪80年代的深圳和珠三角，到20世纪90年代的海南、浦东，再到2000年后的西部开发、东北复兴、滨海新区，都是遵照了同样的原理。在这几年虽然特区、开发区的面积翻了一番，外国直接投资的增长较为稳定，而内需不足则一直是这几年的经济顽疾，供大于求的局面产生了过度竞争和重复建设的局面。后发的同构化的特区和开发区，在进入市场的时候，价值就已经被低估了。

11、烂尾楼（“Rotten-Tailed” City）

一个在泡沫经济中因为资金链断裂而搁浅的造城运动，其中的半成品建筑作为不可消化的部分遗留下来，其内容和数量足以构成一座未完成的城市。

烂尾楼是土地开发行为在过程中的崩断，是中国当代经济史、城市建设史及社会心理史的生动教案，烂尾的众多原因中，最典型的是经济过热后1993后紧缩银根政策，海南因此成为中国烂尾楼最多的地方，占当时全国地产泡沫的70%，总量达1000多亿元（数据来源：新加坡《联合早报》2005年12月9日）。然而十数年过去，随土地开发总量的减少，烂尾楼作为权利与资本造城的共赢点，在资金链修复或更换之后，正被有选择地重新盘活。

12、开发区(Developing Zone)

“南巡的信号被迅速放大成深圳经验向全国推广的号角，几乎每个城市都相继建起了自己的‘小特区’——依靠税收产业支持的‘开发区’。讽刺的是，同时期中国最大的特区省海南，因为在一场房地产主导的经济泡沫中败下阵来，成为一个失败的实验品——一个闲置了上千万平方米建筑面积的‘烂尾城’。然而，‘海南教训’却未能像‘深圳经验’那样向全国推广。可想而知的是，在开发区全国开花的同时，有些成为‘小深圳’，而另一些则成为‘小海南’，这也恰恰证明了自发经济所具有的双刃剑作用。”

（姜珺．自发城市．Volume．2006．(8)：20)

13、新天地(Xin Tiandi)

以上海新天地为典例：“上海一大会址的保护要求+中心区地价+1600万的国际大都市的市场支撑=不可复制的作为时尚地标的上海新天地”。之后有了杭州新天地、南京新天地，以及后来的北京后海、上海8号桥、北京798工厂、上海苏州河创意产业园。这是一种在历史情景中镶入当代性的努力，一种追求形神兼备的多样性改造旧建筑（无论其是否是历史建筑）的努力，一种创造步行街区同汽车交通对抗的努力，一种不只是追求视觉的宏大叙事，同时创造触觉味觉听觉同时愉悦的人性化空间的努力。

14、情境城（Theme Park）

一个专门为消费而建的城市，包括提供消费快感的购物乌托邦和异国情调的旅游桃花源，二者都只有消费者和游客而没有永久的居民，二者都强调“离开此地”的体验，然而却与“此地”的消费能力息息相关。……对欧陆情调的臆想在中国消费社会中，以立面、门面、装饰和雕塑等片断形式的构件化和商品化造就了一批“欧洲城”。

情境城以主题创造体验消费，以幻境打造景观社会。它们以“欧洲城”、“亚洲城”、“航母城”为代表，昙花一现地造就了城市景观的虚假繁荣。目前中国约有2500个主题公园，投资1500亿元，其中70%处于亏损状态，只有10%左右盈利。

从深圳世界之窗的成功开始，中国建设主题城、影视城的速度惊人，从影视城——无锡亚洲城、上海环球乐园、厦门远华、浙江横店、宁夏镇北堡，到主题——番禺野生动物园，香港迪士尼；甚至包括不惜把真实的城市变成他国的文化布景，如哈尔滨世纪广场、沈阳荷兰村、大连星海城堡、上海的一城九镇。市场成长在虚构的城市布景下的真实生活中。

15、广场（Plaza）

通过腾出空地，广场拥有了进行集合、检阅、纪念和展示等公共活动的能力，从而以缺场的方式显示了它的家长地位和监护权。

从古希腊到古罗马，从文艺复兴到工业革命，广场始终是城市的重要公共开放空间，广场不仅是城市居民公共活动的场所，也成为展示城市形象的重要空间。不同于北京气势雄伟的城市中轴线所形成的具有帝王气概的广场序列，大连因其殖民地时期规划的多个方圆各异的城市广场而著名。而在经营城市时期，大连滨海巨型广场的建设成了城市美化运动中的重要标志，随之而来的是中国各城市广场建设的争奇斗艳。城市广场已从城市公共活动场所的基本功能演化为城市美化运动的标志，更上升为城市形象经营的竞赛。比大求阔已成为一种炫耀，建设部已明令禁止并限定了相应的规模。

市场经济与意识形态构成了当代中国城市的两面。城市以行政区划界定出意识形态的作用边界，同时，发展为独立经济单位的城市，而又不得不在市场经济的流动性中把握有形边界的消失。在一片“经营城市”的浪潮中，土地成为城市最直接的资本。城市必须以意识形态之名，获得对土地资本的合法拥有。此时，城市意志才能完成对意识形态与市场经济的整合，这一整合还必须以象征的方式寻找到适合的转化为实体形象的场所。这样的寻找是宣言式的，它以广场这一标志性公共场所为首选，而这样的选择恰恰造成了城市公共场所公共性的缺失。

16、轴线（Axis）

轴线，在礼制社会用于强调权力中心及其意志延伸的空间形态，如今因其政绩主导式的有意识，成为强化城市形象的重要元素，混合在当代市场化城市的无意识之中。

17、事件城（Event City）

如同战争需要国家机器的整体运作，在和平年代，大型国际化事件并不亚于战争，事件做代表的城市空间生产方式是更高级别的空间生产机器，它更加综合地将人群、行为、场所、时间整合为一体，甚至直接地与国家机器体系结成一体。城市事件得以实施，在于其表层所附载的象征意义以及事件机器中的各运行部分的层级式或阶段性获利。

18、摊大饼（Urban Sprawl）

以数圈环城高速公路及其伴生的环形城市带，按照同心圆的方式自我环绕而成的城市，由于其单中心和向心的性质，其外环数目的增多通常伴随着内环流量的增加和实质上的减速。

现实的城市摊大饼模式有两种：一是摊一张城市圆饼，二是到处摊。摊圆饼即城市以环城的模式发展，其原因是城市政治、经济与文化中心的重叠，以及对城市中心的象征意义的附着，这直接导致城市机器的向心化。到处摊的情况则多出现在城市发展中盲目的开发区建设、基础设施建设、挤占耕地及小城镇建设的“马路经济”热潮之中。前者是有计划的错位选择，后者是无序的城市利益化。

从霍华德的理想城市原型——田园城市，我们已看到了环城的理性化母体，而1923年伯吉斯提出的同心圆理论使环城的思想更加具有土地经济意义和操作意义。当然，平原城市由于较少的外部山水自然制约条件，使这种理性更容易实现。老城区往往是城市的核心，其发展模式就像是“摊大饼”，逐渐向四周扩张，而环路成了解决“大饼”城交通问题的“良药”。

19、城乡接合部（Urban-Rural Fringe）

“因为我们是城市，我们成为村乡镇县等更小单元的中心；因为我们是非城市，我们无力像城市那样控制着城村界限。我们甚至反过来依赖农村的原始活力来维系自己。”

“对于我们，不是我们侵蚀着农村，而是农村侵蚀着我们：通过保卫和侵蚀，农村成为我们的一部分。”

“我们是杂交的乡——城和县——城，我们是似是而非的城乡接合部。”

[格桑.非城市.城市中国：自发城市，2005.(9)：47]

20、城乡群（Megalopolis）

作为城市升级的产物，城市群将中心城市的集聚效益和中央处理器作用，与城市之间的城际合作和网络效应结合起来，成为一种更具竞争力的城市形态。

20世纪50年代，法国地理学杨·戈特曼在对美国东北沿海城市密集地区研究时，提出了“城市带”的概念，引起了人们对城市群的研究。城市群的出现是城市化发展的逻辑结果，是许多城市连同这些城市的广大郊区同时发展、扩大，最后连成一片连绵不断的城市连绵区。世界上已有六大公认的城市群达到城市带的规模：美国东北部和五大湖地区、日本太平洋沿岸地区、英国以伦敦为中心的地区、欧洲西北部地区和中国的长三角地区。

在中国东部沿海地区，自南而北依次形成3大城市群，即珠三角、长三角和环渤海。珠三角是以广州和香港为中心，自下而上形成，自上而下管理的城市群。而长三角则是以上海为中心，联系苏、浙、皖多个城市的城市群，而环渤海则是以京津冀、辽东半岛、胶东半岛三个都市圈为基础，共同演绎而成的城市群。

城市群不仅在地域上邻近，而且在经济活动中相互交叉、渗透、吸引、辐射而成一个一体化的地区。这是迄今城市空间结构的最高级形态。在市场化制度的背景下，城市群逐渐形成一种网络状的经济联系，它以共享、合作、分工、交流为主导，随着经济要素的市场化而不断得到发展和壮大。城市群发展的关键，在于城市间网络化的通畅，由资源的共享与流动实现区域内生产要素的优化配置。然而，以行政区划对城市进行管理的集权方式，造成了跨行政区的同级别城市间难以进行横向协调。城市群内部的协调机制的缺失，使得科层制的城市等级化管理机制与网络态的市场流动之间的矛盾凸现出来。

作者简介： 匡晓明，同济大学建筑与城市规划学院教师

姜珺，《城市中国》主编

朱晔，《城市中国》轮值主编

苏运升，上海同济城市规划设计研究院城市发展研究中心主创规划师

原载于：《时代建筑》2007年

中国城市无意识下形成的四种空间类型

Four Spaces of China's Urban Unconscious

（加）阿德里安·布莱克韦尔 著　吴小康 译　钟文凯 校
Adrian BLACKWELL, Proofread by ZHONG Wen-kai
Translated by WU Xiao-kang

摘　要

一种城市主义的批判性实践不应执着于不相干的美学自主性，而应着眼于作为当代城市化主要征象的四种空间类型：位于城市与农村之间界定模糊区域的工厂区；纵横全国的基础设施管线和网络；新型文化聚落、邻里和建筑物；来自农村而在城市工作的新城市主体所形成的心理与社会网络。

关键词

城市化　工厂区　基础设施　文化聚落　主体性

今天，中国城市面临的关键问题仍徘徊在建筑学话语的边缘。中国特大城市的建设速度惊人，构成2008年北京（奥运会）和2010年上海（世博会）的都市奇观的超大工程令人叹为观止，然而它们仅仅是20世纪70年代末期以来席卷中国的城市变革中显而易见的表面现象。而在这些表象之下，四种空间类型逐渐呈现，成为当代城市化进程中的主要征象：位于城市与农村之间界定模糊区域的工厂区；纵横全国的基础设施管线和网络；新型文化聚落、邻里和建筑物；来自农村而在城市工作的新城市主体所形成的心理与社会网络。其中每一种都与影响深远的全球化进程息息相关，每一种都在中国带来了扩张和加速的后果。这四种渐现的空间类型是中国市场经济在后福特资本主义下所起的特殊作用的沉淀：充当世界工厂的职能；对及时制生产方式的促进；近年来走向多样化的趋势，对创意型产业的包容；成本低廉、技术熟练然而并不安定的劳动力。

1、城市与农村空间之间界定模糊的区域

今天，位于大城市中心的周边或之间的农村地区的工业化是中国城市化的主要途径。在北美城市，城郊蔓延始于为城市中心服务的卫星居住区，与此不同的是，在中国，城郊地区成为了外地农民工的打工地点和出口商品的生产场所。这些郊区是农村的边缘，也是城市的边缘。在不同的城市群中，这种郊区化进程的展开也呈现出极为不同的形式。这点在珠江三角洲区域的东莞和深圳境内广阔的工厂区中体现得十分明显，这些城郊区域实行着普穆·恩盖（Pun Ngai）和克里斯托弗·史密斯（Christopher Smith）命名的“宿舍劳动力体制”（Dormitory labour regime）[1]。从20世纪70年代末期开始，这里的城市化是资本和管理技术从邻地香港直接引入的结果，迅速形成快速工业化发展的新模式。虽然由于劳动力成本提高和来自越南和中国内地城市（如重庆）的竞争，珠江三角洲在近几年的扩张速度减慢，然而它仍然是中国的生产中心。类似的情形可见于长江三角洲一带的城市，如苏州、无锡和杭州，在历史上形成了较密集的城市肌理。分布在那里的一些效益不错的乡镇企业渐进地转变为中外的跨国公司；北京的城郊则较为零散，最多样化的功能空间彼此相邻，包括村庄和农场、外地打工仔的住所、跨国员工的围聚区、艺术家村和各种娱乐休闲综合设施等[2]。正是在这些边缘的区域中，当代中国社会的复杂性才得以显现。同时这些区域也是争夺的焦点，政府与市场的力量同本地和外来的农民工相遇于此，分别代表不同的利益和力量。

2、基础设施网络

中国发展空前规模的基础设施网络的历史由来已久，这些工程往往用于军事、交通和灌溉系统。然而，由于在19世纪到20世纪初期经历了抗战、内战的破坏以及外国通商口岸的不协调发展，基础设施的发展进程遭遇挫折。因此，全国性的基础设施现代化的计划只能在共产主义革命之后才能全面提出。虽然最初的进程由于工业的落后和资本的贫缺而举步维艰，然而在1978年之后，一系列雄心勃勃的工程（如北京环线规划）得以展开，到了20世纪90年代早期，大规模的基础设施工程的数量开始迅速增加。此后，历史上最宏伟的大型项目（如三峡水库和南水北调工程）投入实施，以促进城市的发展；高速公路的建设加强了城市化地区的联系；城内的高速公路和新的城市铁路正塑造着城市的形式。北京的地铁13号线是此举最明显的例子，为北京五环以外土地创造了巨大的开发价值。这些重要的工程比任何建筑实验都更明确地决定了城市的形式，同时也带来一系列由当代城市化引起的重要的生态与社会问题：从中国特大区域无止境的水平向蔓延，到大马路的反城市趋向，再到引水渠系统带来的地下水枯竭。

3、文化聚落

在中央规划力量的支持下，中国开始推动文化产业和创意型城市空间的发展，其速度比其他任何一个国家都快，并带来了更加显著的都市效应。在北京、上海、广州，甚至像深圳这样的新城市，发展创意聚落、创意街区和创意中心是重要的城市多样化举措的核心，由物质性生产过渡到非物质性生产，集中力量于价值递增的文化产业。这些转变吸纳了1978年后在社会和文化运动中成名的艺术家们的主动性，以及谙于利用互联网了解全球流行文化的中国年轻一代的兴趣和技能。在从城市工业区到艺术空间的改造中（如上海的莫干山路、泰康路和北京的798以及城市边缘艺术家村的叛逆性发展等），我们可以感受到创意产业经济的气息，同时，这种气息也出现在软件园和国际创意阶层的围聚区的开发中。无论在城市中还是在城郊地区，这些新空间深受旅游者、外国企业和中国创意工作者的青睐。它们往往是政府资助的城市绅士化项目，原本居住于此的工薪阶层和流动人口都要从这些利润可观的开发土地上迁走，尽管这类工作者是建设中国创意产业的基础。在关于创意型城市的讨论中，困境在于把创造力局限于资本主义的生产制度下，相反，对于创造力的讨论需要拓展，要将对这种生产模式的批判和其他类型的实验性包容进来。

4、灵活的主体性

正如布莱恩·福尔摩斯 (Brian Holmes) 在他关于中国的论著中所言：最重要的当代空间的转变在于新主体所形成的流动群体[3]。外地民工由于所持的农村户口而被贬斥为农民，然而他们从事服务业、建筑业、物流和制造业等行业，是最重要的城市新主体。这些农民都有强烈的进取心，技术熟练，可以使用不同的语言（普通话、广东话及其他方言，有时还有英文或法文），具备财务技能，会做小买卖，懂得农业和工业生产，熟悉通信技术。在乔瓦尼·阿里吉 (Giovanni Arrighi) 生前的最后一本重要著作——《亚当·斯密在北京》(Adam Smith in Beijing) 一书中，他指出，亚洲市场系统的独特优势在于其劳动力所具有的特殊知识和技能。中国的流动工人并不像北美工人那样技术退化，是因为他们从未完全被城市化。因此，民工们必然保持了多样性的熟稔技能[4]。他们更加灵活，更善于经营，这使得他们更加容易适应后福特式经济体制和全球工业的推动力。没有人比贾樟柯更擅长描述这种情形的复杂性。他的系列电影将眼光专注地投射在当代中国工人面对的困境，即不稳定而无保障的雇佣关系。虽然外地打工仔们在生活上经历着常人无法想象的困难，然而他们共有的一种新型的主体性却是国民经济的基础力量，并掌握着开启这个国家城市化进程的钥匙。

虽然这四种空间类型在当代的设计研讨中尚未被充分地理论化，但是一些当代建筑师和艺术家已经开始在他们的实践中回应这些问题。都市实践的建筑师以历史上常见于福建的环形土楼为原型，实验性地为广州市郊的低收入居民设计了一种经济适用型住宅的新原型；作为艺术家和设计师，艾未未在四川地震之后批评政府是建造不符合标准的乡村学校的同谋；谢英俊和他主持的第三建筑工作室在农村设计低成本住宅，作为一种加强社会凝聚力、创造经济机会、并引起人们对环境可持续性的关注的途径；黄伟文和他所在的深圳城市规划局设计了线型住宅，将现代基础设施过大的尺度分割成城市空间的步行尺度；俞孔坚及其主持的土人景观在全国及各地区和地方的尺度上发起了修复 (de-channelize) 河流系统的运动，在概念上将景观看作是组织城市系统的主要结构；策展人和影像制作人欧宁拍摄记录了北京大栅栏城区居民在旧城改造过程中抵制拆迁的行为。这些例子指向了一种具有批判性的都市主义的新形式。当代的设计者应该在他们批判性的参与中立足于正发生着重要城市转变的主要空间，而非执着于不相干的美学自主性。这些空间是各方力量为城市化所具有的潜力进行角逐的场所；它们既是对人与资源进行残酷掠夺的场所，也是展开抵制与创造性试验的具体所在。

注释和参考文献：

[1] Chris Smith, Ngai Pun, "The dormitory labour regime in China as a site for control and resistance" The International Journal of Human Resource Management, Volume 17, Issue 8 August 2006, pages 1456-1470

[2] Adrian Blackwell, "Casting Nets: On the Co-Constitutive Dispersions of Governance, Production and Urbanization in Contemporary China" in Networked Cultures: Parallel Architectures and The Politics of Space, Peter Mortenbock and Helge Mooshammer eds. (Rotterdam: NAi Publishers, 2008) p 100-109

[3] Brian Holmes, "One world, one dream: China at the risk of new subjectivities" http://brianholmes.wordpress.com/2008/01/08/one-world-one-dream/

[4] Giovanni Arrighi, Adam Smith in Beijing: lineages of the twenty- first century (London and New York, NY: Verso, 2007)

作者简介： 阿德里安·布莱克韦尔 (Adrian BLACKWELL)，加拿大滑铁卢大学建筑学院助理教授

译者简介： 吴小康，同济大学建筑与城市规划学院

原载于： 《时代建筑》2010 年第 4 期

第三章
机制分析

城市风貌的制度基因

The Institutional Genes of Urban Landscape

赵燕菁
ZHAO Yan-jing

摘　要

当建筑师们在反思设计理论、比较中西文化和思想体系的差异时，很少有人意识到，所有这些我们喜欢和不喜欢的，在我们选择这一增长机制时已经被确定。尽管我们可以通过建筑设计在微观尺度上为城市“整容”，但东方的“城市面孔”依然顽固地维持同西方城市巨大的差异。的确，建筑师们的设计风格影响过我们居住的城市外貌，但从来没有决定过城市的历史景观。建筑师们自大地认为是他们的个人风格决定了城市的外观，而在背后，真正决定了城市景观差异的，却是城市内在的制度基因——正是城市的制度，决定了哪种风格的建筑师会最终胜出。

关键词

城市风貌　制度设计　基因

1、引言

全球的建筑师们越来越习惯用同一种语言说话。地域间建筑风格的差异逐步演化为一种点缀，“现代风格”几乎可以用来描述所有国家的建筑。大概没有一个国家可以肯定本地标志性的建筑都不是外国建筑师的设计。但奇怪的是，城市作为一个整体，仍然顽强地保持着各自的风貌。陆家嘴的建筑设计出自全球设计师之手，但看上去与曼哈顿的一点也不一样，甚至与巴黎的德方斯、伦敦的码头区也没有多少相似。

很多人都在批评中国的城市“千城一面”，但去过西方国家的人也会惊讶地发现类似的现象。英国城市之间的相似性一点也不弱于中国的城市，而且英属殖民地的城市风貌的相似性，甚至会超过其与英国城市的相似性。外滩的城市面貌几乎是英国类似城市的翻版，却与中国传统的城市景观相去甚远。这一现象似乎暗示着一种我们仍然不了解的因素，在以一种更有力的方式对城市的风貌产生着无形却巨大的影响。

这个因素就是城市的制度。

建筑从来就不是建筑师自由意志的产物。从建筑学的教科书里，我们已经比较清楚地知道建筑技术和材料的进步是如何影响建筑的外观的，也比较清楚地了解地方的文化习俗和传统是如何塑造建筑艺术的，但对制度因素是如何影响建筑特别是城市风貌的却所知甚少。如果我们把城市视作一个生命体，制度就好像是城市的基因。相似的制度如同基因一样负载着城市遗传的密码，复制出一个个不同但却相似的城市“种族”。尽管我们今天还无法彻底解开城市的制度密码，但至少应当开始对城市制度因素的思考。

2、城市街道的制度因素

简·雅各布斯在《美国大城市的死与生》[1]里有一段著名的话，“当我们想到一个城市时，首先出现在脑海里的就是街道。街道有生气，城市也就有生气，街道沉闷，城市也就沉闷”。不同城市的风貌差异首先来自于街道的差异而非建筑的差异。

中国现代城市和历史上的城市以及其他市场经济国家的城市最大的不同之一，就是超大的城市街区。正是这种独特的尺度构成了当代中国城市风貌的主要特征。尽管单体建筑的风格差异不大，但是放到“大马路 + 大街区”的格局里，城市风貌的差异立即显现出来。

最典型的例子就是上海的浦东和浦西的对比。为什么上海历史上“窄路密网 + 小街区”的道路格局到了浦东就变为“大马路 + 大街区”的格局，

笔者在中国城市规划设计研究院历史所当所长时，专门撰文探讨“大路网 + 大街区”模式的弊端。现在，反对大街区已基本上成为学术界的共识。但一到实践层面，中国城市的路网格局就又不自觉地回到“大路网 + 大街区”模式。笔者过去一直认为是规划执行者水平低下、认识不够，到有机会亲自掌握一个城市的规划大权后，所做的第一件事就是下令加密城市路网。但执行中的巨大阻力使笔者意识到，改变一个城市的路网格局并非像提高认识这么简单。

早期西方国家的城市规划，主要是用来出让土地，即道路等公共空间留下来，卖掉街区的土地。这样，最大化土地出让的效益就成为城市规划最主要的目标。假设道路是城市唯一的公共服务，土地收益是唯一的产出，那么净收益等于街区土地的单价乘以街区的面积再减去道路建设的单价乘以道路的总面积。显然，要使净收益最大化，必须控制道路在总用地面积中的比例。

道路等公共空间是投入，街区是产出。公共服务增加，街区价格上升；增加到一定程度，道路再扩大，街区的地价增加的速度会减慢直到停止，同时可出让的街区总面积会减少。因此，过宽的道路并不一定导致效益的最大化。同样的道理，街区也不是越大越好，需求量最大的购地者需要的土地面积决定了地块的进深。街区如果过大，不临街的土地难以出售，土地就会浪费。最优的城市规划就是用尽可能少的公共产品（道路）投入，获得最大的产出（街区）价值。早期城市经济规模较小，每一块宗地的进深相应较小，街区的规模也较小。随着建筑高度的增加，建筑进深加大，街区的尺度自然增加。因此，西方的街道，包括殖民地（如上海外滩）总是大同小异，基本上都是以建筑为细胞组合而成。

3、公共服务的供给模式

上述这一套规则为什么不适用于中国？笔者的导师克里斯 · 韦伯斯特 (Chris Webster)［现任英国卡迪夫大学 (Cardiff University) 区域与规划学院的院长］是国外规划界研究制度问题的权威。他对城市内封闭街区 (gated or walled city) 的研究给笔者很大启发。从而笔者发现，城市土地的价值是公共服务的函数。公共服务越好，地价越高。[2] 公共服务的供给

方式对规划模式有很大影响。

一般在西方国家，不动产出让后，居民会形成一个自治共同体（类似我国的小区）。这个自制共同体的主要功能就是提供公共产品。基本模式是，居民按照财产价值的多少缴税给一个民选的组织，这个组织按照民主的程序决定税率和税收的使用方式。这个自制的组织就是政府。换句话说，政府就是类似于物业管理公司一样的企业，按照业主委员会（议会）的决定，提供相应的公共服务。

但在中国不同，居民并不直接向政府缴税，公共服务是由两级组织分别提供。地方政府为整个城市提供基本公共服务，这些服务包括主要道路、给水排水、教育医疗、治安消防、港口机场等。税收不是向居民收取，而是向企业收取或拍卖土地。政府的目标是建设更好的基础设施，吸引更多的投资，获得更多的税收，从而在与周边乃至全球城市的竞争中胜出。个人一般不能获得城市土地，而是通过开发商购买城市土地以及附着其上的公共服务。为了增加商品住宅的竞争力，开发商往往需要提供更加个性化的服务，比如游泳池、绿化、会所等，而一些大盘的开发商甚至可以提供中小学、专门保安、社区道路、排他的公园景观等一些原本由政府提供的公共服务。这些个性化的服务，大多是以物业费的方式，按照物业的面积收取。标准越高的小区地价越高、物业费越贵。

显然，个性化的公共服务提供的规模越大、数量越多，社区的规模就必须越大，不可能为几户人家的小区提供中小学。这与当年的机关大院非常相似。由于城市没有直接向居民收费，政府的公共设施主要为贡献税收和就业的本地企业服务，所缺失的日常公共服务经常由“单位”提供。为了排除免费搭车的“外人”，社区往往以“单位”为边界，形成相对独立的“大院”。一般而言，规模越大的单位，公共服务水平就越高，相应的大院也就越大。曾经某时的建设部大院里，食堂、澡堂是基本配置，招待所、理发、商店等，一应俱全。几乎所有的封闭社区（机关、企业、学校、医院、宿舍）都是为了提供某种排他的公共服务。

这就解释了为什么中国的城市街区远远大于国外同类城市：中国城市的公共政府是由两级组织提供的。这两级组织提供服务的边界，决定了街区的大小——政府承担的公共服务越多，街区就会越小；反之，社区承担的公共服务越多，为了排他，封闭社区就会越大。

4、税收模式如何影响建筑？

制度影响城市景观的一个有力例证就是公共服务的收费方式——直接征收财产税还是间接向企业征税,征税的具体方法、征税的执行力度——都会对同一类建筑产生不同的影响。

所有出过国的人都会对发展中国家普遍存在的低品质生活区印象深刻。无论印度、南非、巴西还是埃及，成片的贫民区构成了大城市不可回避的景观。所有这些贫民区共同的问题就是缺少基本的公共服务，无论水、电、道路，还是治安、消防、教育，都与城市的其他地区有着极大的落差。事实上，低品质的居住区一开始就是为了回避高昂的公共服务成本（税收）。或者更准确地说，是为了免费分享城市的公共服务而形成的。

一个很好的证据就是，这些贫民区必定都是存在于发达城市的周边。而且越是公共服务发达、生活成本（地价、财产税、房价）高的地方，贫民区的规模就越大。在那些低成本的荒漠，绝找不到一个贫民区。之所以存在这种“共生现象”，乃是因为只有城市中心（至少是边缘）才能分享城市外溢（或说“漏失”）的公共服务，而各国制度的差异又使这些低品质居住区显示出不同的城市外观。

在印度的孟买或巴西的里约热内卢，城市化提供了大量的就业机会，但是在城市居住却需要通过财产税等形式为城市政府提供的公共服务付费。由于城市提供的低收入工作不足以支付正式的公共服务，于是，这些居民就采用“强占定居”的方式，在城市边缘“违章搭建”。在这些棚户区内，没有基本的公共服务，没有任何城市形态，尽管居住者的就业方式是非农业的，但是他们的生活方式基本上仍然是自给自足的农村形态。

我们很容易把这些景观同我国常见的“城中村”联系起来。尽管基本的形成原理大同小异，但制度的差异还是给这些看似相同的城市景观印上了各自不同的烙印。实际上，两者的形成机制有本质的不同。中国的“城中村”虽然存在“违章搭建”，但并非强占定居。这些违章建筑是有合法产权的，之所以“违章”乃是因为中国城市的“章”规定其为不能转变为城市功能的“集体”土地。“集体土地”是中国独有的概念。为什么规定集体土地不能入市，就是为了保证政府提供的公共服务不会外溢。

在中国没有财产税，所有公共服务产生的价值都会转变为土地的价值。前面提到，中国城市的公共服务不是通过财产税的方式直接提供，因此，凡是没有在一级土地市场上“付费”（招拍挂[3]）的土地，都不得进入市场分享基础设施改善带来的收益。否则，一级土地市场就会崩溃，政府就无法获得足够的收益补贴企业。而没有企业也就没有就业和税收，就会在区域竞争中失利。

中国的“城中村”就是为了和政府争夺公共服务带来的地租。既然土地不能进入城市土地市场，那么就通过出租物业分享城市土地的升值，变相进入市场。“城中村”的土地大多是农民从村集体内获得的宅基地。地块的大小和建筑的面积按照一家一户的需求确定。现在看上去密密麻麻的“握手楼”、“亲嘴楼”，如果是一到两层的民居，其实一点都不密。但是，为了最大限度地分享城市地租，同样一块地的建筑面积就要越大越好。而且城市越发达，出租市场价格越高，建筑的密度（高度）就会越高。同印度、巴西的大城市的贫民窟不一样，城中村的违章建筑所有者大多是本地富人。在广州、深圳这样的城市，这些城中村的居民甚至可以是“巨富”，一次拆迁造就的亿万富翁动辄就是数百户。

对比之下，印度、巴西却很少存在“违章”搭建。因为在有财产税的国家，公共服务是按照财产的多少征税的，不可能通过违章致富。只要增加建筑面积，相应的税赋就会增加。除非能确保出租增加的收入大于财产税，否则，建筑的面积越大，缴交的税赋就越重。同样是低品质居住区，公共服务的购买方式对埃及城市景观的影响则表现在另一方面。去过开罗的人都会注意到沿路连绵不断的、未完成外装修的建筑。这是因为埃及规定，一旦建筑完工就要开始交财产税，这一制度引导下的结果就是大面积的“未建成区”和水平低下的公共服务。

5、制度与建筑更新

建筑师们很早就意识到，每一栋建筑都是有生命的。同样，由无数建筑组成的城市也是有生命的。不同的制度如同生命的基因一样，以无形的方式影响着城市的兴衰。好的制度可以维持城市的有机更新，坏的制度可以加快城市的衰败。

巴塞罗那的城市更新，就是从改善和提升城市公共空间开始的。政府在衰败地区的公共空间（广场、绿地、道路等）进行投资，带来周边商业的繁荣；地价随之上升，政府税收增加，于是就有更多的钱用于城市基础设施的改善，城市停止衰退，进入良性的经济循环。但同样的办法，在中国就行不通。由于财产税缺失，公共基础设施的改善通过土地升值转移给周边的私人土地，结果只有投入没有产出，城市公共服务提供只能一次性改善（如北京的地铁），而无法转入持续的良性更新。对于土地财政为主的制度，在更新基础设施和提高公共服务之前，必须首先获得升值前的土地。否则升值收益就会漏失。

比如，建设一条道路或地铁，政府必须首先将升值最快的两侧土地或出入口附近的土地先征下来，然后再改善公共服务或提升基础设施，最后通过出让升值的土地或上盖物，回收城市更新的投资。显然，对于政府而言，任何旧城的更新都必须通过征地、拆迁的过程来实现。尽管很多人在抨击政府的拆迁，鼓吹捍卫私人物业的价值，但只要公共服务的平衡模式不变，城市的更新就不可避免需要拆迁。否则，城市就会很快衰败成为死城。

产权制度对于建筑生命的更替一直被学界所忽视。一个典型的例子就是北京老城区的衰败和消失。老北京的四合院历经数百年和平战乱，从来没有有计划的保护，却一直维持着内在的活力，但 20 世纪 50 年代以来，虽然保护的呼声越来越高，老城区内的历史建筑区不断衰败、死去。在财产税缺失的制度下，拆迁改造就是更新老城的主要途径。但行内人都知道，表面上老城改造被认为是传统风貌建筑的主要杀手，而事实上，早在改造之前老城已经开始衰败了。计划经济时代造成的产权虚置，使原来产权明确的宅院住进多户人家。更有问题的是，这些住户并不拥有建筑的产权，而有些四合院甚至分属不同的单位。由于房租极低，无论个人还是单位都没有改造的意愿。

改革开放以来，随着产权政策的落实和房改实施，产权逐渐明晰，但问题并没有因此而得到缓解。由于中国的平均继承制度，年代较长物业的产权往往分散在很多所有者手中。这些所有者分布在全国甚至全球各地，交易困难，其不动产的产权无法向高效率的使用者手中流动。许多这种状态的物业事实上变成了无主的物业，无法充分使用，只能任其衰败。在发达国家，财产税和遗产税很大程度上解决了这个问题。由于财产的继承和转移是有成本的，迫使产权所有人必须决定是持有、转让还是捐赠。对于持有人，即使空置也必须依法纳税。财产税在物业寿命延续和更新中的这种作用，恰恰是历史文化名城保护所缺少的内在基因。

同样的故事也出现在鼓浪屿这样著名的历史街区。由于华侨物业历史更长、产权更复杂、法律保护程度更高，这一问题就更严重。由于产权无法转移，鼓浪屿上那些多姿多彩的物业不断衰败。尽管鼓浪屿上没有任何类似北京旧城那样的拆迁，保护的力度可能是全国历史街区中最高的，但鼓浪屿依然走上了持续、快速的衰败之路。鼓浪屿的兴衰表明，历史街区和建筑的保护不是规划的问题，不是重视与否的问题，甚至不是金钱的问题，而是制度的问题，只要制度基因出现缺损，建筑乃至街区的衰败就不可避免。

6、非城市建筑的制度影响

实际上，制度对建筑的影响不仅限于城市，农村聚落一样会受到制度潜移默化的影响。去过发达国家的人都非常感慨我们的农村很少出现像欧洲那样形态优美的村落。事实上，我们现在的农村连历史上古代村落的那种秩序和优雅也在逐渐地失去。现在村落里，优雅的传统民居不断衰落、消失，丑陋的多层建筑无序地蔓延、拔起。

显然，我们今天的农村比历史上任何时代的农村都更“富有”，但经济的进步并没有带来乡村景观的同步改善。这在其他国家的发展中并不是普遍的现象。原来我以为这主要是由于建筑设计没有跟上快速的建设需求，但以前的农村专业设计师也并不普遍。

在瑞士著名的小镇茵特拉根，笔者惊讶地了解到，这个优美的偏远山区小镇之所以一直维持着优雅的风貌，并非由于强大的规划管理部门或建筑水平高超的建筑师，而是其历史上形成的自治制度。在这里，每一个业主在自己土地上建造住宅或其他物业，必须得到周边居民的同意；而物业增加带来的财富增加，也同时伴随着公共产品分担的增加（物业税增加）。

笔者亲眼看到住宅在建设前，在准备建设的建筑的四角，竖上同样高度的木杆，由周边居民（有的甚至远在数公里之外）判断其高度和体量是否影响了社区的优雅(amenity)。这种类似同行评议的自治审批制度甚至比规划局的管制更有效。其实中国传统村落也曾存在过这样的自治规则，比如山墙的形式、屋脊的高度、滴水巷的间距、下水道的接入等都有细致而有效的“村规民约”。正是这些非正规的“村规民约”，像基因一样把成长过程中发现的解决方案一代代遗传给后人，逐步形成一个个丽江、一个个周庄。

而今天我们村庄风貌的破坏，也是由于这些传统基因的消失。由于土地制度的改变，宅基地的交易变为分配。多占土地成为新的规则。由于占地成本低，符合“条件”的村民尽量申请新的土地，老的宅院由于继承关系复杂逐渐荒弃成为空心村。政府规定只限制土地的面积，对于容积率没有可执行的管制手段，村民财富的增加使其有力量尽量向高处发展。历史上形成的“村规民约”被无序建设所取代，居民互相监督的建房规则无法执行。

2005年，村集体的各项收费被强令取消，这看上去是“惠民”之举，实际上彻底破坏了村庄公共服务提供的市场机制。占地多、财产多的人不必为村庄的公共服务承担更多税收，这就刺激居民，只要有能力，就尽量在有限的土地面积上“增容”。由于农村居民近年来可支配收入大增，村庄风貌不可避免地陷入无序的状态。

7、结语

早在简·雅各布斯之前，建筑师和规划师们就在反思是什么决定了城市的成长与死亡，是什么决定了城市的独特风貌和物质形态。就像早期的生物学一样，我们感觉到城市的外观和其独特的历史传承有密切的关系，就像我们知道子女会本能地延续父母的特征，不同的文化就像不同的人种一样存在某种神秘的传承关系。这种关系被归入无法规范分析的“文化”、“传统”范畴。

制度因素的发现就像生物学中基因的发现，为我们打开了研究城市风貌和建筑风格遗传机制的大门。随着我们对制度认识的深入，城市规划和建筑学就有可能将制度设计纳入学科范畴，成为和物质设计同等重要甚至更为重要的专业内容。届时，我们不仅将知道如何通过物质设计塑造我们的城市，也将能够通过制度设计修补缺损的制度基因，从而影响空间成长和变迁的趋势。

注释和参考文献：

[1] 简·雅各布斯 . 金衡山，译 . 大城市的死与生 [M]. 北京 : 译林 出版社，2006.

[2] 赵燕菁 . 城市的制度原型 [J]. 城市规划，2009(10):9-18

[3] 土地招拍挂制度是国家土地资源出让、买卖的招标、拍卖、挂牌制度的简称。

作者简介： 赵燕菁，厦门市规划局局长，教授级规划师

原载于：《时代建筑》2011 年第 3 期

城市建设的管治
The Governance of City-Building

（加拿大）约翰·弗里德曼 著 陈智鑫、童明 译
John Friedmann,
Translated by CHEN Zhi-Xin, TONG Ming

摘 要

文章通过针对中国城市建设管治的历史性解读，分析城市建设管治中的一些典型特征，结合政治经济学的相关原理，探讨当前中国城市建设过程中所存在的城市管治问题。

关键词

城市建设 城市管治

城市建设管治是城市化进程的政治向度，而城市化的多重内涵正是本书所要探讨的内容。如同城市本身，城市管治并非一成不变，它始终处于不断调整和变革的状态之中。与任何既有的治国驭民的政体结构和政治进程一样，城市管治或多或少有些成效、有些腐败、有些公允。然而与城市化进程的其他向度不同，涉及城市管治的探讨脱离不开有关“美好城市”或者良好管治之模式的范式框架 (Friedmann 2002)。

遗憾的是，我们缺乏可以直接应用于中国的此类模式，其开放性城市从未被认为可以独立于农村，也不像欧洲中世纪所谓的“城市令人无拘无束”。中国城市从来都不是一种拥有自身立法机构的法人实体，也从未成为民主制度的孕育之地。[①]现今“良好管治”的模式也没有脱离于强调儒家美德（对于统治者及其侍从的品德培育）和有关等级体制的法家规范这些传统模式。[②]尽管儒家思想强调传统官僚制度的优越性，前汉时期的法家也推崇惩戒性的法律和行为规范，但是在具体实践中，治国才能仅仅是一种管理技术，而不是在更高层面上的更具价值的治理方式。这最终导致在中国的千年历史中，只有帝王将相，而不存在具有特定权利和义务的公民。[③]

但是，缺少针对这些问题的范式讨论并不意味着中国的城市缺乏管治，也不意味着人们在未曾思索的有关效率与公平的概念中缺少有关良好管治的意识。但是在一个大都市时代或者被马克思（Marx）曾经称作“原始积累”的时代里，这些观念不足以确保良好的城市管治。[④]儒家美德或法家规范都无法在高效、宜居和可持续这些业已广泛普及的准则之下，去解决城市快速扩张的问题。

尽管这些问题非常重要，但是在此不便展开全面性的回应，在一个公民社会尚未全面建立的国家里，有关良好管治原则的范式讨论将会引申出一系列超出本章节范围的问题。在随后的篇幅中，我将探讨中国城市的管治问题，特别是针对城市土地管理、住房和城市规划等方面。在前半部分，我将针对历史上封建帝国时期、“中华民国”时期和中国变革时期的城市管治实践进行研究。这些传统深深植根于中国社会，挥之不去，并在过去半个世纪的改革开放中塑造了城市的面貌。文章的后半部分则是针对地方管治的现有制度结构进行简要评论，并提出这样的问题——当城市不再只是建筑的集合体而开始呈现出企业行为特征时，城市将会发生什么变化？最后，我们将城市规划视为城市管治的一种要素，对其进行更为仔细地观察，从而对良好管治的问题作一简要总结。

1、非正式的城市管治

封建帝国在其行政区域内形成了一个以北京为中心的嵌套式层级制度，最底层是农村，依次往上是县—路—省，直至帝国的最顶端——中央首都。这五个层级涵盖了整个国家的行政范围，并形成中央集权的统一管治领域。[⑤]每个层级均有指定城市作为行政首府。这些首府城市拥有雄伟壮观的城墙、城门、城楼等体现国家实力的象征物，与其他城市区分开来。大多数首府还以经纬正交的街道和城门为其特点。城墙之内有政府的深宅大院——衙门，这不仅为地方知府（或者长官、总督）提供办公场所，而且通常也提供住所。衙门政府的正式权力涵盖其所处行政等级的管辖范围。尽管在行政首府的管辖范围内可能还有其他城市，但大部分百姓都从事农耕。县城只是管辖中国广大农村地区的行政首府，处于集权管治中心层级结构中的最低等级。尽管城市可能因为承担专业化制造的贸易中心或驻军基地的角色而具有重要作用，但它们除了作为帝国的管治层级结构的组成部分之外，并不存在作为政体组织的独立身份。[⑥]约翰 · 瓦特（John Watt）（1977年）曾这样描述清朝的一个县级衙门：

“在清政府的各级对外办公场所中，县级衙门作为皇权最直接和最常接触的形式，对百姓的生活具有最深刻的影响。县级衙门还是协调官僚政府和非正式的地方政府的主要中心。这种衔接工作是县级衙门的一项重要职能，也是其最常见的公共事业。总之，县级衙门既是政府的排头兵，也是政治交流的主会场。”正是因为其功能的重要性和多样性，县级衙门是一个异常繁忙的机构，从“晨钟”忙碌到“暮鼓”。（353页）

关于中央政府，他继续说，“县级衙门是执行管理政策的主要机构。作为国家机器的一部分，城市管理遵循中央政策并监督其执行情况。省、路和州的管理则充当中央和县级政府的中介人。全国大约有不少于1500个县级衙门，特别是衙门的行政官，负责向百姓落实这些政策，并确保政策得到遵守。”（361页）

但是，县级官员推行中央政策可能无法准确反映他们实际上应该做的事情。他们的正式职责主要是维护公共秩序，监督公共工程（城墙、堤坝、桥梁等等）的建设和征缴税收。他们花费很多时间处理司法行政事务。“对大多数人来说，县级衙门是民事纠纷的初审法庭。尽管衙门因为其工作人员的贪婪和严酷而不被大多数人所信任，但诉讼似乎仍是清朝社会普遍存在的现象。而且按照已有条例规定，官员需要在特定的时间里听取讼案”（出处同上，363~364页），而征税是不上台面的“跑腿者”的任务。他们来回奔走于农村，烦扰农户，并顺带中饱私囊。地方官员根本不愿离开城市去周边的乡下“冒险”。他们更乐意与成天团簇在他们办公室的地方权贵打交道。地方官员被频繁地循环调动以确保他们不会被当地名流所勾结。由于他们的官职任期通常不超过三年，官员想要在短时间内尽可能多地获取财富则是颇费心机的。事实上，瓦特说：“县级衙门善于以最高利率兜售行政权力。”(364页)

民众对于良好管治的真正内涵意见纷纭，这并不奇怪，由于高昂的税率征收和定期的强制劳动没有可以预见的回报，衙门机构遭到普遍厌恨。民国成立之后，衙门被列入第一批遣散机构的名单。至于当地名流和精英阶层，虽然不得不开始与共和国的代表们共事，但城市的大部分管理事务都交由他们自由裁量了。

清朝的城市社会是由很多当地社团的网络生活紧密交织而成的。寺庙对当地圣人(神明)的祭祀活动是街坊生活的重心，社团不仅负责本地的教化与礼仪，还维护日常公共秩序、社会和谐和街区整洁。斯金纳（Skinner）引证杨（C. K. Yang）的工作成果说，“城市的日常公共性事务，如消防、垃圾清运、维持街坊秩序，以及特定类型的慈善和宗教活动，这些都是社区自治团体的传统部分。”（斯金纳，1997年，547页）以上是杨对广东佛山市的研究结果。而在重庆这座内地城市，曾经有一个商会“经营孤儿院、养老所和谷仓，组织赈灾济穷”，同时还维持消防队。地方的民间社团发挥着类似的作用（550页）。马敏（Ma Min）对清朝末年的苏州也做出类似而详细的描述。（马敏，2002年）

但是诸如此类的慈善活动可以视作为一种城市自治的形式吗，或者完全是其他别的东西？诚然，这些活动执行了基本的公共事务，但正如格特鲁德 · 斯泰因（Gertrude Stein）所言，对城市的旅居者和移民者来说，“这缺乏自我的归属感”。缺乏一种象征性的聚焦点将所有人以整体的形式凝聚到一起。[7]公民政府的缺失，也使人们不再对合理的城市管理标准抱有期许。因此，地方官员非常乐意让商会和寺庙负责这些活动，因为他们一切准备就绪。但这终究是一种非正式的组织活动，因为没有人必须对此承担责任。而国家的资金预算是无论如何都不会被用于这些活动的。这种非正式的城市管理在整个民国时期一直存在。即便是在前帝国首都北京，那个被定都南京的国民政府所遗弃的地方，情况也是如此(施特兰德 Strand，1989年）。

2、城市管理的化身

当遍布各地的衙门被遣散后，城市亟须能够取而代之成为地方职权中心的行政机构。早在 1914 年，北京和广州就设立了临时性的市政机构，并很快推广到其他城市。但直到 1921 年，广州才在孙中山的次子孙科市长的领导下成立了市政厅（钱 Tsin，2000 年，23~25 页）。北京的市政厅则到 1928 年才正式设立，当时刚迁址到南京的中央政府委派市长监督八个部门的运作情况，包括公共安全局、社会事务局、公共建设局、公共卫生局、财政局、教育局、公共设施局和土地局（施特兰德，1989 年，224 页）。但警察局（公共安全局）占用了大部分的预算。

在民众看来，新式警察仅仅是替代衙门那些“跑腿的”，但实际情况比这复杂得多。早在 1902 年，组建现代警察部队已是清朝新政计划的一部分。在接受日本人的训练（他们也师承于德国模式）并配备现代制服后，新式警察得以度过转型期而进入民国时代。至少在北京，他们很快赢得了声誉。这可以大段引用大卫 · 施特兰德（David Strand）（1989 年）的解释来加以说明。

十几二十岁的年轻人认为，北京是“世界治安最佳的城市之一”。这种声誉并不来自逮捕记录或破案技术，而是基于警察的“半个父亲身份”——警察“照料这座城市，解决街头巷尾的琐碎纠纷，为各种事情提供建议”。除了调停纠纷、管制交通、打击犯罪之外，他们也监管经济、文化和政治活动。民国时期宪兵维持秩序的职权不限于预患犯罪，它还包括一系列任务。在接替宪兵的职务后，北京警察似乎学习了前者防患于未然的做法来维持治安。警察执行饮食行业的卫生标准，确保公厕定期清扫，负责医生的执业许可考试，规范寺庙棺材的存储问题，以便将逝者送回家乡或乡下，并努力防止有毒或污染物品被随意倾倒。他们还审查公共娱乐活动和政治言论，监督各种旨在帮助和管理城市最贫困居民的机构，包括施粥厂、学校、教养院和济贫院。作为北京民国时期西方学生中的佼佼者，悉德尼 · 甘布尔（Sidney Gamble）在进行仔细研究之后得出这样的结论：警方“负责大部分的（政府）工作并几乎触及百姓生活的每个方面”。（71~72 页）

施特兰德将警察贴切的描述为“政府的化身”，一个蕴含在新福音中的看得见的城市秩序代理人。城墙之外可能是一片动荡和混乱，但城市内部必须维持好太平盛世的景象。一张拍摄于 20 世纪 20 年代早期的北京一个明媚夏日的照片显示，黄包车和步行者正从容不迫地向着两个城门处走去。街道正在进行拓宽工程。整洁道路的两侧是宽阔的人行道。

可以看到，至少有七个穿着制服的警察保持着能够进行目光交流的距离，以维持公共秩序。[8]

警方是可见秩序的代理人，但他们代表的是谁的利益呢？在国家孱弱而民间团体活跃的时期，有着悠久历史的非正式管治行为活动自然萌发出共担职责的想法。在这种情况下，会有很多新的活动者出现，但商业精英仍在继续发挥作用。“虽然警方试图去管理城市”，施特兰德写道（1989 年），“但代表商人、律师、银行家、学生、工人的组织和其他团体都在尝试组建自己的队伍，去影响包括警察在内的其他群体的行为。在这个复杂多元的政治过程中，北京商会在处理公共秩序方面，从福利政策到城市规划的一系列问题上发挥了关键作用。”（98~99 页）

3、城市规划宣言

我们都知道孙科曾经担任广州市的第一任市长。早年，他被父亲送到加州大学和哥伦比亚大学留学。1916 年回国后，他很快着手处理公民事务，并成为现代城市规划的热心拥护者。在出版于 1919 年的一篇文章里，他认为科学的规划方法，可以使城市的未来成为一种典范。

> 孙科宣称，“系统性调查”和“民意普查”是城市规划必不可少的工具。他认为，调查的范围应包括社会和经济的各个方面。它必须包含所有可以放置在统计表格里的事实。为了建设城市中心，应该对该地区的居住人口、居民职业、当地产品的种类和数量以及当前、未来贸易的数量和种类进行调查。而且，调查必须受到有效引导……很明显，孙科看到了这些不同数据集之间的重要联系。此外，关键的一点是统计数据的准确性，而这反过来，既需要一个装备精良的官方组织，也需要进行详细彻底的调查。（钱，2000 年，23 页）

这是一个技术专家主导治国秩序的新型宣言。在 20 世纪 20 年代初，孙科认为，城市规划有三个主要目标：为城市未来的交通需求做好准备，改善环境卫生，为休闲娱乐活动提供公共场地，特别是城市公园。而其最终目标是更加雄心勃勃的：“去触及市民的日常生活，直至提升其卫生保健的水平和休闲方式的层次，从而使市民的日常生活呈现焕然一新的面貌。”（24 页）。科学规划会推动市民成为摩登人士。

4、毛泽东时期：城市工作单位的概念

即使在20世纪二三十年代，中国城市历经无数剧变以力图扭转几百年来的停滞状态，孙科的思想也未能获得足够时间得以全面贯彻。[9]在军阀混战、日军入侵和内战时期，城市建设仍然持续快速发展。但是到了1949年，随着中国共产党（CCP）的全面掌权，一切戛然而止。虽然中国共产党在其统治的第一个十年试图巩固半个世纪以来的城市建设成果，但是从1958年开始，毛泽东开始了更为激进的做法。农村社会围绕人民公社的集体劳动进行重构，而新的城市秩序则建立在工作单元，即单位的社会空间概念之上。在空间上，单位是围绕着国有企业或其他机构（教育、研究或行政）进行组织的综合体，外有围墙。单位里的劳动者被安置在一个高度成熟的社会主义微型社会里，以微不足道的价格获得狭小的居所。基本的卫生保健、儿童幼托、基础教育和娱乐服务都由集体提供。人们一辈子都没有理由离开围墙筑成的领域——单位。对于退休职工而言，“铁饭碗”确保他们最终享有一个拥有尊严的晚年和适宜的葬礼（佩里和吕 Perry and Lü，1997年）。“中华民国”时期多元、“无政府主义”的城市，连同其非正式的城市管治体系一起被重组，其模式类似于融合了带有浓厚的前汉法家学说思想的唐代长安城。

这个计划没有被完全实施，许多“无序”的旧城依然存在。但是城市规划师也无须参与单位的实施过程。当然，单位需要选址，却不必考虑与生产性基础设施之间的关系，因为后者很多直接与生产单元有关，城镇投资彻底跌至谷底。消费型的“资产阶级”城市不得不向生产型的社会主义城市进行转变。到1960年，物质性规划几乎成为多余之物。在“文化大革命”期间，城市规划实践全面搁浅，只有少数例外，主要是内地新工业城市的建设和被毁灭性地震夷为平地的唐山重建。物质性规划并没有在下一代人手中得以恢复（叶和吴 Yeh and Wu，1998年，177~178页）。

5、“民国”市政体系的回归

随着20世纪80年代改革方略的定局，城市的管制制度发生重大变化（Wu，2002年；Zhang，2002年）。工作单位的体系依旧存在，但单位已经不再需要提供住房和基本社会福利。因为这些现在都转变为城市功能。一个高效的城市政府以民国时期市政局的模式得以恢复，

尽管两者之间有着显著差异。1984 年，市级城市的概念被重新界定，邻近的县和县级市都被划归到城市的管辖范围。所以，除了自身的城市区域，位于中心的城市也负责管理周边农村地区（集体土地所有权占主体）和县级市（市区土地归国家所有）。因此，正如清朝时期那样，城市和农村再次被合并到同一个行政单元之内。但是，在这个框架下，农村的县城随时都有可能因为大城市中心在城市区域中的地位提升而被其吞并。

如今的城市和城区属于不同级别的政府，两者都应该负责于立法议会，即当地的人民代表大会。人民代表大会有权对律法进行表决并制定法规（规章），它们正在逐渐行使指导地方政府行为的权力。[10]当然，从更深层的意义上来讲，城区和城市都不是自治的。它们在接受国家法律和国务院政策约束的同时，还必须遵照中国共产党的指示。尽管如此，中国的城市已经重新获得很多“文革”之前的自治权利。此外，作为被赋予的权利之一，城市可以根据 1989 年的《城市规划法》制定综合性的城市规划，发放土地使用和建筑工程许可证，实施开发控制。

为完善地方管治的结构框架，我们必须考虑另外两个层级因素：街道办事处和居民委员会。它们都是毛泽东时代的产物。在那个单位体制占主导地位的时期，这两者属于互补角色。但是现在，它们的作用，特别是街道办事处，有着重要的核心地位。作为区级单位的分支机构，街道办事处（SOs）衔接着“社区”和政府。在菲利普 · 黄（Philip Huang）的“第三领域”理论（见第 5 章）里，它们甚至被称为“中间”机构。以下是张庭伟（Tingwei Zhang）（2002b）关于典型的上海街道办事处的职能描述：

近年来，随着生产部门的“政企分离”方针的成功，一项“将政府职能从社会功能中剥离”的新政开始启动。市级政府的退出，使人们期待区政府和街道办事处在社区生活中能够扮演更加活跃的角色。区政府和街道办事处之间有着明确的“职责分工”：区政府着眼于经济发展问题，办事处为社区提供管理服务。在上海，街道办事处的正式职能已经从三个增加到八个，所涉及的领域也从三个提高到十五个……街道办事处的新职能包括地方司法、社会治安、交通管制、消防、环卫、街道景观、开放空间维护、环境保护、计划生育、就业和劳动力管理、日托服务、防灾、集体企业、社区服务和农贸市场。这些变化表明，办事处已经从一个服从上级政府决策的低级别办事机构转变为代表地方利益的更为独立的实体。（312~313 页）

张庭伟并没有告诉我们，这些服务在现实中是如何执行的。而且，他的描述仅限于上海地区。这里的街道办事处平均服务 10 万人，覆盖面积约 10km^2。其他城市的情况可能却是大相径庭。

居民委员会与街道办事处的不同之处在于，采用“文革”时期的说法，前者是一个“自组织的群众团体”。在毛泽东时代，居委会由“基层”政府或其派遣机构选定，并在其指导之下发挥作用。“事实上”，吴缚龙（Fulong Wu）写道（2002年），“居委会……是由当地政府根据行政支出预算提供经费的。居委会承担当地政府分配的很多工作，如维护社会治安，提供基本福利，动员群众参与政治运动。通常情况下，一个居委会配备7至17名工作人员，负责管理100~600户家庭。”（1084页）正如张庭伟（2002b）所注意到的，虽然居委会成员的选拔（至少在上海）主要是基于自愿原则，但很多居委会实际上是由区政府所领导的（313页）。上级领导似乎仍在试图控制基层百姓的生活，即使彼此之间旨在形成一种互动关系而非完全自上而下的控制关系。此外，新的组织机构，如业主委员会和企业主协会，开始以当地利益维护者的身份出现。他们比旧时代暮气沉沉的居委会要高效很多（317~319页）。[11]

在城市管理中，中国过去偏爱的套盒模式依旧盛行。如果说城市管理的目的是要控制城市居民的日常行为并且维持平稳有序的现实效果，或如大卫 · 施特兰德所说的，维持一种“威严”，它就是一个完全合理的系统。但是，公共管理的控制性功能似乎已经让位给新的企业精神，于是“盒中盒”的静态概念就显得不够完美了。

6、企业型城市

自改革开放以来，城市不得不学习如何成为企业型的城市。自20世纪八九十年代以来，由于中央政府和地方政府分税制的实施，城市不得不自行增加各种各样的新型功能。如前文所述，城市的融资渠道有两大主要来源：出售土地使用权和来自集体所有企业的收益。我先谈谈第一个来源。

城市土地改革于1982年被写进宪法，1988年进行修订，并通过国务院的一系列规定加以详细阐明。所有的城市土地均属国家资产，而农村土地是（行政）村的集体财产。但具体某块用地的使用权可以（通过地方政府）被转让给各个单位自己使用和（或）长期出租给开发商，通常是75年。作为租赁协议的一部分，获得建设权的房地产开发公司必须完成拆迁、土地平整并配备适当基础设施的工作，以便开展项目[王和赵（Wong and Zhao），

1995 年，115 页]。[12]

香港地理学家王和赵(1999 年)对土地出让的“正规”和“非正规”流程加以辨析。“正规”流程始于潜在的土地使用者递交申请,并得到三个层面的批准; 而大多数情况下进行的是“非正规”流程。[13] 虽然非正规流程本身并不违法,但它却为“补偿性支付”提供了很多可乘之机。笔者颇具讽刺意味地称之为关系费(117~119 页)。非正规流程的主要特征如下: 流程一开始,由市政府出让地块并“寻找可靠的代理商。”[14] 但是,我们在一个脚注里看到这样的话: “可靠的代理商”可以是那种能够接近进行土地分配的决策机关的幸运儿，通常都是达官贵人的近亲或者熟人（118 页，n.8）。而代表土地管理局的这些代理商，继而与潜在的开发商进行非正式谈判，帮助（开发商）获得政府的批准，“平衡地方政府和开发商的利益。”金钱在此易手。随着中国新的城市——公寓、写字楼和超高层的豪华酒店——拔地而起，开发商、投资商和投机者将当地政府手中的土地使用权（LURs）悉数买进，转而在次级市场进行交易，并（或）自己开始施工。

值得注意的是，在这种情况下，现实的权钱交易越过了中国套盒的规则边界。套盒模式的初衷是为了保障有序的城市，但实际上却导致了政府的贪腐成风。其间发生了许多惊心动魄的故事，甚至有时候还成为全国新闻。下面是来自《远东经济评论》杂志的一则报道（2003a）：

当门外的工人正准备完成周边街坊的清场工作时，43 岁瘦高的俞苏真（音）一边愤怒地踱步，一边描述他与地产大亨周正毅的抗争。俞经常怒瞪双眼，他和十几个邻居一同回顾周正毅如何步步为营，拆除他们在上海市区的家园，开始奢靡的开发项目。

他们坐在仍然残存的房子里，尽管电力、燃气和供水管线在四天前都被切断了，周边如战场一般。居民的和平抗议已经持续了数周。几天前，一位名叫何声钦（He Shengqin）的老人，穿上军装，戴上勋章，在即将沦为废墟的家园前拍了一张照片。他用粗笔在一块标语上写下中国宪法关于保护人权的内容。

可以说，这是这场举世瞩目的房地产开发游戏的另一面。而周正毅在这场游戏中掳取个人财富。俞苏真一边倾诉着上海老百姓（这座城市的普通民众）的无助，一边愤怒地翻阅着邻居们提交给他的对周正毅的诉讼文件。

文件上写着，周正毅的开发公司，佳运投资（Jiayun Investment），几乎无偿获得上海北京路很大一片市区地块的土地使用权——每年每平方米 1 元人民币（12 美分）。佳运投资掌控着南京路一处黄金地段 99% 的产权，这里汇聚了本地最昂贵的写字楼。而另外 1%

的产权由静安区区政府持有。

这一项目的条件如此宽厚，意味着周正毅本应给予当地居民回迁的权利。但没有人告知他们此事。相反，他们只得到一笔远远不足以在上海购置新房的补偿款。“他们从来没有告知过我们有回迁的权利。”俞苏真喊道，他的邻居点头以示同意。一名男子说，他通过贿赂区政府的一个中间人 2 万人民币，使得补偿款从 13.244 万骤升到 32 万人民币。

一位长期为在众多上海市民与地方政府、开发商之间的法律纠纷提供咨询的 53 岁的基督徒郑恩冲（Zheng Enchong）认为，这些居民有权留下来。但是 6 月 9 日的上海《解放日报》说，郑恩冲因“非法获取国家机密罪”被拘禁，其中的具体情节令人不得而知。

郑恩冲在被拘禁之前对《远东经济评论》说，他已经习惯了这种的压力，只是希望能够引起人们对于贪污渎职以及他所认为的上海房地产“黑幕”的关注。他认为自己是受到一名揭露隐瞒非典疫情的北京退休医生蒋研勇（Jiang Yanyong）的激发。但是郑恩冲没有蒋研勇那么幸运，他的律师执照已经被吊销，并且他的声音也被湮没了。

周正毅于 2003 年被捕，但罪名却是大型银行诈骗，属于民事犯罪。因此，政府似乎是在有意平息由一个“非正规”的土地开发项目引起的民众抗议。尽管项目本身并不违法，但却掩盖着大量政府官员的贪污劣迹。政府人员以每平方米 12 美分的价格出让土地使用权，而开发商，这群中国最有钱的人，却可以获得每平方米 600 美元的潜在收益。[15] 中央政府间断性地尝试打击影响特别恶劣的腐败现象，但这些因此而广为人知的事件，只是冰山一角而已。[16]

7、一旦政府事务成为生意

土地出让环节中的零散市场、营私逐利、幕后操作、投机寻租、地方腐败，难以维系的金字塔状控制体系，工合资本主义 、贫困久积、新富暴增，当这些景象杂糅在一起时，就构成了一种令人躁动不居的施工现场，缺少了几分 20 世纪 20 年代北京（如老照片所示）的沉稳庄重。这种明显缺乏条理（既失调又亢奋）的局面是城市管治两面性的结果（也是真实写照），政府既可以是冠冕堂皇的官僚系统，也可以是绅士海盗的资本主义者。丁（X. L. Ding）（1994 年）给某些政府机构取了个名字，称之为“两栖机构”。“‘机构两栖性’的概念强调了某些机构在角色、功能及其界限上的不确定性。这也凸显了不同势力团体在介入政治转型的过程中相互交织、相互渗透的特点。”(299页) 丁随后将此观点进行了延伸，不局限于当下中国，而且可以涵盖东亚国家的普遍特点。“在东亚地区，国家概念在组织结构上普遍存在，没有明确边界。国家的权力和职能无处不在，无须理会既定流程。这导致公众与私人、政党与个体、正式与非正式、官方与非官方、政府与市场、法律与惯例，以及程序性与实体性之间的界限都是模糊的”（317页）。尽管数学已经发展到模糊集合、分形几何的领域，后现代思想也对所有二元论采取了抵制态度，对于理性主义者而言，这种边界模糊性也许是中国的地方管治最令人困惑和烦恼的地方。但是如果说，双面性是东亚国家（或许也涵盖所有地方政府）的一种恒久性特征，那我们经常谈及的那种暂时性现象又是在指什么？中国目前不可避免地处在“转型期”，那么其最终目标又是什么？会是一种柔和民主制度的全球化市场经济吗？总之，双面性很可能就是这个国家恒久性的政治特征。在这种情形之下，随着城市发展突破了既有边界并模糊了明确的定义，它的形式与本质也不会得到统一。永无止境的谋面或者“关系”，都是此类模式的一种表现。我们已经在晚清的一些非正式城市管治活动中得到佐证，只不过当时的具体形式是衙门、会馆和街庙。如今的政府机构在其领域实践中所体现出的双面性，其实也是类同形异的一种结果。[17]

吴缚龙谈到了改革时期政府的企业型活动（吴，2002年）。他将政府行为与全球城市政府的新自由主义实践联系起来，譬如城市服务私营化，收取基础设施使用费，将管理部门变成逐利企业，等等（1085页）。但关于两栖属性，更有说服力的案例是他对上海街道办事处业务活动的叙述：街道办事处先是设立小商铺和商店，然后逐步将其发展成为具有更大辐射范围的商业和产业。有的街道办事处甚至与外商一起成立合资企业，以便更好地发挥区位和土地优势。因此，自20世纪90年代以来，街道业务已成为地方财政收入的第二大来源。新的财政收入使得街道办事处主任得以扩大他们的社会职能和服务，如向贫困群体提供援助。主任们也从日益渐增的预算外收入中获益，并成为一个“受人尊敬的专业团队”。（1086页）

有趣的是这份概述中对街道办事处明显的两栖特征的介绍。正如乡镇和村庄，办事处赚取利润的业务属于集体所有。由于利润的一部分被用于救济穷人和其他所应承担的职责，街道办事处从而可以履行其社会责任。街道办事处的主任们因为工作出色而被赞誉为“本地英雄”。即使他们收取所谓的“管理费”作为自己的工作报酬，也极少会有居民反对。

高额回报的机遇成为政府官员行为变化的直接诱因（吴缚龙写道）。同时，由于缺乏对于官员经济行为（具有典型的两栖性）的明确限制，这为企业精神创造了生存空间。在

基层，政府和企业之间的界限比市级层面更加模糊。管理者和被管理者之间的密切关系为企业精神行为提供了基础。（出处同上）

8、规划城市未来

正如我们前面所见，对于孙科而言，现代城市规划与其说是一种控制土地使用的方式，不如说它是一种预想并建设新型城市的工具，以便在与西方，特别是孙科非常推崇的德国城市的相比之余留存自身的特色。孙科的计划并非完美无缺，在此之后的七十年里也只得到部分实现。但是将其愿景发扬光大的整个过程，可能远非他当年所能想象的了。

城市规划在摆脱毛泽东时期的一些“左”的思想之后，经过二十年的发展，得以正式恢复和重组。其标志是中国首部综合性的法定城市规划体系，1989年颁布的《城市规划法》。[18] 城市规划专家主要通过编制法定形式的总体规划来针对城市未来十五年进行规划。对规划的实施情况进行详细观察，可以使我们进一步深入了解当今中国的城市管治。

在新的千禧年之初，城市规划开始成为一种重要职业。大约六万多名规划师活跃于各级政府，大部分都集中在沿海地区的几个大城市里。规划师有两个全国性的协会，一个由职业人员组成（中国城市规划协会），另一个则带有更多的学术倾向（中国城市规划学会），另外还有全国性的刊物组织热烈的专业讨论。并非所有的规划师都经过全面性的专业训练。例如城市规划局的工作人员，其主要作用是确保法规得到遵守。受过专业训练的规划师通常任职于规划设计院，负责城市总体规划、城市设计和城市研究工作。有些则从事私人咨询工作（张，2002a）。这些机构都是最优秀的“两栖”组织。名义上，它们受到规划局的监督，但实际上，它们却因为预算外收入的存在而具有很大的自主权。[19]

规划师所做的很多工作可以概括为城市总体规划（或称作城市综合规划）的编制。规划通过指导土地使用、设施选址、交通运输等日常决策来塑造城市。所有城市都必须编制总体规划，这一传统可以追溯至20世纪50年代，当时很多中国规划师被派往苏联学习。徐和伍（Xu and Ng）（1998年）分析了广州市自1954年到1993年之间共十五次此类城市总体规划，当中的十一次规划是在八年间完成编制的，在随后的60年代，城市规划被搁置，规划师被下放到农村接受再教育。他们这个研究有意思的地方是注意到规划中对时间年限、人口预测以及未来目标的预测。自1954年起，在规划产量激增的初期，广州至少编制了四

1 3
2

图 1. 府城的衙门大院，苏州
图 2. 北京工业区块（单位）中的厂房与宿舍，1992 年。该地区后来被开发成为房产项目
图 3. 在上海旧城里弄中开发的新办公大楼，1999 年

次针对未来十五至五十年不等年限的城市规划。最初对未来人口的预测是220万，但在该系列的后一版（1962年）规划中，人口预测降至160万。这反映了政府去城市化的意图。值得注意的是，这四版规划，都旨在将广州从“消费型城市”转变成“生产型城市”。通过重工业这种典型的苏联模式进行快速工业化是当时最重要的事情。

1955年有三版总体规划，主要目标是实现马克思主义“缩小城乡差距”的理想。城镇人口进一步削减至145万，并设定了更合理的十五到二十年的时间年限。规划于1956年和1957年继续进行编制，为“推动社会主义发展及工业化”做出调整。在城市规划工作全面终止前夕，1959年和1962年的最后两次规划的目标从字面上解释，就是为了“将广州建设成为南方工业基地”。这一次，人口预测再次提高到185和250万，时间年限为十到十五年。

城市规划分别于1972年和1977年得以间歇性的恢复，并提出“打造社会主义生产型城市和对外贸易中心”的新目标。除了新近提及的“外贸中心”之外，其余都是毛泽东时期的陈旧口号。直到1984年，规划目标才与早期的虚华辞藻有了显著的差别，并在1993年改革浪潮蓬勃高涨之时再次得到突破。这时针对未来二十至二十五年的规划目标是“提供足够的公共设施，改善人居环境，促进可持续发展”的城市，人口控制在280万。[20]

在这个简短的论述中，毛泽东时期的总体规划显然是一个遵循党的路线的正规运动，基本上不涉及实际的城市“塑造”工作。规划师主要的实际工作就是为单位企业提供合适的选址。然而，随后的几版规划可以令人感觉到更多的是提出问题而非给出教条式的论断。以1993年为例，自行拟定的规划任务如下：

为新世纪的城市确定合理目标。

通过针对流动人口、经济结构调整、基础设施建设和枢纽中心发展等方面的研究，检验社会主义市场经济改革对城市规划和发展机制的影响成因。

注重规划的实施过程。

注重交通（如高速公路）网络规划和城市生态景观规划。

开发与控制相结合，整合长期与短期规划（徐和伍，1998年，44~45页）。

如此的规划议程表明规划师的专业地位正在提升，也意味着在中国这样的政治背景下地方自治的重大意义。但是这两位学者认为，这似乎更像是研究纲领，而非行动计划。

如今的规划师面临着巨大的挑战，这是一个全新的规划尺度。如今的大城市“统领”着若干县城，规划师必须将整个城市区域视为一体。膨胀的迁移人口无疑增加了公共设施供给和资源配置的巨大压力。各个政府部门之间，尤其与土地管理局之间必须进行协作。

在当今中国半市场化的经济体制下，城市发展速度惊人，而这必须以某种方式与基础设施、住房供给、用于休闲娱乐的开放空间等方面的长远规划协调发展。城市规划有了新的要求——改善环境质量，建设“宜居”城市。规划的实施已经成为迫切的需求，即使随着城市的发展，潜在的利益相关者的数量已经成倍增加。这不仅包括不同行政区和不同部门的政府官员，还有外籍投资商，本地开发公司，市、区人大，物业和业主委员会（也就是影响力越来越大的新型中产阶级），强大的单位，等等。

有学者以国际惯例为鉴，呼吁一种更具参与性的规划方法以约束强大的利益相关者的利益，以及他们与政府守门人的私下关系。香港大学规划系教授伍美琴（MeeKam Ng）就是倡议者之一。她感叹她的家乡，紧邻香港特区北部的深圳，虽然作为大陆的窗口城市，但却缺乏参与性文化（伍，2002年）。不过她也指出，民众与政府之间，特别是通过大众媒体，存在多种沟通渠道。她认为，最近深圳成立的由官方和非官方成员组成的城市规划委员会“有助于确保土地利用规划的合法性，并使土地利用规划的法律地位得到广泛尊重”（21页）。伍美琴认为，参与性规划需要普通人，特别是缺乏在公共场合发声机会的普通人，一起来参与。而这显然不是深圳所正在做的事情。从任何角度上而言，香港亦然。[21]

叶嘉安和吴缚龙（Anthony Yeh and Fulong Wu），参与了一个关于中国城市物质性规划体系演变的讨论。在搜集全面信息并进行深刻思考之后，他们得出一系列的建议，总结如下：

应当精简现行的规划体系并放弃“综合治理”的乌托邦愿景。重点工作应该针对：强化城市规划的法定地位，在当地人民代表大会中设立城市规划委员会，通过法定程序指定规划区域，以便将城市范围内的所有土地都置于规划控制之下。应当设立一个独立的规划申诉系统，处理对规划决策的不同意见，并减少规划部门的行政自由裁量权。有必要更好地协调规划部门和土地管理部门的工作。推广更多的公众参与活动。重新思考规划师在社会和土地开发中的作用。形成专业的规划策划机构，以监控并提高专业标准和规划师的规划教育水准，从而提高城市规划的专业性。（叶和伍，1998年，247页）

这些旨在为设立更好的规划制度的建议，其优劣性无疑将会被继续探讨。中国的城市管治是一个不断实验和变化的过程。它需要针对各种各样的当地情况作出反应，这是显而易见的。如果有人将深圳和完全不同类型的城市，比如福建泉州的规划报告进行对比，就能发现，深圳是工业强市，而泉州则是排在西安、北京之后中国第三个最重要的历史城市。[22]各地都在进行实验性探索。在这片广袤的领土上有几百座城市，任何一个单一的解释都无法为具体城市的实际管理方法提供普遍性答案。本章节也不例外。

我发现，有关城市管治以及城市建设的讨论都不可避免需要面对什么是“良好管治”这样的范式问题。但是无论是基于问题的传统答案还是基于当今的现实基础，这些讨论都需要带有一种批判意识。在本文中，我们依次探讨了空间、经济、社会、文化和政治的意义，从中可以清楚看出在被我形容为“中国套盒”的严格系统中所存在的拍脑袋主义、实验主义和实用主义决策，彼此之间是混沌杂乱的，即便它们竭尽所能，也无法给出恰当回应。用法朗索瓦 · 于连（Francois Jullien）的话来说，这个系统依然“晦暗不明”[㉔]。正如旧时法家思想所言，一旦少了皇帝，人们的生活就难以井然有序。丁学良用双面性概念为人们面对无解难题的窘况解了围。但套盒的四壁逐渐开裂，曾经单纯美好的亲缘关系，被周正毅这样的恶魔利用成为可乘之机，等待他的则是政府对其商业王国的刑事调查。

注释:

① 绕济凡（Rozman）（2003 年，181 页）并不同意这一说法。他认为，“权力下放”使得地方拥有更广泛的自治权。从这个意义上讲，它虽然不是一项被明确提出的原则，但却体现了儒家的本质思想。绕济凡把地方主义当作一种对中央集权制度的制衡，或者是一种监督。换言之，他认为这就是儒家传统的良好管治法则。绕济凡认为，地方社会关系中存在经济活力的源头，中央政府应该对其进行道德引导，而非以等级体系的方式去控制决策。“是时候了，”他写道，“应当把儒家对地方主义的暗许明晰化，以肯定（地方）社区在坚守传统方面的作用。由于中央政府为个体及家庭策略在教育、创业和知识型基础方面的成功清除了障碍，儒家思想成为鼓励本土认同感和当地主动性的强有力根基”（198 页）。但是这种观点，在现今的中国并没有被广泛接受。

② 牟复礼（Mote，1999 年）写道，“显而易见，（明代的）中国政府和百姓都希望地方政府以主流和被广泛接受的社会行为标准为主要准则，此类标准已通过规范化管理植根于大众文化当中”（952 页）。对这个问题的经典论述，参见葛瑞汉（Graham，1989 年）。至于秦始皇推行及致的法家学说，于连（Jullien，1995 年）从如下角度进行讨论：“美德至上是……有贻害的，那些宣扬美德的人往往自身贪腐不堪。推崇美德会使原本紧凑高效的运作出现裂缝般的懈怠懒散。行使君王之权的唯一正途是要意识到君权是自行运转的。这样一个运作体系，绝不是想吸引其拥趸的关注。就像儒家帝王，将自己隐于体系之后，成为机器齿轮上不起眼的一员。全知全能的帝王不将目光投射于自身，却对他人强施以透明性监督，以不被参透来保护自己”（53~54 页）。这位西方现代历史学家发表的这番言辞，源自十八世纪的英国自由主义改革家杰里米 · 边沁（Jeremy Bentham）。边沁发明了一种圆形监狱（Panopticon）：（监视者）通过中央监视塔监视囚犯，但（由于中央监视塔遮有百叶窗）囚犯却无法看到监视者。

③ 顾立雅（Creel，1974 年）对四世纪的哲学家申不害的思想发表评论：“他应该是第一个阐明如下观点的人：对政府而言，仅仅倡导美德是不够的；必须要有被充分理解、清晰阐述和彻底掌握的技术手段。这是历史上被一直讨论的话题”（290 页）。

④ “原始积累，（马克思写道，）并非资本主义生产方式导致的结果，而是此方式的开端”（塔克（Tucker），1978 年，431 页）。马克思称之为“非牧歌式的”历史过程。

⑤ 这里对行政等级的描述偏于程式化。更精准的说法参见施坚雅（1977 年 a，301~307 页）。

⑥ 从这个角度看，中国城市与欧洲，特别是北欧和地中海地区的城市，在城市形象和强势城邦的历史传统方面有

着很大的不同。比如建立了汉萨同盟的（德意志）北部城市和威尼斯、热那亚等南方城市。

⑦ 美国诗人格特鲁德 · 斯泰因所说的应该是指加州的奥克兰市，“物是人非事事休（There is no there there.）。”马敏（2002 年）似乎认为，在二十世纪的头十年期间，苏州出现近似于集体性的自我认同，但实际上他并没有声称这是一个自治的城市。

⑧ 这张照片刊登于施坚雅等人所著书籍的护封上（1977 年）。它在施特兰德的书籍中再次出现（1989 年，76 页），书中标注“前门外城”。施特兰德认为图中只有六个警察。

⑨ 详见周锡瑞（Esherick）在 1999 年搜集的优秀案例研究。

⑩ 关于全国人大（NPC）、省级人大和市级人大的历史有一个饶有兴味的观点，参见波特（Potter）（2003 年）。与此相关的是道达尔（Dowdle）（2002 年）最近颇具争议的对全国人大的评估。

⑪ 一位上海居委会领导就居委会和刚成立的业主委员会（POA）之间的矛盾关系发表了如下的看法。“我们的社区受到三个独立机构的管理：居委会（RC），业主委员会和由业主委员会雇佣的物业管理公司。居委会向区政府负责，并承担其分配的各种公共事务，但却没有权力进行商业经营。业主委员会通过募款可以做任何它想做的事情。物业管理公司曾是房屋局的地方分支机构，但保持财政独立。它是真正的地方业务管理者，却无须向政府负责。它收取了管理费但无所作为。我们（居委会）无偿地完成了政府分派的所有工作。而办公室每个月的预算只有 250 元（30 美元），只够支付电话费”（张庭伟，2002 年 b，318 页）。

⑫ 和美国的情况不同，房地产公司和开发商不一定是私营的。它们往往是当地政府以各式名目设立的分支机构。这样的组织形式被称为“两栖”。

⑬ 谈及中国的土地市场让人有些费解。大部分的土地使用权通过行政手段被转移到单位手中，而它们只需支付象征性的费用。单位反而成为主要的房地产开发商。例如 1990 年，上海的单位对房地产的投资占总投资的 86%。正如周敏和洛根（Zhou and Logan）所说的，“单位住房和住宅合作社被认为是住房市场改革的一个过渡时期，接下来则亟须建立私人住宅市场。这是个政治难题。它面临着所有社会阶层的潜在阻力——其结果是，虽然投资建设使城镇职工的整体住房条件有了显著改善，但商品房的配给情况与旧体制下的相差无几，而且住房不再是免费的了”（415~416 页）。单位无疑在此交易过程中攫取了巨额利润。

⑭ 这一说法也适用于单位土地和归集体所有的农村土地的使用权。但是，未经政府许可，也未交纳土地出让金的情况下，出售行政划拨土地是非法的。（我对提供信息的伍美琴教授表示感谢。）

⑮ 中央政府也很重视对猖獗的土地投机行为的遏制。1994 年，城市房地产管理法以法律的形式颁布。与此同时，“国务院要求地方政府收紧对公司注册的审核。关闭没有获得合法批准文件的开发区。转让了使用权的土地如果没有进行实质性发展，将被征收交易税。开发商从土地中获得意外利润时，也需缴纳增值税（叶嘉安和吴缚龙，1998 年，222 页）”。从 2002 年开始，每个城市都成立了土地管理中心，并公开拍卖城市土地的租赁权。（政府）希望这些新的举措能降低腐败的概率（曹大为（音译，Cao Dawei），私人交流）。

⑯ 但是，把中国严重腐败的恶名放在全球背景下来讨论可能比较合适。有一个位于柏林的监察世界各国的贪腐状况的德国非营利组织“透明国际”，在其 2002 年的清廉指数中，中国在 102 个国家中位列 58。该指数是基于对各个国家的多项调查。芬兰居首，孟加拉国垫底。其中一些排序的比较是颇具启发意义的：新加坡第 5；香港第 14；美国第 16；日本第 20 名；台湾第 29；意大利第 31；巴西第 45；印度第 71；俄罗斯第 71；印尼第 96。参见该组织的网站：www.transparency.org/cpi/2002/cpi2002.en.hmtl. 虽然这些指数有一定作用，但也不应过度看重其排名。举例而言，在地方事务中，腐败、传统意义上的“关系”和法律实践之间往往没有明确的界限。人们对小贪小腐也似乎表现出相当的宽容态度。当然，当腐败上升到更高的国家和政党层面时，问题就变得相当严峻。正如白鲁恂（Pye，1996 年）所观察的，“客观而言，第三世界国家的腐败程度可能并不比基准水平严重。但在中国，主观上的正统观念依旧认为，政府应当是一个道德秩序的捍卫者。所以，如果道德标准出现下滑，国家就应该对其负直接责任”（35 页）。

⑰ 从另一个角度对类似问题的分析，参见罗卡（Rocca，2003 年）。这位法国学者谈到“社会分层”和“国家的社会成型”。这两个术语虽然描述精准但并不实用。在他看来，正是国家和社会的相互渗透使得中国的管制制度具有相当的稳定性。

⑱ 从另一个角度对类似问题的分析，参见罗卡（Rocca，2003 年）。这位法国学者谈到“社会分层”和“国家的社会成型”。这两个术语虽然描述精准但却并不实用。在他看来，正是国家和社会的相互渗透使得中国的管制制度具有相当的稳定性。

⑲ 详见叶嘉安和吴缚龙（1998 年，第二章）。城市规划法的前身是 1984 年国务院颁布的城市规划条例。“经由国家的指示”，阿伯拉姆森、里弗和谭嬴（音译）（Abramson, Leaf, and Ying，2002 年）写道，“所有的市、县政府都需要根据当地现有的经

济制定总体规划，以指导物质性发展”（167 页）。

⑳ 注册规划师执业资格考试需要对考生的规划原理、规划管理与法规、规划伦理和规划实务等方面进行知识测试（张庭伟，2002 年 a）。

㉑ 广州目前人口（包括流动人口在内）预计有 600 万左右。这个（与规划预期的）不一致性表明，对于城市户口仅占二分之一的人口规模而言，企图用规划手段来约束其人口的增长是完全不现实的。最近，所谓的暂住人口预测包括了对空间需求的考虑，尽管其比例只是城市户口的三分之二。

㉒ 或者在广州：记住这个数字，三百万的不被计入的人口数，他们当中的很多人被认为是“无根者”，不具有参与城市（公共事务）的权利。

㉓ 优秀的规划案例研究：泉州规划案例参见阿伯拉姆森、里弗和谭赢（2002 年）；深圳规划案例参见伍美琴和邓永成（Ng and Tang，2002 年）。

参考文献：

[1] Abramson, Daniel B., Michael Leaf, and Tan Ying. 2002. "Social Research and the Localization of Chinese Urban Planning Practice: Some Ideas from Quanzhou, Fujian." In John R. Logan, ed., The New Chinese City: Globalization and Market Reform, 167-80. Oxford: Blackwell.

[2] Creel, Herrlee G. 1974.ShenPu-Hai:A Chinese Political Philosopher of the Fourth Century B.C. Chicago: University of Chicago Press.

[3] Ding, X. L. 1994. "Institutional Amphibiousness and the Transition from Communism: The Case of China." British Journal of Political Science 24, no. 1: 293-318.

[4] Dowdle, Michael William. 2002. "Constructing Citizenship: The NPC as Catalyst for Political Participation." In Merle Goldman and Elizabeth J. Perry, eds., Changing Meanings of Citizenship in Modern China, 330-49. Cambridge, Mass.: Harvard University Press.

[5] Esherick, Joseph W, ed. 1999. Remaking the Chinese City: Modernity and National Identity, 1900-1950.Honolulu: University of Hawai'i Press.

[6] Far Eastern Economic Review.2003a. "The Angry Face behind the Real Estate Bonanza." June 19: 31.

[7] Friedmann, John. 2002. The Prospect of Cities. Minneapolis: University of Minnesota Press.

[8] Graham, A. C. 1989. Disputers of the Tao: Philosophical Arguments in Ancient China. La Salle, 111.: Open Court.

[9] Jullien, Francois. 1995. The Propensity of Things: Toward a History of Efficacy in China.New York: Zone Books.

[10]Leaf, Michael, and Daniel Abramson. 2002. "Global Networks, Civil Society, and the Transformation of the Urban Core in Quanzhou, China." In Eric H. Heikkila and Rafael Pizarro, eds., Southern California in the World, 153-78. Westport, Conn.: Praeger.

[11]Min, Ma. 2002. "Emergent Civil Society in the Late Qing Dynasty: The Case of Suzhou." In David Faure and Tao Tao Liu, eds., Town and Country in China: Identity and Perception, 145-65. New York: Palgrave.

[12]Mote, F. W.. 1999. Imperial China 900-1800. Cambridge, Mass.: Harvard University Press.

[13]Ng, Mee Kam. 2002. "Planning Cultures in Two Chinese Transitional Cities: Hong Kong and Shenzhen." Unpublished paper.

[14]Ng, Mee Kam, and Wing Shing Tang. 2002. "Building a Modern Socialist City in an Age of Globalization: The Case of Shenzhen Special Economic Zone, People's Republic of China." In Conference Proceedings: Theme 4: Globalization, Urban Transition and Governance in Asia, Forum on Urbanizing World and UN Urban Habitat II,

117-37. New York: International Research Foundation for Development.

[15] Perry, Elizabeth J., and Hsia-po Lii, eds. 1997. Danwei: The Changing Urban Workplace in Historical and Comparative Perspective. Armonk, N.Y.: M. E. Sharpe.

[16] Potter, Pitman B. 2003. From Leninist Discipline to Socialist Legalism: Peng Zhen on Law and Political Authority in the PRC. Stanford, Calif: Stanford University Press.

[17] Pye, Lucian. 1996. "The State and the Individual: An Overview Interpretation." In Brian Hook, ed., The Individual and the State in China, 16-42. Oxford: Clarendon Press.

[18] Skinner, G. William. 1977a. "Cities and the Hierarchies of Local Systems." In G. William Skinner, ed., The City in Late Imperial China, 275-351. Stanford, Calif: Stanford University Press.

[19] ——. 1977d. "Urban Social Structure in Ch'ing China." In G. William Skinner, ed., The City in Late Imperial China, 521-54. Stanford, Calif: Stanford University Press.

[20] Skinner, G. William, ed. 1977. The City in Late Imperial China.Stanford, Calif.: Stanford University Press.

[21] Strand, David. 1989. Rickshaw Beijing: City People and Politics in the 1920s. Berkeley: University of California Press.

[22] Rocca, Jean-Louis. 2003. "The Rise of the Social and the Chinese State." China Information 17, no. 1: 1-27.

[23] Rozman, Gilbert. 2003. "Center-Local Relations: Can Confucianism Boost Decentralization and Regionalism?" In Daniel A. Bell and Hahm Chaibong, eds., Confucianism in the Modern World, 181-200. New York: Cambridge University Press.

[24] Tsin, Michael. 2000. "Canton Remapped." In Joseph W. Esherick, ed., Remaking the Chinese City: Modernity and National Identity, 1900-1950, 19-29. Honolulu: University of Hawaii Press.

[25] Tucker, Robert C., ed. 1978. The Marx-Engels Reader.2d ed. New York: W. W. Norton.

[26] Wong, K. K., and X. B. Zhao. 1999. "The Influence of Bureaucratic Behavior on Land Apportionment in China: The Informal Process." Environment and Planning C: Government and Policy 17, no. 1: 113-26.

[27] Wu, Fulong. 2002. "China's Changing Urban Governance in the Transition towards a More Market-Oriented Economy." Urban Studies 39, no. 7:1071-93.

[28] Xu, Jiang, and Mee Kam Ng. 1998. "Socialist Planning in Transition: The Case of Guangzhou, China." Third World Planning Review 20, no. 1: 35-51.

[29] Yeh, Anthony Gar-on, and Fulong Wu. 1998. "The Urban Planning System in China." Progress in Planning 51, no. 3:165-252.

[30] Zhang, Tingwei. 2002a. "Challenges Facing Chinese Planners in Transitional China."Journal of Planning Education and Research 22, no. 1: 64-76.

[31] ——.2002b. "Decentralization, Localization, and the Emergence of a Quasi-Participatory Decision-Making Structure in Urban Development in Shanghai."International Planning Studies 7, no. 4: 303-23.

[32] Zhou, Min, and John R. Logan. 1996. "Market Transition and the Commodification of Housing in Urban China." International Journal of Urban and Regional Research 20, no. 3: 400-421.

作者简介： 约翰·弗里德曼（John Friedmann），加拿大不列颠哥伦比亚大学（UBC）社区与区域规划学院荣誉教授

译者简介： 陈智鑫，同济大学建筑与城市规划学院学生

童明，同济大学建筑与城市规划学院教授

原载于： John Friedmann, *Transition China's Urban*, University of Minnesota Press, 2005. 节选自第六章

城市设计制度建设的争议与悖论

PARADOX AND CONTROVERSY OF URBAN DESIGN INSTITUTIONS

唐燕　吴唯佳
TANG Yan, WU Wei-jia

摘　要

在决定城市设计实践效果的各种因素中，制度环境以及城市设计本身的制度安排起着至关重要的作用。然而，城市设计活动的独特个性表明，现代城市设计自诞生之初，其内部就隐含着制度建设的各种悖论。发达国家的城市设计制度建设已有几十年的历史，这些制度的执行和运作并不像想象中那样完善和光鲜，特别是设计控制和审查制度，直到今天仍不断遭受着来自各方的非议。论文剖析了城市设计制度建设中的十大争议主题，为完善我国的城市设计管理提供一些新思考。

关键词

城市设计 制度 悖论 争议

胥瓦尼（Shirvani，1990）指出“虽然必须配合城市的行政框架，都市设计的制度化问题仍然是城市设计成败的关键”。目前，“制度困境”似乎已经成为阻碍我国城市设计发展的瓶颈：为何城市设计长期不能依法纳入到规划管理程序之内？“无章可循”、“无据可依”的城市设计如何用于实际管理？城市设计工作的“权威性”和“合法性”在哪里？种种拷问反映出了城市设计实践的制度改革诉求。然而，强制性的制度对于城市设计真的那么不可或缺吗？部分发达国家所推行的城市设计制度是完美或成功的吗？我国的城市设计运作究竟需不需要强制性制度？本文通过分析城市设计制度建设的 10 个内在悖论，为完善我国的城市设计管理提供一些新思考。

1、全球化背景下的城市设计：“设计”比“规划”更重要？

进入 20 世纪 90 年代，城市发展的动力机制受到经济全球化的强烈影响。无论城市参与全球经济的程度如何，全球化改变重塑了城市之间的联系，重新安排了城市机遇和收入分配，并直接影响了各个国家的城市空间组织（Shaw，2001）。根据城市在不同部门和不同活动中的特殊表现，及其对区域、国家和国际的影响，一个灵活搭接的全球化城市层级被建构起来，各城市通过激烈的竞争来提升他们在全球城市系统中的地位（Gospodini A，2002）。由于影响城市竞争新投资、新资源的一个重要因素是城市空间质量，对城市进行新的开发以提升城市空间品质的计划被广泛采用：废弃的工业场地转变成遗产公园，老的运河和滨水地带变成住宅或景观休闲场所，借助旧仓库保护建造别致的时尚生活区等等。然而，这些开发或再开发活动事实上在每个城市都可以出现，如果这些“计划 / 规划（plan）”最终导致零和竞争结果，那么只有通过“设计（design）”才能够产生独特的城市空间环境，区分出城市空间品质的高下，从而在竞争中获胜。资本的全球流动性的增强和城市竞争的加剧，使得需要长时期执行的规划能否满足资本需求的灵活性和流动性也遭到了争议，以至于哈维（Harvey,1989）认为在后现代的条件下，应当没有“规划”，只有“设计”，通过设计可以正确处理资本的流动。

显然，在新世纪，城市设计对提高城市竞争力，促进城市健康、可持续发展的意义不言而喻。一个卓有成效的城市设计，它的运作实效不仅仅局限于美化城市环境、改善城市物质空间形态、提高人们生活质量，而且对促进城市经济复苏、塑造城市形象、吸引内外投资、增加就业岗位、繁荣城市文化等都具有重要作用。20 世纪 70 年代以来，城市设计在许多国家获得了长足发展，在政府权力、法律法规和公共政策的保障下，城市设计制度也开始得以推行和完善。例如，“城市设计审查制度（Design Review）在美国得到广泛应用，不同城市在制定设计政策和导则方面进行了大量探索，以弥补区划控制的缺陷，保证新开发能够改善城镇和社区的环境质量，提升地方的特征、形象和认知”（Reiko Habe，1989）（表 1）。

美国城市设计制度的主要模式和特点 表 1

特点	主要方法和机制	具体操作模式
与区划相结合	区划条例中的城市设计控制条款	在区划条款（或其他的城市规划法则文件）中增加城市设计的相关内容，借助区别的审查过程来实现城市设计的控制与导引。
	城市设计审查制度	成立专门的城市设计审查制度，依据颁布的城市设计政策或导则来审查开发议案。通过这种城市设计审查制度是区划的组成部分，区划中会有专门的章节来说明审议的范畴，程序和依据等相关内容。
	独立的城市设计政策与导则	颁布各种层次的城市设计政策及导则。这种强制性的城市设计政策与导则常与区划紧密结合，区划条例中会给出有关它们的适用范围，使用流程等的章节说明。

2、城市设计制度建设的争议

约束和管理具体建设行为的城市设计制度是一种公共干预，设计这种制度的目的是为了对由市场力量决定的，反映城市社会、政治、经济、环境影响的空间秩序的建设过程设定限制条件。一些发达国家的城市设计制度建设已有几十年的历史，这些制度的确立意味着国家或地方对城市设计的高度认可和重视，乃至利用政府权力和法律法规等工具强制性地管理城市设计活动。虽然城市设计运作的制度化趋势在许多国家和地区获得响应，但综合考察各国的城市设计开展状况不难发现：诸多已经建立并执行的城市设计制度并不像想象中那样完善和光鲜，特别是设计控制和审查制度，往往正遭受着来自各方的非议；现代城市设计自诞生之初，其内部就隐含着制度建设的各种悖论。1994 年，布伦达（Brenda Case Scheer,1994）对公共部门意图通过法定程序来影响设计的做法进行了指控和批判，她指出美国公共部门的设计控制或审查存在许多问题，在成本、效率、公平、程序、效果等多方面的表现都不令人满意（表 2）。布伦达认为，设计本质上是一种主观的学科，而制度管理常常是“武断、含糊和肤浅”的。

美国城市设计控制或审查中存在的问题　　表 2

涉及方面	具体问题
成本与效率	审查程序增加了项目审批所需的时间和经济成本
	设计控制并没有明显提升建成环境的品质
公平与权利	设计管理通常只是基于个人的价值观和审美观，而非公众利益
	强制规定设计应该努力的方向，违背了言论自由权
	设计控制偏袒了专业技术人员的话语权，让少数“专家”来指挥和控制他人的项目建设
	看似公平的设计管理程序其实很容易通过诱劝、漂亮图片与政治手腕加以操纵
程序与准则	设计控制违背了这样一个原则：美的创造不能用规则来强加限定
	设计审查常常由未经过专业设计训练、工作经验不足的政府管理人员来具体操
	设计导则所提出的原则经常过于抽象和普遍、脱离基地的实际情况
	设计审查为长官意志提供了生存空间，设计准则在实际执行中可能被打破或曲解
	设计问题的解决途径是多样的，设计控制缺乏有效的程序来回应这种多样性
	设计审查工作经常表面化，流于程序
结果与成效	对设计的管理常常导致循规蹈矩、平庸作品的泛滥、创造性思维遭到扼杀
	设计政策中的原则有些过于武断、有些意义含糊，从而失去了指导城市建设的意义
	设计控制由于对个体开发项目过于关注，而忽略了地段的整体效果
	开发者为了安全快捷地通过审查，对已批复的邻里项目进行抄袭和模仿，导致场所文脉与地方个性的消失

3、详解城市设计制度的十个悖论主题

卡马拉（Matthew Carmona）根据英国的情况，将城市设计制度建设中的种种悖论归纳为 10 个主题：干预与干涉、程序与产品、客观与主观、设计技能、设计创新、城市设计与建筑设计、民主与个体权利、历史文脉、导则解释、专业角色。“如果不是从细节上考察，这 10 个主题总体来讲，在美国和欧洲的情况都是如此”（Matthew Carmona，1998），它解释了规划制度在解决冲突，提供一个基础深厚、广泛认同、卓有成效的工作框架来发展和控制设计所面临的普遍困难。结合国内外城市设计的实践特点，这 10 个争议主题可解释如下：

3.1 合理干预还是过度干涉

通常，规划部门对设计所作的权威性规定是为了防止破坏性建设的出现，保证开发议案能够积极尊重场所的整体文脉。在城市设计管理中，有些政府为保证控制力度，制定了详细的城市设计实施细则，有些政府只对设计提出尽可能少的建议。如何在合理“干预”与过度“干涉”之间找到平衡，在“完全控制”和“全面放开”之间进行取舍，是地方政府需要解决的大难题。从开发者和设计者的角度来看，他们要求有足够大的自由决策空间来实现其经济上和设计上的追求目标，因此偏好最小的政府干预。他们认为，过多的僵化干预只会带来重复、单调的城市空间环境；由那些没有或者很少经过设计训练的行政管理人员不加疑问地执行设计政策和导则，或者由道路工程师本着通行效率最大化的目标来创造城市空间是不可取的，因此，过于细致的设计导则应该从规划的强制性文件中分离出去。由于绝大部分地方政府总是企图强化设计导则甚至细部准则的效力，以实现更加有效、更符合政府意图的设计控制，开发建造者针对这种“无理”的设计干涉，不惜“爪牙相向”，不断通过上诉来减轻导则的地位，使城市设计政策或导则能够在表述上更加概括和灵活。

3.2 程序管理还是产品控制

与城市规划类似，城市设计既是程序也是产物，城市设计管理既可以强调“程序”对设计过程的控制，也可以通过导则对“结果”施加约束。支持程序控制的人们认为，规定好“设计程序”不仅可以带来更好的设计产品，还能减少对设计导则的需求。他们关注设计控制中的过程性环节，如对基地进行环境评价并以此作为设计的基础、聘用高素质设计师来提高设计水平、规范设计申请材料的文字和图面表达等。反对者则支持对设计结果进行细节管理，他们认为通过制定严格细致的设计导则，能够保证理想设计产品的出现。目前，城市设计管理总体上越来越注重“过程”，但经济利益却促使开发者不断呼吁，设计控制应该针对“结果”而不是“程序”。开发者认为，对设计过程的过分注重不可避免会导致项目审批消耗的时间过长、经济成本增大，从而给开发运作带来额外负担。支持程序控制的人们辩护道，增加决策次数和设计审批步骤当然会造成项目成本的增加，但如果因此可以取得好的开发质量，付出这个代价是值得的。

3.3 客观标准还是主观判断

管理的主观性是城市设计制度争论中经常涉及的话题。在建筑师看来：设计实质等同于某种程度的“审美”，由于美学评价是一种高度个人化的判断，它取决于个体的阅历和主观品位，因此“主观性”的设计控制对于城市建设并不适宜。一直以来，“审美控制”倍受指责，通过设定少的设计导则而非多的、建立原则性规定而非具体性的、使用清楚可测量的数量标准而非质量标准作为设计控制的基础，以增加控制的客观性和确定性是建筑师们希望达成的目标。但城市环境的维护者和规划人员却认为：设计是一个非常综合的概念，不仅指美学问题；许多设计本身是可以进行客观评判的，特别是通过一系列规划工具，包括设计政策、导则、法规等，对申请项目是否延续了场所文脉、能否达到预期目标等可以给出公正客观的结论。对于开发者来说，他们需要规划管理提供最大的确定性，需要执政者认识到设计决策的拖延会在经济上带来损失，并对市场销售造成负面影响，因此，“不确定”是促使他们反对设计控制的重要原因。

3.4 设计技能还是大众品味

城市设计管理制度的不足还在于：规划管理人员通常缺乏必要的物质形态设计技能来制定决策、进行设计评价。这一方面使得设计管理中主观性及个人喜好的影响增大，另一方面也导致管理者的职业地位和判断能力受到质疑。自规划教育从建筑教育中逐步分离出来以后，规划教育对物质形态设计的关注越来越少，使得这种消极局面被进一步扩大。不过这并非是一个不能解决的问题，尽管需要很长一段时间来促进规划教育体制的改革，以及强化地方政府工作人员的素质培养。然而，指责规划管理人员缺乏设计技能的论断也遭到了批判。批评者指出，“外行”与“专业”人员在设计品位方面的差别正好可以帮助管理者做出合理的判断，因为管理者总是准备反映更加广泛的公众设计需求而不是追随专业设计人员。与此同时，建筑设计师缺少城市设计教育，他们对城市文脉的忽视也是要求进行设计控制的合理理由。通常，设计师和甲方希望自己的开发能够从背景环境中突显出来，而规划管理者从当地居民及广泛的公众利益角度出发，坚持新开发要确保与其所处的环境相协调。

3.5 设计创新还是循规蹈矩

被广泛争议的问题还包括：城市设计控制窒息了建筑创意的表达，导致安全、没有冒险性的设计作品泛滥。很多人认为设计控制阻止了设计成果合理展示它的时代特征，剥夺了设计师自由创作的权利，鼓励了对建筑环境过去样式的简单复制。在他们眼里，“规划管理行为已经远远超出了应有的职责深度，规划部门总是特别傲慢自大，频繁破坏一些敬业的、有想象力的建筑师的努力”（Manser，1980）。在这种情况下，管理部门经常被斥责为“建筑师”的压迫者。支持设计控制的一方则高度强调广大群众对于现代设计的基本不信任，这种不信任应该反映在规划管理行为中，因此设计控制必须（至少是部分地）执行并用来监督建筑设计的准入门槛，设计控制的作用更多是确保审批项目的设计水平至少保持在一个可以接受的程度上，而不是窒息创造性设计者的创新能力。一些评论者反驳道：规划管理者对于导致沉闷的建筑设计有很大的责任，因为“标准”而不富于挑战的答案总是更加容易获得规划许可，具有创意的设计总会成为规划审查委员会仔细审核的对象，并且因此延长了审批时间、增加了额外费用；乏味的“传统”解决方案比较容易通过审查，这样做只会造成空间环境创新潜力的丧失。

3.6 城市设计还是建筑设计

城市设计管理的内容不仅仅局限于建筑，但是许多制度争论却都聚焦在建筑设计问题上，因此很多评论家支持更加广义的“城市设计”概念，认为城市设计要面向更广阔的城市环境，包括城市空间、密度、布局、景观、可达性以及建筑外表标准等，这个理念转变获得了包括设计师和规划师在内的大部分人的支持。城市设计逐步从专注于视觉“城镇景观”、标准化的功能用途，走向更加广阔的设计、感知和环境概念，从而慢慢被政府认识并加入到城市政策之中。对于低质量的城市建设，开发商和地方管理者同时负有责任，其原因可归咎于开发商对短期利益的追求、规划空间布局过度依赖标准化的路网体系等。由于道路工程非常技术化，不太重视艺术审美，道路工程师设计的简单方格式路网频繁成为批评者的笑柄。尽管很多城市都在尝试通过增加协商来提高道路系统的设计水平，但这种协商一次又一次覆盖同一块地，花费了大量时间和金钱，最终采纳的结果却仍然是那些简单、标准、花费较少的路网方案，可见要解决这类问题并非易事。

3.7 民主决策还是个人权利

多数政府已经接受了城市设计管理能够在提高设计质量的活动中扮演积极角色的观点。这种角色是民主的，它反映和整合了公众要求。“规划和建筑如此重要，不能只留给专业设计者去做，必须要有一个黄金规则，使我们大家都涉及其中”（HRH the Prince of Wales，1989）。公共干预的“公平性”和“民主性”对保障设计质量仲裁的合法地位具有重要意义。虽然好的设计离不开优秀的设计师，但场地的直接和间接影响者的要求不能被忽视，因为建筑和城市设计是一种公共艺术，它长期作用的对象主要是地方居民，而不是设计师、开发商或者投资者。地方居民必须和新完成的开发项目生活在一起，每天接受来自它的影响。但建筑师从争取自由表达权力和保护财产所有者自由处置财产的权利出发，认为“社会公众通常并不懂得建筑设计的真实意图，没有人关心建筑师所想，那根本没有甲方的想法重要”。尽管有批评家指出，美国的设计审查只不过是基于大多数人的文化价值观的“暴政”，与保障自由权利的第一权利修正案相冲突，但美国法庭一直在支持增加设计导则，通过公共政策或者法令对设计进行控制的做法。

3.8 历史文脉还是开发控制

已颁布的设计导则一般都强调要保护“历史文脉”，设计评价（及干预）都反对那些否定或诽谤历史文脉的行为。在这种观点的倡导下，历史文脉控制的两级系统被发展出来：历史保护区和可重新开发的区域。然而，设计师和开发者却始终认为历史文脉虽然很重要，但不应作为限制当代开发建设的生硬工具。他们认为，保护城市历史文脉的规定常常被规划管理人员当作加大设计控制力度的依据，而不是出于对提高设计质量的真正关心。事实上，在英国，规划师和城市规划委员会倾向于强调历史文脉的重要性，以不断延伸和强化设计控制工具的效力，从而获得比政策规定要多得多的管理权力。这些反对意见表达了设计师希望少些“细节”设计控制的内在需求。与此相反，为维护城市环境的宜居性，很多评论者认为应当充分认识历史文脉的价值，设计者需要设法使历史保护与城市开发建设相协调。社会大众对尊重历史、保护“熟悉和珍爱的地方景观”的法律规定也给予了强有力的支持。

3.9 导则解释还是语言歧义

尽管城市设计法令或导则要求语言上的精雕细刻，以防止模糊、含混和歧义的产生，但城市设计法规和导则在解释上的出入似乎无法获得根本性的解决。从单体建筑到公共空间，设计标准总是不可避免地在不同尺度上被解释应用，有时是细节上、有时是总体上，导致设计准则的释义视角时大时小。此外，无论多么精细的语言思考，也仍然存在多重解释的可能，设计语言的多种解释造成了设计控制过程中时间、精力和经费的巨大浪费。比尔（Beer A，1983）认为，在制定决策的过程中，所有重要角色之间的交流是一个非常困难的过程，因为不同角色常常关注着互不相干的内容：建筑师谈论设计；开发商议论商业机会；市政工程者论述技术水平；规划者述说政策等等。很明显，每一个职业都有自己的专业术语，这些术语都有可能不被参与决策的其他人所被理解。或许利用不同学科来解释不同领域的设计术语，可以减少设计控制中有关政策和导则的歧义的争吵。

3.10 专业角色还是多方参与

城市设计是一个多方参与的实践活动，它的成功或失败与参与其中的所有角色息息相关。在设计和开发过程中，不同参与者对城市设计产生的影响和拥有的权力很少是平等的。举例来说，只有很少的审批项目能够完全由公共部门来决定建设质量，事实上，项目的优劣很大程度上取决于开发商和投资者愿意为设计质量付出多大的努力。如果没有开发商和投资者的支持，设计控制系统的不断加压，只会导致产生更多的平庸之作。在自由市场中，左右开发建设的力量主要还是利益驱动，因此设计干预是保障公共利益和开发水平的重要手段。也有少数英明的开发商和投资者认为，设计控制能够帮助他们保持投资的长远价值，因为在长期的经济运作中，环境建设质量肯定会成为确保财产增值的积极要素。与此同时，公共政策中的各种设计限制，可以给建筑师提供有力的理由来抵制甲方的错误想法，这些甲方通常只在谋划如何以最高价格销售出最低廉的建筑以获取最大利益。因此，鼓励城市设计活动的多方参与，对充分发挥设计开发过程中所有参与者的作用具有重要意义，这是当前城市设计管理的最新任务。

4、我国城市设计的运作模式与制度困境

城市设计在我国属于非法定规划，国家层面的城市规划法律法规中鲜见对城市设计的规定。1991 年颁布的《城市规划编制办法》描述性地提及“在编制城市规划的各个阶段，都应运用城市设计的手法”，2005 年修订后的《城市规划编制办法》则去掉了相关内容。总体上，在现有制度环境的约束下，我国城市设计的运作主要依靠行内行外（自觉或不自觉地）共同遵循的一些非正式规则，城市设计的编制、批复和实施主要由地方规划管理部门负责，并在城市规划体系内展开（图 1）：

在地方规划管理部门的组织下，规划师、建筑师或景观设计师等通过“委托”或“竞标”的方式参与到城市设计方案编制中。方案制定大致可分为“结合法定规划编制的城市设计”与“独立编制的城市设计”两类；

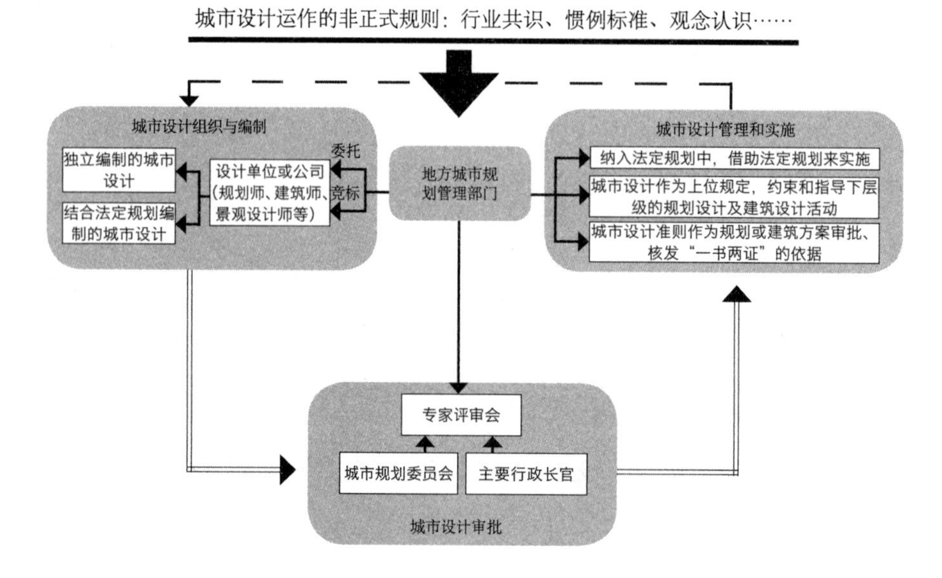

图1. 我国城市设计的运作模式

城市设计成果编制完成后提交给地方规划管理部门进行审批。规划管理部门主要通过组织专家评审来评判设计成果，而城市规划委员会、政府行政长官等也常常成为城市设计决策的主导力量；

地方城市规划主管部门负责城市设计的具体实施，目前比较常见的管理途径有3种：(1)将城市设计成果纳入城市总体规划、控制性详细规划、修建性详细规划等现有法定规划之中，借助法定规划的实施来加以落实；(2)将已有城市设计成果作为上位规划，用于约束和指导下层次的规划设计或建筑设计；(3)城市设计成果直接作为规划或建筑设计方案审批和核发“一书两证”的依据。

城市设计制度建设的内在悖论在我国城市设计运作中已经初露端倪。以结合控制性详细规划编制的城市设计为例：设计导则制定得过细常常导致控制过于严苛，阻碍了建筑师的创作空间，过粗则又会因为内容宽泛、针对性不强而失去管理意义；导则制定往往只注重对最终空间设计成果的控制，而忽视了设计作为社会实践活动的“过程”特点；规划管理人员在依据导则进行管理的过程中，他们做出的各种决策究竟是符合公众需求的客观判断还是个人主观意志的体现？那些不具备设计经验的管理者是否能胜任城市设计管理工作？设计管理本身是不是剥夺了业主对建设项目的自主决策权？…. 如此种种，体现的都是我国城市设计管理工作的矛盾性和复杂性。

5、结论

综上所述，当前我国城市设计运作面临的主要矛盾在于：一方面，对于城市设计活动的自发、混乱和散漫，很多人期望能通过规范化的制度建设来保证城市设计成果编制的科学性和城市设计管理实施的有效性；但另一方面，制度改革难免会引发诸多矛盾和争议，同时构建城市设计制度还将受到行政体制、发展阶段、规划改革等众多因素的制约。因此，我国的城市设计制度建设应以渐进改良为主，从地方出发，依据各地城市特点和具体发展需求确定适宜的规则约束、管理模式、机构组织和人员任用，以积极应对城市设计制度建设的内在悖论。对于中小城市，特别是城市规划编制及管理实力不强，经济不够发达的地区，可采用将城市设计内容融入各类规划中的方式来实现。对于经济发达，城市设计问题突出的地区，则建议编制独立的城市设计政策、导则或项目设计，并尝试建立设计审查制度以充分发挥城市设计对城市空间环境的管理和塑造作用。

参考文献：

[1] 胥瓦尼 . 都市设计程序 . 谢庆达，译 . 台北：创兴出版社，1990.

[2] Matthew Carmona, 等 . 城市设计的维度：公共场所——城市空间 [M] . 冯江，等，译 . 南京：江苏科学技术出版社，2005.

[3] Beer A. Development Control and Design Quality, Part2: Attitudes to Design[J]. Town Planning Review,1983，54(4): 383-404.

[4] Brenda Case Scheer. Introduction: The Debate on Design Review[A].B Case Scheer W Preiser. Design Review, Challenging Urban Aesthetic Control[M]. London: Chapman & Hall, 1994.

[5] Gospodini A. European Cities in Competition and the New "Uses" of Urban Design[J]. Journal of Urban Design, 2002,7（1):59-73.

[6] Harvey D. The Postmodern Condition[M]. Oxford：Blackwell，1989.

[7] HRH the Prince of Wales.A Vision of Britain: A Personal View of Architecture[Z].London,

Doubleday,1989.

[8] Manser.An Excuse for Lousy Buildings[J]. RIBA, 1980, 87（2）：49.

[9] Matthew Carmona. Design Control: Bridging the Professional Divide,Part1:A New Framework[J].Journal of Urban Design,1998, 3（2）.

[10]Reiko Habe. Public Desing Controlin American Community [J].TPR,1989,60（2）:195.

[11]Shaw D.V. The Post-industrial City[A].R Paddison, Handbook of Urban Studies[M]. London：Sage，2001.

作者简介： 唐燕，清华大学建筑学院讲师

吴唯佳，清华大学建筑学院教授

原载于：《城市规划》2009. 第 33 卷第 2 期

时空压缩与中国城乡空间极限生产

Time—Space Compression and Extreme Production of Urban and Rural Space in Contemporary China

杨宇振
YANG Yu-zheng

摘　要

在经济全球化的残酷竞争中，如何维持与改进某一空间的持续生产与再生产是最基本的问题。全球化格局中中国商品竞争力是中国二元分割城乡关系变革的结果。是两种不同生产方式空间之间资源重新优化配置的结果。应对资本积累的危机，创造内需将成为未来中国城乡空间生产最急迫的要求。空间的状态是空间作为商品、空间作为权力表征以及日常生活场所博弈的结果，在一个日趋“时空压缩”的世界中将越来越频繁地出现政治奇观与商品奇观。过去 30 年中，中国城乡空间的极限生产体现在两个极端，一个是中国地景的巨大改变，另一个极端是对于个人身体的规训。作为规训最主要的一种工具，符号的传播与灌输将变得超级强大。

关键词

全球经济竞争 资本的生产与再生产 空间奇观 空间实践 身体规训

1、全球经济竞争中的中国城乡空间生产

如何看待和解释 30 年来中国的城乡空间生产？笔者的基本立论是：在经济全球化的残酷竞争中，如何维持与改进某一空间的持续生产与再生产是最基本的问题。或者更简单地说，是如何生存与更好地生存的基本问题。然而现世的生存处在一种高度动态变化的过程中。在一个经济全球化的资本流动世界中，某一空间如果没有资本增量就意味着死亡，意味着慢慢地死去。各种空间难以保持原本相对封闭的状态，而只能维持在简单再生产或者较小尺度的关联，而资本增量的获取处在比以往任何一个时期都更加复杂的关系网络之中。1978 年以来，特别是 1994 年以来，中国的城乡空间生产深陷全球化的高度经济竞争中，各种不同尺度的空间——只要资本所及之处，从国家到空间中的每一个人，都处在日趋紧张的竞争状态中。高速运转成为一种常态。

怎么样才能赢？对于赢家要维持与增强现有格局：对于落后者，要改变现有状态，成为赢家。过去 30 年，全球舞台上中国的出现改变了原有世界经济格局。中国持续的经济发展是因为历史的机遇还是内在因素？大卫 · 哈维 (David Harvey) 曾经解释过资本主义处理危机的三种方式，其中之一是“危机的地理扩散”。他指出，苏联的解体和中国的开放为缓解资本主义危机提供了空间和时间 [1]。然而，是什么因素使得中国具有高度的竞争力？这一问题同样有许多解释。比如，曼纽尔 · 卡斯特尔 (Manuel Castells) 在《千年终结》中指出，这是由于中国的发展型政府以及发展初期存在数量巨大的海外侨民 [2]；大卫 · 哈维指出中国走的是一条新自由主义与威权主义相结合的发展模式 [3]；库珀 · 雷默 (Joshua Cooper Ramo) 提出不同于《华盛顿共识》的《北京共识》解释 [4]；而张五常则指出，原因在于在向上负责的体制中，同行政等级的县与县、市与市等之间激烈的经济竞争与发展 [5]。

笔者愿意把“是什么因素使得中国具有高度的竞争力？”的问题转换为“是什么因素使得中国商品具有高度的竞争力？”(尽管有所不同)。因为，在经济全球化状态下中国商品竞争力是中国竞争力的根本。答案是，中国空间中制造的商品必须生产出比其他地方制造的同类商品更高的剩余价值和尽可能短的资本运转周期。而这就涉及整个资本周转的所有环节，包括生产成本最低、交易成本最低、市场规模最大在内的综合状况，而不是其中任何单一要素。

中国空间中制造的商品为什么能生产出比其他商品更高的剩余价值？普遍的解释是开放初期土地与劳动力成本的低廉，以及体制与制度不惜代价支持和维护资本的运作 (这一点是

印度不能比的）。但是，需要进一步追问的是，为什么中国具有如此廉价的土地与劳动力？这一问题的核心必须回到城乡空间关系的变迁上。通过极限挤压无数的农村空间，抽取农村的剩余价值来支持城市生产的城乡二元关系，保证了可以以极低的价格获取全球数量最为庞大的中国农村劳动力，保证了可以以极低的价格获取市场价值原本为“零”的城市（建设）用地；或者，可以更加概要地说，是计划经济时期高度分割的城乡二元关系在极大程度上保证了中国商品的竞争力，是两种不同生产方式的空间之间资源重新优化配置的结果。

然而，经过30年的发展，劳动力和土地的“红利”日渐具窘，劳动力价格攀升，土地日趋成为稀缺品。各地特别是发达地区开始出现劳动力短缺，城市的建设用地扩张处在国家高度控制与监控中。加上2008年以来北美与欧洲经济发展的不景气，以及人民币对美元汇率的持续上涨，意味着原以劳动密集型为产业模式的中国商品竞争力的下降和市场的萎缩。这将是“十二五”期间中国城乡空间生产面临的巨大挑战：如何创造有效需求，创造市场，维持和改进生产与再生产，进而减少可能出现的社会动乱和危机。

在这种状况下，中国城乡关系将进入新一轮调整，必须进一步优化资源的空间配置，加强商品国际竞争力的同时加大城乡空间的消费能力。空间生产将从原先以生产为主导转向以消费为主导的社会状态中。

在这一竞争日趋激化的过程中，在生产方面，城市必须通过产业升级、技术创新与管理创新、制度创新等来获得更强的国际竞争力。然而，产业升级意味着从原本的劳动密集型向资本密集或者技术密集型转变，意味着对少数高端劳动力需求的增加和对大多数普通劳动力需求可能的减少，意味着社会进一步极化的可能性和新一波的社会空间结构调整。

在消费方面，当外部空间消费能力降低时，中国内部空间——城乡空间——就成为创造需求的重要载体。城市必须生产更加强大的消费能力，成为更惊人的吞噬者，这就涉及物质、社会和观念空间的各种变化与实践。另外，无论从生产还是消费的角度，“城乡统筹”的最基本含义与根本目的就是“扩大内需”。城市不仅要继续剥削农村劳动力，还将通过“土地流转”的国家政策将上述称之为不可移动的固定生产资料“移动”起来（包括农民最后的财产——宅基地及其上的住房），在空间上重新配置，产生更高的经济效益；城市还将通过资本、管理、人员、技术等下乡，把广大的乡村变成生产与消费的基地、资本进行生产与再生产的空间。或者，更加概括地说，“具有中国特色的社会主义市场经济”（以城为空间载体）必须进一步摧毁小农经济（以乡为空间载体），将小农经济转变成为自身增量的一个组成部分，进而缓解可能产生的危机。未来中国城乡之间的差别不再是原本两种经济模式之间的差别，而是同一种空间属性中不同空间密度、结构与形态的表现（当然，何时能够完全转换以及转换过程中可能发生的种种不确定性都有待进一步的讨论）。

人是人文意义上的最小空间。当下，从个人到家庭、集体空间、城市、区域、国家到某个更大的区域，都处在某种状态，与过去的任何时候都不同。这种状态难以维持自我封闭，而是深陷资本生产与再生产的漩涡之中。无论哪一种尺度的空间都被资本日趋穿刺、渗透和左右。“更”字在汉语中有包括经历、变化、愈加等多种意思。标题中的“更更”表达了一种状态，一种比原来日趋加大了强度的状态，一种经历着快速变化的状态。这就是当下和未来的现实，中国城乡空间生产经历的现实和未来持续的状态。是更好还是更坏？答案是，既是更好同时也是更坏，但更明确的是一定是更快，快得来不及认知“什么是好”；更明确的是，每一种尺度的空间必须在“更更”的状态中，强化“之间”的互联与关联。最后是关联控制了空间，空间彻底成为关联结构与关系互动的结果。而人，必须在这种无可逃避的“更更”的状态中（意味着与以前任何一个时期的人们不同的世界体验），经历新鲜、叛逆、困惑、迷茫，最后垂垂老去。

2、中国城乡物质空间极限生产

什么是中国城乡物质空间极限生产？笔者的基本理解是，物质空间极限生产是中外比较中体现出来的状况，可能有不同，也可能具有共性，但这种状况因种种外部或内部的复杂作用被推向了极致和极端的状况并通过物质形态表现出来。极限既是一种状态和现象(being)，也是一种边界(limit)和过程(process)。也就是说，物质空间的极限现象与社会的生产和再生产的状态紧密相关。

比如，计划经济时期的集体化社会与物质空间，包括了城市中的单位和农村中的合作社、人民公社的集体性组织与空间。这一历史时期体现出来的是集体力量的超级强大，社会对于个人的高度监管与思想规训以及私人财产的严重匮缺；权力空间位于观念、社会甚至是物质空间的核心位置。由于阶级的铲除，社会人群之间在物质方面处于相对公平的状态，体现在从服饰到住房等的日常生活中。作为城市物质形态，单位制空间是计划性社会生产与再生产集体劳动分工结果的一种空间表征，是服从于国家需要的、相对封闭的社会组织的空间模式。这里指出两种现象作为这一时期的物质空间极限表征。

第一种是中国乡村空间中房屋墙体上的政治口号与标语。温铁军曾经讨论过国家制度的有效性。他认为，在工业化从农业提取原始积累这个不可能跨越的历史阶段中，能降低与高度分散而且剩余极少的亿万农民的交易费用，并且完成资本积累，就是有效的。这是一个很有洞见的论断[6]。国家制度不仅是经济制度，还有观念空间的形塑。我常惊讶于在极度偏远的小山村中，还能发现箩筐大的字体构成的政治口号与标语。现实社会中哪一种交易成本最低？观念的可流动性降低了传输运送的成本，观念的招安与制服是降低交易成本最有效的路径，尽管将最终导致创造力的匮乏——这一点应该引起当前的高度重视。

第二种是高度机密的军工厂建设。最典型案例之一是重庆涪陵的 816 核工厂。此厂 1966 年开始建设，挖山而成一个巨大的地下洞体，到 1984 年接近完成时却因国际形势的改变而废弃。该洞总建筑面积有 10.4 万 m^2，总长约 20km，大型洞 18 个，道路、导洞、支洞、隧道、竖井多达 130 多条。核反应堆大厅高达 79.6m，核反应堆主厂房总面积 1.3 万 m^2。此核工厂堪称 20 世纪人类文化遗产，是中国计划经济时期集体力量的极限案例。

1978 年以来，特别是 1994 年以来的城乡物质空间生产体现出来的状态，是在计划经济向“有中国特色社会主义市场经济”转型过程中体现出来的各种面貌，体现在社会生产与再生产的诸多环节。在这一过程中，作为空间实践工具的城市规划与建筑学，遇到了前所未有的发展契机，整个规划与建筑教育界空前繁荣——一个参照的论述是，哈维指出 20 世纪 60 年代的英国地理学、区域规划与城市规划高度强调实用性，意图成为英国行政规划的工具，学科完全倾向于功能主义，“区域和城市规划的作用是要成为替全人类改良社会的手段”[7]。库哈斯笑语，中国建筑师的效率是美国建筑师的 2500 倍，这看似一种特定历史时期的必然。与计划经济时期的状态不同，城市规划与建筑学不再只用于处理空间尺度的不同，而是更多地呈现出社会分工的差异。笔者曾经指出，城市规划试图成为一种公共政策;而建筑学正成为资本寻找市场的一种空间技术工具[8]。一种判断是，在建筑学领域，随着社会分工的持续深化，将出现理论(抽象知识)与实践(具体问题)的分离。一种表现形式是影像 (image) 和论述 (narrative) 将“战胜”建筑实体：或者说，建筑商品必须通过媒体(影像与论述是载体，互联网、电视、期刊、杂志等渠道)得到社会各阶层的认知，建筑作为一种信息和符号才能获得更大范围的流通。这将是建筑界内部必须面对的困境。

另一种状况将不可避免，即彼得 · 沃克 (Peter Walker) 在《看不见的花园——探寻美国景观的现代主义》中提到的变化。沃克指出，行业的演变，从 20 世纪二三十年代设计精英主导设计事务所的普遍情况转向了 20 世纪六七十年代以后擅长管理、经营、证券、股票等的人物主导公司的状况[9]。这种变化的根本是社会转型的结果，从以生产为主导的现代时期转向了对市场高度稀缺的后现代时期。当下中国已经开始显现资本积累危机，建筑行业竞争日趋激烈，这些客观的社会外在迫使沃克指出的状况在中国重现。

在今天的中国，物理现象背后是整个社会的剧烈变迁以及制度安排、资本积累和社会结构的巨大变化；物理空间的极限现象是社会极限现象的表征。1994 年以来快速城市化进程生产出无数新的、与以往不同的空间现象。比如，史无前例的大规模快速拆迁，权力、资本与技术密集型投入的空间实践（从上海浦东到重庆的两江新区；从开发区到大学城）；又比如，所谓的“空间马赛克”、城市景观的剧烈对比以及各种门禁小区的兴起；再比如，无数的巨型工厂和工人宿舍区、遍布在高速公路和国道两边的加油站、世界上最大规模的高速铁路的快速建设、规模越来越庞大的建筑与建筑群、越来越高的高层建筑、越来越新奇的建筑造型和越来越快的建设速度，等等。然而，罗列这些现象虽然有助于提供感性认知，却无助于理解现象背后的发生机制。

前面的路将会怎样？中国城乡空间会出现怎样的现象和极限现象？一种判断是，物质空间的状态最终存在于资本、权力与社会的博弈之中。也就是说，空间将具有以下三种属性：空间作为商品；空间作为权力表征；空间作为日常生活的场所。在日趋剧烈的高度竞争中，空间最终的状态都将不可避免地处在商品、权力的表征与日常生活场所构成矩阵中的某一位置，在经济效益、社会公平和环境变化构成矩阵中的某一位置，特别是要依循资本生产与再生产的基本逻辑与规律。

可以进一步讨论的是，空间作为商品的一个最根本的问题是，空间商品如何获得尽可能高的交换价值？大卫·哈维在《地租的艺术：全球化与文化的商品化》一文中有精彩论述[10]。地方历史、地理资源的独特性是制造空间商品独特性的优质生产资料。比如，对于旧上海的各种想象——由此，上海新天地成为这种想象的当代依托；对于汉唐长安繁荣盛世的想象——由此，西安曲江池片区、大明宫片区等成为这种想象的当代依托。空间作为商品的结果，如居依·德波 (Guy Debord) 早在半个世纪以前就已经有的清晰讨论，将走向一个竞相绽放、争奇斗艳的奇观社会。[11] 在持续制造奇观的消费社会中，批判性反抗的实践是一种必须（比如，电影界的杨德昌、侯孝贤、贾樟柯等）；但除非改变生产方式，否则无法改变资本主义生产方式带来的基本逻辑。可以判断的是，随着技术急速进步，未来的空间实践，将出现前所未有的新形态（作为奇观的表征），出现原本可能只存在于科幻电影中的空间形态，一种全新的空间极限。

在这种情况下，也许更有趣的议题是城市与建筑的美学问题——传统城市规划与建筑学的核心问题之一。美和美感是客观的、具有普遍性和共通性的吗？不能否认它可能的存在（特别在低层度社会化方面），但是，城市与建筑美学（视觉、体验与想象）更是空间作为商品、权力表征与日常生活场所激烈博弈的外在显现。在某些情况下，美学即是政治，美学更可能是利润的载体。于是，全球性或者地区性的大事件往往会成为一种依托，来重塑城市视觉和想象美学。在这一过程中，就有可能出现空间的极限生产——为制造奇观的权力、资本、技术在特定空间中瞬时、密集的投入与生产[12]。未来更加可能的是，环境与生态问题（与日常生活紧密相关）成为某种借口。然而，哈维说道："在建筑学、城市规划和城市理论领域中，太多充作生态上敏感的东西实际上都与时髦和资产阶级美学没有多大区别，那种资产阶级美学喜欢一点绿色、少许的水，以及一抹天空来提升城市"[13]。

3、时空压缩、地景变迁与身体规训

大卫·哈维在《后现代的状况》一书中立论，西方发达资本主义国家 20 世纪六七十年代以来的社会转型，并不是一种全新的形态，而是资本主义社会从大规模的流水线生产向小规模、灵活的生产方式转变，是福特主义生产方式向后福特主义灵活积累方式的转变。这种转变导致的文化上的表现，就是人们体验时间和空间方式的改变，是新一轮的"时空压缩"[14]。哈维指出的其实是一种状态，一种资本生产与再生产空间扩张和持续加速的状态。1978 年以来的中国城乡空间生产已然深陷其中，无法自拔。本文开篇谈到，在一个高度竞争的世界中，如何维持与改进某一空间的持续生产与再生产是最根本的问题。为了维持与增强中国的竞争力、中国商品的竞争力，中国的城乡空间、城市群空间、城市的内部空间必须优化资源的空间配置，中国的城市必须持续扩张与加速，必须加大中国城乡空间之间商品的流动，必须加入新一轮的"时空压缩"，以应对越来越严峻的市场稀缺的高度风险和挑战。比如，区域规划成为国家重大发展战略的重要构成（区域空间的福特主义生产，提高区域空间资源配置的效率）、城市正在从增量规划走向存量规划（单位空间中更高的产能和消费能力）、农村整治与乡村规划正欣欣向荣（乡村规划的本质之一是产权的确立，以便于进行城乡间的交易）等。

那么，到底什么是中国城乡空间生产中的极限表现？极限存在于两个不同极端尺度的

空间中。极端之一，中国地景的巨大变迁，是中国从物质、社会到观念空间的巨大改变：从小农社会转向具有中国特色的市场经济社会；从经济相对平等的社会转变为极化的社会；从物资匮乏的社会转变为物资巨大丰富的社会；从全包型政府转向内化有威权的企业化政府；从以自然食品为主的社会转变为食品质量严重威胁公共安全的社会；从媒体匮乏的社会转变为电视机、网络和符号、身份的“我”的社会；从规划师、建筑师作为单位中冷清的劳力（原来称为工程师）变成炙手可热的职业人的社会。

极端之二，对于每一个人身体（作为空间）的规训是城乡空间极限生产的最典型表征。在一段时期里，身体虽然脱离了一种压迫却又面临着接踵而来的、新的多重压迫，身体受到权力与资本的高度规训，尽管这种规训并非中国所特有——我想起了英国作家乔治．奥威尔的《1984》。一种可见的未来是，对于身体的规训将更加强化，无论来自于为获得合法性的权力还是为获得利润的资本。在一个虚拟经济日趋膨胀的全球化空间里，作为规训最主要和最重要的一种工具，符号的传播与灌输将前所未有的超级强大。在物质空间实践中，往往体现为想象战胜体验，视觉战胜触觉，图像战胜实体，虚拟战胜真实。

中国城乡空间极限生产最终将只存在于虚拟空间之中，不在其他地方。

参考文献：

[1] 居依 · 德波：王昭风 景观社会 2007

[2] DAVID H The art of rent：globalization and the commodification of culture 2002

[3] DAVID H The art of rent：globalization, monopoly and the commodification of culture 2002

[4] DAVID H Space of Capital：Towards a Critical Geography 2001

[5] 温铁军 三农问题：世纪末的反思 1999（12）

[6] 张五常 中国的经济制度 - 中国经济改革三十年 2009

[7] 雷默（Joshua Cooper Ramo) 2005 年 5 月 11 日发表于英国外文政策研究中心题为《北京共识》的研究报告

[8] HARVEY D A Brief History of Neoliberalism 2005

[9] 曼纽尔 . 卡斯特尔；夏铸九 千年终结 2006

[10]戴维 · 哈维；阎嘉 后现代的状况 -- 对文化变迁之缘起的探究 2003

[11]戴维 · 哈维；胡大平 正义、自然和差异地理学 2010

[12]杨宇振；文隽逸 符号的盛宴：全球化时代的建筑图像生产与批判——后 2010 上海世博会记 [期刊论文]- 新建筑 2011(01)

[13] WALKER P;SIMO M Invisible Gardens:The Search for Modernism in the American Landscape 1996

[14] 杨宇振 权力，资本与空间：中国城市化 1908-2008 年 -- 写在《城镇乡地方自治章程》颁布百年 [期刊论文]- 城市规划学刊 2009(1)

作者简介： 杨宇振，重庆大学建筑城规学院教授

原载于：《时代建筑》2011 年第 3 期

城市开放空间

Open Urban Space

（德）迪特·哈森普鲁格 著　陈欣 童明 译
Dieter Hassenpflug,
Translated by CHEN Xin, TONG Ming

摘　要
文章通过针对中国城市空间一些典型现象的解读，分析其中所蕴含的源于中国文化传统的城市特点，解释了中国城市中“开放性城市空间”与欧洲城市传统中的“公共空间”之间的典型差异性，以及由此而来的特定的城市设计方法。

关键词
城市 开放空间 中心性 公共性

1、线型中心和黄金走廊的魔力

如果我们将城市视做标识，其中心性主要以各种形态进行描绘：点状的、线型的、分散的。总体而言，城市中心所指的是那种最具有象征意义，拥有最佳可达性，同时也是最为稀缺的地方。因此，城市中心一般也是最为昂贵，处在城市的黄金地段。

在欧洲历史上，曾经发展出一种节点状的，其内容是公共属性的中心形式。最早是希腊城邦的集市广场，一种萌芽状的城市空间，然后是具有展示作用的罗马城市广场，最后是在大约1000年后的再城市化过程中出现的市场、教堂和市政厅综合体，这种综合体直到今日仍然在空间上塑造着欧洲城市。在这样的集合中，建立在基督教信仰与资产阶级自治基础上的城市社会在空间中充分地展示了自己。

在美国这个标榜为共和的、反设计的，不曾经历过欧洲封建和旧资产阶级传统的国家里，商业从一开始就是城市发展的原动力。塑造城市的市场动力促进了“中央商务区”（CBD）的形成，这是一个汇聚“做大生意”的公司总部、银行、购物中心、酒店，最近还包括文化机构和城市富人居住的花哨高层住宅，以便为各种事务景象增添中心化的象征性资本——当然，反之亦然。然而在中国的城市中，线型或轴向的中心性是非常典型的，它适合于等级化的空间序列设计。有两个主导因素使得这种形态在中国城市中具有重要意义。

第一个是历史原因，它本来就应该这样！类似于罗马城在建造时所运用的宇宙定律，包含墓地在内的经典中国城市也是根据精神方面的要求来布局和确定朝向的。城市的布局基于南北向的矩形平面，其中有两条（或更多）中心轴线相交于城市中心。这很容易让人想到古代罗马城市的中心轴线卡多（Cardo）和德库马努（Decumanus）。“钟楼”或“鼓楼”通常位于两条主要轴线交会处，也就是城市最中心的位置。再加上城墙，这就构成了象征皇权无所不在的显著标志。皇宫或统治者的居所通常位于东西向轴线的北侧，并在很大程度上整合了南北轴线。东西向的历史主轴线通过设置进入太庙（通常在东边）、社稷坛等庙宇的入口来强调其重要性。

明确规定功能和意义等级将有助于确定每幢建筑、每条街道的规模、布局和配置。等级总是被转化成为一种线型的空间序列。这样的线性特征表明了作为唯一合法性的皇帝视角的重要性。因此，在线型布局中，城市代表着由皇帝确定的不可变更的秩序（吴唯佳，1993）。线型或轴向中心性一直都存在于中国的省会城市（北京、西安、南京和杭州）以及其他许多至今依存的皇城的空间记忆中。事实上，它已经被铭刻在中国人的集体记忆中。

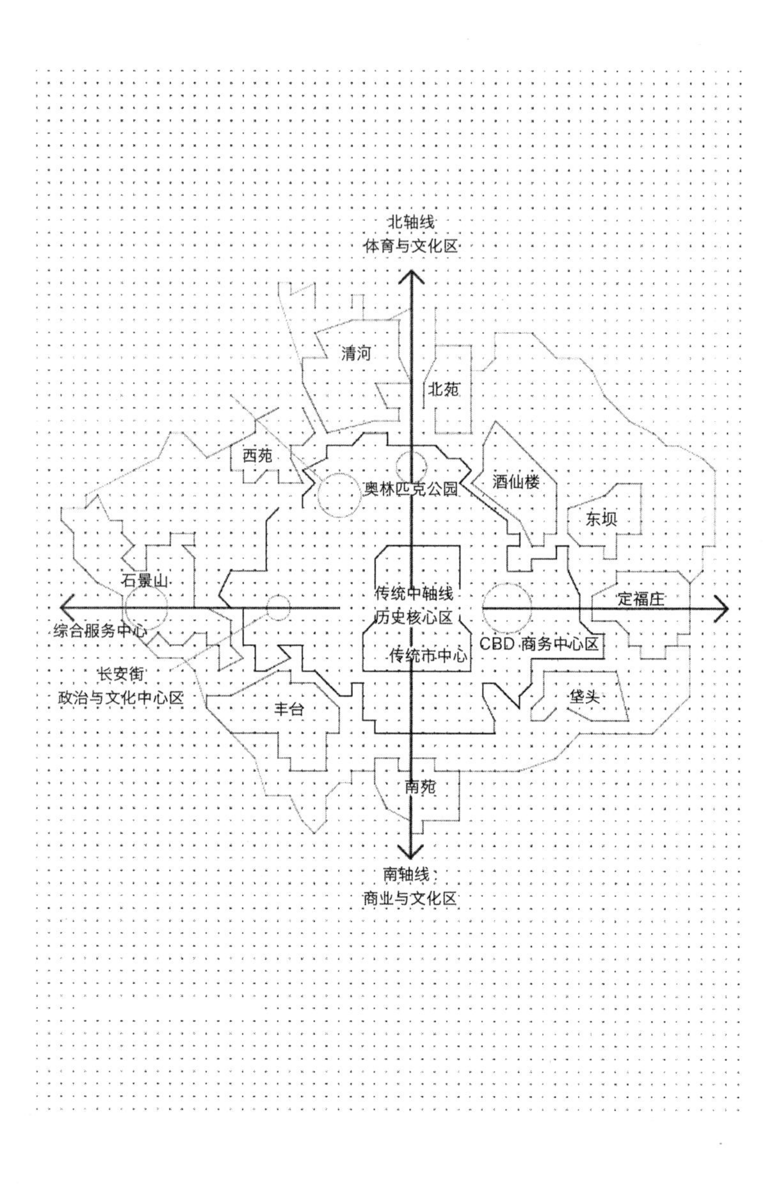

1

图 1. 北京战略规则，中轴线

说到这里，我们已经触碰到线型中心性在中国城市规划流行的第二个因素了。轴向中心性带有相互关联的等级化空间序列，它认可中央集权的合法性，容许“无尚道德”或“家长式”的存在（盖伦 2004）；因此，严格按照等级组织的帝国时期的中国社会（事实上，更准确的说法是民族共同体）能够恰当地在空间上反映并识别自身。不管是民国还是毛泽东时代，在过去一百年间，由于这种社会的基础结构并没有明显改变，“无尚道德”式的中国社会如今仍旧将自身完美无缺地映射到中央轴线的等级化空间序列中。此外，线型中心性似乎和那些外观大多明显是巴洛克风格的市政厅，各种政府大楼，以及其他辉煌雄伟的场所、广场密切相关，但是也不要忘记，与古老的轴线相比，这些空间形象在历史上要年轻得多。举例而言，北京的新、老城区就证明了时至今日，线型中心性还保持着多么强大的力量。为 2008 年奥运会准备的体育、服务和住房设施几乎顺理成章地沿着过去的龙脉布置在轴线的北部。然而，这仅仅是轴线北段全面更新、延伸和复兴的开始。向南看去，作为全世界最大的城市广场之一，紫禁城城门前宏伟的天安门广场也很自然地坐落在南北轴线上。当毛泽东下令建设这个巨大、开敞，并在两侧布置众多富含政治意义的建筑物（西侧的人民大会堂和东侧的国家博物馆）的广场时，他所设想的不仅是一个强大到能够抗衡故宫建筑群的象征性存在的对立面，更要打断原有的空间秩序以便重构中央空间等级，而实现这一目标的前提条件正是利用这条历史轴线。

但是，我们不应该忘记，东西轴线同样重要。它与南北轴线恰好相交于天安门，而它在毛泽东时代的扩建之前还只是紫禁城正门前的一个小广场。东西轴线是北京致力于控制城市中心性动力的第二个聚焦点（实际上是一条“聚焦线”）。20 世纪 90 年代，该理念的产生就是想要利用美式“中央商务区（CBD）” 的形式为新中国首都提供一条通向世界的康庄大道。显而易见，只有朝阳区能够为城市新商业中心提供适当的选址，那正好就是三环路与长安街这条东西轴线相交的地方。简言之，商业中心必须沿着历史轴线布置，从而服从于历史轴线。选址的决定性因素是要将商业中心纳入到长安街这条 “全国第一街”的轴线中。第二个重要的因素则是能够定向到机场和轴线东部的使馆区。然而，这种布局一开始就清楚地表明，北京的 CBD 虽然是有意设计的，但它永远也不会成为美式的城市超级核心：无论是现在还是将来，北京的超级核心已经被确定，更准确地说是已经被占据了，而占据者正是从南到北的“龙脉”和从西到东的长安街的交会处的“大十字”。

即便考虑到北京另外还有三个所谓的 CBD，我们也不得不承认，这个 CBD 是其中排名最高的。为什么呢？因为它包含有长安街和二环路交会处所谓的北京“金十字”。然而，沿着这条中轴线，新的 CBD 也不得不奋力在象征性场所的等级中争取一席之地。朝阳区的党委书记对它的发展进行了阐释：“我们的 CBD 不是 8 小时的 CBD。如果人们白天在这里工作，下班后就会一去不返，CBD 将是一个可怕的城市区域。我们的目标是让 CBD 成为一个宜居的国际商业社区。我们称之为 24 小时商业社区，它在工作之余也随时充满了生机和繁忙”（www.bjcdb.gov.cn）。这里的关键词是社区。家庭、集体、内向、排外的正面内涵是其闪光点。一个好的 CBD 是一个“门禁社区”，一个家庭单位，一种混合产物，一个城市村庄：工作和闲暇时人们都互帮互助，工作和休闲也和谐地结合在一起。工作就是娱乐，娱乐就是工作。CBD 是一种“儒家资本主义”的象征性场所！

依据中心性和等级空间序列的逻辑，东西轴线的西侧也需要一个适当的平衡物。“科技园”（被认为类似于旧金山湾区西部的硅谷）和西长安街沿线的银行区似乎能提供相应的平衡。但是事情并非那么简单，在紫禁城的西侧设置一个银行区意味着什么？这对东面被寄予厚望的 CBD 又意味着什么？据传闻，IBM 和谷歌已经去过新的 CBD，然而，他们只是简单地探访了该地区，又回到原来的地方。而关于一家西长安街的银行决定搬进新 CBD 的消息也并没有得到官方承认。因此，就算拥有华美的建筑，CBD 还是惨遭厄运，自身更成为北京城市中心性建设的问题。因为，没有银行的 CBD 是什么？再坚强的羽翼也会变得脆弱不堪。

北京市前书记市长刘淇曾经描述过人们如何采用有些不够恰当，但也算中肯的言语来设想十字形中心，那就是“一轴，两翼”（但不能说成是一龙两翼，因为龙虽然会飞但并没有翅膀）。双翅一强一弱的鸟儿是难以飞翔的，可以说，科技园和银行集群是强翼，像 CBD 这样的项目就是弱翼。未来将表明，把 CBD 构架于“金十字”上的组合构成对于城市“躯干”的平衡意味着什么。是某种类似于巴黎的情况将会发生？在那里，拉德方斯给美国风格提供了在陌生环境发挥效应的舞台，但收到的却是冷清的结果，例如空置、昂贵的复兴措施，以及落魄的办公区。或者说东西轴线仍能获得整合？

由于首都的至尊地位，中国可能只存在一个“大十字”。但是，具有特定朝向的线型中心性及其等级化的空间序列在任何地方都可以展现其魔力。因此，“黄金轴线”可能不止一条。由上海同济大学建筑与城市规划学院（CAUP）的规划师设计的沈阳“黄金走廊”是中国最知名的案例之一。这条轴线平均宽约 2km，长约 12km，以青年街为中心，轴线方向依据原有规划从北至南，从北京公园到位于浑河南岸的浑南新区的沈阳国际展览中心。沈阳市十分积极地实施了这一规划，同时还将黄金走廊一路延伸到沈阳桃仙国际机场。

在今天的中国，城市中心性依然是一个被低估的问题，黄金走廊不仅对此做出了回应，更以一种典型的中国方式进行了回答: 正如我们所知,中国城市的中心更倾向于线性的空间,历史上城市中心是由两条（或更多）彼此相交于城市中央的轴线所构成。由于有着帝国都城的渊源，线型中心性被赋予了祥瑞的期许，遵循线性的概念，将空间组织为具有等级化含义的序列。以北京公园为一端，展览中心或机场为另一端，这种选择或许说明规划师在规划黄金走廊之初，头脑中就已经带有一连串清楚的城市“情境营造”的概念。

然而，这条走廊有一点很恼人——这种困惑涉及对当代中国城市中心性的理解。具体而言，富有历史意义的清朝皇宫（沈阳故宫）并没有在走廊的中心性中获得承认。黄金走廊并没有将沈阳故宫（中国的二号“紫禁城”）整合进来，而是将其置于历史主轴以西两到三公里的地方。可想而知，能够整合皇宫的东西轴线实际上是不存在的。那么皇宫能沿着从西向东的轴线进行布置吗？当然不能。沈阳市及其城市顾问显然低估了故宫的意义，也许他们根本就不认为从前的皇宫与走廊有多大的关联。然而，自从沈阳故宫作为北京故宫扩展项目而宣布成为联合国教科文组织世界遗产后，全世界都认识到它的重要性。黄金走廊整合了市政广场、沈阳铁路北站，但是正如我们已经注意到的，尽管故宫对沈阳人民来说仍然是重要的地区标志，但是它并没有被纳入到黄金走廊中。新的轴线型中心是根据工业化过程发展而来的空间条件确定轴线方向的，但这并不能令人信服地将新旧中国结合起来。

黄金走廊的概念与同心圆放射式中心性的概念并没有什么关系；由于轴向等级结构的主导地位，后者从未在中国历史上出现过。但是一份现今沈阳城市结构的分析（2007）表明，作为同心圆放射式结构的核心的点状中心实际上是一种极佳的应对方案。沈阳的主要中心可以分解为三部分的核心，它们有望成为一个巨型城市的超级中心：这三部分核心包括之前提到的故宫，市政广场的周边地区和沈阳铁路北站的周边地区。然而，人们从未尝试去设计这样一个超级中心。原因很显然，这种由三部分核心构成的集群并不能转化成为线型的等级化空间序列。它要求更高的空间平等性，目前中国的规划师显然还不愿意让步至此。总之，点状中心性的概念似乎并不能依赖于对当代中国城市精神景观的大力倡导。

另一方面，黄金走廊又是成功的，因为它处理了一些当代中国大城市发展的重要问题，并将其整合为一种连续的形式。黄金走廊包括了实际上从原帝国轴线衍生而来的“大街”（青年街），还涵盖一大片“跨河”发展区，这种“跨河”发展或多或少是当下中国城市发展的一种“时尚”理念——我们将在后文中详细探讨这一问题。

最后，我们想补充说明在当今城市发展规划中，以强化轴线中心性作为发展目标是多么自然的一件事情。当哈尔滨工业大学建筑与城市规划学院的建筑师张伶伶（目前是沈阳

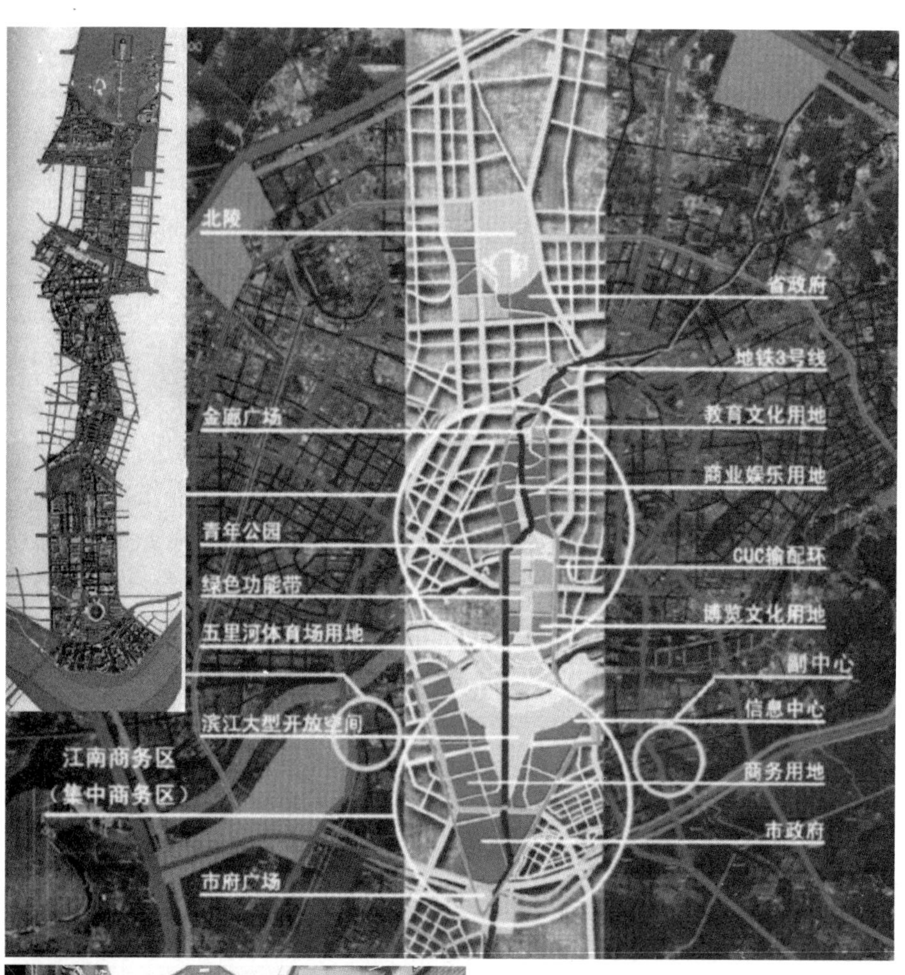

图 2. 沈阳“黄金走廊”
图 3. 上海被商业化的里弄

建筑大学建筑与城市规划学院院长）受托为正在兴起的工业城市吉林（紧邻与之同名的吉林省省会、汽车之都长春，是这个北方省份的第二大城市）设计一个具有典型地标性的结构化中心时，他自然而然地采用了曾被淡忘的南北历史中轴线来振兴该市。这样，他将一座跨越松花江的重要桥梁，还有一座由法国人建造的哥特式大教堂都整合到了南北轴线之中。通过“世纪广场”的塑造，他触发了南北轴线空间重构的信号，现在这条轴线作为城市“主干”（张伶伶，2004）已经成为各方关注的焦点。

2、社区开放空间

当我们越是深入到中国城市的内城空间，各种大院的围墙、篱笆就越是无足轻重，从而容纳了公众可达的开放空间。商店和购物中心的数量和规模都有所提升，饭店、写字楼、酒店也是如此。总之，众多的摩天大楼将中国大城市打造成为一个名副其实的城市山景。我们也看到越来越多的为公共设施提供开阔视野的绿色空间，设置于购物中心门前、内部的广场，最后，我们甚至发现了步行区——这些发现都不限于上海或北京。

于是两个问题出现了：什么样的功能可以归属于开放空间？封闭空间与开放空间是如何相互关联的？第一个问题可以快速进行回答。我们主要在商业功能区域看到了开放空间：零售店、购物中心、超市、街头小贩，从理发服务到奢侈酒店、餐馆、中介等各种服务。我们也能在公共建筑附近发现开放空间，如博物馆、美术馆、音乐厅、图书馆、登记中心和城市行政建筑——然而，幼儿园、中小学校、大学或政府大楼附近并没有这样的空间。过去，市场是关闭的，即使有开放的，也会受到强烈的政治监督，或者就像毛泽东时代那样几乎完全关闭。如今中国城市的开放空间是完全不同的——它表明中国正在向市场经济进行开放。

回到封闭空间与开放空间关系的问题上，上海的新建设提供了一种重要的参考类型，它是一种开放的、定义为商业使用的设施，并与封闭社区有一定关联。这些设施的中心性程度有所不同，其规模和功能多样性，或者说专业化的程度会随着中心性程度的提高而有所增强。一个只为四到十二个邻里单位服务的邻里中心当然要比一个其范围由 40 个 ~80 个超级街区组成的多功能地区中心更小、更单一。

接下来，我们将对街区外围商业带、社区步行街、邻里中心、社区中心和地区级的多功能中心进行辨分。目前，我们还可以将老式的乡村道路纳入郊区考虑。但是这种做法即将终止。

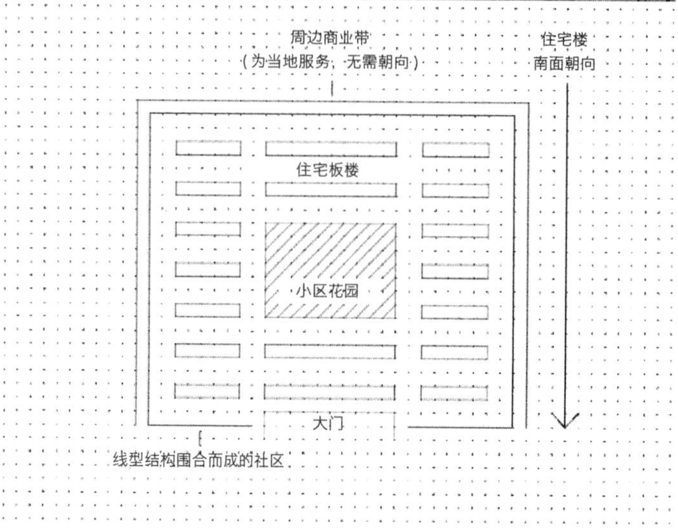

4a
4b
5

图 4a. 上海商业镶边
图 4b. 沈阳商业镶边
图 5. 由导向性的线型结构与非导向性商业“括号”围合而成的社区

可以看出，这一整套结构源自以美国模式为基础的邻里规划系统。由于从新大陆引入的邻里规划在1949年共产主义掌权后就不再流行，也可以认为，这是中国改革开放的结果（Kogel，2007）。

3、整合过的街区周边商业带

在住区建设中，深植于文化的朝向范式使得城市规划与设计的手段受到明显的限制。然而在某种程度上，由于商业建筑并不受朝向规则的制约，这种限制得到一定缓解。因此，中国的城市规划产生了一种值得注意的共生现象，即严格遵守朝向的住宅和不受朝向影响的带状商业建筑的相互共存。在中国，板式或线型的住宅结构与街区外围的建设并不冲突，特别是在思想认知方面，两者反而相得益彰。

无论是行列式住宅还是高层住宅，社区内所有住宅都或多或少面朝南向。因此，一排排住宅都按照东西走向进行排列，即便它们有所“弯曲”或“舞动”时也大致如此。在老式住区中，这种空间语法通常会导致街区南北两侧的街道与小区外围的板式建筑直接相接，而东西两侧则大多表现为建筑后退留出的绿化空间和板式住宅末端的双重序列。

在城市规划中，商业功能的灵活性带来了一定的自由度，这已经被用于老式福特主义居住区建设中住宅和各种商店的组合。板式布局原先开放的两侧恰好又被带状建筑封闭了，同时还为小商店和工坊提供了空间。这对中国城市的居民来说有三大好处：首先，本地供应可以通过合理的空间布局来进行组织；其次，像“括号”一样屏蔽外界的效果恰好与居民排外、安全的预期相一致；第三，外围的“括号”可用于防范各种街道的污染和噪声。任何人只要感受过（现在仍然还有）老式农用单缸“单位卡车”路过时发出的阵阵轰鸣，都可以想见这种防护有多么的重要。

在通过界定街区边界来适应以封闭、朝向、内向为特征的基本结构时，一种与朝向范式完全不同的概念导致了沿着邻里外围东、西、北三侧的建筑布局。通过提供城市设计和建设的灵活要素，商业使用给中国城市带来了倍受青睐的设计自由。它让功能具有多样性的同时，还能保证明确的空间角色分配：封闭的居住小区与开放的商业边界之间形成互动。在朝向新福特主义转变的过程中，这一基础结构已得到显著提升和完善。在今日中国，沿着行列式住宅末端与街道相接的“括号”几乎无处不在。许多老式小区也已经按照这种格局进行翻新。在新的住宅区规划中，这种格局一开始就融入设计中。今天，很难想象没有这些“括号”的中国城市景观是什么样，“括号”已成为清晰可见的设计元素，它们预示着封闭和开放的二元城市空间的到来。另外，小区外围南北两侧的板式住宅与商业空间的整合也已经司空见惯。

不仅如此：现在南北两侧的外围建筑甚至被规划成为纯粹的商业建筑。类似于东西两侧的“括号”，它们也起到小区周边围墙或栅栏的作用。今天，我们可以发现许多可达性好，位于市中心，完全由零售、商业带环绕而不再需要围墙和栅栏的大型社区。唯一留下的“传统”元素只有大门。当然，我们也发现只有两三个“括号”的小区，有些只有一个甚至一个“括号”也没有的小区也很常见。例如对两层别墅区来说，由于消费者数量不足，街区外围的带状商业建筑并非不可或缺。此外，商业建筑甚至有损别墅区的品质。这就是为什么这样的别墅区要将栅栏、树篱、围墙之类的屏障暴露在外的原因。受到种满灌木和树木的宽阔绿带的保护，别墅区在视觉上可以与外部开放的交通空间隔离开来。

为什么这样的商业设施对于当代城市设计具有这么高的价值？答案是显而易见的：商业设施抵消了由围墙和大门带来的视觉上的屏障效应。隐藏在带状商业中心后面的小区并不会产生特别强烈的“门禁”印象。由于增加了商业用途，小区获得了功能多样性，这似乎比单纯由开放空间隔离出来的单一居住结构的小区更有城市性。同时，对于一条或更多商业带包围的小区来说，生活在其中的居民同附近的居民一样，都可以从本地供应服务中获益。

然而，这种空间优势得以发挥的前提条件是住宅小区的规模以及居民的绝对数量。封闭的居住区和开放的商业“括号”共同组成了一个超级街区，我们可以将其视作单位消失后遗留下来的传统。作为直接的城市规划策略，小区附带的商业带只能在有限程度上抵消屏障效应，因为商业带在很大程度上受制于用途目的、文化背景和区位条件，例如小区内部的人口数量。根据总体趋势，一般而言，未来的小区毫无例外都是由具有较高人口数量和密度的高层住宅所组成。这样，只要稍稍与住宅区有所邻近，零售业就能获得盈利机会。当然，可达性也是一个重要的影响因素，但是相比起高等级的城市道路，居民还是更喜欢社区街道，在这里既能停车又能步行通过。

景观设计元素也被当作直接有效的城市规划理念用以抵消屏障效应，例如对绿带、树木或竹林带的布置，对现有水道（在紧邻长江口的上海较为常见）的整合，或者就只是将高等级道路贴上林荫大道的特征。

商业设施会对城市景观意象造成很大的影响。随着栅栏和围墙越来越多地被街区外围商业带取代，空间规模较小社区的基本结构却带来了一种特定的平衡，一种由封闭和开放空间要素所形成的和谐的城市设计韵律。结果，我们可以看到商业元素是如何决定性地塑造了当代中国城市的生活质量的。这证实了一个关于城市的基本观点：零售和商贸设施过去一直是，将来也会是城市形态的重要组成部分。因此，它们是长期存在的，甚至可能具有普遍的历史意义。

4、社区步行街

社区步行街是上述街区外围有组织商业带的“反转”版本，是外部空间向内部空间的转换。蒙克（Munch）认为这是把城市空间整合到封闭社区的一种案例（Munch，2004，45）。在这种情况下，街区外围的建设实际上转向内部。我们也可把它看作是住区内部人行通道的商业化转变。总之，这种独特的步行区结合了街区外围商业带和住宅小区建设的典型要素。对于街区外围商业带来说，像商店、酒吧和工坊这些可以用同一种建筑语言表达的设施，由于不受朝向限制，可以用做封闭的住宅区和开放的城市空间之间的间隔。另一方面，住宅小区提供了蜿蜒的道路形态和内向的尽端路。参照这些社区空间要素，步行区成为一种内向的空间设计元素。

不管在什么样的情况下，社区步行街都要向更高级别的城市街道开放。公众可以自由进出并使用社区步行街，就像其他购物街和步行区一样，社区步行街也利用同样的方法来吸引顾客。但是，其公共性会被某些特定的私密属性所抵消，不仅是因为要适应小区的具体设计，这种消减也会受到各种因素的强化，特别是社区导向的经营范畴（药店、儿童服装店、玩具店、体育用品店、餐厅、移动电话和配件服务、面包房、糖果店等），精致的街道家具，还有小区休闲设施（乒乓球室、音乐教室等）。社区步行区从而具有了一种双面角色：既有外部的开放领域，又有封闭的私人环境。

由于缺乏相关研究，无论这种社区导向的商业设施运营是否良好，本研究都不能加以佐证。在针对这些地区进行采访时，我看到的都是一派荒芜的景象。然而，选择性的访问只能代表选择性的印象。紧挨住宅建筑，缺乏可用空间，远离繁忙的高等级街道和购物中心，这些因素都严重制约了内向步行街成为引力重心或磁核（如百货商店）的可能性。这可以解释为什么这些购物街难以吸引本地之外的客户。但是另一方面，小区自身带来的大量客户仅能维持一定数量的小商店。

最近我们发现了一种社区步行街的高级变化形式，它结合了大型高层住宅区与大型购物中心，即所谓的社区中心。这种本地供应和社区 - 地区供应的结合显然是为了将相关的居住地产打造成优质品牌。实际上，它与其他社区或地区中心大同小异。我们在其中发现了一种由若干百货商店围合着的广场，广场有开放的也有封闭的，而百货商店则能发挥引力作用，将顾客吸引到众多更小的商店、精品店、理发美发店、银行分支机构、餐馆和咖啡店。

5、邻里与地段中心

根据城市规划法规，在中国大城市郊区的新区建设中，每一组社区都必须配置一个购物与服务中心，这些中心的层级必须高于零散商业带或者“括号”。根据面积规模、商店数量、产品范围和功能混合，我们可以辨识出两种类型：小型邻里中心和大型社区中心。社区中心本身由地区中心所替代，由于规模和形式方面的多样性，地区中心通常位于已有或规划好的城市中心或副中心的核心地带，这样可以极大提升其中心性。

邻里中心通常位于主要交通干道的交叉口。其核心由一个购物中心组成，一般按照美式蓝本被称作“购物街”（mall），另外还包括一个大型超市（在上海通常是英国连锁超市乐购或者法国零售商家乐福的合资企业），辅以众多小型专卖店，服务设施，尤其是中式快餐店。停车空间较为缺乏或者干脆没有。取而代之的是，超市会提供自己的短程巴士服务，以及相对成熟的送货服务；邻里中心折射出中国正在快速增长但仍然相对较低的汽车拥有率。

邻里中心往往也是附近居住区域的街区块外围商业带的中心节点。其产品范围似乎受到经营公司的控制。各种商店的集聚产生了某种混合而重要的特征。这种特征在公共设施的影响下会得到明显放大，特别是像幼儿园和学校这样的设施，还有非正规的农民蔬果市场，以及由外地劳工经营的小型，通常是微型的小吃摊、小饭店、烧烤摊和煎饼摊。邻里中心的集聚效应是无可争议的。

这些中心之所以能够成立是以城市规划决策为基础的，而规划决策往往又符合投资商、开发商的利益，相应的协议在决策过程前期就已经达成。它们的空间起点大多是一些标志性建筑，由于其精致的花园式综合建筑群，这些建筑在类型上很容易让人联想到公共建筑。但实际上这是当地房地产开发商的售楼处，为了促进销售而在周围塑造出一种宏大氛围。

在这些建筑的较高楼层，我们偶尔会发现一些高质量的餐馆。一般而言，当公寓销售完毕，这些建筑全部都会不可逆转地变成为餐厅。社区中心的特征就是对重要功能的供给要有足够广泛的选择性。我们通常会发现这样的开放式零售中心，其商店大多围绕着广场组织，一条或多条步行街就像手指一样从广场延伸出去。中心至少有一家主力店，其形式可以是大型超市，也可能是百货商店或各类餐厅的综合体（从民族风味快餐到中国美食餐厅）。在典型的零售店附近，我们也会发现电影院、健身中心、美容院等设施。这些社区中心的蓝本就是美式购物中心。正如前文所提到，这些形形色色的中国复制品都将“购物街”用于其名称当中绝不是巧合。

可达性是社区中心选址的决定性因素。在一个汽车拥有率仍然较低的国家，选址至少需要靠近一个地铁站，一个主要道路交叉口或者一个大型出租车停招站。不出意外，我们在地铁枢纽发现了几处最大的购物中心，它们通常还配有直接进入地铁站的通道。另外，社区中心常常也寻求临近展会或商品交易中心综合体、市民机构（博物馆，美术馆）、大型酒店和专业或批发零售中心的地方。现有功能往往会吸引其他功能，而周边城市空间设置的大量障碍会强化这种效应。地铁站的存在促使这些地方转变为城市小区的门户，从而加强对居民的吸引。无论对出租车、电动黄包车，还是对于小规模、非正规的贸易、服务来说，都可以在这里找到盈利的机会。

大拇指广场是新型社区中心的典型案例，它位于上海市芳甸路旁，浦东世纪公园北部的居住区内。这里试图参照美式的开放式社区中心来营造一个城市广场，一个市民社会的开放空间。购物中心占据了整整一个街区。中心广场和毗邻的小街道、小广场都禁止汽车通行。大拇指广场的主入口开向芳甸路旁繁忙的出租车等候区，并且还有路径可以到达北部用于货运和停车的鹅卵石通道，以及东部的另外一条进入通道。然而，这里附近没有地铁站，但周边社区较高的人口密度和异乎寻常的大型地下停车设施弥补了这一缺陷。

看看大多数西方公司是怎样围着主要广场进行聚集也别有趣味。首当其冲便是自称为“大卖场”的家乐福，还有星巴克、必胜客以及两个经营法式面包、糕点的小面包店。众多餐厅集中在购物中心的两侧：日式的、韩式的和中式的。另外，还有一些精品店、美容院以及一个名为“海德格尔”的书店。

大拇指广场这个案例说明了中国规划师试图以美式开放社区中心为蓝本去创建一种城市空间的努力。然而，由于对美式蓝本的功能结构认识不够深入，规划师只是套用了其表面形式。不足之处显而易见：大拇指广场只有一家主力店，即家乐福。其结果，顾客对购物中心外围区域的使用率有所下降，部分区域急速下降，甚至完全无人问津。

广场本身人性化地配置了就坐、放松的长椅。小坐一会儿，你就可以看到，在当地星巴克店里的人们如何看报、交谈，通常还要来上一杯咖啡。不知怎么，一切看起来就跟西方人一样，但又不像游客的样子。相比之下，中式咖啡店的顾客在公共场所的行为则迥然不同：他们不断地摸索手机，注视着笔记本电脑的屏幕，谈话时精神集中而有条不紊，记录笔记，并不时抿上一口果汁、茶水或巧克力饮料，但是很少有人喝卡布奇诺、意式浓缩或雪点咖啡。他们不怎么关心周围发生的事情。闲逛、漫步、公共交流之类的城市活动至今仍是一种相当西方化的行为特征。这并不出人意料！正如我们现在所知，中国没有公共空间的传统，也没有利用这种空间的惯例，因此没有传统的闲荡行为（flneurship）或基于公民社会的公众讨论。

在咖啡店里看中文报纸就意味着所接收的信息和观念是经过过滤的——一般而言，人们并不热衷公开的政治辩论。中国人目前的兴趣仍然主要限制于经济活动范围之内——而这一视角被看得过重了。

到了晚上，街前广场就像慕尼黑的圣诞集市那样热闹：为了给孩子上轮滑课，广场局部是封闭的。当然，这是一种商业运作，目的是为了销售滑轮鞋。广场旁，几辆擦得油光锃亮并饰有婚礼饰品和花束的汽车缓缓驶来，一些穿得像模特一样的男男女女走出车门。这是汽车广告的时间。然而如果后退几步，我们突然就变成了昏暗之中的孤独身影。亚洲的餐馆在9点左右就会关门。当他们把灯关掉后，我们忽然意识到现在几乎没有什么街道照明。

在世纪公园以南的龙阳路上，一种不同类型的上海社区中心坐落于磁悬浮车站的一侧，面向城市。由蒂森-西门子研发的磁悬浮列车建立了与浦东国际机场之间的联系，现在仍然被称为上海的“示范线”。在这个新型终点站附近的无人之地，尤其是德国公司试图定下这种基调，例如批发商麦德龙或硬件商店欧倍德（腾格尔曼），欧倍德后来被迫停止营业（可能是由于在应对中国商业文化和顾客偏好时遇到了壁垒问题），将资产转卖给英国的百安居。

不仅数量众多的本地零售商已经在此立足，作为贸易区面向整个城市服务的大公司和服务机构也在这里落户，包括全球最大展览空间之一的上海新国际博览中心。龙阳路上的社区中心有望成为更高等级的中心。然而，它并没有达到超级社区中心或者地区级中心的水平。因为这里缺乏一个必要的、高度综合的购物中心，其中需要有几家作为主力店的百货大楼，并且配备小型的内部组织。这一区位还没有得到充分利用。现在，这似乎是一个功能决定的社区中心，它并不是真的想要成为“城市的”。

编号	名称	主题	区位
	松江城 / 泰晤士 i	英伦小镇	松江
1	安亭	德式小镇	嘉定
2	堡镇	澳大利亚风情	崇明县
3	奉城	西班牙小镇	奉贤
4	枫泾	美式小镇	金山
5	高桥	荷兰小镇	浦东
6	罗店	北欧新镇	宝山
7	浦江	意式新镇	闵行
8	周浦	欧美新镇	南汇
9	朱家角	中式小镇	青浦

6 7
8 9
10

图 6. 上海浦东社区步行街
图 7. 上海浦东社区步行街
图 8. 上海浦东大拇指广场社区商业中心
图 9. 上海，由小区大门看出去的摊贩街
图 10. 社区中心

6、城市扩张中的小贩

在郊外社区,一种为中、上层阶级提供服务的另类商业街或者商业带出自于某种类似"村庄"的空间环境。在规模、大小、材料、建筑和空间印象等方面，它们似乎与其他全新环境格格不入。这些"村庄"总体看上去较为贫困，具有商贸和商业的功能结构，专门为新住区提供短期和长期的供给。这至少在一段时间内确保了这些"村庄"居民的收入。我们可以辨分出两种类型的"村庄"定居点。

第一种实际上是紧邻迅速扩张的大都市或者被它完全包围的村庄。我们将在深圳城中村的案例中（第7章）详细说明，它们能够发展出一种令人惊叹的社会文化能力来适应新的环境。然而，深圳特殊的稳定条件（例如整个村庄的集体土地使用权的维持）并非在整个中国都适用。我们在这里所看到的村庄大多只是一段有限时间内的居住现象。当村庄的土地、绿地和田地将要被开发时（通常始发于某个市区在面临重构时将农村转变为城市地区的过程），居民被迫离开家园并获得损失土地使用权的赔偿。村庄一块一块的腾空，房子一幢一幢的拆除——直到还剩下一两条沿着主要街道的建筑带。在或长或短的有限时间内，这些建筑可以成为当地的购物街和供应中心，并保持着一定的村庄品质：规模较小，多元混合，丰富多彩，广受欢迎。毫不奇怪，这些生动的街景会吸引蔬果店、鲜肉店、海鲜店、小"超市"、各种夫妻老婆店，还有纺织店、餐馆、花店、手机店、银行分支机构以及各种维修和手艺工坊。

第二种是随着新住宅开发一起,扩张到乡村地区的外来务工人员的非正规定居点。过去,军中小贩跟随着大部队的步伐走上战场。今天，这些定居点跟随着建筑起重机、砂浆卡车、施工经理和工人。他们的棚户小屋首选主要街道的两旁。他们向建筑工人，也向开车驶过的新居民展示商品。尽管外观不佳，这些建筑通常还是可以发展成为高度专业化的购物带，能够灵活应对伴随新开发的巨大建设活动而来的各种需求。

这种"村庄类型"的生存并不依靠农业，而是以贸易和技艺为基础。进而言之，这些非正规定居点的居民为其周围的新建设扩张提供小商品和小服务。他们出售油漆、钉子、螺丝、门牌、沙砾、瓷砖、水泥、花盆、扫帚和其他许多这些地方急需的物品。需求来自于居民入住新小区之前先要进行的精装修。在室内装修完成前，小区公寓大多数已经售出。完成室内装修实际上是第一任业主的任务，他们需要避免耗费多余成本或精力。作为回应，小贩定居点的居民则是供给装修所需材料的最佳人群，他们提供清洗材料、装饰材料、工具、电缆、灯具、空调等等。除了供应所有必需品的商店，手工作坊也能提供焊接服务、玻璃切割、定制窗栅、小型机械、工具维修以及更多的服务。他们得益于与客户之间的临近性。通常，一家或几家食品商店也会加入到这些为满足上层居住区建设需求的商业村落中。

但是，这些非正规定居点的重要之处不仅在于它们与新住宅建设的共生关系，特别令人惊叹的是其住宅建筑的空间开放性。他们大概是繁华大都市中少数仍然真正开放的居民区之一。当然，这种“开放”说明商业才是其立足之本，但我们也必须承认这样一个重要事实，当今中国的开放式居住与非正规性、乡村或农村的贫困息息相关。从创建期（Grunderzeit，欧洲 19 世纪工业化初期阶段）的观点来看，跟随着开发商土地征用步伐的小村庄，就像布莱希特（Brecht）笔下大胆妈妈（Mutter Courage）的小推车那样，只不过是开放空间的要素之一。它们的合法性源于商业功能。其存在只因为它们是城市扩张中广受欢迎的润滑剂，除此之外没有其他原因。住在这里的人们都来自贫穷的内陆地区。他们住不起封闭的社区。由于买不起房，他们也得不到城市居住许可，用官方的话说就是在户籍（户口）系统中他们仍是“农民”。他们不得不接受在城市的夹缝空间中生活，因而形成了具有社会意义但通常是非正规的生活方式。他们能够得到允许，其本身就说明了人们确实需要他们。

另一方面，我们不应当忽视，许多活跃在小贩定居点的家庭经过几年的经营，也有能力购买一套公寓，而根据户口系统的规定，他们从而可以获得城市的居住许可证。临时性的移动村庄确实维持着儒家的家庭财富梦想，甚至使其成真。对当前中国的发展阶段来说，它们将成为这个国家城市化的一个偶然现象。

我们需要将这里所说的新发展的村庄与约翰 · 弗里德曼（John Friedmann）所界定的“族群”聚居地或“移民村庄”（Friedmann，2005，57）区别开来。这些“村庄”是永久性的，在中国的大城市里都能看到。它们主要是来自同一地区居民的非正规居所，在某些情况下这些居民甚至是来自同村的家庭成员，决定背井离乡到东部大城市碰碰运气。就此而言，这些“村庄”在某种程度上与海外的“唐人街”相差无几，都提供着一个远离家乡的家。但它们不仅是一般意义上的中国人聚落，而且往往也是某些特定村落、区域或省份的家庭或宗族的定居点。“民族聚居地被称为‘村’，并且一些村落还会在其名字之前加上这些移民的来源省份。因此，北京有河南村、安徽村、新疆村、浙江村等等，其中的居民自认为是同乡或同胞，并随时准备互帮互助……”（Friedmann，2005，70）。

7、媒体城

在日益关注室内使用的情况下，如果开放的街道景观还不会完全恶化，反而呈现出一种生机勃勃、多彩迷人的城市生活，这要归因于商业特征及其对客户注意力的不断争取。为了更好理解商贸活动是如何影响城市空间的，我们需要后退一步看看更大的场景。

在中国城市，面向街道的建筑立面一般没有什么意义。它们通常“面向”街道空间而没有任何“面部”表情。中国从未有过对于立面的情结，也就是在装饰性立面与由立面渲染的戏剧性街道空间之间的相互作用。这真是不同于欧洲！在欧洲，基于个体化社会的演变而产生的相互作用是城市美学的重要组成部分。对立面美学潜质的无动于衷，对街道景观也不感兴趣，这些都折射出人们对于公共街道空间的长期漠视。通过立面装饰来获得城市开放空间的美学基础并没有文化性的根源。当然，也有一些紧贴街道边界的建筑，甚至在 20 世纪初期还出现过一些明确界定的周边建筑。然而，这些建筑大都与功能空间的活动以及房地产经济的需求相关，它们和城市公共空间的剧场性无关。举例而言，如果街区边界的商业购物带是为了保护其后的住宅区，使之远离噪声、尘土和街道上看不见的空气污染，那么暂且把城市街道视为交通空间及其相邻建筑的综合体，就其功能而言，可以认为商业购物带确实是一种恰当的结构。它具有几个作用：提供本地供应，隔离空气污染，围合住宅小区。

然而在中国，街道综合体在街道与街区边界之间的区域并没有表现出与某种文化性的表现形式的关联性，而这里的空间原本可以如同舞台一样。结果，对欧洲游客而言，这里的街道和广场空间似乎是无关的、撕裂的、零碎的、短暂的。反之亦然：对中国游客而言，欧洲老城由立面叙述的情节就是新奇的，因此也是一种制造社会差异性的可选方式。人们因而带着澎湃激昂的热情，以极尽想象的形式去消费这些相关图景：从主题公园中的随意阐释，到雄心勃勃的转置，再到冷酷无情的复制（见第 6 章）。

如此无数的商业街（在中国，几乎每一条开放的内城街道都是拥挤的商业街）如果都被认为是活跃的、动态的、富有朝气的，按东方标准偶尔也是如画的，那么我们无法仅从建筑立面相互作用关系是如何通过一种特定的文化方式赋予公共街道空间以剧场情结的方式来探究其中的原因。这里的情况是不同的！不难发现，真正的原因是无拘无束地使用图像、符号和标志。无数大大小小的商店、工坊和服务设施用它们来吸引快速走过的人群的注意力。以主要商业街（上海南京路、淮海路、陆家嘴）为例，如果建筑正立面上的广告空间不足，那就直接铺上超大尺寸的电视屏幕。在淮海路的案例中，沿着人行道每隔50米就安装一个不可移动的荧光屏。结果造成了过于眼花缭乱的布景，而不考虑任何街道剧院的含义，偶尔甚至达到喧嚣、混乱、疯狂的边缘。

在跳动图像与标志的灯光下，不太有钱的地区也会出现同样丰富的城市生活剧场——对于西方人来说，这就是维修车间、小吃摊、水果店、理发店、书报亭的奇观组合。在店门口，我们经常看到上年纪的人，偶尔还有年轻男女坐在摇摇晃晃的水果箱和凳子上，他们聊天、嬉戏、工作。正是这些日常生活的场景，仍然试图在一贫如洗与光鲜富丽之间找到一条出路，而这正在将中国的城市街道转变成一种重要的城市舞台，哪怕它的镶边背景只是纯功能性的。在这种背景下，难怪不少到欧洲的中国游客会感到我们的城市（有些甚至萎缩了）空荡乏味、死气沉沉，甚至就像是一种“混凝土墓园”。

商贸世界就如同一个马戏团，这在夜间会变得尤其明显。即便那些灰暗、肮脏的人行道和建筑墙壁，在白天看上去是那么混乱、无趣，有时甚至破旧不堪，到了晚上也会展现出奇妙多彩的魅力；显然，有些事情只有东亚人才能做到，通过点亮街景灯链、照亮店招、聚光灯箱、店面照明来呈现这种魅力。在那些光照下，街道和广场的边界浮现出来；对我们而言，它们就是光的立面。

无须麻烦，只要利用广告和灯光，再借助中式的场景渲染、烘托气氛处理手法，街道立面就能进入舞台。现代中式的街区外围建设要么采用“括号”，要么采用综合体形式（作为住宅小区的一部分）将行列式（Zeilenbau-type）住宅面向街道的一侧围合起来，这些外围建筑并不采用石材立面来使城市空间剧场化。相反，它创造了由广告信息、图像、图形、商标、店招、图表、照明物体和各种小摆设所组成的舞台背景。墙面成为生动的拼贴，多彩的网站，电视的屏幕。一些滨水的摩天楼图景已经成为巨大的荧光屏幕，放映广告、娱乐咨询和电影短片，从而增进我们在新维度下对于“媒体城”的实际意义的理解。

我们的结论就是，一种新型的开放空间或者公共空间正在浮现。它诞生于当今中国充满动力的城市实验室，在这里，空间的剧场化是由某种媒体建筑而不是建筑立面所实现的。这些媒体立面显示出外向型实践的快速发展。这在某种程度上表明，在今天人们充分利用由中国式的摩天楼（上海陆家嘴滨江）带来的公共戏剧化的能力是合情合理的。我们看到，办公楼在夜晚变成荧光屏，每一扇窗都是一个像素；日落之后，摩天楼成为光的雕塑，这在某种层面上令人难以理解。中式的媒体立面使得纽约或东京的任何可以与之相比的场景都已经相形见绌。我们应该提示香港的角色：在写下这段话的同时，港湾两侧大约三十幢摩天大楼在日落之后成为荧光屏——这是人们绝不会错过的景点标志。

在今日中国，未来世界的媒体城正在浮现。另一项观察可以进一步强化这一发现，我们正在谈论大城市林荫道和主干路的布局和配置。道路上有八至十二条车行道，有乔灌成列的绿化边界，有附属的摩托车和自行车道，有公交专用道和停车港湾，有紧邻街道的多层建筑，有玻璃幕墙的摩天大楼，有矗立于巨型钢铁雕塑或大理石雕之后的壮观公共建筑，以及面对着垂直住宅区的铸铁栅栏，它们都成为走向未来的城市景观。

当然，这些大道主要反映的是当今全球化巨型城市的机动性需求。但不止于此，类似于媒体立面，街道的功能性空间被转变为含义丰富的媒体空间，这是通过布置空间化的图像信息，图案化的愿景，以及设想中的未来世界实现的，令人印象深刻。原本没有场所感的街道因此又充满了意义。诚然，公共街道空间的形式特征没有被超越。但前文所述的剧场化却将街道空间转化为舞台，向人们展示了对美好未来期许的自信行为。从公民社会的公共空间的角度出发，它并没有什么价值。但是同时，它宣布了对未来全球地位的巨大野心。

我们这里所说的“大街”，并不是美式大道，也不是它的复制品。这是一个类似天安门，类似高贵广场那样需要大量装饰的舞台。它是媒体城的代表。对于执政的城市精英来说，它和那些宏大的广场一样重要；事实上，其重要性已经强大到为了修路可以考虑拆除整个小区，甚至内城本身。在这样的论调下，一些事情也变得毫不奇怪，例如，上海市政府认为浦东世纪大道的规模特别重要，需要超过巴黎的香榭丽舍大道（Arkaraprasertkul，2009）。

湖南省长沙市提供了另一种舞台式“大街”的实践案例。中国最古老的儒家大学之一（岳麓书院）就坐落于长沙，在建筑师柳肃的努力下，目前保存完整并获得精心修复。遵循代表着伟大的中式大街的指导原则，当地小规模、多功能的内城肌理，包括开放式的住宅区，几乎被完全拆除。确实，长沙老城在二战日军的轰炸中已经烧毁殆尽；另外，在中国改革开放之前，资金也不足以支持高质量的修复与重建。但是在当前的城市规划实践中，不能以这些事实为借口，把老城当作超出合理尺度的大街建设的预留区域。目前的干预多少有些令人想起西德遭到轰炸的城市在重建时遵循现代功能主义范式，用一成不变的手法摧毁了许多城市的历史中心。除此之外，长沙位于中国南部，属亚热带气候。宽大的多车道沥青路面的温度很容易上升，这会影响剩下的小尺度老城结构的微气候。这些大街与城市可持续发展关系不大。

不得不承认，“大街”和“高贵场所”所反映的不仅仅是特大城市数百万居民的空间需求，更确切而有，可以认为这是已经凝结成意识形态的景象的具象化：作为意识形态的媒体城市。

11 12
13 14
15 16

图 11. 社德国图林根地区米尔豪森，欧式的外向型空间区中心
图 12. 上海，夜晚南京路
图 13. 上海，淮海路，电子屏幕
图 14. 上海，沿街店面
图 15. 哈尔滨，新市政府方案模型
图 16. 深圳，新行政中心方案模型

8、城市规划与设计中的后现代折中主义

在城市开放空间这一章节的结尾，有一份来自哈尔滨规划局的案例可以用来解释松花江西侧的哈尔滨新城规划中基础结构与填充结构之间的相互作用。道路结构基于网格系统，就像典型的美国城市网格那样，摒弃一切空间等级，以体现民主和机会平等。然而这一规划有些与众不同，它传达出权力的图像。该规划的中心区域呈现为一条巴洛克式轴线，作为强大的引力中心，并由一系列典型的行政建筑组成等级化结构序列。政府大楼（哈尔滨新城的市政厅）位于轴线终点，摆出宫殿似的姿态。轴线始于滨河大道，穿过按玫瑰图案排列的广场花园组成的绿化区域，到达一个占据中央位置的圆形广场，最后连接到一个被“大街”划分的同样为圆形的“高贵场所”。一座几何弯曲的天桥横跨大街，将人们导向一座按巴洛克风格设计的花园，该花园作为通往主要建筑的入口广场，其姿态令人肃然起敬。

这一等级序列也得到了一条正弦曲线形街道的支持，曲线顶点之处布置着主要建筑，它通过两条一直延伸到模型边界的延长线与正交主题图形相衔接。在这样的空间背景下，我们可以认为这两条曲线形的街道是对古代欧洲城市弯曲街道的借鉴。然而仔细查看，我们可以发现，沿着水边及河岸的边界绿化空间设计具有明显的如画特征。我们看到不规则的有机弯曲的水体和草地，其间自由地布置着灌木树丛，这与轴线空间上的花坛、树篱的几何布局形成鲜明对比。

沿着模型的边界，我们也发现许多住宅区，都清晰地表现出前文所述的特点。它们被整合在由“大街和垂直街区”组成的空间句法中。虽然在模型中没有明确显示，在这方面我们可以假定这些小区都是封闭的。我们可能看不到“跳跃排列”的点式住宅，但仍然可以找到朝南的多少有些“曲折摆动”的线型住宅，最主要的还是大量老式福特主义的板式住宅。靠近些看，我们可以发现，在居住街区中分布着所谓的邻里院落。此外，我们还可以假设，这些小区都有尊贵的名称、独特的屋顶装饰和其他代表各自集团品牌标志的元素。

这些弥漫在巴洛克与有机形式混合体中的轴向性、线性、等级性、高贵性、垂直性，汇聚成为一种比较折中的杂糅体，这在深圳市中心区的规划中也有所表现。市政厅在几年前就已经完全建成，它借用了中国古代屋顶的艺术，带有壮观的飘顶。

参考文献：

[1] Wu, Weijia. Stadtgestalt und Stadtgestaltbedeutung. Diss. TU München, Muich 1993

[2] Gehlen, Arnold. Moral und Hypermoral - EinepluralistischeEthik. Frankfurt/Main: KlostermannVerlage, 2004

[3] Souchou, Yao. Confucian Capitalism - Discourse, Practice ant the Myth of Chinese Enterprise. London, New York: Routledge Curzon, 2002

[4] Zhang, Lingling. 'EinffentlicherRaumfüreinenord-ost-chinesischeStadt.' In Die aufgeschlosseneStadt, edited by Dieter Hassenpflug. Weimar: VDG, 2004

[5] Kgel, Eduard.ZweiPoelzigschüler in der Emigration: Rudolf Hamburger und Richard Paulickzwischen Shanghai und Ost-Berlin (1930-1955). Diss. Bauhaus-University Weimar, 2007

[6] Münch, Barbara. 'VerborgeneKontinuitten des chinesischenUrbanismus.' In archplus168, Berlin 2004

[7] Friedmann, John. China's Urban Transition. Minneapolis: University of Minnesota Press, 2005

[8] Arkaraprasertkul, Non. Shanghai Contemporary - The Politics of Built Form. How Divergent Planning Methods Transformed Shanghai's Urban Identity. Saarbrücken: VDM Verlag Dr. Müller, 2009

作者简介： 迪特·哈森普鲁格（Dieter Hassenpflug），德国魏玛包豪斯大学建筑学院教授

译者简介： 陈欣，同济大学建筑与城市规划学院学生

童明，同济大学建筑与城市规划学院教授

原载于： The Urban Code of ChinaBirkhäuser Architecture，2010.11

从大尺度城市设计到“日常生活空间”

FROM MEGA-URBAN PROJECT DESIGN TOWARDS DAILY LIVING SPACE

张杰　吕杰
ZHANG Jie, LU Jie

摘　要

反思了我国当前大尺度城市设计、实践对日常生活的忽视及其存在的普遍问题，归纳出存在着技术的纯粹性、形式的均衡性、思维的静态性等现象，并分析了其理论渊源，论述了日常生活空间的哲学启示，提出了以“日常生活空间”为核心的城市设计思想，同时指出营造这种设计的几个方面：（1）紧凑的城市形态；（2）发展宁静交通、鼓励和改善自行车和步行交通环境；（3）适当密度的混合功能街区；（4）低多层高密度城市建筑类型与街道体系的建立；(5) 城市场所与环境特色的营造；(6) 发展市民日常休闲为主的多功能、多层次的城市开放空间体系；(7) 以政府、社区为主导的城市建设模式。

关键词

日常生活空间　城市设计　城市项目

1、困惑与反思

近年来，随着我国城市化的快速推进、经济结构的转变、经济规模的加大和政府财政调控能力的增强等，城市建设和规划出现了越来越多的大型城市项目 (mega- urban project)。这些项目涉及范围少则 $4hm^2$~$50hm^2$，多则几公里、几十公里甚至更大，建设涉及资金可高达百亿以上，它们正在以前所未有的方式和深度改变和影响着我们城市的各个方面。

例如北京近年来旧城大刀阔斧的道路工程已使这个以胡同为特色的城市变成汽车交通的王国，原本适于步行、自行车交通的环境已支离破碎，普通人的日常生活空间逐渐被垄断的商业开发所占据。在城市改造和功能调整方面，很多城市盲目扩大办公、商业等所谓热点项目的规模，大范围的功能区片化使城市逐渐丧失原有的活力。已建设十年的北京金融街就是最突出的例子。有的城市为了重塑城市形象，无视地理气候条件，在市中心开辟大尺度、人们不能或不便使用的草坪、硬地广场。还有的城市不顾城市的道路交通条件，盲目地打造步行商业街，致使原本繁华的地段元气大伤。在规划方面，有的城市长达数公里乃至几十公里的城市大道、轴线的设计缺乏实际空间、时间尺度的基本概念，形而上学地强调“联系”与“整体性”。试想一下，一条长 20 多千米的轴线实际意义究竟何在？在日常生活中，是行人还是机动车能够或应该体验其完整性？

诚然，这种大尺度的城市项目有着全球化下，我国城市化发展以及其城市及地区如何应对新的经济分工、加强竞争力的宏观背景，而且很多城市问题的宏观思考也是十分重要的，有的甚至迫在眉睫，如北京旧城如何疏散的问题等等。但是这种大尺度的城市问题的思考和实践却往往潜藏着一个危机，就是对城市“日常生活空间”的忽视，甚至否定。城市既有的历史、现状（包括物质的和非物质的）习惯地被视为次要的、下一层次的、从属性的，甚至是可以或缺的。很多工程、方案空洞无物，过多地充斥着新潮、炫目的概念。仔细分析一下，我们就会发现它们有着以下的共性：(1) 大尺度范围内追求以“技术理性”为名的纯粹城市形态；(2) 企图以功能、环境的独立和完整性达到整个城市发展的均衡和完整；(3) 精英们主观的宏观前提假设和行而上学的“系统”思维、逻辑常常成为这些思考的理论根基，实施的阶段性和不可预见性被忽视。纵观现代城市、建筑的发展，这种技术的纯粹性、形式的均衡性、思维的静态性有其深刻的理论渊源。

(1) 技术至上的纯粹主义城市思想：在城市发展史中科学技术始终是重要的推动力，但是宗教、文化等人文因素一直起着重要的平衡作用（L·芒福德，1966）。然而现代工业文明的发展打破了这种平衡，甚至使现代人类变成单向度的（A·帕赫兹·高梅兹，1988; H·马库斯，1964）。面对19世纪混乱的工业城市，现代城市规划者在机器文明中得到灵感，认为城市应该像机器一样高效率运转。为此整个城市建设过程应像现代工业生产一样，预先规划设计好它的每一个部分，使局部的建设和整体的城市能够在规划控制过程中形成。如柯布西耶的“现代城市”和“光明城市”的设想（P·霍尔，1988）。对于柯布西耶式的纯粹的城市来说，历史和现实都是不理想的干扰因素，所以它只能建在白纸一样的全新环境中（a clear site）。这样的环境要么是新区，要么是全部清除的旧城（柯布西耶，1971）。

（2）否定挑战的均衡城市思想：对城市均衡形态的追求一直贯穿于城市设计发展的历史。中国古代的相天法地的城市形态和西方理想城市形态都是如此（贺邺钜，1996; K·林奇，1981）。工业革命以后，尤其是进入20世纪，在科学顺利发展的影响下，规划师仍企图通过规划设计达到社会空间的和谐，建立秩序，进而解决工业城市的社会问题。机械的均衡成为整个20世纪城市设计的准则，理想城市的传统被现代城市规划设计以科学的名义继承下来（A·阿克曼，2000）。19世纪豪斯曼对巴黎的改造为现代城市开辟了一个没有惊讶、没有意外的城市意象，而柯布西耶的城市与建筑理论又把这种意象推向极致。

（3）静态的方法论：纯粹、均衡的城市思想的根本在于其倡导者静态的思想方法。启蒙主义以来现代科学的发展使人们通过科学技术控制未来的欲望和信心剧增。城市规划者更是试图通过新兴的统计学把握整体，预测发展。柯布西耶在其《明日的城市》一书中指出：“统计学是城市规划师灵感的源泉。虽然统计数字单调、琐碎、冷漠、理智，但它们可以升华为诗歌，成为诗人得以走向未来和未知世界的基础”（P107）。柯布西耶深信，统计学为我们精确地描绘了现在和过去，沿着统计的曲线我们可以走进未来，并通过我们自己的努力创造真理（P108）。西方国家二战后20多年的城市发展就是在这种静态的思维中进行的（A·亚历山大，1975）。然而这种以纯粹、均衡城市为目标，以静态法为指导的大尺度城市规划设计思想在现实中必然遇到挫折。首先，静态的规划方法论抹杀了过去、今天、未来三个哲学基本范畴的区别。未来之所以成为未来就是其不可预见性和模糊性。线性的预测似乎使人们相信明天俨然在我们的面前。依据已有的统计曲线趋势预测未来，其前提假设就是过去和现在的数字赖以发生的条件在未来不变。20世纪五六十年代西方城市规划在人口增长和交通发展预测上面临的尴尬说明了这种实证主义的预测的脆弱。可以说，对纯粹、均衡的城市形态的追求是整个现代主义城市发展的核心，由于这种简单、僵化的形态不能迎战不期的挑战，在实践中常常捉襟见肘。在以功能分区为灵魂的现代城市规划中，整体决定局部的思想不可避免地否定了过程中局部的多样和不可预见，其结果只能是整体的空洞。巴西利亚和昌迪加尔的规划建设、欧美城市大规模改造等都是典型的例子。

在这种完全的人为控制的纯粹、均衡的城市环境中，历史、个性、复杂这些城市的内在本质都不再真实。R·库哈斯（1998）在总结新加坡这个现代主义城市理想最完美的试验基地时指出，“几乎整个新加坡不超过30年的历史，它的城市用纯粹的形式反映了过去三个年代的生产意识，而且这种纯粹性不因其残留（的过去）而有丝毫的损伤，如果这里存在无序的话，那也是经许可的；即使存在丑，也是设计过的；即使有模糊，也是人们意愿中的”（P1011）。归根到底，这种大尺度纯粹、均衡的城市乌托邦是对城市日常生活的忽视和否定。现代交通工具飞机对柯布西耶的城市乌托邦的发展过程的直接影响就生动地说明了这一点[①]。

自20世纪60年代以来，哲学、城市社会学、城市规划、建筑学等领域都有大量的研究和论述审视这种城市乌托邦，其中J·雅柯布（1961）《美国大城市的生与死》最具代表性。雅柯布不仅深刻地批判了美国二战后大规模的城市建设暴露的严重问题，更重要的是为我们开辟了一个观察、认识城市环境的新的视角和方法，即对城市环境与日常生活互动关系的关注。从对最基本的城市空间元素“人行道”的日常使用的观察，到与居民日常生活相关的最基本却又至关重要的安全感、邻里交往、小孩的照管等活动的分析；从城市街区的多样性和活力形成的必要因素的剖析，到街区衰败、再生的实际原因论证等，雅柯布都向我们展示了一种对生活在城市中的普通人的日常生活空间的极大关心，这与以柯布西耶为代表的现代城市主义忽视和否定日常生活空间的观点大相径庭。雅柯布第一次从社会学的角度揭示了日常生活空间在城市规划理论和实践中的重要意义。

2、“日常生活”哲学思想的启示

法国哲学家D·萨迪（1984）在其著名的《日常生活之实践》一书中指出，正是发生在普通场所的日常空间行动（spatial action）为人们提供了城市的经历与知识。从20世纪60年代起，哲学界、社会学界、建筑界对城市日常空间的研究变得越来越引人注意。

20世纪60年代末，路卡奇的学生、新马克思主义哲学家赫勒出版了她《日常生活》一书，系统、完整地论述了日常生活的一些基本理论问题。她把“日常生活”定义为“那些同时使社会再生产成为可能的个体再生产要素的集合”。她认为，“日常生活存在于每一个社会之中，每个人无论在社会劳动分工中所占据的地位如何，都有自己的日常生活”。而且对于普通人来说，“个性的统一总是在日常生活之中，并为日常生活而建立”。日常生活的一个重要方面就是为日常交往提供场所的“日常空间”(赫勒，1990，P3-8)。

到20世纪80年代，英国著名社会学家吉登斯（1998）更是把日常生活提高到整合现代社会的重要因素的高度。他指出，日常生活是以季节、时日的交错结合为基础形成的“惯例”，具有反复性、持久性。“所有社会系统，无论其多么宏大，都体现着日常社会生活的惯例，扮演着人的身体的物质性与感觉性的中介，而这些惯例又反过来体现着社会系统”。正是这些惯例的“社会色彩”或“氛围”将纷杂的日常活动归入不同的“类型”(P101-2，150)。

在哲学、社会学领域有关日常生活理论发展的同时，城市规划、建筑领域对日常生活空间及模式的研究也较快地发展起来，并成为城市、建筑领域最重要的成果。首先，在雅柯布思想的影响下，越来越多的研究表明，城市环境的复杂秩序——现代城市规划所否定的“无序”，在现实生活中具有重要、积极的社会意义。如R·斯耐特（1970）对“无序”城市环境的观察，R·文丘里（1966）对建筑的复杂性、矛盾性的认识，以及C·亚历山大（1966）非树形城市结构概念的提出，都使我们跨越了“纯粹、平衡”的线性城市形态的思维模式。

然而，城市的复杂秩序并非不可认识。K·林奇(1961)对城市空间意象的类型的发现，O·纽曼(1972)对城市住宅防御空间概念的提出，B·赫列关于(1984)城市空间社会逻辑的讨论，C·亚历山大(1977)城市模式语言理论的提出，新理性主义(A·罗西，1982)，柯莱雅兄弟(1978，1979)对城市空间、建筑类型学的探索等，都让我们从心理学、社会学、人类学、城市与建筑设计学科认识到，城市的复杂结构是遵循着一定的规律的，城市的日常生活空间在不同社会文化中呈现着不同的类型或惯例。

正是这些以城市日常生活空间为中心的城市规划思想，自20世纪80年代以来广泛地影响着城市建设的实践。人们越来越清楚地认识到，城市不仅仅因经济、政治、军事等宏观目的而存在，更重要的是它首先作为生活空间而存在。随着全球化下城市竞争的加剧，“可居住性”这个基本课题已成为城市可持续发展最重要的议题。20世纪70年代末、20世纪80年代初，柏林的改造、整治提出了“把内城建设成生活场所”(making the inner city a place to live)的口号(T·施盖尔，2000，P334)。1997年1月在香港召开的“Livable Cities”国际学术会议就明确提出了“可居住的城市”的概念。2002年，上海申办2010年世博会更是打出了“城市让生活更美好(better city，better life)”的理念。

改革开放以来，我国计划经济体制下传统的静态规划观念日益受到冲击，很多理论研究和实践都在探索适应市场经济下城市规划的发展方向，如近年来概念规划与近期规划的出现。但是20世纪90年代中期以来，在产业结构转变和城市化的压力下，我国城市再次面临新的结构性重组，大型城市项目成为城市竞争和应对挑战的主要手段。在决策方面，由于现行的决策体制中存在的主观、片面，大尺度城市项目及其城市设计的静态思维模式又以“科学”和“创新”的面目出现，很多地方跟风的项目就是最好的证明。在管理方面，城市设计作为一个新兴的学科和技术在我国城市规划管理中尚无明确地位。对于大尺度城市项目的城市设计应该包括哪些技术内容、解决什么问题等基本问题，我们并无成熟的经验与理论。在此情形下，决策者的兴趣、水平对这类城市设计的内容、形式的导向作用十分明显。在专业方面，我国规划、建筑专业基础理论的薄弱使专业人员对很多城市环境的基本问题缺乏认识。对时髦形式、概念的追求常常使规划师忽视、否定现状。在这些综合因素影响下，大尺度城市项目往往不可避免地被形式主义所侵蚀，远离日常生活实际，甚至成为阻碍。

反思我国目前大尺度城市设计、实践对日常生活空间的忽视及其存在的普遍问题，结合国外城市日常生活空间理论与实践的发展与趋势，我们有必要在我国城市建设大发展，城市环境、功能面临结构性重组的形势下，根据实际情况探索和发展我们自己的“日常生活空间”城市设计理论，提高实践水平。

3、走向营造“日常生活空间”的城市设计

以“日常生活空间”为取向的城市设计就是要从城市环境与实际生活的互动出发，以普通人的日常生活为核心，客观地分析城市可居住性的状况，存良去莠，结合社会经济的发展，不断为城市开辟新的发展空间，增添新的活力，使城市真正可持续发展。为此笔者提出以下七个方面供讨论。

3.1 紧凑的城市形态（compact city）

这一概念最早于20世纪80年代中在土地资源缺乏的荷兰提出，20世纪90年代初随着全世界环境危机意识的加强，它逐渐发展成可持续发展的城市理论的重要领域（T·贝特雷，2000; M·詹克斯，1996）。这一理论对我国人多地少、正处于快速城市化的国情来说尤为重要。只有紧凑才能使我们相对缺乏的各种城市基础设施集中建设，提高服务水平和效率，为建设可居住的城市环境创造基本前提；也只有这样才能保障我们城市新区的可持续发展和旧

城的有效疏散、提升；同时，也只有合理的紧凑城市形态才能实现“大疏大密”的整体环境，使城市建设与生态保护平衡发展。总体上讲，在我国，紧凑的城市形态不可能像后工业国家那样采取规模较小的发展模式。相对集中、具有一定规模的紧凑城市才能适应我国经济和城市发展的集约化需要。当然，特大都市区、大城市、中小城市的紧凑的程度和格局是不一样的，需要因地制宜。

3.2 发展宁静交通，鼓励和改善自行车和步行交通环境

二次大战后欧洲城市经历了从鼓励、发展小汽车交通到控制小汽车交通的过程，这一转变也是城市规划从以汽车为主导向以人为主导的观念的转变。20世纪七八十年代创造“宁静交通”环境（calming the traffic）成为西欧城市交通环境的新目标，现在这一理论已成为发达国家城市普遍接受的交通发展的原则。

在我国，小汽车的发展及其思维方式正在从根本上改变着我们的城市，侵蚀着城市的日常生活空间和城市整体环境的可居住性。发展公共交通是我国城市未来发展的命脉和根本出路，应该成为基本指导思想。实践证明，快速有轨交通是特大城市、大城市及其地区最有效的交通方式。而集中、紧凑的城市形态又是一次性投资大的有轨交通的必要前提。

我们这个自行车王国曾为很多西方规划师所羡慕，我们应该在时空两方面控制小汽车在城市中的使用，减少城市中的宽马路、大型道路交叉口、立交桥等建设，保持和改善已有的自行车交通环境，进一步完善人行道系统，通过紧凑城市布局和混合功能街区鼓励自行车和步行交通。只有这样，我们的城市才能真正成为适于各年龄段、各种收入人群的生活环境。

3.3 适当密度的混合功能街区

机械的功能分区使城市丧失活力，增加通勤。中外成功的城市经验告诉我们，城市需要一定的建筑和人口密度，同时在环境允许的前提下，尽可能使不同的功能混合，避免非居住功能过大规模的积聚。城市中心区保持一定比例的居住人口非常必要。仅仅在水平用地上的功能混合是不够的，尽管水平方向的功能混合可以减少汽车交通，但很难在白天、晚间的时间循环中保证城市街区活力的持续与安全，所以从建筑类型中解决功能混合是最为有效的，这就要求城市建筑具有较大的灵活性和适应性（adaptability），以相对简单的布局适应不断变化的街区功能。前店后宅和下店上宅都是城市建筑类型最好的范例，今天巴黎、巴塞罗那等城市的活力都说明了这一点。我国城市有混合功能街区的好传统，如北京

的四合院区、上海的里弄等。在今天城市结构大规模重组和改造中，我们应该继承和发扬这种好的传统，积极探索新的城市建筑类型和混合功能街区模式。

3.4 低 / 多层高密度城市建筑（urban architecture）类型与街道体系的建立

高密度是城市环境的基本特征。随着工业化城市的发展，传统的服务于封建大家庭的多层次的内向型的城市建筑类型逐步简化成单个院落和联排式为主的建筑类型，原来的内向交通联系被不同级别的城市街巷所代替，形成了现代城市基本的城市建筑类型。尽管不同城市的具体建筑类型各有特点，但低、多层高密度建筑及其街巷是其基本特征。在我国19世纪末到20世纪40年代，随着城市化的发展也出现了不少现代低、多层高密度的城市建筑类型，如租界城市“里弄”和北京不少以“里”为名的“排排房”等。

20世纪50年代以来，无论西方还是我国的现代城市建筑实践教训都证明，低、多层高密度（尤其是围合式性较强的）建筑类型和街巷体系仍然是最有效的。因为这类建筑可以同时建立公共、半公共和私人领域，使城市日常空间边界意义明确，归属感强。在这一体系中，具有逻辑层次的街巷体系成为最有生命力的城市日常活动的组织和联系机制，它也是今天“绿色邻里”的最基本要素（D · 拉丁，1999，P170-78）。受现代城市与建筑教条的束缚，我国现行的一些僵死的规划与建筑规范、规定严重阻碍着低、多层高密度建筑类型及其街巷体系的发展。巴黎、柏林、巴塞罗那等城市20世纪80年代以来的成功经验表明，多层高密度围合式城市建筑和街巷体系的建设要求城市规划控制更多地关注不同属性的空间的层次性、街巷的界面的明确性、铺地、绿化设计，以及机动车的限制等。

3.5 城市场所与环境特色的营造

现代城市、建筑超越时空的纯粹空间脱离了城市的环境、历史和文化背景，使生活在其中的人丧失基本的归属感和认同感，要重新建立这种人文品质，必须摒弃大尺度设计的空洞，重视具体的有特色的场所的营造。现代场所理论认为，场所是由具体的实在物质、形状、肌理、色彩构成的，这些元素共同构成环境的特色（C · 诺伯格 - 舒尔茨，1976）。任何场所的营造都应该充分考虑所在城市的环境与功能联系。在城市环境中，不同地区、时代有着不同的界定街道、广场、园林、院落等基本城市元素边界的语言，正是这些语言的组织使不同的场所在不同的生活环境中具有不同的特点和品质。城市不同场所类型在城市节点和标志性建筑的组织下形成城市可识别的整体环境特色。近20年来欧洲城市建筑控制管理的经验表明，具备以下条件的城市环境才是富有场所品质和特色的：(1) 界定清晰且连续的街区立面；(2) 城市街道、广场良好的围合感；(3) 多样而和谐的建筑类型；(4) 方位感明确而景观丰富的城市场所；(5) 具有创新意识的标志性公共建筑。必须指出的是，街区的混合功能和低、多层高密度的城市建筑类型是创造特色环境的前提。

3.6 发展以市民日常休闲为主的多功能、多层次的城市开放空间体系

自工业革命以来，伦敦、巴黎等城市都在城市开辟了大片的公共开放空间，成为现代城市文明的重要标志。二战后的城市建设在柯布西耶高层低密度的园林城市理论（city in a park）的影响下，忽视了开放空间的实际意义，使很多城市中心区和居住区的广场、绿地没有生气，甚至成为罪犯的天堂（J · 雅柯布，1961; W · 瓦特，1996）。欧洲城市在 20 世纪 80 年代的旧城整治的过程中注重公共空间与日常生活的实际联系，如巴塞罗那为准备 1992 年奥运会在全市建设了几十个大大小小的绿化广场，极大地改善了整个城市的生活和工作环境。在巴黎，20 世纪 80 年代开始实施的很多公共绿化空间也体现了为社区日常生活服务的设计思想，如波希公园（Bercy Park）和巴士底到温森尼公园长达 4.5km 的带状公园。我国城市用地紧张，大而不当的广场、草坪在市民的日常生活中的实际意义不大，应加强多用途、多层次的绿化开放空间体系的建设。只有这样才能满足不同年龄、性别、爱好和收入的居民在不同时间的不同需求。几年前，北京利用城市各种现有空地搞的全民健身场所的建设就收到了不错的效果，它既为居民提供了兼容性很强的活动场所，又大大提高了城市开放空间的使用效率。

3.7 以政府、社区为主导的城市建设模式

日常生活空间的城市设计就是要关注那些涉及市民日常生活的公共空间的营造及管理，其目的是为不同的城市社区服务，维护他们的利益。现代城市规划的发展证明，过分集权的城市政府易使城市建设脱离它所服务的社会，过分依赖市场则会损害城市社区的利益。20 世纪 80 年代以来，市民社会已成为当今西方城市公共领域建设介于政府和市场之间的重要社会动力（P · 罗毅，1997）。正如巴黎市规划院 (ABUR) 的总规划师 P · 米克罗尼教授在总结 20 世纪 80 年代以来巴黎公共空间和大型城市项目建设的成功经验时所指出的，城市应该由城市政府和社区来建设，而不是开发商[②]。在我国，城市政府的作用是十分重要的，很多城市公共领域的建设都需要政府强有力的组织、领导和协调。但在财政拮据，急于求成的形势下，很多城市政府过于依赖市场，在效益与公平之间失衡，再加上决策的

主观性，造成很多城市公共空间的建设、管理脱离市民的日常生活，甚至走向反面。随着社会主义市场经济的完善，民主与政治文明的建设，公共参与、社区利益应该成为我们城市公共领域建设的重要方面。我们应该尽快发展和完善与之相适应的城市建设模式。

注释：

① 柯布西耶城市与建筑思想酝酿的时代恰好处于飞机技术发展的年代。飞机不但为柯布西耶提供了一个理想建筑模式，而且提供了一个崭新的规划工具。对他同时代的规划师来说，"飞机已成为知识、分析、构思和设计的核心手段"。从高空俯瞰的"人文的景观"（human vision）过滤了那些在地面上、以日常视角观察城市时不可回避的"杂乱无章"，甚至"如地狱般的"景象（A·维德拉，2003）。

② 笔者最近考察了巴黎的一些重要城市项目，并对该城市主要相关部门进行了访问。

参考文献：

[1] A·阿克曼（A. Akkerman）. 2000, Harmonies of urban design and discords of city-form: urban aestheticsin the rise of western civilization [J] . UK: Journal of Ur ban Design, 5(3) : 267- 90.

[2] T·贝特雷 (T. Beatley). 2000. Green Urbanism: Learning from European Cities [M]. Washington DC: Island Press.

[3] P·霍尔（P. Hall). 1988. Cities of Tomorrow [M] . Blackwell.

[4] 阿各妮丝·赫勒 . 1990. 日常生活 [M] . 重庆出版社 .

[5] 贺邺钜 . 1996. 中国古代城市规划史 [M] . 中国建筑工业出版社 .

[6] B·赫列（B. Hillier) . 1984. The Social Logic of S pace [M] . Cambridge University Press.

[7] 安东尼·吉登斯 . 1998. 社会的构成 [M] . 三联书店 .

[8] L·柯莱雅（L. Krier).1978.The Reconst ruction of the City[M].Brussels: Rational Architecture 28-44.

[9] R·柯莱雅（R. Krier) . 1979. UrbanS pace [M] . London : Academy Editions.

[10] L·柯布西耶 (Le Corbusier) . 1971.The City of Tomorrow [M] . The Architectural Press.

[11] D·拉丁（D. Rudlin & N. Falk) .1999. Building the 21st Century Home the sustainable urban neighborhood[M] . London: The Architectural Press.

[12] K·林奇（K. Lynch) . 1961. The Image of the Cit y [M] . Cambridge, Mass: The MIT Press.

[13] K·林奇（K. Lynch) . 1984. Good City Form [M] . Cambridge, Mass:The MIT Press.

[14] R·库哈斯 (R. Koolhaas).1998 Singapore Songlines:Thirty Years of Tabula Rasa[M].S.M.L.X.L. The Monacelli Press,1008-87.

[15] A·罗西（A. Rossi) . 1982. The Architecture of the City [M] . Cambridge, Mass: The MIT Press.

[16] P·罗毅（P. Rowe) . 1997. Civic Realism [M] . Cambridge, M ass: The MIT Press.

[17] H·马库斯（H. Marcuse) . 1964. One Dimensional Man [M] . Boston: Beacon Press.

[18] L·芒福德（L. Mumford) . 1966. The Cit y in Hist ory [M] . England: Penguin Books Ltd.

作者简介： 张杰，清华大学建筑学院教授

吕杰，济南城市规划设计研究院院长，高级城市规划师

原载于：《城市规划》2003 年第 27 卷第 9 期

城市连续性设计方法研究
以深圳市中心区 22、23-1 地段城市设计为例

On the Methodology of Urban Continuative Design
A Case Study on the Urban Design for the Section 22,23-1 of Shenzhen Central Area

韩晶　张宇星
HAN Jing, ZHANG Yu-xing

摘　要

城市连续性设计是现代城市设计的一个新课题。本文提出了城市连续性设计的概念，并分析了城市连续性设计的内涵，初步建立了连续性设计的方法体系，对连续性设计的三个基本要素——生长点、生长梯度和中心场进行了深入研究。最后以深圳市中心区 22、23-1 地段的城市设计为例，论证了城市连续性设计在实践中的具体应用方法。

关键词

城市连续性设计　生长点　生长梯度　中心场　深圳中心区城市设计

在实践中，城市设计是一个复杂的问题。理想状态的城市设计，所有的内容都是在一片空白的土地上于短期内一次性规划、设计并建成，如勒·柯布西耶在印度昌迪加尔以及考斯塔和尼迈耶在巴西利亚所做的那样。这种城市设计处理单体建筑和城市整体的关系比较单一。由于设计过程中不存在新、旧肌理的冲突，且一次性的设计建成可以方便地得到严密精确地控制，其结果容易具有高度的秩序，建筑与城市空间整体的关系比较和谐。但一次性的开发、设计、建设需要大量的资金投入，建设过程中自始至终受到严格的控制，其高度的秩序是以静态的方式形成的，缺乏灵活变化的余地，一旦某一幢单体建筑出于某种因素的影响发生了变动，就会造成“一着不慎、满盘皆输”的局面，使整体的设计效果被轻易地破坏。

诚然，现实中完全在一片空白土地上设计和建造城市的情况是罕见的，但这种处理城市设计与建筑设计之间关系的方式却大量存在，表现在把城市设计看作是扩大规模的建筑设计，强调整体的最终效果，而不注重对单体建筑设计的连续性控制过程。结果是理想化的城市设计方案常常流于形式，只能落实到控制性详规的层次，变为控制建筑密度和容积率的参考。而在单体建筑设计中，建筑师常常局限于研究建筑基地周围的小环境，缺乏对城市整体空间形态的把握，虽然在地段局部微小区域存在着有一定秩序的群体设计，创造了良好的小环境，但整体的城市空间依旧混乱，建筑群体之间缺少内在的关联，呈现出随机和各自为政的状态。

实践证明，城市设计是一个过程的控制，其中充满了矛盾，存在着多样性。静态机械的城市设计手法用先验的严格约束达到创造整体空间环境的目的，忽略对单体建筑设计复杂性、不定性因素的把握，加剧了建筑和城市整体空间之间的矛盾。

1、城市连续性设计的内涵

本文试提出一种城市连续性设计的观念和方法——立足于单体建筑设计的动态城市设计。它是逐步地、一点一点进行的，又是相互连贯的。设计时要有时间、空间及要素之间结构状态的分析，使每一幢单体建筑均合理嵌入城市生长的时空结构之中。设计的结果就空间性而言，是整体的；而就时间性而言，是动态的，仿佛是一点点生长出来。在任一时间断面对空间作“切片”研究时，将发现某种秩序；而在时间轴上，把每一个“切片”联系起来观察，则会发现各阶段的内在连续性和变化过程。在设计过程中，单体建筑的形态应保持其多样性和创造性，力图解决功能要求，并使现存的城市环境可不断以新的建筑形象得以充实。同时，每一幢单体建筑的建成，均应对城市空间形态的整体性有所加强或创造，使城市有机地生长。也就是说，在城市连续性设计中，单体建筑的设计和建造对城市空间整体而言是一个“增建”的过程。

一个有机的城市空间，其内部存在着两种制约因素：一是稳定和结构性因子，使城市各空间片段形成稳定和整体的建筑群形态结构；二是发展和激励因子，使城市空间具有向前生长和进化的动力，表现为众多富有活力的单体形态。由于地段中每一个增建的建筑，其增建时间、区位、自身规模和高度的确定具有一定的偶然性，相对于城市的生长和有机秩序的建立过程而言，存在着时间差，城市形态的空间有序和时间有序往往不能同时满足；而且，当控制城市形态生长的结构发生变化时，环境意向中将出现新的发展契机。立足于单体建筑设计的动态城市设计有利于灵活地捕捉新的信息，对城市的生长做出反应，使已经产生的无序形态向有序方向发展。

2、城市连续性设计的方法

城市形态的变化受其生长的诸规律控制，其空间设计应与生长的现时状态相契合。正确地把握城市形态生长的结构要素，并立足于单体建筑的设计，通过连续、动态、生长的方式，使每一幢“增建”的单体建筑都融入城市生长过程之中，从而使城市形态不断地走向新的有机整体，这是城市连续性设计的基本思想。

城市的连续有机整体性是通过生长点原则、生长梯度原则和中心场原则三者共同控制达到的。首先，根据生长点原则，选择城市结构中正确的生长点，并对生长点的深层结构加以分析，使建筑布局与生长点发生关系。其次，分析归纳生长点影响圈域内的生长原型，根据增建建筑的性质、规模、高度，确定建筑的地位，并以生长梯度为据，寻找其在梯度轴上的位置，即确认其形态相对于生长原型的可变程度。也就是说，建筑的地位不同，它与生长原型的同一性程度也不同。第三，由于城市空间形态是由复杂的不同尺度的中心场相互组织、交叠形成的多中心的复合结构，因此增建的单体建筑应遵循中心场原则，或加入一已有的中心场，或使已具雏形的中心场明朗化，或创造新的中心场，或兼而有之。也就是说一个增建的建筑可以同时在几个中心场中承担不同的作用。由于中心场有尺度的差别，增建的单体建筑既应创造或维持步行尺度的中心场，又不应忽视车行尺度的中心场，使不同运动方式的人均对城市空间环境有所感知。

2.1 生长点原则

对城市形态的生长机制研究可知，城市形态连续生长的过程是同生长点密不可分的。有机的城市形态在生长点的控制下产生，且在城市的生长过程中存在着新、旧生长点的更替。生长点原则是城市连续性设计的首要原则，即在城市结构中应选择正确的生长点并加以扶持，使城市空间内诸建筑单体的生长始终围绕着核心，从而保证城市形态在时间轴上的连续。

生长点控制着一定的结构。所谓结构，是一种关系的组合，它对城市形态的控制是通过点和轴实现的。点是控制范围的中心，既可以是一个实点——建筑，也可以是一个虚点——外部空间。实点往往表现为一定历史阶段社会、经济、文化方面最具有代表性的建筑，如祠堂、钟鼓楼等；虚点即具有明确的形状、边界清晰的外部空间，如广场、公园等。点有其深层结构，同周围的环境有千丝万缕的联系。点的深层结构往往通过轴使多数要素相互统一，并把这些要素与更大的整体联系起来。在城市中，生长点往往出现于具有交通优势、高地租、优美环境等某些特定资源的区位，其影响力只能在一定范围内发生作用，这一范围也就是生长点的圈域。

生长点的产生并不是偶然的，而是一定历史时期自然物质条件和社会经济技术达到充分协调、高度统一的结果，是社会、经济、文化及营造者观念等因素相互作用的产物。生长点的强度和影响力同实点的建筑性质、规模、高度或虚点的空间尺度等相关。在自然村落中，由于经济、社会因素的稳定，营建者的文化观念趋同，所以对生长点的认知并在增建时受生长点的影响成为一种自觉的活动。而在现代城市中，控制城市形态生长的结构要素经常变化，导致了生长点的变迁和复杂化。城市连续性设计的主要方法之一就是选择正确的生长点并加以扶持，使建筑的群体布局和形态结构与生长点的点和轴发生合理的关联。

2.2 生长梯度原则

(1) 生长原型

由于人在所见的视野内寻求形式的规则性和连续性，如果一个柏拉图体在视野中被部分遮挡，人依旧倾向于依常规将其完整化。也就是说人观察任何一种形式的构图，都会有一种简化视野中主题的倾向，使之成为最简单、最有规则的形状。在每一个生长点的圈域范围内，都存在一个受生长点控制力影响最强的建筑形态优势型，生长原型就是指地段内建筑形态优势型的简约化特征表达。它可以表达为一个形式化的结构模型，也可以表述为一系列的形态控制导则，生长原型对地段内的所有建筑形态起控制性作用。

(2) 生长梯度

以生长原型为基准，可建立距离梯度、高度梯度和规模梯度。距离梯度是指在某一方向，随着与生长点距离的增大，建筑的空间结构形态与生长原型的差异可相应变大。规模梯度是指在距生长点距离相同的同一圈层，建筑的规模越大，其空间结构形态与生长原型的差异应越小，反之，规模越小，允许其与生长原型差异越大。高度梯度与规模梯度相似，亦指在与生长点距离相同的圈层，随着建筑高度的增加，其空间结构形态与生长原型存在的差异应越小。距离梯度、规模梯度、高度梯度的建立，为单体建筑形态的变化尺度提供了指针。规模梯度和高度梯度不仅表现于不同的单体建筑之间，也表现于同一幢单体建筑的不同部位之间。如高层建筑的主体和裙房，相当于具有不同的规模和高度，它们相对于生长原型的形态变化程度是有所差别的。

梯度的变化应当是连续而不是断裂和随意的，并应在保持大多数形态特征同一性的基础上产生。建筑的某些细部特点，如色彩、纹理、质感、窗的配合等的类似，是保证形态特征同一性的基本因素。而在垂直方向上，建筑的顶部往往是梯度变化的关键性部位，因此可以通过多样化的表达创造出城市空间的丰富和活力。

2.3 中心场原则

克里斯托弗·亚历山大在《秩序的性质》(1988) 中提出了“中心场”的概念，认为“中心场首先指设计的情境和关联。它是一束关系，可以用来联结各种既定的元素，形成无穷的建筑关联。这种中心场是复杂而有潜力的。”中心场应具有整体性，也就是说，中心场是组合单体建筑形态的聚合结构，它具有整体性的特点。中心场与人的感知是密不可分的，人在观察对象时，首先是下意识地摄取一种整体关系，然后才是各个独立的局部，从这一角度而言，中心场并非物理场，而是心理场。心理学的研究表明，人对复杂对象的感知是基于近接性、连续性、闭合性的原则而达到，形成了中心场的三种基本形态：簇、列、环。

中心场的近接性原则要求相邻建筑形态之间保持一定的韵律连续，即相同或相似的建筑形态以一定的间隔重复出现，一般至少重复三次以上才有效。实践证明，连续性韵律的产生与沿视线方向建筑群体的形态结构的近接性是相关联的。不同运动尺度下要产生韵律所要求的近接性是有差别的。步行尺度所要求的近接性较低，车行尺度所要求的近接性较高，而沿城市快速干道或高速公路的形态近接性要求最高。中心场的连续性原则要求创造中心场的单体建筑之间应在视线方向上形成特定的空间界面，这首先与距离相关。人的视觉总是连续的，这就要求创造同一个中心场的单体建筑相互靠拢，间距不能太大。中心场的尺度不同，对距离的要求也不同。一定的运动速度减少了距离感，大尺度的、相对较远的建筑物的印象易于被串成一体。而当车速进一步提高，人的注意力被吸引于车道上，如在以时速 40 km 的速度（中速）行驶时，路面在视界中所占的比例仅为 20%，而当时速提高到 90 km 时，路面在视界中所占比例达 50%，就会失去对建筑中心场的感知。

中心场的闭合性原则要求创造不同尺度的闭合空间，这与视线的封闭程度有关。视角为 45°，人倾向于观看建筑的细部，而不是建筑的整体，中心场有很好的围合感；视角为 30°，人倾向于看建筑的整个立面构图，以及它的细部；视角为 18°，人倾向于看建筑与周围物体的关系，这是中心场的最小围合度；当视角为 14°时，人则把建筑物看成突出于背景中的轮廓线，中心场的感知也就极弱了。对步行尺度而言，速度对视角没有明显的影响，行人对道路上一段高度内的景物印象较清晰，而对顶部的印象较淡漠。建筑的底部既是人们行走时接触最多、最靠近的部分，又是感知最强的部分。对车行尺度而言，中等速度运动的人须用 1/16 秒的视觉，才可以看清注视的目标，视点从一点跳到另一点的中间过程是模糊的，如欲将每一点看清就须相对固定。以一定速度运动的人的视野广度和深度加大，所感受的围合感也会不同。

连续生长的城市空间形态由不同尺度的中心场以复杂的方式组织、交叠而成。一个建筑的增建，或使已有的中心场雏形完整地形成，或使已形成的中心场加强，或创造新的中心场，或兼而有之。中心场的创造应与生长点发生关系，也就是与生长点的点和轴发生关系。中心场既是生长点控制力量的表现，也是新旧肌理对话的媒介；它使人们明确感知新旧秩序的交叠，从而创造出富有活力的复合空间结构。

3、深圳市中心区 22、23-1 地段连续性设计分析

深圳市中心区城市设计由美国李名仪 / 廷丘勒建筑师事务所完成，1995 年开始按规划建设。为了深化中心区城市设计，由美国 SOM 公司对中心区 22、23-1 地段进行了示范性城市设计。22、23-1 地段紧临深南大道、新洲路和益田路，总用地面积约 12 万 m^2，规划总建筑面积为 63 万 m^2，为中心区南片区重要的商务区。由于该地段建筑总量较大，且受土地出让计划的限制，整个地段需要较长的建设周期及众多的开发商介入（目前至少达 13 家），这就面临着一个难题：如何能够通过一种合理的城市设计机制来确保该地段在较长的建设周期中，既能保持建筑空间结构和形态上的连续性和完整性，又能够给后续开发的每一个单体项目以最大的建筑创作空间，以适应市场和业主独特的发展需求。SOM 公司所提供的实施城市设计方案完全达到了上述要求，目前该地段的大部分建筑已经在 4 年的时间中陆续兴建，所呈现的城市设计效果非常理想（图 1、图 2)。

SOM 对 22、23-1 地段所做城市设计的核心内容主要包括以下几点：

1. 地段内所有建筑不必要一次性建成，而是允许在较长的时段中分期建设。

2. 城市设计的结果虽然提供了一张整个地段的建筑群形态的效果图，但该图示只是起导引作用，而非严格的限定。最核心的城市设计成果是一系列对地段内建筑空间布局和形态设计的控制导则。

3. 城市设计控制导则的关键是对地段空间发展的结构性要素进行限定和控制，而非结构性的要素则由开发商和建筑师根据单体项目的特性自行裁量。

4. 22、23-1 地段空间发展的结构性要素包括三方面，其一可谓之“生长要素”：通过道路的适当分布，将整个地段划为 13 个独立开发的建筑地块和两个独立完整的社区公园，这两个公园作为整个地区的生长核心，所有 13 个项目的开发不论先后，其主体建筑均必须围绕社区公园展开布局；其二谓之“梯度要素”：所有 13 个项目的建筑形态设计均必须以导则给定的形态原型为基准，根据各项目的规模和区位（同两个核心公园的相对联系）的不同可产生一系列的形态变化梯度；其三谓之“场所要素”：所有 13 个项目在不同尺度下，相邻空间之间必须通过恰当的手段产生关联，以创造不同尺度的场所效应。SOM 的城市设计方法非常简洁，但从实践来看非常有效，其控制手段正是一种城市连续性设计思想。

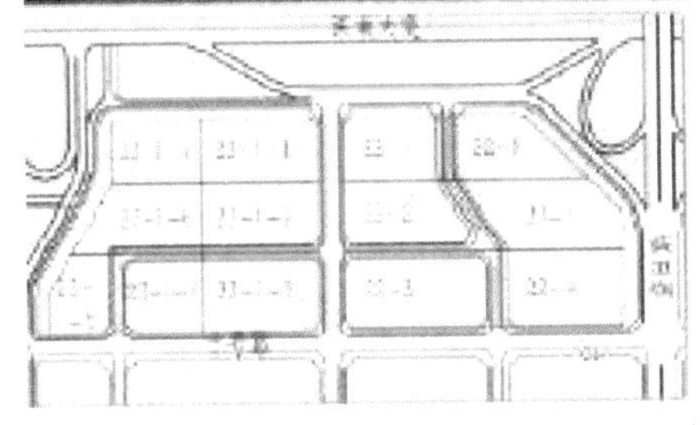

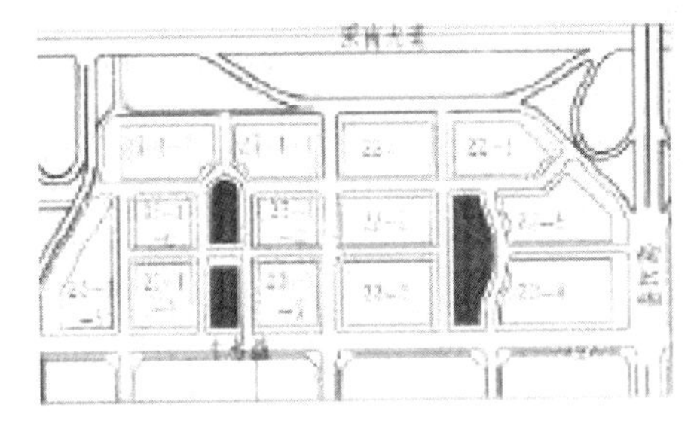

1 2
3

图 1. 中心区远眺
图 2. 中心区建设现状
图 3. 两个社区公园的插入，建立了地段空间结构的生长点

3.1 生长点的设立

如图 3 所示，深圳市中心区 22、23-1 地段的原规划结构是一个典型的匀质化结构，SOM 调整了该规划结构，专门设置了两个社区公园作为地段生长的核心。公园的周围是田字型街道，成为周围拟建建筑的焦点。东面的公园面临 6 个开发项目的场地，西面的公园也面临 6 个开发项目的场地；城市设计要求所有 12 个项目在建设时必须面向公园。这两个社区公园的设立使整个地段的开发立刻形成了简单而有效的凝聚力和内在有序性，它们对地段中单体建筑物的建设起到了生长点的作用。同时生长点对建筑的控制也并不是僵化的：城市设计中唯一未规定朝向公园的项目位于新洲路和福华一路的交界处，属该地段的重要区位，是地段中建设城市级标志性建筑物的场地，故此该地块的建筑不应对地段的生长点（社区公园）产生呼应，而应受更大范围区域生长点的控制。

3.2 生长原型和生长梯度的构建

(1) 生长原型

图 4 为 SOM 为整个地段的生长创立的生长原型，该原型以一个形式化的结构模型表达，实际上包括了如下三个方面的控制导则：

1) 街墙立面或低层建筑的控制导则；

2) 塔楼体积变化区或中间楼层的控制导则，指建筑从街墙立面顶部至最高使用楼层的部位，分成两个区，用以表达建筑立体的变化和体积变小部位的形式。街区立面顶部的楼层至建筑总高的 80% 左右的楼层区被定为塔楼变化部位，当建筑达到这个高度时，应后退 1.5m 至 3m，在建筑高度 70% 的部位可做类似的后退：

3) 塔楼顶部的控制导则。

(2) 生长梯度

图 5 为深圳市中心区 22、23-1 地段中不同规模的建筑塔楼与两个社区公园（生长点）的相对区位图，图 6 为沿城市主要街道的建筑形态的梯度变化示意。城市设计要求以生长原型为基础，建筑屋顶形式可以有适当的变化以产生形态的多样性。另外在该形态变化的梯度中，为了保持梯度变化的连续性和形态基质的同一性，还对建筑的细部特点如建筑材料、色彩和玻璃等作了详细的界定，具体内容包括：

1) 色彩：玻璃材料应该用淡绿色，可以局部反光，不允许用高度反光的玻璃；石料和水泥材料应采用淡色，如暖白色、粉红色、浅灰色、淡黄色、沙色等，不允许建造黑色、

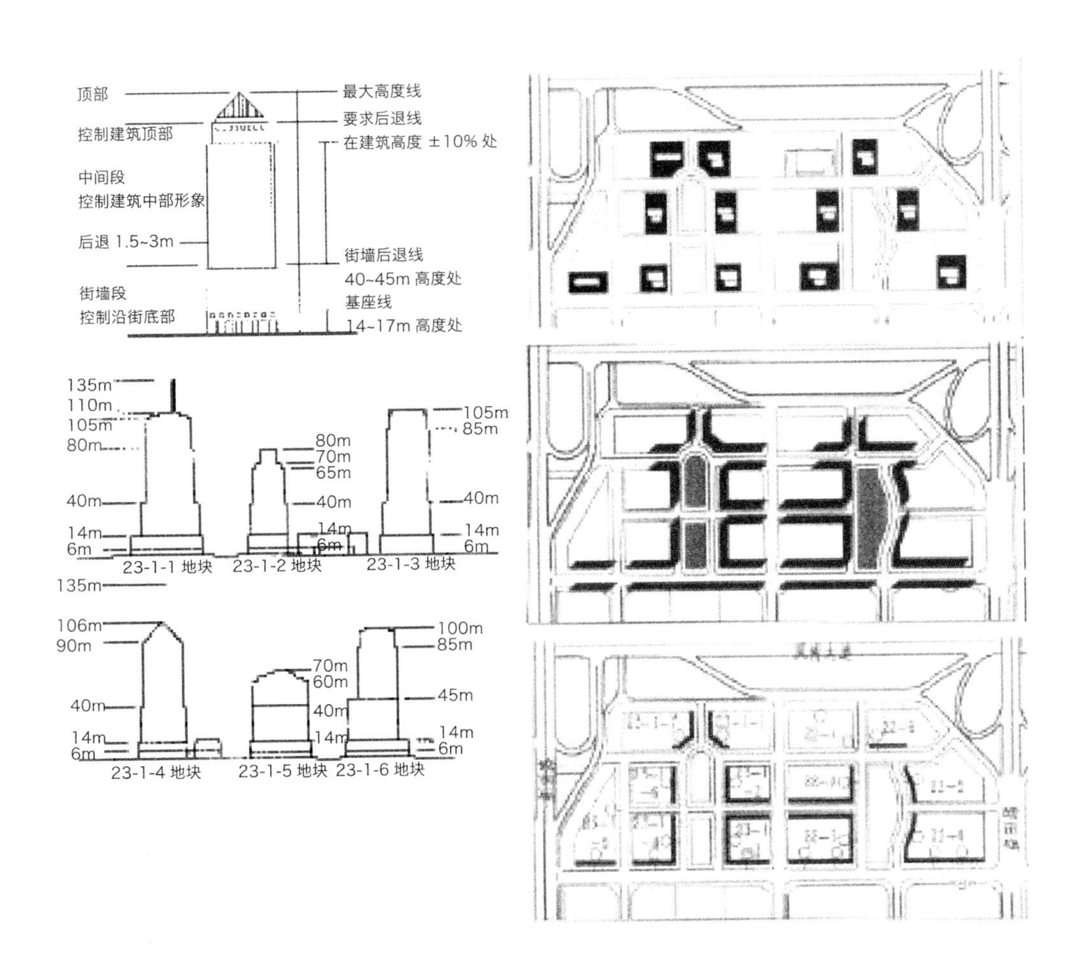

4 5
6 7
8

图 4. 地段建筑生长原型，建立了建筑形态的核心控制准则
图 5. 不同规模建筑塔楼同两个社区公园（生长点）的相对区位
图 6. 沿城市主要街道不同规模建筑形态梯度变化示意
图 7. 强制性的街墙线用以创造车行尺度下的中心场
图 8. 沿街连续性设置的拱廊用以创造步行尺度下的中心场

深红色等深颜色的建筑。

2) 外墙材料：强调使用类似的材料有助于保持本区的协调性，低层区域外墙主要使用浅色石料或砖块。在入口和特殊设计部位可采用有对比的材料，但必须对建筑的整体起补充作用，而且能维持与周围建筑之间的关系。

3) 玻璃：提倡窗户形式多样化，并收进建筑立面，不同形式的窗户有助于增添建筑的特色，不允许有连续排列的窗户或全部安装玻璃幕墙。在地面至二层（一般离地面12 ～ 15m）的拱廊范围内，玻璃门窗至少应占立面面积的 60%；在二层至 40m 标高的低层部位，玻璃门窗的面积不得超过墙面的 40%；塔楼外壳的玻璃门窗面积可达 40% 到 50% 之间；在塔楼体积变化的部位至建筑的最高位置，玻璃使用面积可适当超过 50%，但屋面的所有设备必须在人们的视线以外；塔楼顶部可适量使用玻璃。

3.3 中心场的创造

(1) 车行尺度下的中心场——通过确立一条连续的街墙立面创造车行尺度的中心场。

城市设计中“街墙”是一个非常重要的概念，必须理解和加以实施。主街的建筑后退线不允许参差不齐，所有建筑必须沿后退线建造。由多个建筑的立面构成的街墙立面至少应该跨及所在街区的 90% 长度。街墙立面的高度可在 40m 至 45m 之间，而且在这个高度范围内没有后退线。但超出 45m 高度以上的建筑部位必须逐渐后退街墙立面线，后退的程度控制在 1.5m 至 3m 之间。图 7 为地段内强制性的街墙线。

(2) 步行尺度下的中心场——利用拱廊创造一个生机勃勃、令人流连忘返的步行尺度中心场。

商场和建筑的大厅可沿拱廊布置；城市设计要求主街设置拱廊，在同一个街区内不可间断；拱廊覆盖人行道；但停车场和辅助区域不设拱廊。拱廊宽度控制在 3 ～ 5m 之间，高度限制在 6 ～ 14m 之间。作为人行道的延续，拱廊足以使街头气氛活跃，是城市空间面向行人的重要设施（图 8）。

4、结语

城市连续性设计是一个新的课题，特别是在我国目前大中城市正处于快速的新建、改造和更新的进程之中，城市原有的形态正在受到前所未有的冲击，城市形态的“断层现象”比比皆是。如何在城市建设中始终保持城市形态的连续性，避免城市设计流于形式，具有重要的现实意义。本文所提出的城市连续性设计的原则是在国内外城市设计实践的基础上总结出的基本方法，特别是克里斯托弗 · 亚历山大 (C.ALEXANDER) 在这方面做了前驱性的工作。他根据在旧金山的实践总结出了连续性设计的七条原则，即：生长的个体性、整体的生长、视觉效应、积极的城市空间、大型建筑物设计、结构、中心的形式。连续性设计的本质是通过对城市地段空间的结构性要素的连续性控制，达到地段长期和整体的有序性。生长点、生长梯度和中心场正是城市地段空间的三种最关键的结构性要素，把握这三个关键点，也许许多城市建设中的难题将迎刃而解。

参考文献：

[1] christopher alexander.a new theory of urban design. new york, oxford, oxford university press.1987

[2] 王建国 . 现代城市设计理论和方法 . 东南大学出版社

[3] (挪威) 诺伯格 · 舒尔兹 . 存在 · 空间 · 建筑 . 尹培桐译 . 中国建筑工业出版社

[4] (美) 刘易斯 · 芒福德 . 城市发展史 . 倪文彦，宗峻岭译 . 中国建筑工业出版社

[5] 深圳市规划与国土资源局 . 深圳市中心区 22、23-1 街坊城市设计及建筑设计 . 中国建筑工业出版社 .2002

作者简介： 韩晶，深圳市筑博工程设计有限公司

张宇星，深圳市规划与国土资源局

原载于：《时代建筑》2004 年第 5 期

地标与口号
当下都市空间意义塑造中的建筑与文本角色

Landmark vs. Slogan
Architectural and Verbal Aspects in Shaping the Meaning of Contemporary Urban Space

茹雷
RU Lei

摘　要

作为中国都市化的极端异象之一，建筑与文本在塑造空间意义上的强弱态势转换显得尤为突出。这个悖论揭示出设计赋予空间意义时的无力与文字的优势，也将启发出非形而上的、更自主的设计。

关键词

纪念性 标志性 高层建筑 符号 意义 意味 全面设计

中国当前建造浪潮中的一切特征，包括极端、精彩乃至平庸拙劣似乎都可以用空前的速度、广度和密度来解释。这个完美解释源于“经济基础——上层建筑”的核心架构，无懈可击地直指问题的根本点；同时，与所有标准答案一样，仿佛总是欠缺对现实丰富性的具体描画。全国大工地的建设热潮已经伴随了我们二十多年，它逐渐地转化为中国人的生活常套。拆建破立的循环让城市时时刻刻处在变化、成长当中，身处其间的人们随时会在熟悉的地理点上邂逅陌生的空间。

这样的时空具有强烈的“现代感”，将时间的流动化作空间的变化，以实体形式呈现出来。时间不再仅仅是奔向来来的离弦之箭，更是每天都可能面对的未知空间。处在双重不确定之下的个体，被外在力强力地裹挟着，在适应、协调中追求实现“在现代中安身立命”[1]这个现代性目标。攸关个人存在感的，标示着个体独特与社会架构的声望、地位及身份则快速地转化为高辨识度的抽象符号和象征。在城市建设上，则反映为具备地标潜质的建筑大量涌现的同时，城市及其建筑却丧失了标志性与纪念性；另一方面，文字却借助先天的符号优势，重新获得诠释空间意义、唤起空间体验的力量。

1、高层建筑与纪念性的游离

上海的高层建筑数量已经位居世界第一，重庆、广州则紧随其后。中国城市高速扩张所带来的永无止境的空间需求，催生出大量的摩天大楼，将城市一步步地转化为《大都台》[2]镜头中的水泥丛林。从单体上细究，不少高层建筑的设计会讲究细节处理。以提高自身能见度，力求借助体量、尺度的强势以及造型的张扬自城市天际线上脱颖而出，成为构造城市形象、彰显个体身价的地标。然而，多数城市的高层组群与单体都能催生出另一个曼啥顿岛，高密度的高层建筑反而沦为街市的背景墙。依照罗西的“城市建筑”划分，这些具备主导元素（primary elment）潜质的建筑却成为不具决定性的普遍区块（residential area）。[3]

纽约在罗西（Aldo Rossi）眼中是“未曾相信会存在的纪念物之都（a city of monuments）”[4]，一座由摩天大楼地标建筑构成的现代哥特之城（Gotham City）[5]，也是许多中国城市追慕的目标。纽约的摩天楼同样也是在工业化和现代都市化进程中产生的，但自“商业大教堂”沃华兹大厦（Woolworth Building）[6]开始，就一再地借助高度、造型而成为公众的关注对象，引出一系列话题，也成为记载都市传奇的印记。闪现在电影《金刚》、

《金玉盟》[7]中的帝国大厦无疑表露出通俗文化对摩天楼的浪漫憧憬。反观中国，高层楼宇所获得的关注则单薄许多。类似环球金融中心这样的超高层建筑，纵使改变了上海建筑高度排行榜，重塑了陆家嘴的天际线，也依旧无法在公众视野中激起大的涟漪。非议颇多的央视新楼算是例外，其热议焦点多集中在造价、结构合理性乃至业主的强势话语上。最终，一场大火夺去戏剧性争执的制高点，将人们的专注导向对工程施工、承包及问责的质疑。至于建筑本身夸张的设计，却并未引发对过度符号化的反思，无从唤起对高速增长之下的无限可能性的期待；相反，倒是 促成了对"飞翔的荷兰人"的阴暗心理的揣摩和搜证。至少，很难想象在普通公众心目之中，央视大楼会被看作北京城市中属于这个时代的标志性纪念物；它即使不被看成"笑话"而被嗤之以鼻，恐怕也只能算是一个对特殊"现象"或"状态"的证明。

罗西将"纪念物"界定为以建筑方式表达的集体记忆，是城市动态激流中的固定支点。"纪念性"来自于相关建筑的恒久性（permanence）和持续性（persistence），促成城市的生成、演化及存在，构筑城市的历史、文化和本质。[8]"纪念性"不苛求建筑规模或体量，却往往需要经由时间的沉淀而产生，并成为城市自身发展的见证与催化剂，比如罗西笔下的南欧诸城。然而，它同时也可以经由"设计"得到，美国城市便是明显例证。这种纪念性与城市肌理、市井生活有着密切联系，城市建筑以其自身的空间、造型为都市情境增添不可或缺的元素与内容。纽约的摩天楼在向上攀升的同时，就保持着对街道和步行人流的亲近和尊重。洛克菲勒中心的下沉广场、西格拉姆大厦前的小广场等空间，这类空间酝酿出丰富的都市生活内容，促成市民对摩天楼产生认同感和归属感。

高层建筑具有成为纪念物的先天优势，但不等同于"必然"具有纪念性，中国高层建筑的尴尬处境恰好表明，尺度、体量或造型并不能直接转化为标志性和认同感。中国都市化空前的速度和规模将城市变成平地而起的"即刻城市"，也将建筑变为"即刻建筑"，框定在建筑的那个瞬间。在进步视角下的线性时间观念中，过去即等同于落伍，束缚在"过去"瞬间的建筑既难以参与对现在的塑造，更无法投射出对未来的设想。纪念性强调恒久性与持续性的并存，以凌驾于时间之上的姿态参与处在时间流变之中的空间的塑造，进而构成对城区乃至 城市体验和印象的核心部分。高层楼宇作为即刻建筑，对应着建造瞬间的设计思维框架和都市审美取向，被清晰地定格在既往的时空中，丧失了超越时间的能力，更多地以一种标本的面貌陈述着过去。再者，这类高层建筑大多对街道层面的城市生活采取拒绝、否定的态度，其自身无法参与都市场所的营造，最终成为被绿地、水池隔离在街道及人流之外的巨型城市构件，放弃了与都市生活的互动，无从影响所在城市的空间体验和象征意义。

2、语言符号与空间奢望的投射

对城市而言，纪念性主导和塑造城市的品格，于千篇一律中点出城市的独到之处，经由“标示——辨识——认同”而塑造其无可代替的个体特征（singularity），最终征服时间，获得自身主导的都市历史陈述。当建筑难以“设计”出纪念性的时候，对建筑物或空间的文字“标注”（labeling）就成为以“命名”为标示起点的一个捷径，以此获取对空间的定义和想象。在多数高层建筑无法获得相应的地标地位与纪念物身份，退隐为城市印象的配角时，本该是城市灰背景 的商品住宅小区却借助文字的符号指代和语言的想象延展而试图营造某种象征性，以便在营销中获取额外收益。

这种手法被卜冰称作“贴牌”，并被视为信息地理逻辑下的一种“节点”制造方法：给予了无新意的建筑群某种空间特色，以求得到更丰富的利润回报。[9]“标注”这种营销手段之所以风行全国，屡试不爽，仰赖潜在客户乃至社会的认可和欣赏，并体现为文字引导下的价格提升。此时，作为营销手段的文字标注能够唤起（evoke）对相应空间的辨识以及连带生活品质的向往，并最终转化为个人的空间感受和身份认同。同样的住宅小区，虽说“托斯卡纳”不能给“王家庄”带来更灿烂的阳光，“桃花源”也不会比“二道沟”更闲逸空灵，但文字的转变的确可以诱发更大购买欲望。在这里，文字是一个既空洞又真切的能指，无视自身符号所对应的内容，也否定了建筑作为形式的能力，它借助着语言的、社会的语法及语境，指向一个虚幻的建筑环境存在，借以弥补建筑自身的缺憾和无力。

马格利特（Rene Magrite）[10]的《这不是烟斗》挑逗着文字与绘画在视觉与文本上的纠葛：在理想状态之下，绘画作为文本插图可以从视觉上丰富文字；文字作为图像的注释能够概括要点。[11]然而，“这不是烟斗”这段描绘在图面上的文字否定了写实表达和视觉结论，继而引发形而上的思维雪崩：画面与实体物品、画面文字与真实文本的辩证关系被卷入无休止的循环否定之中，最终在自我矛盾里成为一个文字与图像的悖论旋涡。不过，贴牌的住宅小区却幸运地避免了马格利特式的困扰，在“指鹿为马”的操作中，“鹿”反被认可为“马”的投射和替代，从而获得“马鹿”的售价。这个命名策略或许不具备多少哲学深度，却足以游刃于真实与想象的世界之间，自如地切换立场。日常使用中，人们并没有因小区建筑的拥挤、平庸而感受到文字与空间的不磨合。此刻的文字只被当成一个具有方向定位作用的“地名”，作为能指与小区完全对应。在另一层面，文字迅速地抛弃实体建筑的基础，从虚无的想象或辽远的异乡的“空间”中寻求自身所对应的场所精神，否定了小区建筑的精神价值和空间内涵，形成建筑的意义内容与所处位置的分离。

这种操作貌似具有后现代和手法主义（Mannerism）[12] 的风范，但却存在着根本的区别。“标注”作为手段没有对其所指代的经典化的对象做出审美变形和概念解构，只是以能指的身份寄居在另一个已经具备着丰富意味的符号之上，期待后者所持有的从概念到意义的完整链条来填补自身的指代体系的缺失。此时，具体且在场的视觉形式被刻意忽略 (ovedlooked presence)，而作为意义的文本试图以展现自身的在场 (staged presence) 来遮蔽形式，并直接唤起空间意味。不过，文字符号所寄予厚望的他乡风景或空间在实质上也仅仅是自我想象的投射，所对应的或许是真实的历史环节或地理片断，甚至压根是中文语境下的“海市蜃楼”。当文字“佛罗伦萨”作为标签铭刻在小区入口时，其意境的投射召唤着福斯特小说里在英国人窗口所框定的优雅风情，而绝不会是萨尔瓦诺拉于广场焚书的灼人凶焰。再者，拗口无趣的“佛罗伦萨”(Florence) 往往被字隽境幽的“翡冷翠”(Firenze) 所取代，此刻音译所侧重的并非是意大利语发声，而是其中文的意境与音韵。只有在中文这个客户熟知的语境里，在文字转化为文本的状况下，对地名音译的感受与情境联想才是有价值并且可以转为价格的。这在本质上是一种借助他者而展开的自我欲望的投射，一切的可能、向往、完美都经由自我心中营造的彼岸所实现。仿佛勒布伦 [13] 笔下的法国首相，在欧洲人眼中是一位具有东方奢华气质的中国式的“满大人”(Mandarin)[14]。而我们在错愕之下，则体味出经由多重投射之后，影像已经获得了自己的生命和意义，在想象的空间中翻飞。

3、设计与书写中的空间营造

建筑设计无从确立的纪念性、标志性和归属感，却可以轻易地被营销的文字游戏所窃取。在城市层面，全方位的城市新建、重建以及改建只是在加速城市形貌的雷同，政府文件中对城市的“定位”却往往更容易转化为可感触的“特色”。中国建设与建筑的这一切状况，在现代主义英雄视角下注定是极端甚至异端，自然为之痛心疾首、与之不共戴天。但如果以娱乐时代为背景，从消费文化着眼，撷取媚俗[15]审美对窘境的那种欣赏品评视野的话，则这份荒诞具有无尽的趣味甚至颇具启迪性。设计的无力与文字的猖狂恰好证明了在当前建设速度和规模之下，建筑价值的无所依托与意象标志的随心所欲。出现在意义层面的荒诞足以颠覆整个以视觉感知、空间体验、形象塑造和场所标志为依托的建筑叙事与城市记忆的符号体系。

高层建筑在中国城市中竞相耸立，在改变城市天际线、重塑城市外观的同时却难以对市民生活、城市发展产生主导性的影响。在标示方位之外欠缺对城市场所的营造，其价值便局限在证明资金实力、设计灵感和技术成就上，缺乏那种现代主义追求的自上而下的对城市环境和居民生活的垂范、塑造作用。由此，似乎可以断言作为形体的建筑已经丧失了对空间的主导权，而城市的纪念性、场所的符号意义更多地来源于都市活动与市民心理。

贴牌式的空间标示彰显着语言压倒性的强势地位。语言具备先天的说明、暗示、联想及回味的潜力，并且直接得益于多边的文本话境和文化背景。在面对渴望拥有符号化身份的都市人群时，文字简洁而直白，粗鲁却清晰，摒弃了自视觉形象与空间感受所派生的多重理解歧义。能够将意义、价值直接投送到目标人群心中。正如“物体的名字有时会取代物体”[16]，空间在语言的操弄之下，被剥夺了自我陈述的机会，成为一个个符号的代表，而这些符号作为能指又是空洞的，指向不存在的虚幻影像的投射。语言对空间的摆布仿佛意味着文字就此具备了终极决断权。

在建筑与文字的博弈中，争夺的制高点在于对意义的掌控，并由此波及符号体系之下各自的指代效能与作用。在这里，空间与文本的优劣态势转换取决于诡异的文字符号在实体指代中的“空洞”化和对投射对象的“虚幻”化。两处的共通点在于，都是文字作为能指，对应着一个空间。所不同的是，文宇用一个虚拟的投射空间取代真实的所在，彼方取代此地，他乡转为本土。在标签式的文字空间中，文本宛若电脑屏幕，敞开一个虚拟却包含着故事、场所、自然规律、人际关系的游戏世界，使得身处当下的人思追神驰，心游其中。与显示屏类似，文本本身也只是一个界面，其存在完全依托于现实与虚幻场景的同时出现，缺一不可。更重要的是，貌似强势的文字的意义实质上取决于空间的体验才得以实现，正如电子游戏中需要尊重力学原则[17]一样，现实中的空间经历、本地的都市生活作为常识参照必须得到维护，而这些全部来自于对没有形成纪念性的周边建筑的感受。再者，投射出的他乡也往往存在这一个真实的蓝本，虽历经扭曲偏移却或多或少地维系着那个远方真实空间的某种特质，也就是彼岸城市的纪念性和标志性。而这无疑是需要由当地的建筑和空间构建而成的，影像、文字、传奇等叙述方式在此基础上展开文本化过程。归根结底，文字无法脱离空间（无论是真实还是虚幻的）而独立生存。

4、设计的潜质和缺憾

作为昭示存在与位置的地标，建筑可以借由多种设计手法达致目的；作为宣扬理念的口号，建筑则显得手足无措、力不从心。有鉴于此，建筑或许可以放下“全面设计”的迷思，把意义、观念留给抽象的文本雄辩与具体的市民互动。而当城市与建筑被切割成空间构建、场所体验、文本诠释等多个块面之后，可能会更适应日渐碎裂的信息传递状态，更便于规避文本化叙事对艺术自主性的侵蚀，更契合多元化的政治正确原则。而对设计师自身而言，也许也会让设计过程更加轻松惬意。

注释和参考文献：

[1] 伯尔曼将现代的文化与政治努力宽泛地归纳为：在现代社会中生存，重新得到家园的感觉。见 BERMAN M. ALL That is Solid Melts into Air: The Experience of Modernity[M].New York: Penguin Books, 1998:11.

[2] 1927 年摄制的德国科幻影片，Fritz Lang 导演，表现高度机器化带来的异化世界。

[3] 罗西强调“区块”在于：“居住区域处于支配地位，历经岁月，远比建筑物更能赋予场地以特质”，他的区域是源自社会学的概念。ROSSI A. The Architecture of the City [M]. Cambridge MA: MIT Press, 1982:79.

[4] 《城市建筑学》美国版前言。ROSSI A. The Architecture of the City [M]. Cambridge MA: MIT Press, 1982:15.

[5] 纽约的绰号，也是漫画和电影中超级英雄“蜘蛛侠”所生活的以纽约为原型的城市。

[6] KOOLHAAS R. Delirious New York[M]. New York: The Monacelli Press, 1994:99.

[7] An Affair to Remember, 中译《金玉盟》，是 1957 年摄制的美国电影，男女主人公相约在帝国大厦顶层观景台会面的桥段成为好莱坞经典。

[8] ROSSI A. The Architecture of the City [M]. Cambridge MA: MIT Press, 1982:60.

[9] 卜冰，信息时代的新地理模式 [J]，时代建筑，2007（1）：35-36.

[10]马格利特（1898-1967），比利时超现实主义画家。

[11]FOUCAULT M. This is not a Pipe[M]. Berkeley, Los Angeles, London: University of California Press, 1982:19-21.

[12]由意大利语Maniera而来，也译作“风格主义”或“矫饰主义”。指1510年至1600年间流行于欧洲的艺术风潮，也泛称为晚期文艺复兴。曾长期被视为盛期文艺复兴之后的艺术堕落和衰败。20世纪以来，尤其是后现代兴起后被推崇为独具变革和创新意义的艺术探索。

[13]勒布伦（1619-1690），法国古典主义画家和美术理论家，曾长期掌控巴黎美院，深受国王路易十四宠信。

[14]BRYSON N. Word and Image: French Painting of the Ancien Regime[M]。 Cambridge: Cambridge University Pres, 1981:56-57.

[15]在中文翻译中，“kitsche”增加了迎合的维度“媚”，多带有负面暗示。本文借用源自波普主义的正面态度。

[16]福柯引述马格利特。FOUCAULT M. This is not a Pipe[M]. Berkeley, Los Angeles, London: University of California Press, 1982:38.

[17]nVIDIA 公司的 3D 图形处理器即包含物理处理引擎 PhysX. 通过专有芯片运算达到符合物理规律的虚拟真实。

作者简介： 茹雷，西安美术学院讲师

原载于：《时代建筑》2011 年第 3 期

中国快速城市化之路

Progress of China's Fast-paced Urbanization

田丹妮 整理
Reorganized by TIAN Dan-ni

摘　要

文章针对自 1978 年以来中国快速城市化进程的梳理，分析其中的一些典型现象，呈现中国城市快速发展过程中的一些普遍特点及其建设方法。

关键词

城市化 快速 模式

当代中国社会的城市化进程经历时代动荡而停滞，从20世纪70年代末恢复至今已有30余年。在各方面快速推进的过程中，催生出我国独有的城市发展方式与现象，这些积累有待于相关研究者进行整理、归纳、提炼。本文将通过对城市空间现象的呈现来再现这一独特过程，并将这段过程归纳为四个阶段，从中梳理出它们在时间轴上留下的重要节点。

1、第一阶段：城市化恢复（1978-1986年）

20世纪70年代末中美关系的建立以及冷战格局渐趋缓和，为中国赢得了相对稳定的国际政治环境，也为中国实施改革开放创造了外部环境；中国国内，随着以邓小平为代表的第二代领导人的崛起，结束了“文革”十年动乱的状态，改革从农村开始，家庭联产承包责任制使土地重新回到农民手中，激发了农民的生产积极性，也使富余的农业劳动力获得一定的自由发展和流动的机会，促成20世纪80年代中期乡镇企业和小城镇发展的高潮，中国的城市化过程在因“文革”停滞十年之后，重新启动。

1.1 保护历史文化名城（Protection of Historical and Cultural City）

1982年国家公布了第一批24个历史文化名城，创立了历史文化名城保护制度；之后又陆续公布了历史文化保护名城的名单，该制度的确立表明在城市建设的过程中，中国以工业建设为中心的建城模式正在发生变化。

1.2 乡镇企业兴起（Rise of Township and Village Enterprises）

联产承包责任制虽然使农民能够自由地参与非农业生产，但囿于严格的城乡二元体制，这种生产仍主要集中在农村或者农村的临近地带——城镇，由此促使了20世纪70年代末至1990年初乡镇企业的兴盛。乡镇企业的出现使得以轻工业为主的劳动密集型产业兴起，吸纳了大批农村剩余劳动力，其中涌现了一些影响至今的乡镇企业模式。

1.3 小城镇建设（Small Town Construction）

伴随乡镇企业“离土不离乡”的农村就地城市化模式的是1980年小城镇的兴起和快速发展，直接引发20世纪80年代后期的“撤乡建镇”浪潮。1978—2000年，我国建制镇由

2 173 个增加到 20 312 个，增加了 8.35 倍。小城镇以比大城市低的成本，成为容纳农村剩余劳动力的暂时地带。虽然“离土不离乡”仍只是半城市化过程，但已经打开农民向城市流动之门，冲破了我国“城市搞工业、农村搞农业”的二元经济格局。

1.4 经济特区（Special Economic Zone）

1979 年 7 月，中央决定先在深圳、珠海两市划出部分地区试办出口特区。1980 年 5 月，中央将“出口特区”正式改名为“经济特区”；同年 8 月，批准在深圳、珠海、汕头、厦门设置经济特区并通过了《广东省经济特区条例》，中国的经济特区正式诞生。经济特区的“特”主要体现在拥有众多特殊政策，成为中国改革开放新体制的试验田，拉开了中国对外开放的序幕。

1.5 沿海开放（Coastline Cities Opening Up）

1984 年 5 月，中央决定再开放 14 个沿海港口城市，逐步兴办经济技术开发区。从 1985 年起，又相继在长江三角洲、珠江三角洲、闽东南地区和环渤海地区开辟经济开放区，批准海南建省并成为经济特区。这些地区为外商投资者提供优惠。充分利用国外资金、技术、管理经验和本地的优势，兴办中外合资、中外合作和外商独资企业，扩大对外贸易，加速经济发展。这样，沿海地区形成了包括约 2 亿人口的对外开放前沿地带，并进而形成了经济特区——沿海开放城市——沿海经济开放区——内地这样一个多层次、有重点、点面结合的对外开放格局。

2、第二阶段：城市化深化（1987-1999 年）

20 世纪 80 年代中期，农村的改革步入正轨之后。中央接着启动城市的改革，其核心是激活土地等存量资本，使之进入市场，以此带动经济与城市化发展。由此引发 20 世纪 90 年代以开发区热和房地产热为代表的圈地运动。在大量财富涌现的过程中新的利益格局也在重新确立。与此同时，伴随着新的经济体制的出现，构建与之相适应的城市空间体系成为新议题。

2.1 土改（Land Reform）

深圳于1987年率先在全国采取公开拍卖的方式，试行土地有偿转让。在此基础上，1989年3月人大修宪，加上了“土地使用权可以依法转让”一条。1990年5月国务院颁布《中华人民共和国城镇国有土地出让和转让暂行条例》，规定在获取土地使用权的同时，也可以获取有限度的占有权、利益权和处理权，使用者可以用出售、交换、赠与等形式转让使用权。改革使土地作为商品要素进入生产领域，为中国的经济发展提供了新的热点，也引发了城市化建设的高潮。

2.2 房改（Housing System Reform）

随着土地商品化，住房的商品化也渐次展开。1988年国务院决定全国城镇分期分批把住房制度改革推开，由此拉开房改序幕。至1998年7月，国务院宣布从同年下半年开始全面停止住房实物分配，实行住房分配货币化，并首次提出建立和完善以经济适用住房为主的多层次城镇住房供应体系。这一改革与土地有偿制度一起促进了城市建设的投资，房地产随之兴盛，成为新兴的拉动经济增长的产业。

2.3 开发区热（Development Zone Mania）

此次土改只开放了城市国有土地使用权的市场流转，而将农村集体土地排除在土地市场之外，形成了“二元化”的城乡土地市场。这造成农用地转用过程中巨大的套利空间，导致1987-1992年间各地掀起“开发区热”，全国县级以上的开发区最多时达到6000多个，很多地圈而不建，造成大量浪费。

2.4 房地产热（Real Estate Mania）

1990年初土地和住房商品化使大量资金蜂拥海南和北海等南方城市，造成房地产热。1993年6月，时任国务院副总理朱镕基宣布终止房地产公司上市、全面控制银行资金进入房地产业。海南、北海的地产泡沫破裂，城市中因此留下大量烂尾楼。

2.5 开发浦东（Pudong Development）

1990年4月12日，中央同意浦东开发。浦东开发开放形成了中国沿海地区和沿江地区两个经济带交相辉映的开放格局，带动了拥有3亿多人口、80万km^2的长江流域的发展，也标志中国参与全球化进程的开始。

2.6 城镇体系规划（Urban System Planning）

十四大确认了社会主义市场经济体制之后，为了建立与之相适应的新城镇空间体系，1994 年和 1999 年全国两次启动城镇体系规划。这两次规划提出了重视城镇密集区的发展、强化大城市功能，在空间布局上提出点 (中心城市)、轴 (城市带)、面 (3 大地带、12 个城市密集区) 相结合的空间结构。.

2.7 可持续发展（Sustainable Development）

“可持续发展”的概念最先于 1972 年在斯德哥尔摩举行的联合国人类环境研讨会上正式讨论。随后各国积极参与丰富“可持续”的内涵，逐渐发展成世界性潮流。中国于 1994 年正式确立可持续发展战略，并于 1997 年十五大上将其确定为我国“现代化建设中必须实施”的战略。可持续发展不但包含环保议题，更是促使经济从高投入转向高效率发展的动力，同时也成为国际关系较量的新砝码。

3、第三阶段：城市化转型（2000-2011 年）

进入 21 世纪，中国以加入 WTO 为标志，全面进入对外开放，正式启动参与全球化进程；而随着中国劳动力价格的提高，以及国际金融风暴的发生，中国也在积极转变以出口为主拉动经济增长的发展模式，开始转向扩大内需。与此相适应，中国的城市空间结构也在城市圈、城市群崛起的背景之下开始了新一轮的部署：沿海地区加强了有利于融入全球化和区域经济一体化的薄弱地带，而中部和西部地区作为内需的潜在增长市场，重新得到开发和重视。一个全面的城市化格局正在展开。

3.1 入世（Join the WTO）

2001 年 12 月，经过 15 年的谈判，中国正式加入世界贸易组织。入世使中国能够进一步以全球化的助力，打破贸易壁垒，扩大出口，刺激经济的增长，也为之后中国建构区域一体化的经济合作奠定了基础。

3.2 会展经济（Exhibition Economy）

借举办奥运会与世博会的契机，北京和上海两座城市分别投入2 800亿元人民币和1300亿元人民币用于与奥运有关的城市基础设施建设，包括能源交通、水资源和城市环境建设等，以短期投资获取了城市建设的高速发展。

3.3 建设新农村（Build Socialist New Village）

2005年10月，中央在“十一五”规划中提出了建设社会主义新农村的重大历史任务。新中国在工业化的过程中，主要依靠农业提供原始资本积累，此时农民被固定在土地上，主要扮演生产者的角色。随着中国经济从外向型转向内向型，扩大内需成为当务之急，8亿农民所具有的巨大市场潜力将成为未来新的经济增长点。因此加快解决“三农”问题、提高农民收入，不只关系到社会稳定，更是未来经济发展的需要。

3.4 土地流转（Land Circulation）

2008年10月，在《中共中央关于推进农村改革发展若干重大问题的决定》中提到：加强土地承包经营权流转管理和服务，建立健全土地承包经营权流转市场，按照依法自愿有偿原则，允许农民以转包、出租、互换、转让、股份合作等形式流转土地承包经营权，发展多种形式的适度规模经营。这是新中国成立以来首次提出农村土地可以流转。土地承包经营权流转实际上对农民具有类似社保的作用，使农民能够带着一定的资本进城，从而减少城市容纳农民的成本，有利于中国的城市化进程。

“有重点地发展小城镇、积极发展中小城市，完善区域性中心城市功能，发挥大城市的辐射带动作用，引导城镇密集区有序发展。”

——“十五”城镇化发展重点专项规划，2001

3.5 西部开发（West Development）

1999年3月，《国务院关于进一步推进西部大开发的若干意见》提出进一步推进西部大开发的十条意见。意见中指出，西部大开发战略的提出和实施，有利于培育全国统一市场；有利于推动经济结构的战略性调整，促进地区经济协调发展；有利于扩大国内需求，为国民经济增长提供广阔的发展空间和持久的推动力量；有利于改善全国的生态状况，为中华民族的生存和发展创造更好的环境；有利于进一步扩大对外开放，用好国内外两个市场、两种资源，具有重大的经济、社会和政治意义。

3.5.1 成渝统筹城乡综合配套改革试验区（Chengdu-Chongqing Experimental Zone for Coordinated Rural and Urban Development）

成渝的规划主要将“三农”问题的解决纳入城市发展的目标体系之中，通过各个方面的改革探索，走出一条适合中西部地区的城乡统筹发展的道路。

3.5.2 关中——天水经济区（Guanzhong-Tianshui Economic Region）

“关中——天水”地处亚欧大陆桥中心，是承东启西、连接南北的战略要地，同时还是承接东中部地区产业转移的重要地区。它的发展将带动大关中、引领大西北。

3.5.3 广西北部湾经济区（Guangxi Beibu Gulf Economic Zone）

西部大开发地区唯一的沿海区域，也是我国与东盟国家既有海上通道、又有陆地接壤的区域，将发挥面向东盟合作前沿和桥头堡的作用。

3.6 东北振兴（Revive Northeast China）

2003年10月，中共中央、国务院正式印发《关于实施东北地区等老工业基地振兴战略的若干意见》，制定了振兴战略的各项方针政策，吹响了振兴东北老工业基地的号角。此后，2007年8月，国务院批复《东北地区振兴规划》，提出经过10-15年振兴东北的目标，将东北建设成为具有国际竞争力的装备制造业基地、国家新型原材料和能源的保障基地、国家重要商品粮和农牧业生产基地、国家重要的技术研发与创新基地，以及国家生态安全的重要保障区。

“珠江三角洲、长江三角洲、环渤海地区，要继续发挥对内地经济发展的带动和辐射作用，加强区内城市的分工协作和优势互补，增强城市群整体竞争力，继续发挥经济特区、上海浦东新区的作用，推进天津滨海新区等条件较好地区的开发开放，带动区域经济发展。”

——《国民经济和社会发展第十一个五年规划的建议》，2005

3.7 中部崛起 (Rise of Central China)

2006年4月，《中共中央、国务院关于促进中部地区崛起的若干意见》正式出台，这标志着促进中部崛起战略正式形成。中部地区是我国重要粮食生产、能源原材料、装备制造业基地和综合交通运输枢纽，在经济社会发展格局中占有重要地位。中部崛起可以起到承东启西的作用，承接东部发达地区优势，带领西部经济发展，促进东中西经济平衡发展。

3.7.1 武汉都市圈 (Wuhan Urban Cluster)

武汉都市圈将按照建设两型社会的总体目标，发挥武汉在都市圈中的龙头和辐射作用，同时增强武汉城市圈内“1+8”城市在产业、金融、交通等方面的关联度。

3.7.2 长株潭都市圈 (Changsha-Zhuzhou-Xiangtan Urban Cluster)

长株潭都市圈将努力成为我国中西部地区具有综合优势和强大竞争力的主要城市密集区之一，成为辐射与服务中南地区的经济引擎之一。

3.8 沿海率先 (Coastline Areas as the Pioneer)

从2006年国务院宣布推进天津滨海新区开发开放以来，中国的沿海地区相继开始了新一轮的布局，其中天津滨海新区、江苏沿海地区、海峡西岸经济区、广西北部湾经济区等，均是改革开放以来东部地区发展中的薄弱环节，属于新的战略部署；而作为中国经济最活跃的两大沿海板块——长三角和珠三角，则是再次被重新部署，赋予其新的发展诠释。

新一轮沿海地区区域发展规划是立足全球战略层面的战略部署，是中国寻求并确立未来世界经济地位的新坐标。

4、速成之城

中国当代城市化进程从恢复、深化到转型，发展出具有自身特色的方式与格局，在仅仅三十多年的时间范围内，形成了较之西方一个多世纪的积累。从这些速成之城的诞生和发展中，可以发现共享着一些共通的事件和方法。

4.1 圈地 (Enclosing)

圈地，即对土地的圈围。这个动词作为术语进入辞典来自英国15-18世纪的“圈地运动”。在造城的过程中，“圈地”是通过并购的方式占有基地，无论这块基地原先的属性是荒地还是农田，是工厂还是旧居民区，“圈地”之后都将被重新定义，用于产业的更新和升级（通常是第二、三产业替代第一、二产业），或者被还原成原始的土地资源，以“储备土地”的方式准备未来更高生产力的造城活动。

4.2 开垦 (Reclaiming)

开垦源自一种农业行为，即将荒地垦殖成良田，使之顺应农业生产的需要。在造城活动中，开垦被升级为获取和扩张城市基地的过程。在一个大规模的项目中，更多的资本和劳动力的投入使开垦具备了神话般的力量：移山（将整座山头夷平或改造成大尺度的梯田），填海（将浅海改造成陆地）。蛮荒的地貌被重新修整，无序的因素被重新整合，地形图被重新编码成为地块图和区划图。这种对自然物质环境的索取和改造成为造城之前真正的项目，一件大地艺术作品。

4.3 筑路 (Linking)

起先，两个既有地点之间的联系自发地生成道路（“走的人多了，就有了路”）。这一逻辑在造城运动中被颠倒过来，道路可以自觉地用于在既有和未有的地点之间制造联系（“有了路，走的人就多了”）。

道路是城市在一切非城市领地延伸的触角，以至于只要毗邻道路，即使在乡野郊外也能得到城市生活：道路是一个连续性的网络，通过筑路，旧城与新城，当地、外地与“飞地”被无缝地链接在一起，从而将一端过剩的利益、关系和交易疏解到另一端，将不同的资源配置之间的交易最大化。

在这一链接和疏解的过程中，道路扮演着预设的管制作用：通过路线的编织，重新进行地块的划分；通过出口的设定，重新定义节点在区域中的重要性：通过对速度和流量的控制，重新确定城市辐射范围的半径；通过对路径类型的分配，引导城市内容的功能层次。

4.4 拆建 (Deconstructing)

当建筑比它所占据的地块更廉价时，就有可能被拆除，并重建起与地价相匹配的建筑。

在以拆建方式进行的造城中，对建筑及其所占地块的价值评估通常会涉及两种不同的价值观：一种是经济学，一种是考古学。由于二者评价的分别是建筑的有形价值和无形价值，当建筑在经济学上毫无价值、同时又是考古学上的文物时，矛盾就会发生。如果城市无法对二者的评价加以协调，矛盾通常就会以拆建而告终。在一个利益至上的社会，这是有形价值对无形价值的胜利。

拆与“建”是城市自我更新的辩证法，是城市对建筑价值的裁判；它质疑了建筑的恒久性，将城市的临时和无常赋予建筑的凝固与不变；它用契约的方式为建筑标明有效期，在这一既定的时期内考核建筑的价值；它强调土地胜过强调建筑；拆建以建筑的生老病死换来城市试验的自由，它以不断抹去重写的方式证明建筑只是城市能量转化中的一个过程与片段。

4.5 改造（Renovating）

改造，即在旧城的基础上造城，同时不以破坏旧的肌理为代价实现新的需要。通过建筑学的介入，改造以新旧合一的方式，满足考古学的保护伦理和经济学的创造欲这一双重需要。改造的对象通常也可能是面临拆除的对象，它们陈旧甚至荒废，但其根本问题在于旧有空间结构（小尺度、非商业）对于已变化的环境（高密度、商业化）的不合时宜。改造的理念，来自在两个看来不可能协调的极点之间连线，通过系统化地改变旧有空间的组合和使用方式，在旧有的结构和新环境之间激发新的关系。在这种关系中，新的内容被注入旧的空间，前者与城市之间的关系将极大地强化后者的存在意义，令之进入新一轮的生命循环。

4.6 仿造（Faking）

仿造是造城中最速成的策略之一，也是垃圾文化的重要组成部分。为了以低成本的方式获得昂贵的意象，仿造将造城的诉求投射于一个易识别的符号化对象，以快餐式的阅读方式提取片断化的编码，并在造城中重新加以编辑，以适合新的语境，从而营造与对象相关的意象。

表面上，一份没有原创性的赝品与设计无关，然而考虑到将一个环境中的对象以“乱真”的方式投射到另一个毫无关联的环境之中，设计的能量便体现出来：不在于仿造的逼真度，而在于赝品以何种方式顺应新环境的需求；在形象与内容的反差之中，只有通过系统化的“错位”，被仿造的对象才能与现实一一对应起来。而经过“错位”，任何赝品都将变成一个杂交的产物，它至少可以是异国情调的粗野简化；至多，则可以成为一道主题公园式的奇观，围绕着足尺的微缩景观，在造城中牵起“文化——旅游——消费”的链条。

4.7 复制（Copying）

复制是速成城市的标准动作，指建筑在相邻或不同位置的批量重复。复制同时也是所有设计软件中的标准指令，通过拷贝和粘贴，信息完成了异地的繁衍。这也使得我们便于理解在造城中的一些相关概念：“标准层”(typical floor) 和“普通平面”(generic plan) 等，它们被储存成为模块，随后以大规模克隆的方式应用到别处，从而完成从建筑到城市的普通化和标准化的过程。

复制使建筑和城市具有了产品和标准件的性质，并向着在流水线上批量预制的方向发展，这使整个造城变得既快速又廉价。但另一方面，由于复制针对的是社会单位之间的相似性（个人、家庭、社区），强调行为的统一和规范，以及个体千篇一律的适应性，它必然对多样性与差异性产生抑制作用（尽管这种差异性在建筑后期的使用中会自发表现出来）。但这一负面作用并非无可救药，单体的复制令建筑师可以将更多的精力放在单体之间的组合关系上，通过环境的变化为单体输入变量，从而生成一个“大同小异”的空间。

4.8 装饰（Decorating）

装饰是结构表层的褶皱。尽管在功能至上的现代主义时期，装饰一度被视为与功能本位背道而驰的罪恶，但如今它的反客为主和泛滥，说明它至少有着精神分析意义上的功能：当结构的粗野、低调和直白不能令人满足甚至不能被人接受时，装饰能够产生弥补性的心理抚慰功能。

如果说结构是建筑的载体，装饰则是社会学意象的载体：权力的象征，财富的炫耀，品味的彰显，本能的暗示；一切在建筑设计中无力承载的意象，全部都灌注在肮脏的细节之中。装饰通常只是结构的“外挂”，但它在意象上产生的召唤作用令结构也可能变成装饰，甚至连极少主义也变成了装饰。在社会学意象过剩的造城活动中，装饰工程的造价可能比土建工程更为昂贵，从前用于结构的材料如今被用于装饰，最沉重的材料被用于最表面的意象。在一个有着严重心理隐疾的社会，如果要说装饰是罪恶，它就是不可救赎的原罪。

4.9 造景（Landscaping）

人类史同时也是一部改造自然的历史。最早它曾经被农业改造成用于食用的农作物，如今则被造城运动驯化成用作观赏的景观。自然景观是评价造城成果的重要指标之一，但造城（尤其在翻天覆地的大规模造城中）通常需要将基地内的原有植被连根拔除，造景是对这一矛盾的补缀，是自然被夷平之后的重建。

在当代中国，造景通常是造城后期的收尾工作，这种后发性使得造景被简化为造城中的“填空”。人造景观也是被预制的景观，自然植被驯化成为与瓷砖一样的预制产品，成为造城建材的一部分。为此，农田中种植的可能不再是农作物而是草坪，苗圃和植物园中则倾向于引进更容易移植、快速存活而廉价的物种。这一要求使得造景往往局限于几种植物，它们也构成了造城中的标准化景观。

在更高级的阶段，造景和造城将不再区分。二者将被视为地貌的两种类型，从而进入统一的人造过程之中；景观被作为城市肌理重新分配，城市隐藏在景观之中。

4.10 拼贴与混合（Collaging/Mixing）

拼贴最早出现在现代主义中时具有双重作用：用于强调现实的无序，或用于在看似无关的事物之间制造联系——混乱之中的逻辑。

Photoshop 是拼贴艺术的里程碑。这一当代最普及的造城软件，利用数字环境的无重量性，能够轻而易举地实现风格、材质、景观、建筑乃至整个城市的乾坤大挪移，以电影蒙太奇的方式将不同时空的元素拼贴在同一界面之中。在 Photoshop 中造城可以得到一个拼贴意象的新城市，其中的一切都呈现出最高级的理想状态，但拼贴上的天衣无缝和时空上的明显错乱令这一画面流露出超乎现实的混乱。同时，这种混乱又是现实的某种征兆，因为城市也可能正是按照同样的拼贴手法、向着一个最高级目标建设和生成的。拼贴是日常世界混乱逻辑的显证。混合是拼贴的最高状态，它将拼贴对象分解成微粒并加以混合，令对象之间的关系具有应变性，可随外界需要调整组合关系，从而实现资源之间的最优组合和交互性的最大化。通过外界参量的引入，混合将拼贴的对象由相互冲突的景观和意象升级为交叉反映的内容和事件。

一个混合的城市依然可以是一个速成的城市，它的速度不仅体现在建成，同时也体现为内容和事件的快速变化。混合的城市也是一个临时的城市，它用自身的变化对抗外部世界的不可测，以局部的稍纵即逝建构起整体关系的永恒。一个混合的城市极有可能是一个垃圾文化的城市，同时也可能是一个具有丰富差异性和极大选择的城市。对于混合度和差异性的控制，将决定这个城市的组合是无序竞争的还是有序合作的。混合的城市建构起的不是凝固的空间，而是生生不息的城市生态。

5、中国式造城十点

空间模式和形式模式是城市研究不可或缺的核心内容。在中国快速城市化 过程的事件数据库中，以下十个方面代表了很多典型的模式特点，尽管难以涵盖全面，也不必列举完备，毕竟这一庞大的事件仍在发生中。

5.1 新旧两城

以激进式的新城开发，快速推进城市建设与城市发展。先期摆脱旧城改造的高成本与慢速度，以新城建设取得的城市实力，转而渐进式地改造旧城，从而形成新旧两城的城市格局。

5.2 行政中心

行政中心的建设已不能简单地视为改善办公环境、提高办公效率、树立政府形象。行政中心的建设往往与带动新区开发、土地功能置换等经营城市手段相联系。

5.3 城市环路

城市规划多采用环路加放射路的路网体系，环路可能多达四五环，这与大尺度的城市空间沟通和城市交通的系统化有关。环路强化了城市各部分间的联系，也形成了城市功能的圈层布局特点，而放射路则是对外交通的通道。

5.4 城市轴线

在东方文化影响下，轴线这一古老的城市造城形态，沿用至今。而今天轴线的使用已不再是皇权的象征，更主要是城市标志性空间的展示和城市形态感的需要。当然其中不乏与行政中心的关联。

5.5 中央公园

中央公园是为居民提供的休闲空间，提高城市环境质量的物质手段，但同时它也成为环公园开发圈的载体，在成为城市“绿肺”的同时，也形成了城市“盆地”。

5.6 花园小区

花园小区是在城市中按一定规模形成的独立住宅开发单元。这种花园小区有独立的围墙和物业管理，按规划规定配有花园、停车场和配套公共建筑。由于其商品特征，也造就了百花齐放、千姿百态的形态特征。当然，花园小区的异质化特点也造就了居民的同质化居住特征，即社会贫富差异在空间上出现分层。

5.7 高架道路

高架道路是解决高密度城市交通系统化、快速化的成功经验，而今高架道路又与城市景观通道相结合，或与城市环路相结合，成为城市的景观界面。

5.8 滨水开发

水际开发与标志性城市空间界面相结合，成为造城亮点。这是一种城市公共空间景观建设与观景建筑开发的完美结合。由于城市居民亲水性的要求，滨水开发往往可以取得社会效益、环境效益与经济效益的三重丰收。

5.9 象征主义

在部分造城形态中，形式与象征也有大量的表现，如“天圆地方”、“龙形空间”、“展翅腾飞”等，既有隐喻的内涵也有商家广告式的卖弄。

5.10 风水学说

城市开发中风水学说有日渐风行之势，风水学者亦参与在开发顾问之列，以致西方规划、建筑师也要学之向之。坐北朝南、青龙白虎、朱雀玄武，也使建筑轴线布局、行列布局更加强化。当然，风水学既有地理学与心理学的因素，也有伪科学的成分。

（资料提供：《城市中国》杂志）

作者简介：田丹妮，《时代建筑》杂志编辑

原载于：《时代建筑》2011年第5期

第四章
现实批判

城市公共空间的失落与新生城市

The Loss and Revival of Urban Space

杨保军
YANG Bao-jun

摘　要

从考察日常生活出发，论述城市公共空间失落的状况，批判规划设计中出现的若干不良倾向；分析公共空间失落的根源；通过圣保罗和巴塞罗那两个城市案例的解析，阐明公共空间的作用；提倡向哥本哈根学习，让城市公共空间获得新生。

关键词

城市公共空间 失落 生活质量 规划设计 市民 新生

随着我国经济的高速增长，近年，全国城市建设固定资产投资规模年均增长达25%。巨大的建设量，除了成为经济增长的助推器外，也催生了城市规划设计市场的兴旺。受全国经济繁荣、地方目标高远、政府官员雄心豪迈的感染，规划设计师也渐渐迷恋上一种“宏大叙事”的话语形式。一开口就是全球化、国际化，一出手就是高起点、大气魄，一研究就是构建理论体系，一撰文就是理性思维。这些固然不可或缺，但沉溺于其中也不见得是幸事。因为，规划是一门平衡的艺术，需要在远与近、高与低、大与小、上与下、旧与新、局部与整体、创造与传承、非凡与寻常、理性与感性之间求取恰当的平衡点。有“宏大叙事”，就必须要有“微小叙事”，后者指每个人从自己的日常生活世界中获得的感受和发出的声音，它们往往更加贴近城市的本真。

在“宏大叙事”的概念体系中，城市并非一个真实的存在，它是抽象的，远离普通市民的生活体验和需求，据此建造起来的城市或新区主要表达了决策者的意图和设计师的愿望。这种地区往往多了GDP，少了生机；多了气派，少了亲和；多了规整，少了魅力；多了冷漠，少了温馨；多了生硬，少了情趣。多了的部分是一味追求高速增长的衍生物，少了的部分是市民生活本身的诉求。回头看看快速建造起来的城市，是不是很多都具有以上特征？当人们陶醉在巨大的建设成就之中时，可曾听见来自普通市民的反响和呼声？或者简单地扪心自问，自己的生活环境和生活质量是否同步得到了改善？如果不是，那就该认真反思一下了。是什么影响了人们的生活质量？笔者认为很重要的一个因素就是城市公共空间的失落。在全力追逐经济增长之际，生活空间不断遭受挤压，甚至认为工作就是生活，经济就是一切。在这样一种氛围下，谁去关心城市的公共空间呢？

1、城市公共空间的失落

城市公共空间是指属于公众的场所，是市民可以无拘无束地光顾、自由自在地活动的地方，也是享受城市生活、体认城市风情、彰显城市个性、领略城市魅力之所在。好的公共空间一般具备独特性、连续与封闭性、吸引力、易达性、可识别性、适应性和多样性等特征，这些特征都与人的实际感受发生关联，并非能够外在于人而“客观地”展现自身。换言之，公共空间因人的活动而获得意义，这种意义不仅是人与场所的功能有效地发生关系，而且是人的情感释放、交流与认同的需要。因此，公共空间的营建要遵从人的活动规律、行为特点、普遍感受和实际需要，不能强加于人，更不能让市民削足适履。例如，美国有的城市在一个广场建设完工后，会去观察、调查广场的使用状况和人在广场上的活动，如果这个广场能够吸引众多人光顾，并且广场的设施、环境与人的活动相适应，就算成功了。反之，如果吸引不了人的活动，或者设施环境与人的活动格格不入，就重新改进。这就告诉人们一个判断公共空间好坏的更加简易、直观的标准，即能否自发地产生活动。再比如，英国一些城市在设计广场时，并非由设计师闭门造车、凭空想象，而是直接去征询当地市民的意见，倾听他们的心声和需要，将这些需要融汇起来，就是广场的方案雏形了，因为他们是经常的使用者，他们的意见比设计师的才华和想象力更为重要。

言及我国城市公共空间的失落，并非指城市公共空间消失或者减少，而是指它的环境品质下降了，个性魅力褪色了，人文关怀淡漠了，审美情趣偏离了，设计手法庸俗了，营造方向迷失了。它似乎在与市民的日常生活告别，与公共活动疏离，与实际需求对立，有的受到了无情的伤害和冷遇，有的走向了背离自身本义的“作秀场”。

当前，我国每年的建设量高达 20 亿 m^2 左右，占全球每年建设总量的 40%。可以说，正处在一个幸运的时代，因为大家拥有前所未有的机遇和能力去改善现状和创造未来。但同时，也有可能处在一个不幸的时代，会同样拥有前所未有的机会和手段去摧残城市，去轻慢生活，去截断文脉，去亵渎自然。回头审视一下过去 20 多年的城市建设，从开发建设速度看，成绩骄人；从拉动经济增长看，功不可没；从塑造城市形象看，有所作为；从改善生活质量看，差强人意。这么大的建设规模，并没有营造出多少值得称道的人居环境，很多时候，是在自觉或不自觉地设计建造“增长机器”，而不是在用心营造生活家园。

考察一下我国的城市，尤其是大城市，不难发现其经济增长都很强势，但跟普通市民生活质量相关的指标都不如意，上学难、就医难、出行难、住房难的问题普遍存在，环境污染、公共安全、社会失衡等问题也令人忧虑。人们常说以人为本，人之本又是什么？难道不是享受生活？生活就是人类生命活动的概括，学习、工作、交往、审美、衣食住行等共同融汇成生活之源，交织成生命乐章，这些方面理所当然地成为规划设计的主要关注点，但人们却在不经意间忘却了生活。当从繁忙的事务中抬起头来，打量一下周边、观省一下自身时，发现自己的生活是什么？是生计！是压力和焦虑；是郁闷与孤独、单调与乏味；是车贷、房贷、加班和疲惫；是亲友相聚越来越少，人际关系越来越破碎；是污染、拥堵、功利、浮躁、眼睛的麻木、心灵的枯萎、道德的退缩、文化的衰退。相对于经济指标的上升，幸福指数并没有同步增长，甚至还有下降。

为什么会是这样？因为幸福并不在于拥有多少东西，而是一种不必担忧的状态，是清晨睁开双眼时脸上能浮现出甜美的微笑。幸福的增长与GDP的增长更不是线性相关，巴西经济学家何塞·卢林贝格曾经提出“不幸福的经济学”论点，例如某架客机坠毁，会因为赔偿金和重新购置新客机而使航空公司所在地的GDP上升，但带来的只有痛苦。再比如两位母亲分别在自己家中抚养自己的孩子，虽然尽心尽力，倾注无限母爱，但GDP不会因为她们的劳动而有任何变化。若她们去劳动力市场，彼此作为保姆到对方家里照管对方的孩子，则当地的GDP就有了提高，此时双方的孩子享受到的只是保姆的服务而不是母亲的抚养，不可能更加幸福。同理，为了追求农作物产量而向田里施用大量化肥和农药，会损害土地以及消费者的身体健康。这就是他所说的“不幸福的经济学”。

增长的压力，忙碌的节奏，使人们无暇享受生活，更谈不上静心体悟生活之美。没有一份淡定从容的心境，没有拥抱快乐生活的热情，没有经历丰富的城市生活体验，怎么能设计出好的城市公共空间？这个道理就好比没有成家的人很难设计出好的住宅，不会炒菜的人很难设计出好的厨房。纵观近年来一些有影响的规划设计方案竞赛，有“六多”之虞。

1.1 太多的功能主义

功能是规划设计必须重视的，但只是看重功能，将住宅当成“住人机器”，将城市当成“增长机器”，一味追求效率，缺乏人文情怀，也是不可取的。很多方案，特别是一些开发区、新区的方案，都有这个特征，人的感受和需求被忽略，建成后一点人气都没有。商业、文化、娱乐、休憩、运动、交往等活动很难衍生出来，公共空间即便有，也失去意义，成了聋子的耳朵——摆设。

1.2 太多的英雄主义

英雄主义往往是一些决策者和设计师难以割舍的情怀。在政治精英和技术精英携手的时代，英雄主义作品很容易问世。一个城市是会有一些纪念性的建筑和场所，需要精心打造，但更多的应该是平凡的建筑，平凡的生活。即使美国这么富裕，绝大多数也是平凡的建筑和地段，用大手笔的地方有限。我国的经济实力，还不足以支撑处处是精品，动辄大尺度、大轴线、大气魄、高标准、打造名片、树立标志，颇有一些打肿脸来充胖子的意味，实际效果也不佳，因为它透露出的是炫耀、夸张、虚假、非人性化，以展示形象为主。这种方案越来越多，并得到很多拥有话语权者的青睐，导致各地互相攀比，实际上潜伏着一股浮夸风气。在2006年9月城市规划学会广州年会上，主办者煞费苦心地推出一个“勤俭规划”论坛，结果感兴趣者寥寥无几，使之成为最受冷遇的论坛。这个话题的“不合时宜”，折射出规划设计领域的行为取向。

1.3 太多的形式主义

在一定尺度、一定条件下，形式主义的设计手法仍有用武之地，但牵强附会地追求构图和形式美，就背离了因地制宜的规划设计原则。这种哗众取宠、追求视觉冲击力的方案在许多竞赛中频频出现，有时居然还能中标，是人们对真实生活的漠视和曲解，城市建设要讲究艺术，但决不能把城市当作艺术品。因为艺术是生活的抽象，而城市是生活本身。

1.4 太多的舶来品

以前，设计上的抄袭、照搬会受到鄙视。现在，在全球化的旗号下，完全照搬居然变得振振有词了。全球化的力量固然十分强大，全球文化也在企图让天下“大同”，但人们是否需要文化上的自觉和地域性的表达呢？任何一个城市都不难照搬别国的设计，也能按原样建造并获得相同的空间及美学效果，但若忽略了当地市民的反应和生活需要，忽略了当地文化背景和特色，除了视觉上的体验效果以外，这样的空间对市民还有什么意义呢？即使空间环境做得精致，也不过是有品位、没文化，有躯壳、没灵魂。

1.5 太多的媚外情结

媚外情结是缺乏文化自信的表现，很多方面都有所体现，只不过在规划设计领域的表现尤烈。客观地说，“洋设计”有其所长，引进来是必然，也有益处，但“土设计”亦有所长，原本应该各展所长，但不少人就是只认“洋设计”，在招标组织上从“土”“洋”公平竞争到“N+1”到只邀请“洋设计”。这样的做法不要说中国人不明白，连许多国家的同行都感到迷惑不解。那么洋设计师又如何看待他们的市场和客户呢？有钱赚当然好，但心里未必瞧得起。央视新大楼的设计师库哈斯曾感叹：“在中国做建筑设计就像种杂草，我一个人单手在两年之内盖出了4座摩天大楼，设计了几百万 m^2 的规划方案，如果在纽约，我一辈子也难做到这个数目”。洋设计师水平再高，缺少对本土文化和地方风情的体认，在很短时间里被迫完成任务，只能无奈地“种杂草”了。

1.6 太多的雄心壮志

不少方案显示了大无畏的“革命气概”，不管城市资源环境条件，不管经济实力，不管市场需求，只要大、要好、要新、要特、要最、要快，一些领导看着表现图和模型陶醉，沉浸在美好的未来中，被有的学者讥讽为“建在图板上的城市”。面对这些宏伟浩大的计划，若问多久能够实现，得到的答复一般是:3~5 年吧！自信、自豪之情溢于言表。可有几个能够如期实现？即使不惜血本、负债累累地建造出来，实际效益又是如何呢？

2、城市公共空间失落的根源

城市公共空间的失落，有着复杂的背景和多方面原因，以下 4 个原因值得人们反思：

2.1 汽车入侵

当初小汽车的出现，代表着技术进步、时代发展，由于它的快捷、舒适，一旦成本下降到家庭门槛以下，就会很快普及开来。城市随之步入一个新时代，即小汽车时代，其显著特征是城市规模、道路尺度、运行速度、建筑体量都变大，设施分布、生活方式也发生变化，城市的主角也逐渐由人演变为汽车，直至一切为汽车让路。在这个过程中，城市公共空间不断被侵害，步行环境不断恶化，街道生活逐渐消失，社会网络也被肢解。这是一个追求效率、效益和享乐的时代，人文精神和资源环境被忽略。由此也逐渐形成了适应小汽车时代的城市规划设计和建造模式:城市被分成不同的功能区,驾车往返于不同的功能区，要的是速度，步行时代需要的环境、服务设施、尺度、细部、户外交往空间等都显得多余。网络型的城市公共空间系统被简化成各种功能块的组合，各种孤立的“点”是重要的，但“点”与“点”之间的连接只具有“交通”意义。如果原有城市格局妨碍了效率，不能适应小汽车的需要，就要重新改造，用一套高效的道路系统将城市重构，当然这首先就必须消灭街道，因为人来人往会影响汽车通行。这种模式蕴含了越战时期美国政府一句名言所揭示的逻辑：“为了解救他们，我们必须摧毁这些村庄”。后来，由于能源紧张、汽车尾气污染、人文意识回归等原因，西方早已在纠正他们当初的失误。但我国当前却正处于小汽车快速进入家庭时期，一直以来又在重复他们的老路，比如高架桥肆意分割城市、立交桥和超宽道路不断出现、机动车侵占非机动车道、非机动车侵占人行道、人行道挤占盲道等。如果不吸取西方的教训，一味满足小汽车的需求，则城市公共空间还会继续失落。

2.2 现代主义

现代主义是城市规划设计理论的奠基石之一，并且是我国规划设计界一贯奉行的主流理论。它的空间设计理念和特点是：更健康的建筑和环境；功能分区，追求效率与秩序；适应汽车时代；建筑表里如一，形式服从功能要求；与传统决裂，要区别不要继承；过去是通向未来的障碍。现代主义大师勒·柯布西耶曾在1927年满怀激情地描绘过他设想的城市生活："城市将是如此场景：我住在离我的办公室48km之外，我的秘书住在另一方向的48km外的另一棵老松树下，我们都拥有汽车，我们日复一日消磨着轮胎，刮薄路面，磨损车里的齿轮，只留下燃油的轻烟"。在当时，这种憧憬的确让人神往，因为那时所预期的都是小汽车的好处，其负面作用尚未暴露。当人们每天遭受堵车之苦，不得不忍受汽油价格节节攀升，听到出口的龙井茶因含铅量超标而被退货的消息时，就会发现这种"只留下燃油的轻烟"的生活并不那么浪漫。

如果说，佛罗伦萨是中世纪城市的活标本的话，那么，巴西利亚就是现代主义的试验品，它也因完全秉承现代主义理念建造起来而被列位世界文化遗产，并经历了由热捧到批判的转变。那的确是一座在绘图板上看起来接近完美，在实际生活体验中兴味索然的城市。所谓的"飞机"形态，在地面根本无法体认，即使登上中轴线上的高塔苦苦追寻，也找不到"飞机"的意象，原来津津乐道的"象征"只存留在图板上，跟实际状态风马牛不相及。巴西利亚就是一座"以车为本"的城市，功能布局、道路框架、尺度等完全为小汽车量身定作，至于人，不过是小汽车的附件而已。如果我国的城市也想"以车为本"，那它堪为楷模。总之，半个多世纪的城市建设实践表明，现代主义创造了好的建筑，却没能创造出与之相应的好的街道和好的城市，更没有带来好的城市生活。

2.3 功利主义

功利主义对城市公共空间的侵害也较大。政府要追逐GDP，开发商要追逐利润，而公众声音微弱，一些公共资源的配置自然首先想到的是要为经济增长服务。例如某市中心地带有个体育中心，开发商看中了其区位价值，政府就将它出让了，说要在城市外围建一个更好的体育中心。几年过去了，开发商的项目早完成了，GDP也增加了，但外围的体育中心还没建好。对比中国和美国一些城市公共资源的配置和开发，发现一个有趣的现象：强调私人利益至上的美国，特别注重城市的公共空间；强调公共利益为主的中国，经常忽视城市的公共空间。例如城市滨江开发，波士顿既能考虑滨江公共活动空间，又注意了城市优美的天际轮廓线，远处眺望风光如画，置身其中流连忘返。我国一些城市似乎深知滨江的价值，但不把这些价值榨干岂不可惜？结果是“高楼压江江欲摧”。

2.4 管理制度

我国的规划与开发在运行机制上是相对分离的，规划管理主要针对开发项目，缺乏对城市公共空间的有效管制。针对项目的管理，在便于操作的原则下就简化为地块划分和若干控制指标，这样形成的开发结果无论是形象还是使用都不会让人满意。如北京金融街就是现有管理制度的产物，同一的指标控制导致了建筑形体和空间形态的呆板，缺乏对公共空间的关注导致该地区生活气息微弱，总体来说是“既不中看也不中用”。上海陆家嘴略胜一筹，借助城市设计手段对地区形象塑造加以引导和控制，对城市公共空间也有所瞻顾，但在实践中，由于空间管制制度的缺陷，结果是形象能把握，公共空间难组织，总体来说是“中看不中用”。对这个问题，孙施文教授在“城市中心与城市公共空间”一文中有过精辟的分析。

3、城市公共空间的作用

城市公共空间有什么作用呢？可以从以下两个案例中获得启发。

3.1 圣保罗

2000年笔者考察圣保罗之时，它正处在困境中，城市经济衰退、社会失衡、贫富分异、秩序混乱、社区冲突、情感疏离、心理排斥、精神低落等相伴相生。当看到富人区被高高的院墙和铁丝网包围、门口警卫森严时，还以为是军事要地。询问当地同行才得知，由于贫富差异过大，富人为了寻求安全，导致居住空间分异。这样一来，穷人区税收锐减，政府难以提供公共服务，如警力、学校、医院等服务质量下降，又促使一些中等收入的家庭迁走。政府税收继续减少后，连路灯、垃圾清运等都成问题，公共空间迅速衰败，穷人生计更加困难，就针对富人下手，或偷或抢，富人只能选择加强保安防范措施。这就是一个城市的和谐成本。这样的治安环境下，谁还敢去投资？

当时政府采取的对策是：借助城市设计，恢复城市公共空间的功能，让市民在交往活动中逐渐消解对立情绪，进而吸引投资，重新复元。按照这个策略，他们一点一点地去做，一些公共空间得到改善，吸引了众多人流。现在，城市治安与6年前相比有所好转，城市的生气与活力正在逐渐恢复。

圣保罗给出的启示是：城市公共空间不仅是个环境、美学、生活问题，更是一个社会问题，它关乎和谐社会的构建。如果城市公共空间的功能衰竭了，意味着市民的公共交往活动也将休克，那样会导致不同阶层人群之间心理隔阂的加深、对立情绪的放大甚至社会冲突的出现。

3.2 巴塞罗那

1975年，西班牙结束了佛朗哥统治时代，那时的巴塞罗那经济萧条，城市破败不堪，百废待兴。当时的市政府并没有开展全面宏伟的综合规划，而是借助规划设计，逐步改善城市公共空间和居住环境，这就是后来闻名于世的"针灸法"。具体做法是：先从小型公共空间入手，将普通社区的废弃地、停车场改建为社区公园，其设计手法简单、朴实、平凡，人和周围建筑是空间的主角，花费虽少，但荒废地很快变成居民的亲切空间，这样做的目的是要让巴塞罗那变成一个可以居住的城市。

接着将铁路北站前的废弃地改建为休闲公园，将被汽车占据的小块空地恢复或新建成小广场，将过宽的机动车道缩减并形成一条连续的景观步行道，这样做的目的是要让巴塞罗那拥有良好的公共活动场所。因为，城市最重要的就是其公共空间，城市最主要的公共政策之一就是照顾公共空间的品质。这种照顾不应只是一时之举，而是永久的政策、持续的行动。一处小公共空间的改善，会引发周边功能、环境、经济社会活动的连锁反应，所以政府无须全面改造，只需扎入一个"针头"。此后的17年中，城市共有400多处公共空间品质得到提升，使城市焕发了生机，也迎来了新的发展机遇。

1992年，巴塞罗那争办了奥运会，会址选在1929年世博会的废置场地，借助奥运会将城市的开发推向海滨地区，会后这里成了引人入胜的居住社区和游览热点，巴塞罗那从此脱胎换骨了，处处洋溢着生机与活力。但对美好生活的追求是无止境的，这种追求不是指物质财富，而是文化与艺术。高迪设计的教堂是这个城市艺术气质的典型代表，众多的艺术作品和艺术气息渗透到城市空间，对城市生活产生着深刻影响。通过一些艺术家的努力，全世界许多著名的雕塑大师都在那里留下了作品，使巴塞罗那成就了"公共艺术之都"的美名。

巴塞罗那给人们的启示是：改善城市公共空间的品质，是引导城市健康发展的重要手段，它比引进一个投资项目更重要；小广场、小花园、小公园、人性化的街道是成功的秘诀，它比华而不实的“大手笔”更见功效；公共空间的改善，会诱发私人空间产生相应的变化，积小成大，积少成多，由量变到质变；城市是个生命体，人们不能制造出鲜花，但却可以播下鲜花盛开的种子。

4、城市公共空间的新生

在一味追逐经济增长的时候，生活无关紧要，谈论城市公共空间也多是从形象出发，而不是表达它的真义。新时期中央的一系列方针政策，让人们看到了城市公共空间新生的曙光。在科学发展观指导下，在构建和谐社会目标指引下，一切公共政策应以创造幸福为目标，而不该盲目追求增长。城市价值取向也需要变革，从单一经济增长转向经济社会全面发展，从重物轻人到以人为本。如果这种转变能够实现，城市公共空间就获得了新生。他山之石，可以攻玉，在人们准备行动之际，笔者提倡向哥本哈根学习。

和许多欧洲城市一样，哥本哈根中心城区的公共空间也经历了四个阶段：①起初是市民生活的场所；②后来被小汽车入侵，安详的生活被破坏；③再往后，市民在无奈中选择了遗弃，公共空间成了萧条冷落的停车场地；④最后，在人文意识觉醒后，市民通过自己的努力，又重新夺回了公共空间，使之复活。常见的公共空间是街道和广场，它们通常有三种使用方式：商业、交往、停车，前两种使用有利于改善生活质量。因此，市民就争取压缩小汽车活动空间，扩大生活空间。1968 年争取到步行区域 2.05hm^2，1986 年扩大到 5.5hm^2，1995 年达到 7.1hm^2。这种努力，使城市公共空间发生了根本性变化，户外活动人数激增，活动形式与内容丰富多彩，逛街、品尝咖啡、闲聊、沐浴阳光、跳舞、下棋、运动甚至惬意地观赏往来穿梭的人流，构成了一幅绚丽多姿的生活画卷。徜徉其中，无法不被感染，因为它是真正人性化的公共空间：人的尺度、人的活动、人的感受、人的交往互动，这一切充满了自信、从容、朴实和真趣，让人了悟到“平平淡淡才是真”的含义。其实，城市之美就闪现于平常自然的生活实践之中。由一条街道到另一条街道，由一个广场到另一个广场，城市的活力不断蔓延扩散，直到城市的滨水地区，在滨水地区感受到的也是市民真正的恬静和闲适。

记得 1996 年以前，上海的南京东路也是车水马龙，汽车和购物的行人争道。后来，为了改善购物环境，采用了日间通车、傍晚全步行的交通管制措施。一次出差，笔者刚好看到这一幕：下午 5 点一到，车行道汽车禁行。刹那间，整条道路人头攒动，行人如织，构成了一道靓丽的风景线，那一刻真让人感动。再后来，南京东路改成了完全步行街，成为吸引人的场所。还有，上海的中心城绿地计划，要消除距离大于 500m 公共绿地服务盲区，是以人为本的典范，受到市民的由衷赞赏。人们有理由相信，这样的改善如持续进行，城市的公共空间会得到新生。哥本哈根能做到的，我国城市也可以做到。

5、结语

江南某古村落有一座清代官员留下的豪宅，吸引不少游人前去参观。这座豪宅有个独特之处，就是它的某个屋檐竟然是另一间小屋子的房盖。导游问游客这间小屋子作何用处？众人的答案千奇百怪：如放鞋、放雨伞、饲养鸡鸭、让犯错的小孩思过等等。当得知真实用途是供过路的流浪汉遮风避雨、歇脚过夜时，无不哑然。清代的官员，怎么会给流浪汉搭建一个容身之地？更何况是在自己家中？万万没有想到这点，并不是大家智力上的残缺，而是心灵的残缺，因为人们心里没有悲天悯人、关爱弱者的情怀。如果强者能够同情并扶助弱者，城市决策者能够心怀普通市民，和谐社会将不会很遥远。

同理，如果大家能去关注生活，热爱生活，就会悉心地去经营生活空间，就会切实提高人们的生活质量。林语堂曾经说过：中国传统艺术是生活的艺术。的确，看看江南的园林、小镇和古村落就有体会，那是在古代文人参与或影响下经营出来的生活空间，衣食起居中浸润着艺术，难怪古代文人的终极理想就是成就其艺术人生，难怪一代一代的艺术家在讴歌生活。清明上河图、苏州繁华图描绘的不就是城市生活么！

布坎南竞选美国总统时曾提出一句口号："让世界停下来，我要下车！"车不会停下，也不该停下。危险的是它可能迷失了方向，找不到回家的路，却还在加速。现在的确需要重新审视人们习以为常的做法，需要价值重构。切实贯彻科学发展观，真正体现以人为本，切实摒弃超凡脱俗的英雄主义幻想，关爱生活，关爱公众，悉心呵护并努力营造宜人的城市公共空间，改善人们的生活环境和质量。牢记并践行上海世博会的主题——城市，让生活更美好！

参考文献：

[1] 刘嵩，林盛丰等 . 城市的远见——巴塞罗那经验 [M]. 宝花传播制作 .

[2] 扬盖尔 . “夺回公共空间”学术讲座 [R]. 2002.

[3] Matthew Carmona: 等编著，冯江等译 . 城市设计的维度 [M]. 江苏科学技术出版社，2005 年 .

[4] 孙施文 . 城市中心与城市公共空间——上海浦东陆家嘴地区建设的规划评论 [J]. 城市规划 .2006[8].

作者简介： 杨保军，中国城市规划设计研究院 总规划师 教授级高级规划师

原载于：《城市规划学刊》2006 年 第 6 期

谁的城市？
图说新城市空间三病

Whose City?
A Pictorial Essay on the Three Problems of the New Urban Space

缪朴
Miao Pu

摘　要
过去 30 多年来中国城市经历了飞速的改造与扩张，但普通市民使用的城市公共空间却并没有得到应有的改善。公共空间的开发，设计与管理中存在着三个主要问题："橱窗化"反映在政府开发的市中心广场或绿地中，其布点策略与做作的纪念碑形式使市民难于使用。"私有化"描述了开发商如何为了在自己的项目中实现眼前的最大利润，不惜破坏所在城市大环境中的公共生活。而"贵族化"则暴露了各类新建公共空间中忽视中低收入市民需求的倾向。

关键词
公共空间　城市空间　橱窗化　私有化　贵族化　城市设计

无论街道和公园的产权在谁的手中，它们从不可记忆时起就是为了公众使用而被托管的，并自古以来被用做集会，公民之间交换思想及讨论公共问题的目的。街道与公共空间的这些用途自古以来是公民的特许权 (privileges)，免责权 (immunities)，天赋权 (rights) 及自由 (liberties) 的一部分。

——美国联邦最高法院就“哈格对工业组织委员会”一案的判决，1939 年[1]

“以人为本”在打造主要商业街上最恰当的体现，不在于行道树长得有多茂盛，而是要在包括绿化在内的所有配置上尽量“以商为上”，以方便消费群体为最终依归。

——上海《新民晚报》某读者来信，2006 年[2]

引言：回到“柴米油盐”

讲到城市空间，大多数建筑师首先会想到上海的新天地或北京的建外 SOHO 这类近年来落成的精品商厦或旅游景点。但本文要讲的不是这些橱窗式的建筑。什么是城市空间？[3] 在现代工业化国家中是指城市中所有居民，无论其收入与身份，都可以免费（或以最低成本）并自由使用的空间系统，包括政府所有的及私人开发但向公众开放的场所。[4] 城市空间的首要功能是使市民有可能在城市中进行交通，交流，交易等超出私人或特定阶层领域的活动。[5] 它的功能也包括为中低收入市民的部分私人活动（如休闲）提供共享资源。由于高收入阶层可以享用私有设施，城市空间的开发与设计显然应主要着眼于中低收入市民的需要。

近三十年来，我国城市经历了大规模的改建及扩张，但普通市民是否获得了更多更好的城市空间呢？以我住在上海普陀区的父母亲为例，对这对退休老人来说，世纪公园或新天地这类新建的大型绿地或商业中心不是太远就是太贵。至于过去常去的淮海路等传统市中心商业街上，虽然行人密度，建筑高度，及商品档次在城市改造后都向上飞升，却并没有看见多少新的可供他们喘口气的公共空间或设施(除了南京路步行街等少数正面例子外)。因此他们真正日常使用的城市空间就是去附近商店菜场的人行道，公交线路，及住所附近的公共绿地。但对于上海大多数拥挤的社区来说，这些平凡型的城市空间的数量与质量在近年建设热潮中所得到的关注和改善却最有限，有的地区的状况甚至还恶化了。

由于本文题目直接与现实生活体验相关，为了避免陷入“学术”文字游戏，本文特用图说的形式来分析上述症状的三个病根，它们是新建城市空间的橱窗化，私有化及贵族化。

1、橱窗化

发现这类问题的地方主要是由政府开发的城市空间，大多为点式空间（如广场或中心绿地），有时也包括一些像主要城市街道那样的线型空间。这类工程有不少是为了向上级主管或其他短期访问者显示政府政绩而建造的，再加上经办官员往往喜欢搬用过时的建筑形式来追求肤浅的纪念碑式的视觉效果，结果使这些耗资巨大的工程成为脱离普通市民需要的虚假橱窗。

1.1 橱窗化的症状

1.1.1 少而大的布点

橱窗化的本质是以点代面，集中资源在寥寥几个点上创造出震撼效果，以感染少数特定的观赏者。所以它必然要采用尺度超大，数目稀少的分布策略。如成都在铲除数百棵树外加一处历史建筑后，在现有稠密的市中心兴建了一个8.8ha，以大片草坪为主的“天府广场”；山东一个人口不超过20万的县级市不甘落后，造了一个20个足球场大的广场；连辽宁的贫困县北票也建了一个2ha的“世纪广场”，不过最后因钱不够只好种小麦代替草坪（图1）。[6]

由于中国城市的高密度以及橱窗空间大多位于城市中心（特别是在现有城市改造中的案例），巨大尺度造成不必要的拆迁或对耕地资源的浪费。如上海在市中心密度最高的地区之一挖出4.4ha的太平桥大绿地，因此迁走了约4 000户居民；另一处位于密集地区的3.83ha的“沪东大绿地”（江浦公园）搬走了1 358户居民。[7]

与此同时，由于我国目前绝大多数市民依靠步行到达公园或其他日常使用的城市空间，稀疏的布点使这些空间只能为在其附近居住或工作的少数人所使用。如果周围再缺少人流（见下文），这类空间往往不能吸引与其耗费的资源相称的人群来使用，即使有也大多是旅游者。从而使它们失去了公共空间的本意。实际上是用旅游空间偷换了公共空间。

1.1.2 冷漠的形式

橱窗空间的具体地点，形式与管理常常又加剧了上述分布策略的错误。这些空间大多不是位于城市行政及商务中心就是远在郊区，与零售商业街或住宅区这些人流集中处脱节。

1	2	3
4	5	7
6A	6B	8

图 1. 江苏常州市武进区政府大楼前的超大空旷空间
图 2. 北京一处新建公共空间（世纪坛）的冷漠形式
图 3. 大连人民广场只能看的草坪
图 4. 上海人民广场上的游人被迫在雕塑下躲太阳
图 5. 在 1.4km 长，缺乏树荫与座椅的北京奥林匹克大道上，游人必须依赖自带的阳伞
图 6. 洛阳某街心林带 (图 A)，被砍去形成空旷广场 (图 B)
图 7. 上海金陵东路骑楼下借商店空调冷气形成的市民聚集处
图 8. 上海某人行道上自发形成的社交活动点

这些广场等的设计及管理通常针对少数几种官方指定的功能，如阅兵及节日庆典之类偶尔进行的活动，或仅仅是为广场前面的政府大楼创造一种“堂皇”的气氛。设计者并通常为此采用中轴对称的古典宫室建筑风格（图 2）。

以上这些做法都使这些空间无法吸引足够多的普通市民来使用。如澳大利亚规划师理查德 · 马歇尔曾指出，上海浦东陆家嘴商务区的中心绿地由于被多车道马路及功能单一的摩天办公楼双重环绕，所以它的平面“看上去好像是 [纽约] 中央公园那样的社交场所。但实际上不过是一个装饰性空间，没有能力滋养社会交往。……它最多不过是从办公楼里可以望见的一个景观而已。”[8]

又如上海在近年来由政府出资新建了 40 余个博物馆，但这些设施大部只对预约的团体做“有限开放”。由于普通市民参观必须预先开介绍信并“得到上级领导批准”，使这些设施成了除了向上级官员显示政绩以外少人问津的摆设。[9]

1.1.3 非人的细部

橱窗空间最敌视居民的地方是在细部处理上。为了突出这些空间与周围高密度建成区的巨大反差（即欧洲传统广场的典型模式），从而对短期访问者产生深刻的短暂视觉印象，它们通常大量采用硬地或草地来造成空旷空间（图 3）。为了强调它们的纪念碑形式，这些空旷空间中又大多缺乏遮阴，座椅，及零售商业设施（图 4、图 5）。所有这些都在橱窗空间与普通市民之间筑起了一堵无形的墙。如洛阳市中心某大街中央有一条经多年长成，浓荫蔽日的林带，许多沿线居民来此社交乘凉。但前几年有一段被砍去改建成空旷的硬地，显然是为了给路旁一栋新建大厦做入口广场。由于失去了遮阴等条件，这个新空间中的使用者一下子就变得寥寥无几（图 6A，图 6B）。

我国城市传统上缺乏广场之类的点式公共空间，市民基本上将商业街道等线型空间作为主要的公共空间来使用（详见下文）。但点式场所显然更适合休闲社交等静态活动。所以广大市民确实需要更多的广场或公园。上文描述的这些新建点式空间虽然占用了大量城市资源，却对大多数普通市民没有实用价值。所以总的来说，新建的点式公共空间还远远跟不上需要。这说明了为什么今天我们仍能看到普通居民不得不挤在人行道边上进行休闲等活动（图 7，图 8）。

1.2 橱窗化的原因

1.2.1 政治体制

城市政府的权力来自上级政府而不是选民显然是产生橱窗工程的根本原因。例如，在先进的民主政体下的政府为了避免丧失选票，除了是为了解决像交通干道这样的重大问题外，总是尽可能避免做拆迁大量现有民居这类无法达到社区共识的事。由于这是设计理论以外的问题，本文仅点到为止。

1.2.2 过时的美学观念

官员及设计人员的陈旧美学观念跟不上现代社会对权力，民族等象征的新的理解，导致了橱窗空间常采用强调权威感的古典纪念建筑形式。由于我国文化上的长期闭关自守，即使在改革开放二十多年后，从政府官员到普通市民以至专业人员中仍有不少人认为：政府大厦或其他代表国家民族的公共空间必须具备一种威严肃杀的精神，似乎不这样就上不了台面。

但在先进民主国家中，从建筑师到一般群众都早已抛弃了这种 19 世纪的陈腐观念。正如美国城市设计理论家彼得 · 罗埃所总结的，人们认识到“纪念性或大胆的尺度不一定要采用习惯预期的权威或官方象征，不一定要有意地避免产生亲近与信任感。” 他引用美国参议员丹纽 · 莫那汉的话说得更直接：公共建筑“不应当让公民意识到他们自己是多么不重要。”[10] 今天，大多数欧美国家的市政厅、法院等的建筑设计强调的是一种邀请民众参与的亲切气氛，如 2004 年落成的苏格兰国会大厦简直就像一个村落。显然，这一中外美学观念的落差反映了政治文化上的落差。

1.2.3 无视中国城市特点

但造成橱窗化的直接原因恐怕还是来自政府主管官员企图在我国城市建设中照搬西方城市的模式，把建设现代化社会等同于建造西方化建筑。这些官员不理解亚洲许多大城市在历史中形成的以下基本特点：人口密度高，城市规模大，公共空间总量少，公共空间使用率高，缺乏像欧洲城市从 19 世纪开始逐渐形成的公共空间系统，缺乏广场之类大型点式公共空间（因此街道成为公共空间的主要形式）。[11]

如巴黎与东京同为后工业化大都市，但它们的公共空间形态大不一样（图 9A，图

9B）。前者的广场，绿地不仅总量多，而且有一个以罗佛宫 - 德方斯轴线为主，辅以多个次要轴线的系统构图。后者在图中虽可见一块大绿地（左下角），但那实际上是不对公众开放的皇居。虽然东京在战后利用废弃飞机场等新建了一些公园，但直到今天为止，全市总的来说没有多少欧美风格的大型公共空间及掌控全局的几何体系。

另外，许多中国官员与设计师也没有意识到他们津津乐道的著名欧洲大城市平均分布在相当于从北京到俄国西伯利亚的纬度区域中。像巴黎的七月份平均气温只有摄氏 26°。这说明中国城市空间在夏季需要比西方城市远为多的遮阴。因此，在中国城市中开辟大片空旷空间不仅仅是一个美学口味上的错误。

我国城市公共空间的上述这些特点是历史与地理形成的现实。在现代社会以市民利益为第一衡量标准的文化中，不应也不必仅仅为了观瞻的目的，在短时间内动用大量资源及强制手段来制造一批西方城市的仿造品。正确的解决办法必须是因地制宜的及创造性的。我在另一项研究中曾提出了多条针对我国高密度城市的设计准则。[12] 比如像通过建设大量小型的，拆迁代价小的，离居民集中地 500m 以内的点式公共空间，使大多数市民的需要得到实惠的满足。在商业街道的设计中则应采用方便步行者的尺度及细部设计来继续街道在我国城市中兼为主要公共空间的功能（同时参见“2、私有化”中相关部分）。

我国旧有城市环境中在这些方面有许多成功的经验，问题是我们能否不因其平凡或“旧”而视而不见（图 10，图 11，图 12A，图 12B）。像图 10 中的上海曹杨公园建于 20 世纪 50 年代，是一个占地只有 2.2 公顷，被稠密居住区环绕的邻里公园，但它的绿地，桌凳，报栏，舞蹈广场，篮球场等满足了从退休老人到中小学生等文化经济背景大不一样的人群需要，从清晨到黄昏没有一刻是空置的。

有些原有城市环境确有不符合今天的人流，交通工具或卫生等要求的地方，我们应当就事论事地修正那些不符合需要的缺点，而不是把这些经验中占主导地位的有益准则一起给排斥了。比如图 12 中的镇江街道，它的人行道显然要加宽，应增设自行车停放等设施，但它的总的尺度，复合式交通及种植等含有跨越时代，直接呼应于任何一个步行市民的东西。如果有人认为这样的街道不符合机动车交通干道的“现代”需要，那只说明规划师不应把商业街道同时定位为交通干道。

上述对策在亚洲许多现代化大城市的建设中得到印证。像中国内地城市一样，东京，首尔及香港在历史上同样缺乏广场等大型公共空间。但它们在战后的大规模改造中几乎没有新建多少这样的场所。少数一二个大型公园都是利用政府拥有的非居住土地改建的。这

9A 9B 10
11 12A 12B
13 14

图 9. 巴黎（图 A）与东京（图 B）市中心的公共空间形态对比（来源：Google Maps）
图 10. 上海曹杨公园内的小广场
图 11. 北京什刹海边小型公共空间
图 12. 镇江市某街道，这是我国中小城市改造前典型的街道尺度（图 A），与新建的上海浦东金桥超大尺度的生活区街道形成鲜明对比（图 B）
图 13. 香港的一个袖珍型邻里绿地
图 14. 巴黎市区某小型广场

些城市的公共空间现代化是通过开发大量散在居民之中的小块空间来实现的（图 13）。即使是传统上以大型广场公园著称的巴黎，在当代开发的公园中除了有几个较大的是利用废弃工业用地外，大量是利用单个废弃建筑基地等边角空地建成的袖珍公园（图 14）。如目前的巴黎市长上任以来六年内，就建设了约 40 个这样小型的社区花园。[13]

1.2.4 无视实践经验

部分设计人员本身的专业知识肤浅片面导致了橱窗化空间中许多完全可以避免的技术性错误。过去四十多年来，欧美在城市空间中的居民行为形式及相应设计对策上积累了大量实践经验。如美国社会学家威廉姆 · 怀特对纽约市已建成公共空间的科学研究，发现成功的公共空间必须要有足够人流，可坐设施，日照（在我国则还有夏季遮阴），树木，可以接触的水体，食物及其他零售业，引起人际交流的公共表演或展览等。其研究结果在 1975 年修改该市规划条例时被写入法律并在城市设计理论中产生广泛影响。[14] 其中许多准则对所有工业化城市都有普遍参考意义。但由于我国仍有不少建筑师把城市设计当作画图案，把学习国外经验等同于在画报上浏览一下几个明星建筑师的构图艺术或其艺术“理论”，上述这些针对日常功能，理性明确，建立在大量科学数据上的设计理论似乎被有意或无意地忽视。

2、私有化

公共空间的私有化是近年来国际上城市研究的热门话题，但关注点多在私有资本如何将公有领域、或由其代政府开发管理的公共空间转化为半私有，在其中用各种手段限制公众的自由使用。[15] 在本文中，我们同时也关注邻接公有空间（如城市街道）的私有房产开发如何破坏了前者中的公共生活。以上两者的共同点，就是私有资本为了保证自己项目的眼前利益，迎合社会上少数人（他们的顾客）的不合理要求，制造违背大多数市民行为习惯的环境形式，从而破坏了城市的大环境。我们还关注的公有区域中广泛地缺乏基本服务设施，可以被看成是私有化对政府服务的影响。

2.1 私有化的症状

2.1.1 破坏街道生活的沿街建筑

我国许多大城市的传统商业中心，像上海黄浦区以南京东路为中轴的大片老街区，在长期历史过程中形成了与城市生活完美互动的城市形式。它们的沿街建筑功能及建筑立面设计中含有大量能激发街道活动的宝贵元素。在过去二十多年的城市改造中这些街区几乎被100%重建。但令人遗憾的是，开发商在改造过程中为了满足自己的顾客的不合理要求（如片面追求邻居的单一性或某种“豪华”感），这些设计经验被开发商因其“旧”而视而不见，从而犯下了不少对城市大环境来说致命的错误。

例如，在临街建筑的用地性质上，原来上部为居住及办公，底层为零售商业等的多功能街区被转变成清一色的高档高层办公楼或酒店。使这些街道在下班时间后就几乎无人使用。原来沿人行道罗列的多样小型大众化商业服务功能，被长达整个街区的高档并单一的功能（如门厅或银行）所取代，使人行道即使在白天也无法吸引各种阶层的市民。

在临街建筑的形式上，改造后的街道产生了不“透明”的边缘：原来的许多行人进出口（如商店及里弄的门口等）及零售柜台等窗口被大片固定玻璃幕墙及空旷的条形广场（大多最后成了停车场）所取代（图15），使步行者无论贫富都有不受欢迎之感。在某些地段为了保证一个大工程有完整的基地，甚至将原来的多个小街区合并为一个大型街区。原有街道的随意封闭不仅破坏了多年来在市民记忆中形成的城市结构，同时因强迫人绕道而增加了步行者的不便。

这些错误的总的后果，是通过一个历史时期形成的丰富街道生活，在改造后却从这些街区永久地消失了。有人会问，影响街道生活的因素很多，你说的那些问题真有那么大作用吗？以下三张照片中的每一段街道同时含有原有及改造后的临街建筑，我们可以通过直观体验来问自己，在每张照片中我更喜欢使用哪一边人行道（图16，图17，图18）？

当然，这些老街区中现有的用地及建筑形式中，有许多地方必须在城市改造中加以改进。如原来的低容积率可能必须提高，人行道要加宽，零售商业活动等要加以规范，某些建筑功能要根据市场加以调整等等。但如因其目前破旧零乱的外观而忽视它们体现的城市生活的基本规律，我们的城市改造就等于洗完澡后把婴儿和洗澡水一起给倒掉了。

15 16
17 18 19
20 21

图 15. 上海延安西路边改造后的人行道环境
图 16. 上海云南中路两侧新旧人行道的对比
图 17. 上海陕西南路两侧新旧人行道的对比
图 18. 上海武宁路待拆除的临街商铺及其后面快竣工的某政府大楼入口广场
图 19. 上海某地下街中的大量商业广告使行人看不清地铁出入口标志（来源：《时代建筑》凌琳）
图 20. 上海某商业街的游人坐在台阶上休息
图 21. 改造后的上海火车站站前广场上，旅客没处可坐

2.1.2 公有空间商业化

除了街边建筑的设计以自我为中心外，私有化倾向同时侵入了城市商业区中政府所有(如人行道，街边广场等)或虽为私有但向公众开放的(如商厦中的室内街道)公共空间之中。在这些明确应为公众服务的地方，却很难找到商业利益之外的公用设施或休息空间。首先，一个最表面的但同时可能是致命的症状是城市商业街道内没有确立一个凌驾于所有商业标志之上的公共标志系统，来满足行人基本生存需要。在眼花缭乱的店招，广告的排挤下，行人往往找不到地铁入口，路牌，或公厕位置的标志（图 19）。

其次，大量改造后的商业街及新建商厦虽然建筑面貌一新，但除了少数案例外，没有增加多少免费或非盈利的公共休息空间。不少新建筑严守原有建筑的基底轮廓，没有扩大人行道的领域。做得最好的也不过是把临街原有公园向街道打开，实际上是移花接木。在这样最小化的公共空间里，不用说很难找到座椅和遮阳，更不用说饮水，绿化景观，艺术陈列，街头表演，或教育（如报栏）等设施了（图 20，图 21）。所以可以说，这些地方的公共空间状况基本上是停留在改造前的水准上。有的即使提供了一种服务，却因没有考虑其他协助因素，结果仍旧不能吸引人来使用（图 22）。与此同时，改造后沿街建筑的容积率，高度却大大增加，再加上近年来旅游业的发展，都使改造后的商业街上的人流更为拥挤。暴增的使用者与原地踏步的公共设施放在一起考虑，说明改造反而使城市街道生活的总分下跌了，如上海传统商业街淮海路就是一个典型的例子。

城市改造中的这一倒退同时反映在商业区中公有的点式空间中。如上海自 20 世纪 50 年代以来曾建设了一些工人俱乐部，区文化中心等，大多为含休息，娱乐，教育，绿地等多种公共服务功能为一体的庭院式城市空间，深受普通市民喜爱。它们与周围的商业功能结合在一起，保证了一个正常城市环境必需的多功能。但在城市改造中有不少这些设施被拆除或商业化。如原长宁区工人俱乐部变成了一个“商务大厦”，原沪西工人文化宫内小湖周围的亭台楼阁则被商铺餐厅所垄断（图 23）。

有人会说，你这是不懂得市场经济，在商业区里的每一分钱投资当然都要能赢利。但来自成熟市场经济的例子却说明并非如此。无论是巴黎最时髦的商业街还是美国大众化的购物中心，都知道提供足够的座椅，遮阳等公共休息设施（图 24）。就是我国封建时代的商人也知道宜人的大环境会吸引行人流连并成为顾客，所以店主们会联合起来建造连续的沿街骑楼或带美人靠的沿河敞廊（图 25）。以上例子说明无论是西方现代或中国传统商品社会都懂得：花有限的投资来改善公共设施只会带来更大的商业利益。

22 23
24 25
26 27

图 22. 上海某商业街的公共座椅因缺乏遮阴而无人使用
图 23. 上海沪西工人文化宫小湖周边被私营餐厅所占满
图 24. 巴黎主要商业街香榭丽舍大道的公共座椅
图 25 广州某商业街改造前的传统骑楼
图 26 上海某封闭式小区的外围街道无人使用
图 27 上海某封闭式小区大门内的商店

2.1.3 封闭式小区

私有化的另一组症状反映在城市的居住区中。大家可能没有意识到，近三十年来改变我国城市面貌最大的因素不是几个橱窗工程，而是原来的街道连接单体建筑的城市结构，被一系列由二、三千户居民组成的城中城——封闭式小区所取代。这种怪胎式的城市结构不但与我国传统城市(20世纪50年代以前)不同，与先进工业化国家中居住区环境的主流也不一样。封闭式小区是在强调单一功能（保安）的名义下出现的，但实践证明这种管理方式无法根绝犯罪。[16] 与此同时，封闭式小区外面的城市街道因缺乏行人出入口及商业设施（被圈入小区或集中在小区入口），即使在人口密度并不低的城区里也出现了无人行走的人行道（图26）。由此形成的恶性循环进一步减少了城市街道对居民的吸引力，使街道生活逐渐死亡。

而小区内由房地产商开发的新“公共”空间并没能起到预期的作用。半私有的街道由于没有与更大的城市环境连接，缺少能激发社交生活的足够人流及行人的多样性，缺少沿路环境的新奇发现感，所以同样引不起居民使用的兴趣（图26）。原本可以为不同社会阶层居民提供接触的公共或商业设施被圈在小区内，既失去了其公共性，又因为无法在更大范围的居民中分享资源，而造成浪费以至自身的经营困难（图27，图28）。结果是居民宁可乘车到已经很拥挤的商业中心去增加拥挤。以上这些后果既破坏了城市的公共生活，增加了不必要的车流，在高密度的中国城市中又是对土地资源的浪费。在不少封闭小区外，我们可以观察到自发的摊贩，临时搭建的小铺等出现在不准进行商业活动的小区大墙边上，说明生活规律开始自发地修正这一不合理的环境形式（图29A，图29B）。

考虑到这些破坏性的副作用，我们要问：封闭管理是不是唯一提高安全度的手段呢？事实上，传统居住区中有许多宝贵经验说明安全不一定非要以公共空间私有化为代价。如在上海的里弄住宅中，每个里弄都有可关的大门。但因一个里弄（平均约为46户）比目前的小区要小许多，因此居民仍必须到城市街道上购物社交（图30）。有些里弄甚至让临街住宅直接向街道开门（图31）。这些考虑全面的环境形式在注意安全的前提下，使居民与城市街道保持了密切关系。在另一些例子中，一组住宅（如几栋多层住宅或一个高层塔楼）与其辅助建筑（如商业裙房）形成一个可以关闭的小型建筑群，其共用出入口直接开在城市街道上。如果所有的居住建筑都用各种方式形成这样的小型“保安单元”，城市街道上将不但有很多行人出入口，同时还有零售、服务、阅报栏、街边绿地等，形成丰富的街道公共生活舞台（图32，图33）。这些经验在国外东西方大城市的居住区中都得到印证（图34）。

28 29A
29B 30
31 32

图 28. 上海某封闭式小区内的儿童游戏场无人使用
图 29. 北京某封闭式小区外围街道未规划任何商业设施（图 A），但城市生活自发地产生了“不协调”的零售摊贩（图 B）
图 30. 上海万航渡路某里弄外面的街道
图 31. 上海富民路某里弄部分住宅直接开向街道
图 32. 街道生活舞台，上海乌鲁木齐中路

2.1.4 “偷窃” 公共空间

公共空间私有化的最赤裸裸的例子，是开发商或经营者将公共空间直接化为已有。如房地产商在自己的工程中建造的公共空间，可以得到政府允许加建同等数量建筑面积的经济回报。所以这类公共空间实际上应被理解成是房地产商代政府开发的。我国各城市的政府法规也都明确规定了它们的本质是“为社会公众提供通行、休息等开放空间”，应“常年开放，且不改变使用性质”。但由于不少这些空间是由政府委托“建设单位代行管理”，结果仍会有业主利用法规不够明确或政府执法不够严谨的漏洞，在管理中通过强迫或暗示的手段，限制公众在这些空间中的活动，实际上就是将它们偷偷转为私有。有的甚至于就是没有任何借口的强占公共设施（图 35A，图 35B，图 36）。另一个例子是本着独一无二的自然资源不得被私人独占的原则，在先进国家城市中的主要水体边缘，山顶，或其他重要景观附近，大多强制保留永久性的公共通道。我国许多城市虽然也有类似的规定，但在近年来的开发热潮中却经常出现私有楼盘将水边等公共空间据为已有的现象（图 37）。

2.2 私有化的原因

2.2.1 缺少公权力与公众制约

在欧美先进民主社会中，从古希腊开始就有一个城市公共空间为普通市民（其定义随时代变化）所有的传统，为社会各阶层所认同。它在现代西方城市政治上的反映，就是城市事务总是在民选政府，自发的公民组织（civil society）及私有利益三股力量之间通过互相制约平衡来解决的。[17] 所以即使从 20 世纪 60 年代以来出现了利用私有资本建设公共设施的做法，并因 20 世纪 80 年代以来美国保守主义政治上升而形成风气，欧美城市基本上还是维持了城市空间的公共性不容侵犯这一神圣原则。一有风吹草动，就会有反对党，草根组织及学者等出来大声疾呼，避免了事态的极端化。

但我国没有这样一个稳定大局的自由民主主义文化传统，所以从官员到公众，对公共空间的公有本质均看得很淡薄。首先，在现有的政治体制中，没有普选制监督的城市官员很容易因为不作为，不知如何作为，或贪污而没有起到监督管理私有资本的功能。如一些官员把公共空间转为私有看成是“改革”。又如政府在住宅开发上只允许大资本大规模的模式，实质上是减轻政府的管理责任，结果造成大型封闭小区一统天下。其次，由于我国

33 34
35A 35B
36 37

图 33. 广州某旧式居住区的街道
图 34. 东京近郊居住区典型街道
图 35. 上海西藏中路某公共人行天桥看上去有两个出口（图 A），但选择右面出口的公众最后将被挡在“酒家通道，行人止步”的招牌前（图 B）
图 36. 上海淮海中路上最拥挤的某个路口的人行道加宽部本应被作为公共休息区域却被收费咖啡座占用了
图 37. 上海某楼盘将水边公共通道据为己有 (来源 :《时代建筑》凌琳)

城市的起源不像许多欧洲城市来自市民自治体，在城市管理体制中一直没有给市民多少说话的权利。毫不奇怪，在市民中因此也缺乏一种视城市公共空间为己有，主动参与城市管理的文化传统。如 civil society 这个词在汉语中甚至难于找到相应的常用词。

由于原来可以互相制约的三股力量中一股没有效率，另一股不起作用，从而在我国城市建设中除了政府官员自己发起的橱窗工程外，其他大多数案例中均形成资本一方独大，"以商为上"的局面。但美国近年来像安然公司等丑闻说明即使在成熟的市场经济中，无限制地让资本自由活动结果不仅会破坏环境等公共资源，而且最终将危及市场经济本身。英美保守主义政治及经济理论近年来影响下跌说明西方社会已经对此开始有了共识。这对急于借鉴市场经济经验的我国城市应是一个警示：车确实是马拉的，但不能因此就让马来带路！

2.2.2 资本的短视症

与商业经营合作开发公共空间确有其积极意义。不仅因为它能提供政府短缺的开发成本，而且因为真正精明的商业开放往往是最理解市民的生活习惯的。如国内由联华等开发的城市微型超市就非常适应我国城市高密度及居民大部分没有私车的现实。但我国的市场经济有两个特殊性，使私有资本对城市空间的影响很难确定是好是坏。首先，由于我国私有经济缺乏稳定的政治法律基础，私营资本往往更注重于短期内最大的赢利。其次，由于市场经济只有不到三十年历史，许多经营者缺乏层次较高的经营专业知识，往往流于重复使用一些原始直接的营销手段。

以上两者均造成他们在开发中的短视症，无法认识到急功近利的做法虽能保证短期赢利，但造成城市大环境恶化后，他们的项目也无法避免厄运。如上海市中心商业街淮海路从法租界时代就形成的典雅的梧桐树蔽日的街景，最近居然有一个商人提出要把这些树移去，因为"行道树枝杈遮挡了沿街的建筑特色和店招店牌"，"行道树应服从商业功能。"[18]再如经营者忘记了公众到公共空间中来不完全是为了消费，同时还为了休息娱乐，获取新闻等等。因此，吸引人停留下来消费的公共空间必须是多功能的。一个例子是即使在其发源地美国，单一功能的购物中心也开始受到批评。并有人开始试验将托儿所，公共演讲广场，公共图书馆，艺术展览，儿童游戏场，祈祷场所等等请回到购物中心中去。[19]

2.2.3 对相关经验的无知

与上面讨论过的橱窗空间的病因相似，私有化空间中的许多问题不仅出自开发商的有意决策，有时也源于部分设计师不了解或没有兴趣了解国外早已总结出的成功公共空间设计经验。除了上面提到的怀特针对小型广场的研究外，欧美各界专家对如何处理沿街建筑的功能组合，沿街建筑立面设计（如门洞的距离等），人行道设计，机动与人行交通的综合，街区尺度，街道网络形式，促进邻里安全的建筑规划形式等等，在过去四十余年来做了大量建立在实证基础上的研究，积累了不少用明确的设计准则表述的成果，形成一套激发城市公共生活的有效手段。[20] 但在各种西方时髦艺术“理论”的噪音中，这些从教训中得来的经验好像没有在我国设计实践中起到多少作用。也许人就是非得给真的烫一下后才知道不要碰火吧？

3、贵族化

该倾向同时反映在政府及房地产商开发的项目中。这些项目往往占据了传统的或规划中的城市公共或商业中心，但开发或经营方却在规划设计时将服务对象定位在占市民少数的高收入阶层或有特别需要的团体（如艺术家，旅游者等），从而取代了这些公共空间原来的主要使用者——中低收入市民。所以本文的讨论与国外对贵族化（有时译成绅士化）的研究有点不同。后者的着眼点是市中心旧居住区改建对原有居民的置换，因此超出了本文主题公共空间的范围。但两者都是关注城市改造中的社会公平性问题。

3.1 贵族化的症状

3.1.1 单一高档化

我国许多大城市中原有的中心商业区在近年均经过了彻底的城市重建。但改造后进驻的商场及餐饮，娱乐等服务设施中，或是由外商经营的奢侈品专卖店等取代原来的大众化租户，或是挂原来的招牌但大幅度提高服务及收费档次。比定位高更严重的问题是，这些贵族化的新设施占据了城市中最方便到达的地位，如最成熟的商业地段或商业街中一层靠近人行道的地方。并经常单一化地垄断整栋楼或整个街区（图 38）。如果你进这些商店浏览一下，就会发现在宏大华丽的空间内店员要比顾客多，而且这几个顾客容易有相近的社会属性。使这些街道完全失去了为不同社会团体提供接触场所的功能。如新天地内对城市空间的使用（如户外咖啡座等）非常符合人的行为形式，但由于价格定位上犯了单一化、贵族化的错误，使这个城市中心地段大半为外商等特殊阶层所享用。

有人会说，人家出得起这个租金，他的店里有多少顾客要你操什么心？这实际是一种用经济学伪装的诡辩。成熟商业中心地段是多年来在市民主体参与中形成的公共地标，它们并享有多种由政府建造的公交线路的服务。这些都对占市民大多数的中低收入阶层有特别意义。因为对高收入阶层来说，如何发现一个销金场所或到达那里从来不会是大问题。因此，这些中心地段都含有潜在的社会资源，实际上是没有被租金所补偿的社会成本（更不用说当地租本身的制定是否合理都有问题时）。将市民主体排除出这些地段，实际上是对社会共有资源的侵占与浪费。即使这些高档商厦的业主愿意赔钱经营，它们同时给城市带来的损失更大。这与占据城市重要位置的烂尾楼是一个道理。

有人还会说，你这是不理解经济规律，这些是黄金地带，当然只能为有钱人服务。但我见到的国外大型购物中心或商业街大多同时有兼顾多种消费层次的商店，使这些城市空间真正成为各阶层汇聚的公共空间。例如巴黎最著名的商业街香榭里丽大道上既有昂贵的风味餐厅，也有麦当劳。我住在檀香山市，该市最大购物中心中的高档百货公司尼门 · 马克思斯不远处，就是大众化的郎斯连锁杂货店。我不明白这里面的租金结构是怎么回事，但他们那里搞市场经济好像要有些年了吧？

高档化同时延伸到本来应是大众化的公共空间中。许多公共设施热衷于利用他们的空间来提供模仿欧美的高消费活动，如露天音乐会，艺术家“创意园区”，高价展览等。由于这些“风雅”活动与普通市民的文化与消费能力相距太远，无法吸引足够的使用者。上海在 2012 年做的一项调查发现，最受市民欢迎的（60.8%）公共场所是简单但免费的公园。而曲高和寡的音乐厅，博物馆及创意园区则分别只有 34.2%、 26.9% 及 7.5%。[21]

3. 1. 2 街道市场歼灭战

贵族化的另一例子是我国不少大城市的政府为了改善观瞻，盲目地消灭街道市场。如上海闻名中外的襄阳路市场在不久前被关闭，将被改建成“全天候时尚购物休闲消费场所”。[22]但实践证明这些摊贩排档往往“屡禁不止”。如上海普陀区在过去两年中取缔了 984 户次无照经营者，但仅 2006 年上半年就新增加了 456 户（图 39）。[23]

这说明问题牵涉到远比“市容”更重要的事。首先，由于缺乏资金及技术，我国城市中目前的大量失业人口再就业及外来人口就业的主要选择是摆个摊子。如上海 68% 的国有企业职工下岗后选择个体经营为出路，该市普陀区的无照经营者中 44.4% 是失业者及其他弱势群体。[23] 为这些市民提供免费或廉价的贸易空间，难道不是城市空间建设的题中应有之义吗？从另一方面来说，占我国城市居民中大多数的低收入者也更愿意在街道市场购买较便宜的商品。最后，形成一个市场需要长期积累起来的社会认同，一旦形成很难随意取消。[24]

以上三个因素指出了街市在当前我国城市生活中不可或缺的功能，有它们在内的城市“观瞻”可能不符合某种美学口味，但肯定更真实地反映了中国现代城市的个性。至于街道市场的不洁环境，对周围住宅的干扰或者所销售商品的质量问题，这些实际上是政府相关部门不管或管理不善（如将管理等同于罚款取缔）的结果，而不是街道市场的必然副产品。大量亚洲先进国家的城市都保留着兴旺同时又有管理的街道市场就是明证（图 40）。

事实上，在经济制度发生根本转型的现阶段，我国城市应当有更多的廉租市场空间而不是更少。我认为应当在城市中开辟新的空地或需要基建费极低的空间，将它们用作临时市场。如可以将某些不是用拆迁居民形成的城市空地暂缓拍卖给房地产商；将合适的旧厂房等暂缓拆除，也不要改为“创意中心”之类服务对象狭窄的设施；或将某些新建筑的底层暂时不分隔或装修。以上这些空间的较低初次投入使它们可以用最低租金作为街道市场出租。这实际上是要求政府在一定时期内用承受地租房租损失的方式来提供社会救济。但这并不是没有先例的，如上海在过去曾经因房地产不景气将某些地块暂时改做城市绿地。如果政府在当时能用少收地租的方式来补贴绿地，为什么现在不能补贴就业设施呢？让人高兴的是，某些城市社区现在已经开始这样做了，如上海曹杨街道及杨浦区将废弃铁道空地或厂房改为市场。[25]

3.1.3 缺少老房子

20 世纪 80 年代以来我国城市改造的一个特点是成片地拆除旧建筑。有些城市目前在进行第二次甚至第三次改造，拆除对象甚至包括 20 世纪 80 年代造的房子。我提倡有选择地在商业区中保留部分旧建筑（不一定是历史建筑），以防止城市改造导致全面的贵族化。请读者注意，保留老房子在这里主要不是为了历史保护或美学上的目的。如美国城市学家简 · 雅各布斯所指出的，这是为了能在城市改造的大潮中给低价位商业设施保留一些房租较合适的空间，使一个城市的商业区中能有多样化的经济体同时并存。[26]

在上海街头走一圈，我经常发现顾客拥挤的大众餐厅或零售店等都是设在 20 世纪七八十年代建造的 6~7 层的老“工房”的临街底层（图 41）。这类小商铺通常花月租约一、二千元租用原为一房或二房（50~60m^2）的公寓单元，将该单元向街道打通后做成前店后居的商店。与这类老“工房”比邻的街道往往是社会生活最丰富的地段，而那些近年来落成的高层住宅下的商业空间由于高租金的限制，往往被房地产中介，银行，金铺等利润率高，但顾客寥寥无几的设施所垄断（图42）。试想如果一条街道两旁清一色地都是这类设施的话，那将会是一个多么单调的经济以及文化环境啊？

雅各布斯的这一理论已在西方的城市改造中被广泛认可（图43）。但商业区用房的多样化对于正在进入后工业化的我国城市还有特别的意义。因为市中心商务区中有越来越多的公司将属于以专业服务为特点的第三产业，如金融，会计，广告，技术或设计咨询等。它们的行业特点需要更多就近的后勤服务，如文本制作，设备维修，提供交际或会谈的场所等等。而这些后勤设施往往是小型的，利润率相对较低的产业。所以说，提供多样房租的空间实际上反映了今天城市经济生活的内在规律。

3.1.4 贬低步行者

盲目强调私人汽车交通是国外战后城市改造中的通病，现在又在我国重演。究其本质实际上也是一种贵族化，表现在对我国市民主体出行方式的错误定位。我国绝大多数城市居民目前没有私车。即使私车最多的北京在2005年的统计也只有10%的人口有私车。[27]而且由于我国大城市的人口密度普遍比类似欧美城市高许多，这使得大多数城市居民即使在将来有了私车，也不会在城市中做日常使用，而主要是依靠公交。这从香港，东京等亚洲城市的现状可以得到佐证。

这一错误定位的后果首先表现在一些新建的城市中心区域或大型公共建筑的规划中。它们通常没有将一个使用方便并系统化的步行空间（及公交线路）作为构图的基本骨干，而是让车行道来担任这个角色。在有冲突的情况下步行空间还通常成为首先被牺牲的。如在上海浦东包括东方明珠塔，金贸大厦与陆家嘴绿地的区域，或上海科技馆，东方艺术中心及世纪公园三个公共设施之间的区域，行人从一个公共设施到另一个，必须在烈日暴晒下在光秃秃的广场上步行漫长距离，包括跨越超宽的多车道干道。

漠视步行空间的问题同时是弥漫整个城市的。如许多人行道被自行车或汽车停车占用，这包括新建的以及本来就狭窄的原有人行道（图44）。由于有车的居民觉得地下停车场收费太高而拒绝使用，不少居住区内的绿化区域及双向急救车道被物业缩小或取消，改做地面停车场用。这实际上是牺牲无车家庭享受公共空间的基本权利来为有车族节省一点停车

38 39 40 41
42 43 44
45 46

图 38. 上海南京西路上某商厦内部单一化的高档商业
图 39. 上海某自发形成的街道市场（来源：《时代建筑》凌琳）
图 40. 首尔的街道市场
图 41. 上海南京东路附近某改造前的小街上的大众餐馆
图 42. 上海某新建楼盘下商业的单一性
图 43. 旧金山市中心新旧建筑并存带来的经济多样性
图 44. 上海陕西南路某人行道被停车场占用
图 45. 上海某商业街道中防止行人过街的栏杆
图 46. 上海街头一瞥：突然消失的人行道

费用。而在欧美具有类似高密度的城市中心区里，停车空间的主体都是安排在地下，屋顶或地面层的沿街建筑背后，将人行道保留为市民休闲或浏览橱窗的地方。再如我国城市中的许多交通主干道同时被错误地开发为商业街，而政府主管部门事后又不愿意以适合步行间距设置斑马线或过街立交，最后是用在街中心设栏杆这样简单化的手段来解决问题（图45）。以上一系列把方便车行看得比方便人行更重要的举措，其总的社会效果是把步行者“贱民化”，最终降低了市民使用城市空间的意愿（图46）。

3.2 贵族化的原因

如果说产生橱窗化与私有化的原因主要是开发方的“动机”不良，贵族化的来源比较复杂。因为在有些案例中，错误估计使用者的需要实际上给业主带来了经济损失。但一般来说，我们可以发现贵族化是橱窗化与私有化在技术层面上的一个副产品。产生后两者的不良政治社会背景，开发动机与决策机制（像虚夸的追求“超前”，不成熟的经营方式或几乎不存在的公众回馈等等），很容易使开发方或设计师看不清今天中国城市的社会现实，从而对公共空间的未来使用者做出错误的假设。

4、结论：提倡保守主义的城市空间

如何从设计方面避免上述这些问题在我国城市改造及扩建中继续出现呢？本文提议我们采取一种“保守主义”的策略。“保守主义”在这里与传统建筑形式或右派政治无关。而是指设计师应当坚守早期现代主义对于形式表现功能，建筑为社会大多数人服务的这些“老道理”。它同时要求设计师理解尊重公众熟悉的原有城市空间结构，不要拿城市来试验国外昨天刚流行某种构图风格。在此过程中肯定会有新问题出现而需要调整，但这些调整必须是局部和渐进的。

在天天讲改革的中国，“保守主义”这个词听起来有点不顺耳。但世界上最成熟的发达国家如美国，瑞士，日本等都是以保守主义为主流文化。保守主义保证被长期经验证实合用的几条基本守则不变。这样反而容许在文化科技等较肤浅的层面做较大较快的变革，从而达到既灵活又稳定的社会状况。把这个说法用在城市设计上，一个例子就是柏林的城市规划非常“保守”地要求所有街区必须遵守周边为建筑的原则，但事实证明这反而刺激建筑师们推出有创意的作品。城市空间有以下三个特点要求我们必须谨慎从事：

其一，不像一幅画或一个建筑，你不喜欢可以不看。城市空间由于其巨大尺度及长期性，是承载每个市民全部生活的基础体系。城市空间建设中的任何错误给每个市民带来的不仅是美学上的一点不快，而是轻则迷路，重则失去生活来源这样有关生死存亡的问题。所以我们不应随意把城市当成实验品。

其二，从至少古罗马时代开始，城市公共空间就是调和不同阶层市民之间关系的有力工具。通过让不同收入的阶层免费共享公园或马戏表演等公共设施，不同人群之间至少可以通过增加接触来减少因不理解产生的敌意。同时低收入阶层也可通过免费（或低收费）使用公共设施而改善其基本生活状况。所以城市空间中的任何错误举措有可能会产生激发社会矛盾这样重大政治后果。

其三，城市是把一大群人与货物，外加它们之间的交流聚集在一起的超级复杂构成。它的健康运作牵涉到的因素太多，可以说是自成一门学问，远远超过几个建筑师或交通工程师可以理解的。所以建设城市的合理办法只能采取以观察、继承现有城市的成功经验为主，以局部改良为辅的策略。

有人会说，照你上面提倡的那些例子，就是崇尚破旧落后，小打小闹，这样哪能体现现代化大都市的风范，吸引国外投资呢？我的回答是：现代化首先是指制度、文化的现代化。对一个外商来说，严明的法治，稳定的社会加上必要的现代化基础设施要比光有一栋世界上最高的大楼或几个香奈儿专卖店更为重要。

上面讨论的我国目前城市空间中的问题，与欧美在战后城市改造中发现的问题很相像（也有部分是前面已指出的中国特有问题）。欧美在20世纪60至80年代曾出现过一批城市设计理论，其中很多用实证的方法得出对我国也有普遍意义的设计准则。我们应当把这部分经验当作保守的对象。反之，近年来在西方出现的一些形式主义的城市设计观念，通常是由一些把平面图形构成与城市设计混为一谈的“明星”建筑师推出。把这些当作莫测高深的城市“理论”来轻易采用是可笑并危险的。

本文以上的三个批评实际上就是呼唤中国城市设计的“本土化”。因为真正的本土化不是在现代工业城市中延伸紫禁城的中轴线或再造周庄那样的历史环境，而是根据今天大多数中国市民的需要及城市现状来创造他们需要的城市空间。当我们停止照搬西方城市模式，考虑到中国城市高密度，较低纬度等现有条件，将商业需要与市民生活中其他需要做平衡的处理，使城市设施向大多数居民的实际消费水准看齐，我们的城市设计就开始真实地折射出我国社会的特有本质。本文作者曾针对我国城市高密度环境提出了六条设计对策，就是本土化的一个尝试。[28]

但总的来说，设计对城市空间大局的影响实在是太小了。本文开首引用的两段话之间的对比，值得我们对中国城市公共空间的未来忧虑。第一段话（美国联邦最高法院判决）保证了60多年以来美国公众对公共空间的使用。但第二段话（上海某市民来信）说明我国当代社会仍然没有认同公共空间的主人应是普通市民而不是“领导”或“消费群体”。希望这一情况会随着城市中产阶级的壮大而逐渐改观。但在政治及文化基础发生根本变化以前，我国的不少城市空间有可能继续被演变为官员邀功请赏的贡品，资本家造钱的机器，或艺术家涂抹的画布。

（除特别说明者外，所有摄影者均为作者）

注释和参考文献:

[1] 该案缘自新泽西市长哈格禁止某工会组织在市政府所有的公共空间聚会，经联邦最高法院判决哈格违宪。http://laws.findlaw.com/us/307/496.html。

[2] 周亦卿，“商业零售街的绿化改进问题”，新民晚报，2006年8月6日，A-11版。

[3] 本文中的城市空间均指城市公共空间。

[4] Margaret Kohn, Brave New Neighborhoods: The Privatization of Public Space (New York: Routledge, 2004), pp. 11-14.

[5] Spiro Kostof, The City Assembled: The Elements of Urban Form Through History (Boston: Bulfinch Press, 1992), pp. 123-4.

[6] 徐望川，“‘背时’的成都‘天府广场’”，http://www.hyzonet.com/capital/pei/chengduAndPei.htm; 吴怡，袁成本，“山东高密违规修建超大广场...”，法制日报，2006年7月20日；金陵，“贫困县超标建大广场没钱种小麦”，羊城晚报，2004年9月8日。

[7] 新民晚报，2001年6月8日，1版；徐晓瑾，沈裕伟，“老街坊变大绿地”，新民晚报，2005年4月8日，17版。

[8] Richard Marshall, Emerging Urbanity: Global Urban Projects in the Asia Pacific Rim (London: Spon, 2003), p. 193.

[9] 丁艺，陈静芳，“行业博物馆为啥‘闭门谢客’”，新民晚报，2006年8月13日，A-13版。

[10] Peter Rowe, Civic Realism (Cambridge, MA: MIT Press, 1997), p. 66, 74.

[11] Pu Miao, ed., Public Places in Asia Pacific Cities: Current Issues and Strategies (Dordrecht: Kluwer Academic Publishers, 2001), pp. 6-16. 中文版：缪朴编著《亚太城市的公共空间—当前的问题

与对策》（北京：中国建筑工业出版社，2007）

[12] Miao, Public Places, pp. 273-93.

[13] Jennifer Ackerman, "Space for the Soul," National Geographic, October 2006, Vol. 210, No. 4, p. 114.

[14] William Whyte, The Social Life of Small Urban Spaces (Washington, D.C.: Conservation Foundation, 1980); Jerold S. Kayden et al., Privately Owned Public Space: The New York City Experience (New York: John Wiley & Sons, 2000.

[15] Michael Sorkin, ed., Variations on A Theme Park: The New American City and the End of Public Space (New York: Hill and Wang, 1992.

[16] 本文中有关封闭式小区的讨论均详 Pu Miao, "Deserted Streets in A Jammed Town: The Gated Community in Chinese Cities and Its Solution," Journal of Urban Design, Vol. 8, No., 1, 2003, pp. 45-66.

[17] Rowe, p. 203.

[18] 严瑶，“不要非此即彼，而要两全其美”，新民晚报，2006 年 7 月 30 日，A1-12 版。

[19] Benjamin R. Barber, "Malled, Mauled, and Overhauled: Arresting Suburban Sprawl by Transforming Suburban Malls into Usable Civic Space," in Marcel Hnaff and Tracy B. Strong, eds., Public Space and Democracy (Minneapolis: University of Minnesota Press, 2001), pp. 201-20.

[20] Jane Jacobs, The Death and Life of Great American Cities (New York: Vintage Books, 1961), Part One and Two; Allan Jacobs, Great Streets (Cambridge, MA: MIT Press, 1993), pp. 262, 285-6, 302; Clare Cooper Marcus and Carolyn Francis, eds., People Places: Design Guidelines for Urban Open Space (New York: John Wiley & Sons, 1998).

[21] 鲁哲，“本市公共文化场所利用状况调查显示，公园绿地最受青睐，文化创意园光顾少”，新民晚报，2012 年 7 月 26 日，A10 版

[22] 厉苒苒，蔡子祺，“最后 72 小时在甩卖和留恋中度过”，新民晚报，2006 年 6 月 30 日，A1-3 版；蔡子祺，李玮，“离开襄阳路，迷惘中再起步”，新民晚报，2006 年 8 月 14 日，A1-3 版。

[23] 郭剑烽等，“无证经营户为什么越查越多？”，新民晚报，2006 年 7 月 2 日，A1-1 版。

[24] 薛慧卿，“近七成国企下岗职工选择个体经营再就业”，新民晚报，2006 年 10 月 27 日，A1-4 版；郭剑烽等，“无证经营户”；

[25] 郭剑烽等，花鸟市场搬迁 5 年“形散神不散”，新民晚报，2006 年 11 月 15 日，A1-1 版。

[26] 郭剑烽等，“先寻好安置点，再端走无证摊”，新民晚报，2006 年 11 月 12 日，A1 版；邵宁，“闲置旧厂房成了‘创业乐园’”，新民晚报，2005 年 6 月 15 日，2 版。

[27] Jane Jacobs, pp. 187-99.

[28] "Beijing to Curb Private-Car Ownership," INS/Asahi Shimbun, June 18, 2005.

作者简介：缪朴，美国夏威夷大学建筑学院教授

原载于：《时代建筑》2007 年第 1 期

公共空间的嵌入与空间模式的翻转
上海“新天地”的规划评论

EMBEDDING AND SUBVERSION OF URBAN SPACE PATTERN
A Panning Review of “Xin Tian di” in Shanghai

孙施文
SUN Shi-wen

摘　要

通过对上海“新天地”空间模式的深入分析，揭示了“新天地”在城市再开发过程中避免采用全面拆旧建新和原汁原味保护的方式而采用“第三条道路”的方式在上海特定的社会经济条件下取得成功的特征及其深层次原因，并指出了其所采用的嵌入式空间策略所造成的对地区公共空间组织模式的整体性改变，这种改变全面颠覆了原有的公共空间模式并深刻地影响了与周边地区的相互关系。

关键词

公共空间模式 城市改造方式 “新天地” 上海

上海“新天地”自1999年开始建设，尤其是2001年大体建成以后，获得了广泛的认可，并且成为上海一个新的著名游览胜地。无论是来自国外的游客还是来自其他城市的国人，大有不到“新天地”就不算到过上海的气概，从而创造了上海近年建设的一个奇迹。“新天地”的成功，也吸引了各方的眼光，不同的人群从中读解到不同的含义和路向，此后，更成为一种样板或一种口号而在全国蔓延。几年来，以“新天地”为原型的旧城改造在国内东南西北各地的城市中不断地涌现，尽管有些仅仅只是以“新天地”为名而已，有的甚至只是作为一种意想或以此为标识，借以说明自己不落后于时尚，甚或表明一种与潮流接轨的愿望。

有关“新天地”的报道、介绍等文献已经不少，但是深入分析的还非常少见，而对于“新天地”为什么能够成功，它发生了怎样的变化，或者说它成功的条件是什么，以及新天地模式是否可以复制等等，则更少有很好的回答或解释。而在对这些问题进行解答之前，所有的评论、所有的模仿实际上都是肤浅的。就总体而论，我们不能仅仅从原有的建筑物是否被保留或者拆除，建筑风格是否被延续或者使用功能是否被调整，也不应该只是从商业上是否能够取得成功等角度来评判城市地区的改造与建设，而是需要将其放在城市的格局之中，以探讨其作为城市的一部分是否发挥了效用。但是，要对这些问题进行解答，需要进行非常扎实的深入研究，本文并不想就如此宏大的问题展开讨论，而是仅在提出问题的同时，选取公共空间的结构及其模式转变的角度对此作一粗浅的分析，揭示“新天地”的建设究竟发生了什么，为更全面的研究提供铺垫。

1、空间嵌入的改造方式

“新天地”的建设可以说是在探寻一种城市旧区改造的方式，但至少在改造之初，无论是投资者、设计师还是城市管理者显然并不将其看成是一种具有普适性的模式。只是在其获得巨大的成功，满足了不同人的不同想望之后，当不同的城市、不同的开发商将其视作旧城改造的唯一方式后，其操作的方式便被模式化。当创意被改造成模式时，创意的思想变成了媚俗的模仿对象，甚至连其始作俑者也将其看成是一种普适性的模式，从而便有了种种为业绩和标识而进行的复制，将创意的收获转变成了复制的实惠，这却是非常令人失望的。

上海的旧城改造始终摇摆在两种极端之间（也可以说整个中国的城市建设都是如此）：一个极端就是拆旧建新，所有已存在的建筑物都是可拆的，而且是必须被全部拆掉的，然后再建设新的建筑物，否则就不可能画出最新最美的图了，这种改造方式可以称为“地毯式改造”；另一个极端是保护旧有的传统建筑物，而且要保持原汁原味或者整旧如故，似乎不得有任何的改变，任何的改变都是对祖宗的犯罪或背叛，这种方式被称为“历史文化保护”。本文将这两种方式称为两个极端并无意要对此进行评判，而只是想说，在这两个极端之间理应是有很多路可以走的。但在实际的运作中，这两种极端之间的抗争，将上海的旧城改造简化成了只有这样两种方式。而且，凭借着这两种方式的运用，架构了上海市区的整体空间框架。上海市区的大部分（至少是中心区的大部分）都被重新改造了一遍，而那些留存下来的被保护的历史建筑则成为与周边已经改造过的地区极不协调的点缀。在这样的改造之下，这两种极端的建设方式进一步地极端化，矛盾和对抗成为缠绕在城市改造过程中无法解开的心结[①]。所以，当以这两种方式之间的一种中间方式出现的“新天地”呈现在人们面前的时候，无论是对于专业人士、普通市民还是政府官员，都感受到了一种新的事物与新的可能，也感受到了一种超乎于日常认识的心悸，从而也鼓动起了某种消费的欲望。在消费社会逐渐成形的过程中，这种消费不仅仅是对“新天地”内各类商店内陈列的商品的消费，也不仅仅只是对其中各种人员的劳动的消费，更为明显的则是对整个地区及其空间场所的整体性消费。这种消费的特征就是，在这一地区游荡、观赏的人群要远多于直接进入到这些商店、饭店中付钱购买商品和服务的人，而且，他们可以在这里消磨半个、一个小时或者更长时间而不需要为这种消费花费哪怕一分钱。他们消费的是这里的氛围与这里的空间，直至希望将这样的空间不断地重复生产而能被重复地消费。

“新天地”成为一个时尚场所也许并不奇怪，本来就是为了上海这个城市之所缺而建立起来的，这完全可以从“新天地”开发不同阶段的定位中看到主事者的有意而为之了[②]。但其保持了如此强大的影响力和持久性，并改变了上海城市生活空间尤其是夜生活场所的基本格局，却又是值得关注的。这也是我们将其称为公共空间的嵌入所要探讨的内容。“新天地”将原来以生活居住为主要功能的两个街坊改造成以公共活动为主的商业性场所，并在其周边营建了以水面（太平湖）为核心的开放性公共空间[③]。就其与整个地区的相互关系而言是极其典型的嵌入，并彻底替换了其所涉及的街坊的社会特征[④]。

空间的嵌入，其原本的含义是在相对均质的地区引入了“他者”，这种“他者”既可以是在某种类型建筑集中的地区引入另一种类型的建筑，在某一种功能的地区引入另一种功能，而就空间作为活动的载体而言，也可以指在某一类活动地区引入另一类的活动，或者引入适于一种相对特殊的生活方式的空间。就“新天地”的建设而论，这种嵌入表现为:

在原有的以里弄生活为基调的地区引入了当代时尚生活场所（与原有的生活方式具有鲜明对比），在零星分散的市民生活场景中引入了大规模的商业活动空间（并不是为周边居民的生活提供服务配套的），在以近邻熟人式交往为主的地域空间中引入了大量非本地居民进而是陌生人式交往的场所[⑤]……这种嵌入的途径则是以私人开发的方式提供了类似于公共空间的场所。这种公共空间尽管具有极强的私人拥有的特征，但在相当程度上，还是满足了各种人的不同欲求[⑥]。这种嵌入作为一项商业地产开发，为城市的转型做出了贡献，同时也创设了新的消费空间，进而以场所的创设推动了对场所的消费。在多重因素的作用下，尤其是在媒体的鼓噪下，将消费和身份的识别与建构统领在一起，从而将“新天地”妆饰成既顺应社会发展规律、与世界大都市接轨又能满足许多人自我想象的场所。而这一切又恰好是上海在建设国际大都市的过程中所急切希望找到的。因此，对于政府而言，意欲将其打造成城市的一张名片，来张扬城市扩展的雄心，鼓励并直接推进着这样的改造。而对于更为广大的使用者来说，无论是城市的过客，还是定居在城市中的市民，因为猎奇、寻梦，或者是为了在消费中确认自己的身份，竞相来此进行“场所中的消费”和对场所的消费。在此过程中，各类媒体的作用是不容低估的，无论是出于政府和开发商的有意识运作，还是出于媒体本身对新出现的生活方式的追逐或隐藏于其中的窥视欲，所揭示的恰恰是其与周边地区乃至整个城市的差异。而当这种差异成为城市的文化符号时，一方面体现了城市空间拼贴性的形成和强化，另一方面则又引发了单一性的无限扩张和加强。就整体而言，城市出现了多元的可能，但就局部而言，则又排除了多元性，从而只能为单一性的活动提供场所。就整体而言，“新天地”的建设，在一个原来是日常生活的地区嵌入了非日常生活所必需的公共空间，但又在多种因素作用下意图将其转化为日常生活所必需的场所，这是这种嵌入的本质。而这种新建立的所谓日常生活却又是建立在不缺多样性但缺少多元性的基础之上的，并以此而凸显出其自身，进而破解了日常生活本身的内在连贯性和融合性，从而提供了消解掉城市基本特质的可能。

2、空间嵌入成功的特定性

对于任何的空间嵌入，都不外乎这样两种情形：要么是在旧的环境中引入新的元素，要么就是在新的环境中引入旧有的元素。因此，空间嵌入的核心就在于：破除原有的功能、结构、形态、肌理组织等等，插入与过去或与周边相异的功能、结构、形态、肌理的内容。就成效而言，所嵌入的内容与原有的内容之间的差异越大、越明显，嵌入的效能就越显著，与此相伴随的则是其成功或者失败的可能性也越高。从“新天地”的实践来看，其建成的既不是原有的，也不是全新的。它实际上已经破除了旧的环境而建设起了新的环境，是完全不同于过去的新环境，从下文的分析还可以看到，在空间结构上几乎是对原有环境的整体性颠覆，因此也就谈不上是历史环境的保护。而另一方面，“新天地”在建设新的环境时，创设了旧元素的再运用，并且是以怀旧的方式重新运用旧元素。“新天地”的建设不仅在城市建设方式上走了“第三条道路”——既不是“地毯式改造”，也不是“原汁原味的保护”，而且在空间嵌入上也运用了“第三条道路”——既在旧的环境中引入新的元素，又在新的环境中引入旧有的元素，从而以外在的似旧似新遮蔽了其本质上的空间概念的转换。而这一切所围绕着的核心也就是上海城市生活空间中被认为最具特色的里弄、弄堂以及石库门住宅。

上海里弄住宅的意义在于其在特定时期的特定条件下，结合了现代城市生活的需要和中国传统生活方式，容纳了上海市民中还没有脱离了的“乡土情结”和对现代商业文明的向往之情。而这种形式的住宅区形成以来，经过几十年的融合，已与上海市民的日常生活密不可分，成为社会的主流生活空间，从而铺设了上海城市生活的底色[7]。在多年的大规模快速城市建设之后，随着地毯式改造造成了城市整体结构的重塑，原有的底色已消解，里弄住宅又被公认为唯一留存的城市物质形态的肌理特征。“新天地”改造的成功就是紧紧抓住这个随着时日的消逝而日趋衰败、在地毯式改造下不断消亡、曾经是这个城市的基本构成元素，并在开发策略和营销上不断彰显这方面内容。经过这样的再生，历史的记忆被激活。但很显然，这已经不再属于历史，而是属于现在，甚至是属于未来的，这也是“新天地”这样的命名所深含的意义。正是在这两个因素的交互作用下，这个地区才有可能获得真正的重生。

当然，这种成功还与一定的历史机遇有关。上海的复兴与再造，需要有一个群集的时尚之地，这种空间需求的产生既来自于上海复兴的自我期望，因此大有与世界大都市比拼的欲望，也来自大上海特定人口结构条件下特定人群的消费需求。这样的时尚之地应该是能承续历史的辉煌，为什么20世纪三四十年代旧上海的风花雪月能够唤起这么广大的人群，不仅仅是生活居住在上海的人，而且还包括了港台和海外人士？“新天地”可以说是老上海怀旧风的高潮，而且也是怀旧风的真实体现。确实，有许多人将“新天地”的成功归结为怀旧，也就是以类似传统建筑的样式来触动人们的怀旧神经，从而把人吸引过来并留下来消费。但即使如此，那又怎么被冠以“新天地”的名号呢？这里的辩证法绝不只是商业的噱头，而是有着实在的文化内容的。之所以有怀旧，不仅仅在于那是旧的，而且应该是有新的成分、时代的因素融入其中，而且生活的形态要有旧的因素，是否是其精髓并不是主要的，而是要用当代的内容和形式复原，至少从外貌上看上去是传统的内容[8]。

旧上海曾经有过的辉煌滋养了许许多多人的想象，也支撑起了许多人的欲望，这可以说是“新天地”能够成功的前提性的因素。对旧上海风情的怀恋（或被称为“旧上海热”“老上海热”等等）在港台地区已经持续了相当长的时期[9]，因此，“旧上海热”的始作俑者，并非是上海本土的人士，此时此刻他们还陷于实际的生活艰难之中而无心去关注过去，因为过去还留存在他们的生活之中，或者说他们还生活在那样的环境之中。但是那些在1949年后由于种种原因远离了上海的人们，正是由于远离了上海，对上海当下的生活和对过去留存的环境没有了直接的体验，而同时，由于他们都生活在几乎是一夜之间形成的、空间逼仄的混凝土高楼中，尤其是当生活中遭遇到挫折或者不顺心，甚至是对现实不满的时候，并且对这种状况的改善并不抱希望，在不经意当中他们回望曾经有过的一段相对还算安逸的生活，就像回忆童年时代的生活场景，已经消磨了过去生活的困境、不如意和一切负面的内容，只记住给自己带来了愉悦或者可以弥补当下正遭受着冲击的情绪的往事片断。他们所记忆的和所回忆的，通常都是现在所缺失的，从而使回忆成为一种感情的寄托。对于所有的回忆者来说，“黄金时代”、“花样年华”都永远属于过去，同时也表明他们还憧憬着现在或者将来能有新的“黄金时代”和“花样年华”。因此，当他们把这种回忆付诸言说、文字或图像时，就更加饱含着浓厚的感情色彩，而这些言说、文字和图像在传播的过程中又得到不断的相互的渲染，从而围绕着旧上海的种种场景构筑起了神秘而缥缈的氛围。而作为这些言说、文字或图像的主要倾听者、阅读者和观赏者，尤其是对此没有任何体验的年轻一代在接受这种回忆的同时也进行了某些选择，这些选择更加强化了其在当今社会中无法体验到的舒适、亲情或其他任何在当时当地所想要而又得不到的某种感情，从而为这些回忆平添了一种浪漫的憧憬，在对这种憧憬不断重复和加剧的过程中，形成了尘嚣一时的“老上海热”[10]。在这股浪潮中，实现了对里弄和石库门住宅的某种升华。这种升华的实质在于当事人明知不可能再回到从前的人事（尽管他们回忆的核心在于这些人事），因此只能将所有的感情转移至这些人事发生的还可能存在的物质实体上（正所谓睹物思人的含义）。当然，这种升华只能发生在那些并没有在其中生活体验的或者已经从其中撤离出来相当长时间以至于已经忘却了居住于其中时的局促、尴尬的人群，而对于那些此时此刻还生活于石库门中的，或者才摆脱出来只有几年十来年的人、在最近的时段还经常可以观察到其中生活的人，则完全不起作用[11]。而这种源自港台或海外的怀旧风潮之所以在上海市民中能够被鼓动起来，并在本地人士中形成一种类似于共识，进而在各种商业浪潮中被激发成城市的市民文化，这既与上海近年来的大规模城市改造导致石库门住宅的急剧减少有关，但更重要的或许还在于上海市民中存在着这样两种心理状态：一是上海进入快速发展时期，在动荡不安之中，人们发现已难以找到固定的立足点，这时就需要有一定的参照点，而正在消逝中的但又有些许记忆的老上海场景恰好能提供这样的参照，从而成为一种精神寄托。而这种寄托又与另一种心态有关，即上海曾经有过的辉煌也是将来可以再次达到的，至少是现在期望将来能够达到的。由此也可以看到，尽管上海市民对自己城市的怀旧多少还是被动的，或者说是被挑动起来的，但其基本的景况却又是相似的，是怀旧所必需依凭的基本机理，也就是，任何对过去的怀恋都是产生于对现况的无法把握或不满，以及对未来的憧憬。

在这样的情形下，专家们提出的原物保留也并非是这些怀旧者所需要的，里弄和石库门仅仅只是怀旧者移情别恋的对象，他们需要的并不是当时的里弄和石库门，而是已经为言说、文字或图像所渲染的那种更带有神秘、缥缈和浪漫气息的场景，具有实用价值的里弄和石库门并不是他们的所欲，他们只是需要一种似曾相识的、在“梦”里建立的里弄和石库门状态，这是一种既是过去的，又是现在的，同时也是未来的（这恰恰是“新天地”很好把握到的）。他们需要的只是“好像”回到了从前，但他们绝不愿意就这样回到从前的。此外，如果他们要把里弄和石库门作为日常生活的场所，那么凡是现在使他们感到舒适的东西一样也不能少，而原有的里弄和石库门也许难以有这样的担当。对于这样一些人来说，绝对不可能以原生态的方式让他们进行使用，就如同云南丽江的客栈绝对破灭了许多人对客栈美好而浪漫的想象。因此，其功能上和形式上的转化也是其成功的必要条件。其实，这也许并不难理解，即使如现在能被称为古董的物品，绝大多数都曾经具有过使用的价值，但当它们还具有使用价值时，它们还只是日常生活中的日用物品，只有当它们不再被用作它们被创造出来时所具有的实用性，也就是说它们不再是现实生活中实用的物品时，它们才被看成是古董，它们才脱离了“低级趣味”，才被赋予了审美的价值[12]。对于建筑也是这样。只有当某些建筑物已经为相当数量的人群所不使用，或者根本没有体验在其中生活的可能时，这些建筑物才能被当作历史的文物或被认为值得保护。如果每个人都生活在这样的建筑物中，他们所感受到的只有种种的不便，评价的标准只能是实用，而不可能是欣赏；这些建筑物只有使用的价值，并不会被人用审美的眼光来看待。这就是为什么一些古村落、古建筑、历史文化地段内居住的人们对专家们对这些建筑或地区的保护津津乐道具有极大的反感，而专家们又对这些居民埋怨不断的矛盾所在。这并不关乎文化素养的问题，归根结底还是“审美距离”的问题。

由此，在我看来，在诸多对“新天地”的评论中，有两种观点看上去有道理但却是经不起推敲的。一种观点认为，“新天地”已经不再是原汁原味的石库门了。这是真的，是事实，但如果是原汁原味，它在商业上决不会成功，因为这就背离了其立身的基础，即怀旧的内在机理。即使不做成现在的商业性质而仍然保持居住的功能，我相信，不作彻底的改造大概也是难以获得成功的，至少现在还居住在石库门里的人是不愿意再住进去的，过去曾经居住过的、即使是那些回忆过去充满感情和依恋的人也是不太愿意的，而那些受了熏陶从而为石库门笼罩上一层浪漫、神秘色彩的新一代，他们或许会去品尝一下，但他们更需要的是即时的消费而不是自己去慢慢营造这种气氛,因此也是不会愿意驻扎在这里的。原汁原味的石库门是否还会存在，是否能够继续存在，或者以什么样的方式存在，这或许是一个需要进一步进行研究的课题，但可以肯定的一点是，既然生活方式已经发生了变化，原有的承载着生活方式的物质空间只有经过转变才有可能适应新的生活方式。另一种观点认为，“新天地”的成功是后现代主义的成功，因此借用成熟的所谓“拼贴”、“深度消失”等等观念来解读“新天地”的成功，并由此说石库门因此而得到了再生。但很显然，“新天地”中确实有后现代主义的某些符码和手法，怀旧也多少有点所谓的后现代情感，但他们对其成功机制的解释却过高地估计了营造者和使用者的后现代素养，更何况，没有多少人是来为“主义”买单的。后现代主义的理论可以成为覆盖许多事情的巨大的解释框架，但各种事情的成功与否有其自身的机制，没有这样的机制，任有什么样的主义作为手段也仍然是要碰壁的。而且从下文的分析中还可以看到，在空间组织上，“新天地”所依循的仍然是现代主义的空间观念，并以现代空间概念替代了原有的基本架构，而不是形成一个更加多元的空间网络，因此，“新天地”的设计仅仅只是在表层上运用了所谓后现代的手法，而在深层意义上也仍然是现代主义的。

总而言之，“新天地”的成功是有许多因素而取得的，绝不是寥寥数语就能概括清楚的，需要有更为广泛的整体性的研究。但有一点也是不能忘记的，开发商在没有需求或者需求尚未被激发出来的地方创造出一种需求的雄心壮志和市场敏感性、资本运作的大手笔和深谋远虑以及对风险的敢于担当，显然也是成功的重要因素。

3、空间模式的翻转

对于一个城市地区，我们可以不去讨论这些建筑物本身是怎么被使用的，因为建筑的功能本身也是在演化之中的[13]。由于时代和经济状况的变化，即使现在要将“新天地”地区还原为居住功能，我想，石库门住宅的状况也应该不会再与原有的相同了。既然说建筑和城市空间是城市生活的反映，那么随着生活方式的改变，城市建筑场景就会发生改变。原有的场景既然不符合新的生活方式，就需要对场景进行改造，至于怎样改造以及改造成什么样，这需要在具体案例中进行分析，而不应该以抽象的方式进行普适性的讨论。“新天地”将该地区的功能由居住转变为商业，也许并不一定就是坏事，但更有必要的是将其放在城市的背景中来考察该地区的前后变化及其对城市的意义。尤其当大量的宣传和介绍集中在其对石库门和里弄的改造和更新方面，“改写了石库门的历史，对本已走向历史文物的石库门注入了新的生命力”[14]，我们更有必要来看看这样的改造究竟带来了什么。

“新天地”所在的太平桥地区的里弄式住宅，在整体架构上通常是“外铺内里”，也就是沿着一个街坊的外侧形成了一些商业、服务业的店铺，既充分体现了地价效应，也为街坊内居民提供日常购物的便利和其他服务，同时，任何人都可以从城市道路上进入这些建筑之中。而除此之外的整个街坊则是作为居住使用，以主弄、支弄串联起行列式的、大部分是背靠背式的石库门住宅。从空间形式上看，整个街坊内的居住区对外是封闭性的，只有一条主弄连接外部城市道路，其他的内部道路呈枝丫状布置，且均是尽端路。这种形态的街坊组织具有非常明确的领域性特征。周边的商铺构成了对外界开放的界面，但这个界面与街坊内部并不是贯通的，它们只是附着于整个街坊，其进出的通道与街坊内部的交通也是完全分离的，它们实际上还充当了内外空间的隔断。“外铺内里”的空间模式，以边缘地带的开放性，并将边缘地带划入外部区域，从而保证了内部的封闭，既保持了传统街市的繁华，又适应了内部现代生活所需的邻里感和私密性的要求，在保证街坊内的安宁的基础上促进了地区的邻里感，从而使邻里间的日常生活得以有机地展开[15]。在这样的空间格局下，大量的城市活动都集中在街坊的外围，也就是城市道路上；街坊内部的公共空间（包括弄堂空间）实质上最多是半公共的空间，而支弄空间则更带有一半公共一半私人空间的性质。从街坊内部对空间使用来看，更多的活动是发生在支弄的，而不是总弄；总弄的主要功能是提供交通，即每家门前的支弄与城市道路之间的联系。总弄上发生的活动数量是少的、时间是短的、人际交往的情感因素较少，而支弄上的活动则正好相反，过去经常发生的吃饭、纳凉、青少年和儿童游戏等等活动往往都是在支弄上，由支弄所连接起来的十来户、二十来户人家之间也往往有更为密切的联系，支弄往往就成为他们所共有的半私人空间，所以大家不惮在这里吃饭（主要是晚饭）、聊天、休息等等。值得说明的一个问题是，在许多人的心目中，里弄住宅往往是破旧的和拥挤不堪、混杂的，但实际上，这种破败在相当程度上并不是它自身所造成的问题，而是后来对其使用不合理的结果。

改造后的“新天地”，保留了原址上的大部分建筑物，但由于使用功能的转变而迫使其对原有的空间组织方式进行了重构。这种重构不仅仅只是建筑物与街道之间的连接方式，或者是建筑密度、肌理等方面的变化，实际上是通过空间组织结构的转换，彻底改变了空间组织的模式。

在物质形式上，改造后的“新天地”以物质实体来强化了城市活动的“内空”的形态，形成了以广场或扩大的步行街道为核心，建筑物环绕其周边布置，并仍然保持了总弄、支弄等等的形式，最多也就是将总弄拓宽成广场。但如果从人的聚集程度或活动分布来看，中心的聚集性或高密度使用是其最基本的特征。所有的活动或行动轨迹内向化，呈中心辐射型。将“街市”方式的布置引入到街坊内部，围绕内部广场或街道组织（聚散）周边建筑内的活动。从而使原来城市活动的“虚空的中心”转变为“充实的中心”[16]。在具体的操作中，通过打开街坊，引入活动而充实中心，在建设过程中拆除的建筑也是为此目的服务的。在该地区中，人流由边缘向中心汇聚，从而形成了典型的“核心—边缘”格局，即喧闹的中心和沉寂的边缘。空间使用架构的这种转变，使原本开放并集聚外来人的城市街道已经冷寂了下来，人们已经不再在沿街的空间中活动，尽管现在也开了许多的商铺，但无法成为人流汇聚的焦点。一种对外开放的空间已经被屏蔽掉了。而街坊的总弄已经成为人流集聚的焦点，并且不可避免的，通过总弄的开放性来消解城市道路两侧的人流。城市的道路成了车行的通道，与地区性的活动并无直接的关联。从而使原有街坊与周边地区的共生转变为以城市道路为界的区分，通过脱离周边而强化着嵌入的效用，进而达成自我内部的完善。城市性的公共空间消解了，这种消解是通过由私人提供的类公共空间的复兴而得以实现的。所有的大型设施、所有的消费空间都是围绕着内部的总弄来进行组织的，由此彻底颠倒了整个街坊的经济价值规律。在这样的格局下，它不仅与周边的地区所分离，而且与城市结构相脱离，成为一个漂浮在城市基底上的独立个体，或者说，成为自我塑成的一个孤立的城市架构的原型，也就是形成了“城市中的城市”的格局[17]。由此再来看，“新天地”本身已经非常类似于欧洲的一个小城市的整体架构了，或这些城市中心区的布局模式。因此，尽管其建筑的形式保留了上海石库门的外形，但在整体结构上已完全背离了原有的结构模式，甚至可以说完全颠倒了街坊的结构形态及其含义，而且已经完全蜕变为纯西方式的类城市结构，失去了石库门形成的本质性精髓。这种变化如果用更为形象一点的比喻来说，就是，过去的街坊类似于一个细胞，通过细胞壁与外界发生关联和相互作用，并以此保证细胞的独立性以及细胞内部的完整性及内部要素的交融；而改造后的街坊则类似于细胞壁的功能已经退化，它所形成的是与外界的隔离，并且屏蔽掉与外界的交流，将其筑成自己的城墙，进而创设了城市地区的“孤岛”或城堡。就此而分析，“新天地”所实现的空间格局，实际上与现今绝大多数的多用途高层建筑的实质是一致的[18]，只是将以那些高层建筑的外表为界改变为对地域的划界，将建筑基地的边界改变为以城市的道路作为边界，但由于其拥有的广延性而对城市空间结构和城市生活产生更大的影响。

4、结语

“新天地”建设的成功，破解了上海城市改造中只有两种极端——地毯式改造和原汁原味保护这两种建设方式的格局，而其在商业上的成功也更加有利于推进多种建设方式的创新。从商业和城市营销（或城市经营）的角度来讲，“新天地”的成功是值得赞赏的；从城市改造和城市更新的角度来考量，“新天地”的做法也是能够理解和接受的；而从城市空间组织的角度来看，“新天地”的做法并不值得鼓励和推广，而是需要寻找到更佳的途径。当然，对“新天地”建设本身而言，并不应当从对原有传统的继承或历史保护的角度去认识，否则就会走入歧途，从前面的分析可以看到，它实际上是对原有空间模式的颠覆。而更值得关注的是，其用西方现代城市空间观念替换了原有的建立在中西文化交融基础上而形成的空间格局，并进而瓦解、破损了与周边地区的关系，成为城市中的一个类似于孤岛的地区。就此而论，它本身并未取得新的进步，并且多少是与当今城市空间组织理论的发展方向相背离的。

从另一方面讲，“新天地”的建设方式也并不是一个普适的和可以广泛复制的模式，它自有其生长和成功的基础，这种基础如果说还不能被说成是唯一性的话，至少也是建立在特定的条件下的。而这种方式之所以能够形成并取得成功，与上海特定的景况有关，更与上海对外来者的感召力有着密切的关联，而且这种成功完全是建立在持续的外来力量上的[19]。这种力量培植了并适应于这样的空间架构，进而使得该地区不仅在物质实体、空间结构方面成为与地区周边毫无关联的入侵者，而且在社会经济层面也同样摆脱了城市的有机融合。“新天地”或许是城市中的一个舞台，而且这个舞台既融汇了激情与梦想，又融汇了传统与新潮，但这个舞台所演绎的却是“别人的故事”，而且是在把精彩的自己的故事排挤掉后才能上演的。

注释：

① 近几年，在城市规划、建筑学等专业领域中所出现的有关“改造”与“保护”的争论，在城市建设实践中中央政府与地方政府之间、专家学者甚至各地的市民与政府之间的许多矛盾与冲突，实际上就是最为直接的反映。

② “新天地”在开发过程中，最初主要针对上海只有像衡山路这样的孤立的酒吧、咖啡馆而缺少一个综合性的休闲场所，提出建设一个将餐饮、娱乐、购物及文化设施等集合在一起的综合性场所。之后，在此基础上，将“新天地”的建设定位在建设一个上海市中心的具有历史文化特色的都市旅游景点。最后，结合上海建设国际大都市的雄心而将定位改为一个国际交流和聚会的场所。

③ 本文主要讨论的是作为商业性再开发的两个街坊，即太平桥地区规划中的１０９、112 地块，也就是由自忠路、黄陂南路、太仓路、马当路所围合的两个街坊，其间由兴业路予以划分。对东侧的太平湖地区并未纳入一并讨论。

④ 有关这种替换本身所产生的社会结果不是本文所要讨论的内容，但在研究城市改造方式时则是需要予以充分关注。

⑤ “熟人式交往”与“陌生人式交往”的区分是沿用了费孝通先生有关于“熟人社会”与“陌生人社会”的区分，它们的交往特征，前者是建立在对交往方有比较全面的认识的基础之上的，后者是建立在角色基础上的。

⑥ 也许“新天地”建设受到真正伤害的只是原址上已被搬迁的居民，如果他们没有得到充分的补偿，当然这种补偿只能限于当时条件下的补偿，而不能以后来增值的部分来进行追溯。而对于周边并未搬迁的居民来讲，他们得益于这样的改造，并不因为新建设施内的高消费而损害到他们， 而且同样可以对这些场所进行消费，比如夏夜时在太平湖旁消暑的居民们。

⑦ 参见罗小未主编的《上海新天地：旧区改造的建筑历史、人文历史与开发模式的研究》（南京：东南大学出版社，2002）。该书为本文的写作提供了大量的素材，在此深表感谢。

⑧ 传统并不一定是古代的，而仅仅只是对怀旧有用的，至少上海或者“新天地”的例子都可以说明，这种传统恰好是现代的。其实，从“传统”本身的概念上来讲，传统应该是从过去延续下来的并对当今还起着作用的那些内容。参见 E dward Shils 的《论传统》（Tradition，1981，傅铿和吕乐，译，上海：上海人民出版社，１９９１）一书中的相关论述。因此，被现今认为是传统的东西往往都是近几十、上百年里才被界定的，上海的里弄住宅实际上提供了一个很好的例子。

⑨ 我在 20 世纪 90 年代初第一次去香港时，曾经震惊于书店中充斥着品种和数量如此之多的有关老上海的图册和书籍。在那个年代，在上海几乎是看不到有这类书籍的，至少没有太多的有关 20 世纪上半叶上海状况的描述和研究的内容，只有几本是翻译过来的小册子。一直到 90 年代后期才开始有陆续的增加，并将海外的“上海学”移植了进来。其实，在香港将对老上海的怀恋表现得更为极致的还不是这些图册或书籍，而是从 20 世纪 70 年代开始的香港电影。我相信，每一个上海人都曾经因此而自豪过也受到过刺激。

⑩ 张爱玲小说的重新被发掘并形成持续的热潮，既是其中一个典型的个案，也清楚地揭示了老上海热的形成传播的过程。

⑪ 对于那些熟悉经过 20 世纪 50 年代后差不多三四十年对石库门住宅的高密度、不合理使用的人来说，在被

言说的石库门住宅和现实中的石库门住宅完全是两个世界的内容。石库门住宅建造时都是为一户人家安排的，而到１９８０年代，绝大多数的石库门住宅都已经居住了４、５户人家，甚至更多。所以任何对于过去石库门住宅的回忆并不属于１９６０年代以后还住在石库门住宅中的人的。

⑫ 当然，古董的价值还包括交换的价值，而这种价值是直接与它的稀缺性有着紧密关联的。对于建筑也同样，当其普遍存在的时候是不会被认为是需要保护的，只有当其成为了一定范围内稀缺的时候，才会被认识到其所具有的特定价值，也就产生了需要保护的动机，并在特定的条件下成为显示身份的道具。

⑬ Aldo Rossi、Rob Krier 等人在 20 世纪六七十年代就曾作过这样的论述。参见 Rossi 的《The Architectureof the City》(1966/1982, 由 Diane Ghirardo 和 Joan Okman 译成英文, Cambridge, Mass: MITPress); Krier 的《Urban Space》(1975, 钟山等译，城市空间，上海：同济大学出版社，１９９１）。

⑭ 引自“新天地”网站上的介绍，http://www.xintiandi.com/site/Default.aspx?tabid=205。并参见“新天地”主要投资开发商瑞安公司对本项目的介绍，http://www.shuion.com/chs/SOL/PptDev/

⑮ 有关“外铺内里”空间模式的描述和分析，参阅罗小未主编的《上海新天地：旧区改造的建筑历史、人文历史与开发模式的研究》（南京：东南大学出版社，2002）。

⑯ 从城市结构形态上讲，“虚空的中心”是中国传统城市的基本形态，而“充实的中心”则是西方城市的形态特征，参见 Roland Barthes 的《市中心，空洞的中心》，载《符号帝国》，孙乃修译，北京：商务印书馆，1994，p.45-9。

⑰ 这里所说的“城市中的城市”与 Leon Krier 等人所倡导的“城市中的城市”（cities within city）的含义是不同的，也与在此基础上形成的“都市村庄”（urban villages）意义上的“城市中的城市”的形态存在着本质上的区别。

⑱ 有关多用途高层建筑的分析，参见孙施文《城市中心与城市公共空间：上海浦东陆家嘴地区建设的规划评论》，载《城市规划》2006 年第 8 期。

⑲ 不仅其开发商具有香港背景，而且现在的使用者中的大多数也并非是本地（上海）的居民。当然，后者还仅仅只是笔者自己的观察，有待进一步的考证。

作者简介： 孙施文，同济大学建筑与城市规划学院教授

原载于：《城市规划》2007 年 第 31 卷第 8 期

从“皇城”到“天府广场”
一部建设的历史还是破坏的历史

From "Royal City" to "Tianfu Square"
A History of Construction or Distruction

朱涛　邓敬
ZHU Tao, DENG Jing

摘　要

通过针对“天府广场”的沧桑历史以及成都城市整体格局变迁的回顾，文章认为只有在历史背景下进行分析与思考，才会使人深刻体会到当今“天府广场”的设计对于成都的文化传承以及对于成都的整体城市布局所带来的影响。文章通过针对整个“天府广场”事件的观察、思考和质疑，呈现在中国当前举国上下的“城市市中心”建设热潮中，“天府广场”事件所具有的代表性，以激起人们对“天府广场”和类似层出不穷的事件的独立思考和深入讨论。

关键词

天府广场　历史　贝氏设计

2000年12月，成都人的目光几乎都集中到一件事上：由成都市市长直接批示委托给华裔建筑大师贝聿铭先生设计的成都市中心的“天府广场”方案，经过一年后终于公之于众。在“手笔大、构思新……独特、严谨、流畅、平稳……体现了成都悠久的历史文化特色，展现了成都新时代的精神气质”[①]的官方评价基调下，成都所有媒体都在头版做出了惊人的一致性赞美报道，如成都发行量最大的《成都商报》吁请市民“看大师笔下的新广场”；跨成渝两地的《华西都市报》惊呼“大手笔！贝氏新天府广场惊煞四座”；《成都晚报》则以“新广场—成都文化的象征，新广场—融汇中西的窗口，新广场—城市中心的绿肺”的排山倒海的句式来赞叹“贝氏”的设计方案……

这种公共媒体一边倒的赞美之辞无疑极具中国特色。由成都市长亲自委托贝聿铭的行为，不免使人联想到二十年前法国总统密特朗委托贝大师设计巴黎罗卢浮宫博物馆扩建工程之举。成都市市长欲再借世界级华裔建筑大师之手，“建成一流的广场”的用意本无可厚非，然而，前后两个事件中媒体的运作形式却有诸多不同：巴黎罗浮宫项目在贯穿整个过程中都不得不坦诚面对各种媒体的公开批评指责；而与当年贝聿铭大师在巴黎的坎坷相比，甚至与今天国家大剧院的中标者法国建筑师安德鲁在北京的遭遇相比，“贝氏”的成都之行无疑是非常顺利和圆满的。

与官方媒体的“夹道欢迎”的热烈姿态形成鲜明对比的，是大量无从正式发表的，散布在民间特别是网络社区的批评的声音。这些声音分别从设计师、设计方案以及整个项目策划本身等多个方面向贝氏的“天府广场”提出了强烈的质疑和批评。在四川建筑师圈中，甚至有些人暗地里将“贝氏的天府广场”改称为“背时的天府广场”以示讥讽之意。（在四川方言中，“背时”含有“不合时代精神”、“倒霉”、“不合理”、“该诅咒”等多种含义。）

当然，并不是所有民间的批评与异议都是经过理性思考的结果，但在这个历史文化名城最重要、最具标志性的公共空间地段，进行规模如此巨大的设计、开发与建设项目，显然不仅关系到市政府的政绩和投资商的利益，也牵涉到促进成都市健康发展的更深厚的历史、文化、政治、经济等多方面综合因素，更和广大成都市民的公众利益息息相关。这样一个巨型公共项目的策划和设计，如果一方面仅凭少数人的意志盲目决策，另一方面又利用行政指令，操纵媒体一味唱赞歌，控制舆论传播渠道，不让社会各阶层、各利益集团对项目策划和规划设计充分发言、论证，无疑是一种不明智的“背时”之举。

北京天安门广场边的“东方广场”项目可作为一个极其鲜明的例证。那样一个纯粹受开发商利益驱使和长官意志庇护的开发项目，在最初的设计中，其建筑高度和容积率曾远远突破了北京城市规划的限制。若该项目得以实施，其建筑物压倒性的体量将导致整个天安门广场区域的空间重心失衡，甚至游客在故宫中都将看到其庞大的身影。若不是有一批深具良知的建筑和规划界的专家经过多种舆论渠道发表异议，连续进行多年的奋力抗争，以及后来北京市政府领导层的更替，最终导致该项目的暂时停工和全面修改，不然该项目早已给北京市中心景观带来灾难性的后果了。

目前成都“天府广场”正在进行招商引资工作，围绕它的媒体的喧嚣已暂归平静。笔者认为，恰恰在这时，可以对“天府广场” 整个事件做一次冷静回顾和理性反思。

1、从“皇城”到“天府广场”—建设的历史还是破坏的历史？

在展开探讨之前，有必要回顾一下“天府广场”的历史以及成都城市整体格局的变迁，因为只有在历史背景下的分析与思考，才会使我们深刻体会到今天“天府广场” 的设计对于成都的文化传承，和对成都的整体城市布局是如何的至关重要。

成都是一个单中心结构的、集中式的平原城市。今天的成都“天府广场”位于成都市正中心，其形式与地位与北京天安门广场相似。(图 1)

公元前 347 年，相当于中原的战国时期，蜀国开明王九世迁都成都，在成都平原上建立“北少城”，位置在今天“天府广场”以北的五担山一带。较为罕见的是，蜀王没有采用当时西周营国制度对正南北中轴线的要求，而因地制宜、依势傍路地采用了一条北偏东约 30 度的轴线来定位建城。至此，这条偏心的中轴线，以及沿这条轴线在后来的秦大城、唐罗城中发展出的方格路网结构，一直沿袭至明初，总共近一千七百多年不曾改变。(图 2)

公元前 311 年，秦灭蜀后，秦惠文王派大夫张仪仿咸阳城，在紧邻蜀王城的南边和西边分筑“大城”和“少城”。“少城”因其中移民多为商贾和手工业者而成为城市商贸活动频繁的经济中心；“大城”则成为政治、军事机关和秦移民住地。从此，成都城在其后的两千三百多年中，虽屡有兴废修葺，但其城市位置一直没有更移。今天的“天府广场”，即处在当时秦“大城”中心略偏西之处。(图 3)

汉代的成都曾在“大城”外出现过几个不同功能的小城 ，但其中心城市仍基本延续了秦“大城”和“少城” 的格局。(图 4)

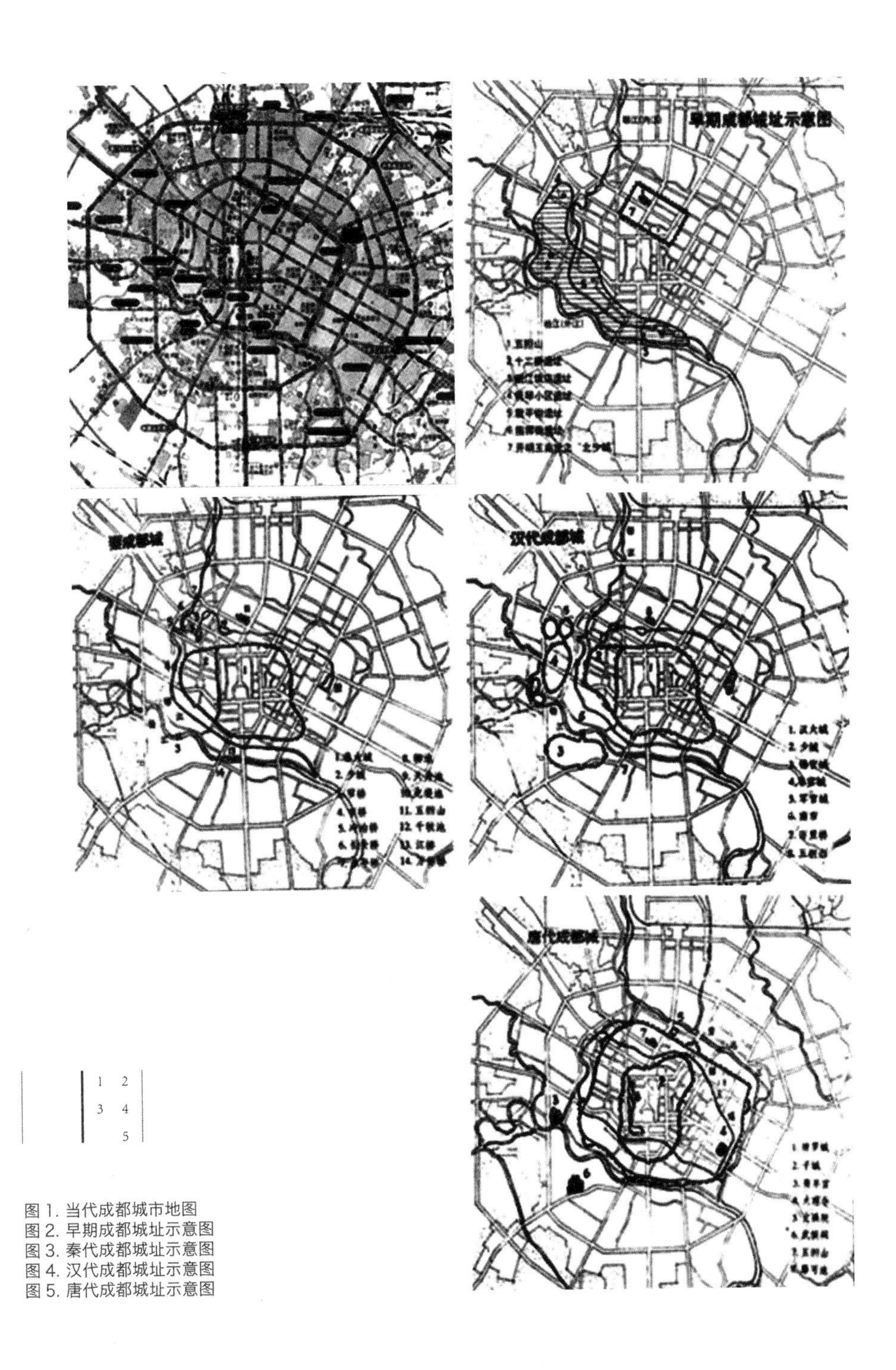

1 2
3 4
5

图 1. 当代成都城市地图
图 2. 早期成都城址示意图
图 3. 秦代成都城址示意图
图 4. 汉代成都城址示意图
图 5. 唐代成都城址示意图

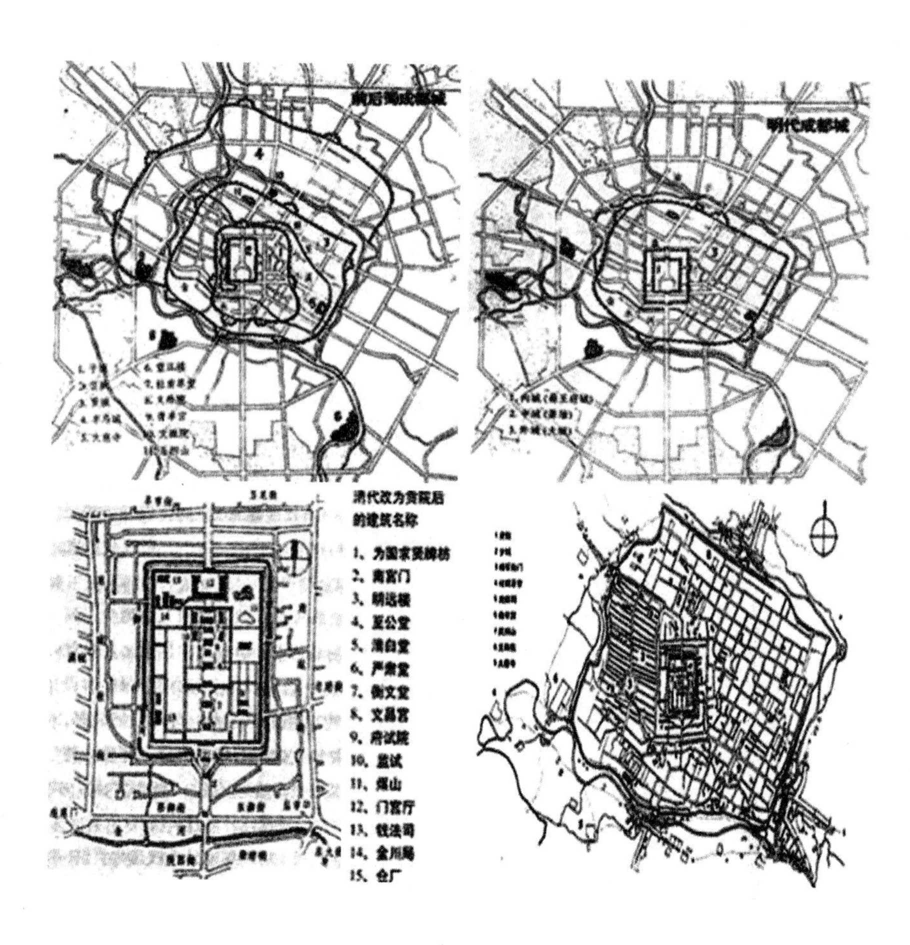

6 7
8 9

图 6. 前后蜀成都城址示意图
图 7. 明代成都城址示意图
图 8. 明“蜀王府”宫城复原图，及清代改为“贡院”后的建筑名称
图 9. 清光绪三十年成都城市测绘图，城市正中心为“蜀王府”所改的“贡院”

公元581-602年，隋文帝之子杨秀在“秦大城”西侧，原“少城”的基础上重建隋城。

公元876年，唐朝，四川节度使高骈以“秦大城”为中心，呈同心圆状向“秦大城”外扩出一圈新城，为“唐罗城”。原内部城市“秦大城”被改建为“子城”。(图5)

公元908年，王建割据四川称帝，国号“大蜀”，史称“前蜀”。次年，王建改“子城”为皇城，改其中“蜀王府”为宫殿。公元925年，“前蜀”为后唐灭。两年后，成都尹孟知祥在“唐罗城”外再次加建“羊马城”。934年，孟知祥在成都称帝，国号“蜀”(史称“后蜀”)。至此，成都已形成一个单中心、多重城池相套的格局，“蜀王府”虽历经战火，多次兴废，都始终维持在城市的正中心位置未变。(图6)

公元1371年，明朝，朱元璋之子朱椿被封为“蜀王”，将汉唐、前后蜀遗留下来的“子城”全部拆毁，在旧址上重新修建“蜀王府”。新“蜀王府”一改过去历代成都城主轴偏心的布局，首次确立正南北的中轴线，从而形成类似北京紫禁城的沿南北中轴线东西相对称的庞大建筑群。虽为王府，它却俨然有皇宫的巍峨气派，故老百姓称之为“皇城”。其前面的牌楼、拱桥和一大块空地，则被称为“皇城坝”。“皇城”和“皇城坝”的位置，便在今天的“天府广场”北端和展览馆一带。(图7)

公元1644年，张献忠攻陷成都，曾以“蜀王府”为宫，两年后撤离时纵火焚城，“蜀王府”再次毁于一旦。

公元1655年，清政府将“蜀王府”的旧址改成了“贡院”，成为全四川省考试举人之地，最大规模时可让13 900多人同时进考，成为“巴蜀文胆之所在”。贡院中主体建筑为“明远楼”和“至公堂”，皆沿南北中轴线建造在“蜀王府”宫殿旧址上。东西两边则为鳞次栉比的考棚。(图8、图9)

即使“贡院”建筑群不如昔日“蜀王府”般宏大，但是“贡院”的整体空间组织，仍延续着“蜀王府”的威仪：按照一位成都市民的回忆，“从红照壁开始，乐亭、表柱、三桥、石狮等传统宫殿区前面的序列，仍使人感到有肃杀之气。”[②]并且，即使今天从模糊的历史图片中看，“明远楼”和“致公堂”的巍峨气势都是摄人心魄的。(图10~图15)

此后的民国时期，“贡院”虽先后被用作军政府、学校和其他民政办事机构，其建筑群基本上被妥善保留，而成都老百姓仍习惯称之为“皇城”。[③](图16)

而进入20世纪50年代以后，在大规模的城市改造和轰轰烈烈的政治运动中，“皇城”与“皇城坝”遭受了巨大破坏，直至消亡。

1951年，“皇城”的城门洞以南被拓开成了70米宽的人民南路。“皇城”从此开始进

| 10 11 12
| 13 14 15
| 16 17
| 18

图 10. 明代“蜀王府”城南大门
图 11. 明代“蜀王府”改成的清“贡院”
图 12. 清“贡院”中主要建筑“明远楼”及广场
图 13. 清“贡院”中主要建筑“明远楼”
图 14. 清“贡院”中“致公堂”及考场
图 15. 清“贡院”中“致公堂”前牌坊
图 16. 近代“皇城”内景，即清“贡院”中“致公堂”前广场（摄于 1911 年 11 月 27 日，辛亥革命后四川政府宣布独立日）
图 17. 拆毁皇城，在旧址上修起的“万岁展览馆”（摄于 1987 年，“展览馆”周围仍可见大量民居）
图 18. “毛泽东思想万岁展览馆”以南的人民南路和人民广场（即今天的“天府广场”）（摄于 1987 年，“展览馆”周围仍可见大量树木）

入危境。

20 世纪 50 年代中后期到 60 年代中期，在“大跃进”的狂飙推动下，一些大型的公共建筑(如成都百货大楼)、城市道路以及政治广场的修建开始破坏“皇城”和周边民居的布局。

1966 年开始的“文化大革命”使得“皇城”彻底走向消亡。

1968 年，仅存的明代“蜀王府”城墙及城内明、清两代的古建筑群被大部分拆毁。

1969 年，“皇城”遭受到了最致命的一击：皇城门楼、“明远楼”、“致公堂”等最后的古建筑被拆除。

1970 年，“皇城”的护城河“金河”、“御河”被填平用以修筑地下防空工事。而在老皇城原址上修筑的，则是存留至今，布局状若“忠”字的“毛泽东思想万岁展览馆”和巨型毛主席塑像。[④](图 17、图 18)

与 14 世纪朱椿毁尽汉唐“子城”修建“蜀王府”，17 世纪张献忠撤离时再次焚毁“蜀王府”的历史事件相当，20 世纪六七十年代之交成都市彻底拆毁“皇城”、修筑“万岁馆”的行为，的确令城市面貌进入了一个“崭新”的时代，当然也使成都在其现代城市发展史中付出了不可估量的代价。今天的人们，乐于将一切灾难简单地归咎于“十年浩劫”那个“失去理性”的年代。然而，透过数百年的历史深度，“皇城”的消亡何尝不是成都市中心毁灭、建设，再毁灭、再建设的无尽的历史循环的一部分？而人们可曾追问过，今天的成都，是否具备足够的理性，能充分检讨在那个“失去理性”的年代中犯下的冒进的错误，学会珍惜现有仅存的历史遗产，真正超越那种城市发展“大破大立”的僵化思维和恶性历史循环呢？

1997 年，在扩建中心广场的政令下，广场两侧的民居被迅速拆除。未经任何公开说明，施工单位将广场内部近百株茂密的梧桐树砍光，而不进行移植。广场西侧历经“十年浩劫”而幸存下来的清代“皇城清真寺”此次终于难逃劫数，被夷为平地。这使得成都在其城市“建设”史中再次犯下不可饶恕的错误。该寺建于清初，但其中很多建筑构件实为明代遗物。整个建筑群坐西向东，占地 5132m^2，采用了中国传统寺庙园林布局。“寺前设照壁”，形成小广场。进大门，迎面为“开天古教”牌坊，沿中轴依次为“邦克楼”和“礼拜殿”，两侧以厢房和走廊围成院落。中心建筑“礼拜殿”为单檐硬山式砖木结构，小青瓦屋面……该寺建筑群虽为清初风格，但装修却严遵伊斯兰教规，不用动物飞禽，仅以植物和伊斯兰经文点缀。”[⑤](图 19~ 图 22) “皇城清真寺”是四川省最大的清真寺，在东南亚影响颇大，也是伊斯兰教会公认的全国 24 个大清真寺之一，与成都著名的道观“青羊宫”一样同属市级文物保护古建筑。[⑥]这样一栋在中心广场边仅存的文物建筑，在民间的抗议力量和长官意

19 20 21
22 23 24
25 26
27

图 19. “皇城清真寺”入口
图 20. “皇城清真寺”匾额
图 21. “皇城清真寺”中“邦克楼”
图 22. “皇城清真寺”中“礼拜殿”
图 23. 拆毁“皇城清真寺”后另修起的钢筋混凝土框架结构新楼，此为朝向“天府广场”一面，原址已变为车行道和临时停车场（摄于 2001 年）
图 24. 拆毁“皇城清真寺”后修起的新楼侧面（摄于 2001 年）
图 25. 尚未拓宽成“天府广场”前的人民南路和人民广场（摄于 1993 年，“展览馆”一带建筑急剧增高，但周围仍保有大量树木）
图 26. 被极力铲平、拓宽后的“天府广场”（摄于 1999 年）
图 27. 被极力铲平、拓宽后的“天府广场”（图片中下处即为原“皇城清真寺”所在地，摄于 1999 年）

志之间相持了一年左右后，最终还是被无情地拆除。而后，在面向“天府广场”的基地边线向西退后几十米处新修了一幢四层高，表面覆盖有穆斯林建筑拱券、中式大屋顶和挑檐等各种混杂符号的混凝土“仿古”建筑以示补偿。(图 23、图 24)

最后，在被极力铲平、拓宽后的市中心广场表面上仅仅覆盖了两块巨大而空旷的草坪，并且被禁止入内，众人只能在这两片可看不可触及的草坪边缘驻足观望。(图 25~ 图 27)

在摧毁了古老的城墙、牌楼和御河，拆除了本可精心保留和巧妙利用的民居，砍伐了能为骑车人、步行者庇雨遮阳的树木，又破坏了仅存的文物建筑清真寺后，中心广场既失去了城市公共空间的基本的人性尺度，也彻底丧失了任何能唤起对成都悠久人文历史记忆的物质载体。成都市民们如今只能凭借一些空洞的怀旧的称谓，如“皇城公寓”、“皇城老妈火锅”等，来摸索那些依稀残留在记忆中的历史轮廓。更令人不可思议的是，中心广场这种盲目拓宽后仅仅铺就草坪了事，无任何过渡性规划设计的“空白”状态延续至今已达四年！

成都在其市中心地带摧枯拉朽地灭除历史记忆的做法绝对让北京、西安、上海等城市难以望其项背。可以假设，即使修建多少极具争议性、不和谐的新建筑，北京市中心仍保有前门、天安门、故宫、景山等古迹；西安市中心还保有钟楼、鼓楼以及古城墙和城门；上海中心广场设计即便有众多失败之处，其周边仍存有大量近代建筑，不远处还有著名的“外滩”。这些城市中心仍能展示出某些历史的连续性。而作为国家级“历史文化名城”的成都，却在自己最重要的城市中心地带切断了一切与自身历史相关联的“血脉”。如今城市中心这一大片空旷的草坪如同某种怪异的“隔离地带”，而其周边则满布设计低劣、胡乱拼凑的建筑大杂烩。这一切都呈现出这个城市极其严重的文化“失忆”和“失语”的双重症状。(图 26、图 27)

2、谁是真正的“贝氏”？

由此看来，对于成都市中心公共空间来说，今天的“天府广场”的规划设计可能是最重要的、甚至最后的一次机会，来改善成都中心地段走向建筑文化“荒漠化”的状况。而不举行国际性设计竞赛，直接委托世界建筑大师贝聿铭进行广场设计的做法，似乎也能为社会各方面所能接受。但是，从官方最初给贝聿铭大师的设计委托到最终由贝聿铭的儿子

“贝氏兄弟”呈交方案，官方和媒体对设计师的称呼存在着不同寻常的混乱：“贝聿铭”、“贝大师”、“贝氏”、“贝氏兄弟”、“贝伙伴”、“贝氏合伙人”……抛开“贝氏”的设计如何暂且不说，人们很自然地产生的疑问是：究竟谁是那个建筑师设计师“贝氏”？或者说，贝聿铭先生究竟是否真正参与了“天府广场”的设计？

面对首次设计国内最大面积之一的城市中心的广场，面对要使其成为一个能体现“天府之国”深邃的人文历史内涵的艰巨任务，贝聿铭大师竟从未到现场实地体验踏勘过一次。无论从我们所读到的贝大师以往所有的设计历程，还是从建筑师最基本的工作规律和职业责任感来说这都有些难以想象。比如，就笔者所知，贝大师在接受“北京中国银行大厦”设计之后，曾多次亲赴基地考察，却为何对“天府广场”如此冷落？

据《成都商报》2000年12月2日A2版刊登的访问稿表明，贝聿铭先生竟然没有在设计方案上签名！也就是说，贝聿铭本人不会承担这个设计的任何知识产权、工程责任等法律责任和义务。这显然与“请建筑大师贝聿铭主持设计”的委托要求相悖。

对此，《华西都市报》(2000年12月2日)的报道是：“年逾八旬高龄的世界级建筑大师贝聿铭到底在新天府广场的设计中起到了什么样的作用？在昨日的新闻发布会上，一封由贝聿铭发给成都市政府副秘书长、天府广场建设指挥部指挥长黄厚安的传真被加以公布，揭开了这一谜底。‘我已经破例与我的儿子贝礼中进行天府广场的总体规划设计，我坚信贝氏建筑师事务所的设计，将为成都市带来一个生气勃勃的中心广场。’”

按照《成都商报》(2000年12月2日A2版)的说法，贝礼中的解释是，贝聿铭“破例担当顾问一职，花很多时间亲临指导。”然后，该报进一步声称贝的儿子“几乎和他父亲一样的才华横溢”。

而该报另一篇报道则说：“贝礼中(贝聿铭的儿子——笔者注)在昨日的新闻发布会上介绍“贝氏方案”时强调，其父亲、年已80岁的贝聿铭先生亲自参加了新天府广场的设计，这是贝聿铭‘封刀’十年之后亲自指导的第一个设计方案。”

显然，这些互相矛盾、含糊其辞的报道并不能完全驱散人们心中的疑团。但至少有一点人们可以清楚：不管贝聿铭是“与儿子进行天府广场的总体规划设计”，还是担当“顾问一职”，或者“亲自参加了新天府广场的设计”，这些说法显然已经与当初成都官方所称“请建筑大师贝聿铭主持设计”大相径庭。而众媒体所大肆渲染的所谓“天府广场是贝聿铭‘封刀’十年之后破例亲自指导的第一个设计方案”则纯粹为子虚乌有之说——要说明这一点，还必须从贝聿铭与其众多名称中含有“贝氏”的建筑师事务所的渊源历史和复杂关系说起。

1955年,贝聿铭与合伙人共同创办"贝聿铭及合伙人建筑师事务所",其英文初为"I.M.Pei & Associates",1956年更名为"I. M. Pei & Partners"。贝聿铭的众多脍炙人口的作品,如"华盛顿美术馆东馆"、"北京香山饭店"、"巴黎罗浮宫博物馆扩建一期工程"和"香港中国银行大厦"等都是在这个事务所完成的。

1989年,"贝聿铭及合伙人建筑师事务所"更名为"贝–考伯–弗里德及合伙人建筑师事务所",英文为:"Pei Cobb Freed & Partners",其中考伯(Henry Cobb)为原事务所创始人之一,而弗里德(James Freed)于1980年成为合伙人。

1990年,贝聿铭宣布从"贝–考伯–弗里德及合伙人建筑师事务所"退休,但实际上仍与该公司保持相当密切的合作关系,同时开始以"贝聿铭建筑师事务所"英文为:"I.M.Pei Architects"的名义另行接受设计任务。⑦

1992年,贝聿铭的两个儿子贝建中和贝礼中离开"贝–考伯–弗里德及合伙人建筑师事务所",创办了"贝合伙制建筑师事务所",英文名为:"Pei Partnership Architects"。

事实是,自从十年前即1990年贝聿铭先生从"贝–考伯–弗里德及合伙人建筑师事务所"退休后,贝聿铭先生根本没有像成都媒体所渲染的所谓"封刀"十年。恰恰相反,贝聿铭不但保持着与原来的"贝–考伯–弗里德及合伙人建筑师事务所"的密切合作,如在该事务所中主持完成了"法国巴黎罗浮宫博物馆扩建二期工程"(1993年建成)、"美国克里夫兰摇滚名人博物馆"(1995年建成)、和"美国加州马林县Buck老年研究中心"(1999年建成)等项目,还以自己的新公司"贝聿铭建筑师事务所"为名接受和完成了一批建筑设计项目,如日本"滋贺县美秀钟塔和美术馆"等。

而在另一方面,贝聿铭的两个儿子贝建中和贝礼中也以"贝伙伴建筑师事务所"为名义承接各种建筑设计项目。

显然,从法律意义上,贝聿铭的"贝聿铭建筑师事务所"和贝聿铭儿子的"贝伙伴建筑师事务所"是两家由完全不同的法人拥有、不同的建筑师主持的设计公司。也就是理论上说,贝聿铭的一世英名丝毫不能保证贝聿铭儿子创作作品的高质量,而贝聿铭儿子作品的成功也不应被世人盲目汇入贝聿铭的光辉中——当然贝聿铭儿子作品的失败也不应由贝聿铭承担任何责任。

当然,事实上两家公司的关系远非如此泾渭分明。如前不久刚刚落成的"北京中国银行大厦",便是由贝聿铭出面接收委托项目和应对媒体采访,而项目设计则是在其儿子的"贝伙伴建筑师事务所”的名义下进行的，贝聿铭自己的“贝聿铭建筑师事务所”则签署了“设计顾问”这一角色。

各种迹象表明，成都市号称委托世界建筑大师贝聿铭先生设计“天府广场”，实质上已变成了委托给贝聿铭儿子的事务所。并且从贝聿铭甚至连“设计顾问”这一名目都未签署这一事实来看，很难想象他能在“天府广场”设计中参与多少工作。然而成都媒体却依然有意无意地释放大量烟幕弹迷惑大众，如频频推出“大师笔下”、“贝聿铭染指”、“接力罗浮宫”、“贝氏方案惊煞四座”等肉麻标题。另一方面，无论贝聿铭还是其子都未在成都公共媒体上做任何有力的澄清工作。笔者无意贬斥贝氏兄弟，然而“贝伙伴建筑师事务所”的作品，无论在国际建筑设计界和学术领域都碌碌无名却是不争的事实。而贝氏兄弟因其父贝聿铭的英名避开了理应举办的公开国际竞赛的竞争，而直接取得项目委托（也使成都丧失了获取众多真正国际大师的设计灵感和想象力的机会），也同时避开了如北京东方广场和国家大剧院所遭遇的那种大量的公开批评之声。面对成都媒体对贝聿铭大师的盲目炒作和一味吹捧，贝氏兄弟均采取一种照单全收、默默笑纳的态度。

这种混乱局面绝非偶然，但究竟起因何在呢？是缘于“贝氏”精明的商业策略，即以“贝氏”的名牌效应，故意在从父子两公司的相近名称之间大做文章，以达到父携子、“子承父荫”全力开拓设计市场的目的——正所谓：“沙场亲兄弟，上阵父子兵”？还是成都市政府明知贝聿铭不愿亲身主持“天府广场”的设计，却依然相信“虎父无犬子”，宁可屈尊降格将设计委托给“贝氏兄弟”，另一方面又怕对公众不好交代，才释放各种宣传烟幕弹以混淆视听？还是成都媒体本身就患有“名人崇拜症”，一看见“贝氏” 二字就腿软，不管究竟是谁便大唱赞歌？

不管起因如何，这场闹剧的发展不由得使笔者想起武侠小说的“金庸与全庸”之争。笔者本人便是因为过于景仰金庸大侠的威名，曾稍不留神购买了众多“全庸”所写的武侠小说，事隔数月才直呼上当。同样，在“天府广场”一案中，许多成都市民（甚至许多相关行业人士）已然“中招”：不少人还在忙不迭地欢呼“贝聿铭先生确实是天府广场设计的合适人选，恳请贝氏堪称英明”云云（见《成都晚报》2000/12/3 第 5 版）。而另一些对方案持批评态度的专业人士也显然受到误导，居然径直批评贝聿铭先生“设计有重大失误”、“晚节不保”等等。（见 www.abbs.com.cn“贝聿铭染指成都天府广场”评论）

无独有偶，如今成都竟然又出现了另一个“贝氏”——一家从事装修设计的“贝氏设计公司”。该公司老板也姓“贝”，乘天府中“贝氏”之乱紧紧跟上注册此公司名。这无

28
29

图 28. “贝氏” “天府广场”方案设计模型
图 29. “贝氏” “天府广场”方案设计鸟瞰图

疑又是一次“金庸与全庸”的次等翻版。

总之，“贝氏”之乱，不仅带来某些让人啼笑皆非的黑色幽默，也足以引起人们对“天府广场”设计质量的深深忧虑。

3、“贝氏”设计方案打几分？

就笔者看来，拥有据报载足足六个多月的设计时间，“贝氏”最终呈交的方案却异乎寻常的平庸、粗糙、没有达到应有的设计深度。

首先，从广场的总体形式语言表达上，“贝氏”的方案实是一个粗浅、平庸的设计。(图28、图29)

可以这样说，此方案因其没有深度和创意而“放之四海而皆准”。这个仅在平面几何图案上做做文章，再饰以一些绿化小品的广场，可以随便放在东西方任何一个大城市的中心地带。从外部形式上，笔者看不出什么能重塑成都古都气质的地方。广场北向水景设计采用了“兰亭雅集，曲水流觞”的典故，无疑是将贝聿铭在“北京香山饭店”庭院设计的“曲水流觞”构思再次搬用过来，很难说与川西文化有什么联系。广场东西矗立的两个玻璃亭榭，据贝礼中说是“最具传统特色、城市特色、功能特色的创意，是5.4万m^2广场最醒目的地标”。[⑧]但实际上，单纯钢结构加玻璃表皮的建筑作法本身，并不能保证该建筑物一定具有中国“传统特色”。严格地说，玻璃建筑作为一种建筑形式是由西方建筑技术推动发展的产物。它自十九世纪中叶开始在欧洲的植物园温室、博览馆和交通中转站等建筑类型中兴起(如著名的伦敦水晶宫世界博览馆)，以后在世界各地、各种规模的建筑中运用实例比比皆是。当然，贝聿铭曾创造过许多玻璃建筑的佳作。然而，依贝氏兄弟现在所呈现方案的设计深度来说，“天府广场”中这两个玻璃亭榭，不过是玻璃建筑的惯常作法，外加上一点似是而非的对木结构亭榭形象的模仿，对其大量的赞美之词，要么过于穿凿附会，要么为时尚早。

所有的报道都围绕“曲水流觞”和玻璃亭榭的大肆炒作，除此再难找到设计的引人之处。甚至连评审专家也都委婉地希望“应多些四川文化的特色”。在中国民间的建筑网站论坛如ABBS和FAR2000上更有人批评整个广场布局手法俗套，使用频繁，甚至在中国许多建筑学专业的学生设计中都很常见。

其次，在有限的设计内容中，“贝氏”方案对整个广场的交通组织也存在着许多问题。

据《华西都市报》2000年12月2日报道说："1999年5月30日至6月2日，贝定中、贝礼中先生一行4人到成都实地考察、踏勘"。凡去过成都的人，无论在节假日还是日常工作时间，都会轻易发现成都街头巨大的自行车流量，尤其是中心广场四周满街骑车的人流蔚为壮观。面对如此明显的交通现象，"贝氏"方案却未在广场四周设置任何自行车的停车位！（见《成都商报》2000/12/2A3版"专家建议4"）

另外，"贝氏"方案将地下停车库出入口集中在成都市内最宽大、交通最繁忙的人民南路南端，这无疑会使这个城市干道的瓶颈地段的交通变得更加拥挤不堪。还有，该方案对广场北向不合理的交通现状未做任何改善，仍然使人民东路和人民西路的大量机动车流与自行车流在广场地面层穿过，将广场与毛主席像及后部大片公共空间完全隔离开。相比之下，成都规划部门以前的构想则合理有效得多：将人民东路和人民西路在广场处下沉，使广场向北延伸至主席像而成为一整体，所有东西向的机动车与自行车流从广场下部通过。

一个城市中心广场成功与否，人流、车流的交通组织是最重要和最基本的衡量标准之一。它规定和体现出城市公众、城市基础设施与城市空间等各系统之间的基本结构关系。贝聿铭大师的巴黎罗浮宫博物馆扩建工程的巨大成功之处显然不仅在于其"玻璃金字塔"的造型，更重要的在于他利用地下扩建工程极其有效地改善了老罗浮宫内部混乱不堪的人流、物流交通组织，也重组了整个罗浮宫周边的城市交通和城市公共空间一度存在的不良状况。

然而，从"贝伙伴建筑事务所"的"天府广场"方案设计来看，尽管拥有六个多月的充裕时间，享受了世界大师级的待遇，却几乎未深入研究和考虑成都城市中心的最基本的问题。我们不能不开始担心该事务所实际的职业素质和对"天府广场"设计的真正投入程度。

而我们的媒体，对上述问题要么完全回避，要么在蜻蜓点水般的触及后，马上便急转回"主旋律"赞歌之中。如《华西都市报》2000年12月2日一篇题为《"贝伙伴"畅谈梦幻设计》的报道，先是一个华彩的序曲："面对自己亲自参与设计的天府广场新规划图，贝聿铭之子贝定中一脸自豪地说：'对这件作品，我非常满意。'"然后一笔掠过"贝氏"方案的交通问题后，一路高歌，直奔一个光明的结尾："问及贝氏兄弟能为这一设计方案打多少分，他们的回答几乎如出一辙——成都人民才最有评价权……"旋即，成都某官员便作为"人民"出场大声叫好："起码可以打90分以上！"[⑨]

4、为何工程唯恐不大？

“天府广场”的地下工程极其庞大：“……地下分为四层，地下一层为商场、饭店和流水广场，地下二层是美食广场、娱乐世界、剧院等，地下三层是城市停车场、超市、剧院，最下层是地铁和停车场。天府广场的地铁车站将是今后城市最大的地铁中转站，而其停车场也是成都最大的停车场系统。其地下面积总计约 18.5 万 m^2，据计光地下这部分的建设资金就将达 1.6 亿美金。总建设资金至少 5 亿美金”。[10]另外，根据官方的公开说法，“按照规划设计，地下四层空间的土石方开挖量，就将达近 20 万 m^3，其土石挖掘、运输就需要一年时间。在资金筹措到位的前提下，保守估计 3 年后才能正式破土动工。”（见《成都商报》2000/12/2 A2 版）。

面对如此庞大的工程，如此高昂的费用，笔者不能不产生以下疑问：

首先，从上述报道可以看出，即使按最乐观的估计，广场现在的这种“空无”的过渡状态也将会至少再持续三年时间，然后是一年的土石挖掘、运输时间，接下去是目前还根本无法预测的建设期。那么，几年前那场快速无情的民居、文物拆毁，树木砍伐的行为究竟意义何在呢？既然“天府广场”的建设遥遥无期，为何当初不有步骤地逐渐拆迁部分民居，全面保留皇城清真古寺，尽量保存那些茂密的梧桐树林？为何不利用充裕的时间举行公开的国际方案招标，既利于提高成都的国际知名度，又可以集思广益，获得一个既能充分考虑各方面综合利益，又能充分考虑工程的经济可行性，并能充分尊重成都悠久历史文化的优秀方案？

其次，如前所述，成都历史上已成为一个单中心结构的、集中式城市。而笔者认为自 20 世纪 60 年代以来，成都市对市中心区的规划的最大失误在于一直被一种盲目求全、求大、求集中的“中心”狂热所驱使：欲将城市众多不同的职能中心如市政府办公中心、文化中心、体育竞技中心、商业贸易服务中心、餐饮娱乐中心等全都囊塞在一个局促的古城中心地段。经过近几十年的过度建设，今天市中心已拥有过多超大规模的公共设施、商业建筑和房地产开发项目。其过分集中的弊病早已暴露无遗：古城风貌消失殆尽、交通堵塞日趋严重、城市公共空间极其匮乏、绿化指数非常之低。例如：1990 年竣工的可容纳四万多人的成都体育场，正处在拥挤的城市中心处，交通繁忙的人民北路路口，展览馆的斜对面，距离天府广场仅几百米远。（图 26、图 27）由于体育场周围人流疏散空间极其匮乏，以至于许多的大型体育比赛都不得不被安排在晚上进行，以避开市中心区的交通高峰期。即便如此，每逢大型赛事如全国甲 A 足球联赛的入场和散场，体育场周围以至于整个市中心区域的公共空间和交通要道必定上演人 / 车满为患、水泄不通的奇观。在这种城市建设极度饱和的状况下，为何“天府广场”还要雪上加霜，继续往市中心填塞如此庞大的建设量？

仅就机动车辆交通而言，如今天府广场以南的人民南路已经是成都最拥挤，交通流量最大的城市道路，作为广场南北边界的东西向道路（东、西御街与人民东、西路）也均为交通繁忙的城市干道。照城市规划的常理来说，“天府广场”的设计本来应协同城市规划、管理部门一道，采取有力措施，尽力将大量机动车辆向成都外环路疏散，尽可能限制车流涌入市中心地带，尤其是“天府广场”周边的城市干道，从而有效缓解市中区的交通压力，使“天府广场”及其周围的城市公共空间尽量步行化。比如，将来进出“天府广场”的人流无疑是巨大的，广场规划设计应尽量鼓励公众使用自行车和公共交通设施如公共汽车和将来可能的地铁等，而限制私家小汽车的出入。成都市目前私人拥有小汽车的比率在急剧增高，对于成都市中区极高的人口密度、有限的市政道路格网、急剧减少的绿化面积和日趋严重的环境污染等等问题来说，修建中心广场停车场，鼓励机动车的大规模、频繁地出入，即使能为开发商赚取短期利润，但对于成都市的整体、长远利益来说显然是有害的。然而令人吃惊的是，目前“天府广场”的设计方案恰恰在这一点与城市总体利益完全背道而驰——非但没有考虑公共自行车停车场，反而还要在中心广场的地下三、四层修建全市最大的停车场！设计师和政府官员有否计算过，这一“最大”停车场，即使能连带解决目前市中心某些地段的停车问题，其本身将会进一步吸引多少额外的机动车辆从城市外围向市中心涌入？

在此笔者要质疑的是：“天府广场”到底是一个属于成都市民的具有文化意味的休闲和集会的广场，还是一个不自量力、一味求“最”的盲目工程？换句话说，在一个“天府之国”的中央，在为人民修广场的名义下，究竟又是哪些力量在驱动着人们对“最”字工程的无休止的欲求？是政府官员的好大喜功，是设计师的目光短浅、缺乏责任感，还是投资商置公共利益于不顾、对商业利润的过于贪求？

5、谁该反省“天府广场”？

最需要反省的是，当然是作为“人民公仆”的成都城市建设的决策者。如果说 20 世纪六七十年代“老皇城”的毁灭尚可被归咎为整个时代的错误，那么八九十年代成都市中区建设的严重失控和对古迹的无情破坏的根本原因不能不归于领导的短视和盲动。成都并不是没有良好的城市规划，而是缺乏严格按规划实施的城市发展和管理的机制。自 1982 年成都被国务院批准列为首批国家级历史文化名城以来，成都的历次城市总体规划都十分重视对历史文化环境的保护，并一再强调避免以旧城为中心的过度建设的倾向。然而事实证明，成都市中心建设的规模和速度每每由于各长官的盲目意志和任意的行政指令而远远超出原规划的控制。仔细看看今天市中心那两片空旷已久的草坪和周边混乱的建筑群，成都的官员实在到了该猛醒的时候了：这样一个历史文化名城的中心已失去了太多太多，而“天府广场”究竟前景如何，首先依赖于他们对整个成都市中心的建设 / 破坏史的反省程度如何。

作为“天府广场”设计师的“贝氏”，无论是从拥有二千多年历史的古城中心的重要性，广大成都市民的殷切希望，还是从建筑师自身职业的尊严和道德感，以及从维护一代大师贝聿铭的英名等各个方面都应该重新审视整个事件。不同于众多只求短期利润的投资商，建筑师作为历史文化的传承者、时代文化的综合者和创造者，理应拥有更高尚的事业追求和更深刻的时代观察力，承担起更多的社会责任，付出更多的辛勤工作。在这一方面，贝聿铭先生对东西方历史文化的尊重、对建筑艺术的热爱和对建筑师人生的感悟是如此的感人至深：“当你思考人类情感的历史——同时也是建筑的历史——你会发现最富于想象力的成果往往在两种非常对立的思想和情感交汇之处产生。它们也许植根于非常不同的文化土壤……但是如果它们走在一起，一种出人意料的丰富的关系就将产生……这就像播种和收割、季节和心境的循环、光线与视野的移动。你永远不知道你种下的东西何时能够收获。滞碍可能是一次性的也可能多次往复。你也许会已经忘记种下什么——一种经验、一种洞察力、一种与某人的关系或一种哲学、一种传统。但是突然间，它会被某个完全不同的情形唤醒而绽放，这盛开的花朵可以洞穿坚壁和整个时代。”[11] 显然，如果继续依照“天府广场”中设计师所曾表现出的对城市悠久历史漠不关心、对复杂现实不求甚解以及对众多媒体的盲目宣传听之任之的态度，“天府广场”之花便永远不会在新的都市文明中盛开，而只能为成都的沧桑历史再添新的遗憾。

同样，极需反省的，是作为“人民的喉舌、政府和人民的桥梁”的新闻媒体。成都媒体对于“天府广场”原址“皇城”的毁灭一事绝口不提，对它仍存留在成都市民心中的历史记忆不闻不问，对 1997 年那场拆毁民居和清真寺的无端冒进的改建工程更是视而无睹。在整个“天府广场”的喧闹事件中，新闻媒体扮演的角色便是将本来疑点重重、漏洞百出的“天府广场”设计塑造成一个人人称好，甚至可达世界水准的设计方案。在历史问题远未澄清、现实问题又迫在眉睫的关头，新闻媒体居然编造出“四五十年代的广场是封建帝王的遗风／六七十年代的广场是火红年代的缩影／八九十年代的广场是对外开放的舞台”这样的步步高的赞歌来粉饰太平，掩盖伤痛。

成都某些专家、建筑业内人士和社会文化的“精英人物”也曾在媒体上针对“天府广场”发言。他们具备专业知识，并对成都的历史文化有着比常人更深入的了解，他们理应成为社会良知的代言人，但令人痛心的是，他们大多也表现出同样的趋炎附势、八面玲珑的姿态。

依长官意志肆意炒作新闻，对历史与现实的谬误麻木不仁、百般避让，围绕“天府广场”事件的众多媒体和某些公众人物的丧失职业尊严的行为，无疑将会给成都市民，特别是年轻一代对城市历史文化的认知态度以及公众对城市建设的参与意识造成极为恶劣的影响。

为何同样是历史文化名城的北京，对于“东方广场”的建设和安德鲁的“国家大剧院”方案设计，从学术界到公共媒体都可以看到认真思考、富于勇气和良知的批评，而对于“贝氏”的成都“天府广场”设计，却几乎是一边倒的吹捧、赞扬？从“皇城”的消亡，到“贝氏”“天府广场”的闹剧，至今在成都的公众媒体和学术媒体上未见任何深刻的批评和开放的争鸣，这是绝对不正常的。这表明一个有着几千年悠久历史的天府之国的中心，尚不具备深刻地反思历史、检讨失误的勇气，同样也没有承接现代都市文明中重要一维——民主精神的胸怀，当然也很难保证在长官意志、投资利润与百姓权益、城市长远发展等诸多因素相互抵触时做出深入的研究和英明的抉择。

注释：

① 该评语摘自成都市规划委员会对“贝氏”案的总体评价。转引自《华西都市报》2000年12月2日报道：www.wccdaily.com.cn/0012/02

② 庄裕光，“渡尽劫波说‘皇城’”，《市民记忆中的老成都》，冯至诚编，（四川文艺出版社，1999年12月第一版）第42页。

③ 关于成都古城的历史简述系参考以下两书综合汇编而成：《四川历史文化名城》应金华，樊丙庚编，（四川人民出版社，2000年10月第一版）。《中华人民共和国地方志·四川省·成都市建筑志》，成都市建筑志编纂委员会，（中国建筑工业出版社，1994年9月版）。

④ 成都市地方志编纂委员会，《成都市志·城市规划志》，“大事辑要”，（四川辞书出版社，1998年3月版），第188页；《中华人民共和国地方志·四川省·成都市建筑志》，成都市建筑志编纂委员会，（中国建筑工业出版社，1994年9月版），第90页。

⑤ 庄裕光，“成都皇城清真寺”，《失去的建筑》，罗哲文，杨永生主编，（中国建筑工业出版社，1999年2月版），第92页。

⑥ 成都市建筑志编纂委员会，“成都市级以上文物保护古建筑一览表”，《中华人民共和国地方志·四川省·成都市建筑志》，（中国建筑工业出版社，1994年9月版），第37页。

⑦ 关于贝聿铭退休及其事务所的变更情况，当时美国一些建筑杂志有所报道。如：Architecture 1990年2月专稿“Changes for Survival”，和Enginnering News-Record 1993年12月13日封面故事“The Perils and Pearls of Pei Cobb Freed”以及短文“Retirement Is Prime Time for Founding Partner”等。另关于“贝－考布－弗里德及合伙人建筑师事务所”设计项目情况，可查阅该事务所网址：www.pcf-p.com

⑧ 《华西都市报》2000年12月2日：www.wccdaily.com.cn/0012/02

⑨ 同上。

⑩ 同上。

⑪ 贝聿铭原言论出自Christian Science Monitor, 1978年3月16日，转引自Michael Cannell, I.M.Pei, Mandarin of Modernism,(Carol Southern Books, New York,1995)，第37页。

作者简介：朱涛，香港大学建筑系助理教授

邓敬，西南交通大学建筑学院副教授

全球时间与岭南想象
历史与大众政治视野中的广州新建筑评述

Global Time and the Lingnan Imagination
A Review of Guangzhou's New Architecture on the Historical and Mass Political Horizon

冯原
FENG Yuan

摘　要

2010 年广州亚运会前，位于新城市中轴线上的一系列标志性建筑群相继落成，代表了广州加速迈入国际化都市行列的新城市形象。新建筑的形象生产在新世纪的大众政治格局中有所创新，却并未脱离城市的历史脉络。文章从“全球时间”、“南大门”和“岭南想象”三个概念入手解析这批新建筑的符号象征意义，并揭示影响当代中国建筑生产的心理动因和精神需求。

关键词

全球时间　岭南想象　大众政治

1、广州塔与全球时间

新广州规划中的城市中轴构成了这批新建筑的基底，这表明了广州市总体规划想要达成的目标——以中轴线为中心打造城市意象。在城市中，轴线的平面延展性需要超高层的楔子来框定其天际轮廓线并将平面的轴线变成可认知的意象。因此，由一组分布于珠江两岸的超高层楔子（按照规划，超高层建筑共有 3 个，分别为珠江南岸的广州塔和北岸的西塔与东塔）使这条轴线变为可辨识的城市意象是合乎逻辑的。从规划意图分析，这主要是靠 3 跟楔子的相互关系来构成的。其中，首先是位于珠江南岸、在设计之初就被冠以全球之最的广州塔，它形成了这条中轴线乃至广州市的制高点。从城市到轴线，再到这个制高点，广州塔不仅成为轴线的核心，还形成了轴线上的第一空间层面。①

然而，广州塔并非只是一个观光电视塔，只有把它纳入地方史和全球史的语境之中，才可能显现出广州塔之于新广州的重要性。虽然广州塔在体量和高度上的作用都是属于空间意义上的，但是在历时性的语境中，它对于广州的主要作用却是属于时间的。要解析广州塔在时间史上的象征意义，就必须把眼光从广州塔转向它的东西两翼。

首先回顾一下广州塔东面的历史。近 500 年来，广州城与世界的关系反射到这个城市与珠江的空间关系上，前现代社会之前的广州与珠江象征性地浓缩到距广州塔东面 6km 的琶洲古塔（旧称为黄埔塔）上。建于明代万历年间的琶洲塔是数百年来西洋帆船进入广州城的导航塔，也是中华帝国接受万方来朝的显见地标。驾驶着大帆船驶入珠江口的洋水手们只要见到这座塔，就知道漫长的航程即将结束，那个闻名于世的“Canton 城”就近在眼前了。从塔与帝国、船与水手之间相互观照的角度来说，“帝国”之于“蕃国”具有强烈的主体性，所以，琶洲塔所昭示的不仅是地理坐标，它更是一个时间坐标，标示着“帝国”与“天下”（世界）的时间主次序列。

以琶洲塔为象征的“帝国时间”终止于 20 世纪初期，取而代之的是位于广州塔西面、广州西堤边上的粤海关大钟楼，在清中叶“一口通商”时期占有重要地位的粤海关在 19 世纪后期虽已辉煌不再，但 1905 年粤海关钟楼的落成，却标示着“世界时间”时代的到来。随后，广州由中古城市过渡到现代城市。西方新古典主义样式的海关钟楼是现代民族——国家的主权象征，更是西方列强打入亚洲地区的时间坐标。就海关钟楼出现在东亚地区的普遍性而言（又如北京的前门和上海的外滩），大楼上的钟塔俨然就是世界时间取代帝国时间的纪念碑。②

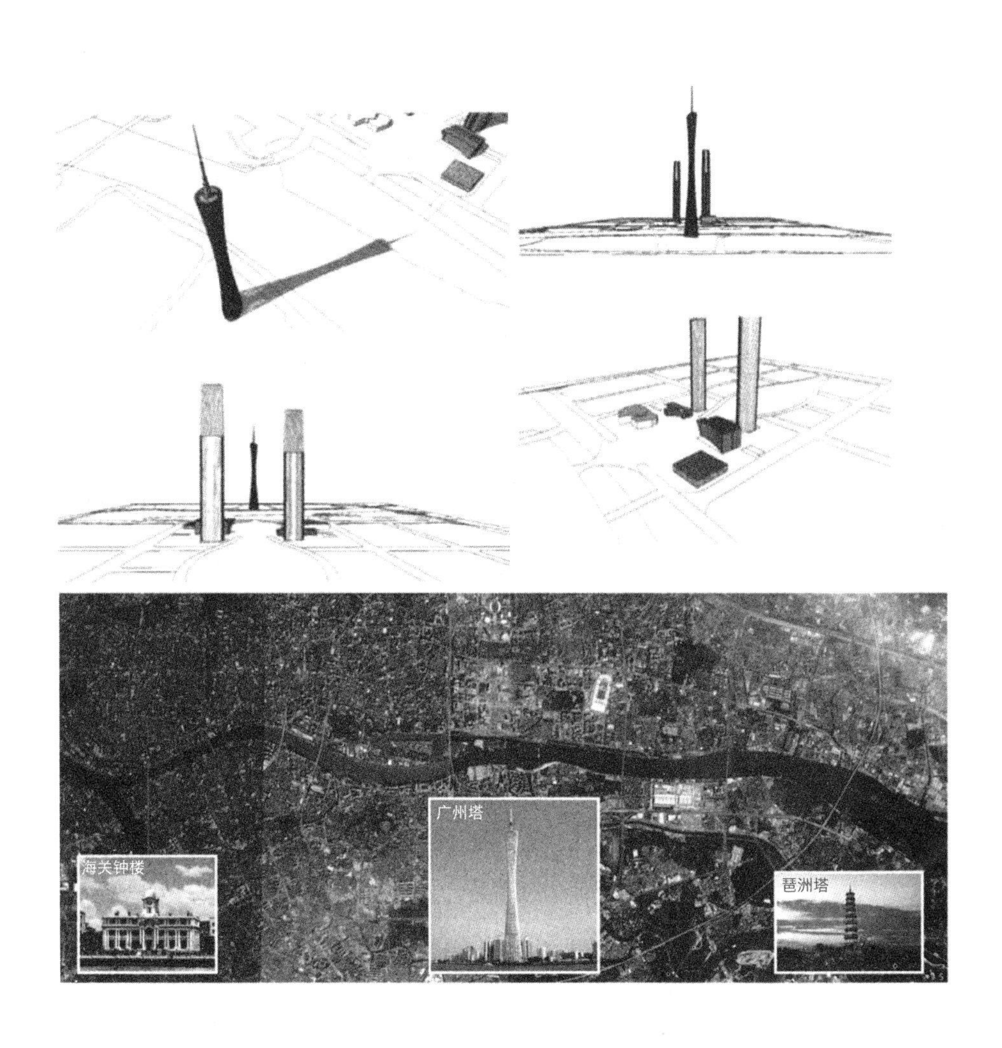

1 3
2 4
5

图 1. 广州塔的投影与日晷意象
图 2. 由北向南看双塔构成的柱状门户的意象
图 3. 从北广场由南往北看柱状门户的意象
图 4. 四个文化建筑与双塔门户的空间关系
图 5. 广州塔在城区中的位置

在经过从新中国成立到改革开放的轨迹之后，以广州城珠江东岸的琶洲塔——帝国时间和广州城西侧的粤海关钟楼——世界时间为参照，位于新城市中轴线上的广州塔的象征意义便昭然若揭了——广州塔成为世界之最的愿望不仅在于它的高度，还在于它蕴含的时间性。时间性的诉求注定它如同日晷——不仅是这座柱状的塔，更是塔身留下的投影所形成的时间隐喻——把广州重新纳入到与过去的世界时间同步的运行轨道。全球化的今天，广州塔以它的高度进入全球最高建筑的行列，而由高度所转化的时间寓意则是超越过去的世界时间的“全球时间”——所有拥有超高层建筑的国际城市在同一时间中运行（全球各地的超高层建筑形成一种共享的“投影时间”），并区别于其他所有的地区性城市。显然，不光是塔的高度，从空间高度中转化出来的时间含义才能满足广州想再度回到国际都市行列的强烈意愿。[③]

“全球时间”的诉求也被适时地转化到广州塔的方案选择和命名之中。在 8 个竞赛方案中，由荷兰建筑师马克 · 海墨 (Mark Hemel) 设计的“小蛮腰”被选为实施方案。这一方案把源于数理逻辑的结构特征完全转化为塔的外观造型，消除了任何一种地方文化的隐喻，从而强化了它作为“全球时间”标示的象征意义。在富有戏剧性的广州塔命名竞赛之后[④]，这个塔的英文名以“Canton Tower”取代了常见的“Guangzhou Tower”，也寓意广州正在力图使中断了帝国时间的“Canton 城”与拥有全球时间的广州城再度合为一体。

2、柱状门与南大门

与广州塔交相辉映的是规划中的双塔门户，在珠江北岸，以向北 3km 之外的中信广场为背景，柱状的西塔与东塔将会形成一对由超高层建筑构成的“城市门柱”。今天，已建成的高达 430m 的西塔正在等待它的伴侣——设计高度为 530m 的东塔的落成。眼下，透过西塔（正式名称为广州国际金融中心）深色而通透的柱状身影，人们还需依靠想象才能描绘出双塔共同构成的意象——在它们之间形成两扇虚拟的，洞开的“城市之门”。

只有从双塔共同构成的“城市之门”的隐喻上，我们才能解释英国的威尔逊 · 艾尔建筑事务所设计的方案被选中的理由，进而理解这个建筑浑圆且微妙收分的柱状外形。也许没有哪个中国城市像广州那样拥有一系列从近代历史和政治变迁中获得的多重定义，这种复杂性首先是由特殊的地缘关系决定的。

论及以广州为中心的珠三角地区地缘政沿史，就不得不特别关注一个两段论的“巧合”。这个两段论中的第一阶段是清中叶的广州城，17世纪的广州城具有两个空间类型学上的特征：其一，作为承担“一口通商”使命的贸易口岸，广州城是闭关自守的清帝国对外开放的唯一“窗口”；其二，上述封闭与开放的二元性也被复制到广州城的空间格局之中，在长达七十多年的“广州制度”时期内，广州城虽一直对洋人关闭，却开放了一个珠江岸边的商馆区，由此形成一种封闭之城与开放商馆区并存的矛盾格局。这种“封闭——开放”的矛盾性成为颇有地方特色的文化遗产。从某种意义上说，17~19世纪的城市活动“形构”了人们今天常常提到的岭南文化的初始面貌。进入到20世纪，拆除城墙之后的广州城迈入现代城市的行列，现代性的空间成果是用骑楼街巷为主体的“路——桥”体系取代了中古城市的“城——河”体系，整条的、连片的骑楼走廊所构成的城市形态消解了延续两三百年的“封闭——开放”的矛盾，并造就具有文化认知意义的粤式生活方式。第一阶段即今天所言的岭南文化的成形时期。

新中国成立后广州城进入到这个两段论“巧合”的第二阶段。在冷战背景下，新中国建立了面对西方世界的‘竹幕’之后，广州成为中国的南大门。1957年开始举办的广州交易会（以下简称“广交会”）又使广州成为当时新中国开展对外贸易的唯一窗口。另一种封闭与开放的二元性——关闭的南大门与开放的广交会同样被复制到广州城的空间格局之中，却形成了一个与清代中期相反的类型学案例——广州城已不再是封闭的，但广交会却如同对内关闭、对外开放的塔楼或院落。这种格局与清中叶广州与商馆区的格局形成某种同质异构的镜像性“巧合”。

如果把封闭与开放的二元性当成历史的索引就不难发现，与前述帝国、世界与全球时间形成对照的是大门的隐喻构成了新广州的第二层空间象征。由于独特的地缘关系，广州曾经是封闭的帝国唯一对外开放的贸易门户，也是新中国的意识形态塑造而成的祖国南大门。面对当时港、澳这两个资本主义堡垒，与海峡边的福建前线相对照，广州以及珠三角地区成为意识形态的前沿，承担着与资本主义世界相抗衡的历史使命。然而今天，以西塔和未来的东塔构成的“城市之门”赫然洞开，它以有形的“门柱”喻示着虚拟的“大门”既承载着南大门的历史遗产，又以“开门”的形态喻示着开放时代已经来临。

以广州塔形成的“日晷投影”和由西塔、东塔共同构成的“柱状门户”也许并非是规划者原本的意向，但是两者分别折射出来的“全球时间”与“城市大门”的符号却强烈地暗示出广州城的历史遗产和未来意愿。3座超高层建筑富有象征性地组合形成一种关于时间与门户的“展示舞台”。

3、“岭南想象”的大众政治

如果说“太阳日晷”和“柱状门户”构成了新中轴线的第一层与第二层空间，那么在此之下的第三层空间则是由珠江北岸边的4座标志性文化建筑构成的。广州塔的“全球时间”与西塔的“柱状门户”的象征意义到了第三空间层面就变成这4座建筑分别承担的使命——音乐、历史、知识和未来（儿童与少年）。它们是广州大剧院（初名广州歌剧院）、广东省新博物馆、广州新图书馆和广州第二少年宫。

这种主题性的建筑组团首先指涉了当代中国城市的官方政治，组团建筑群的展示功能突出了“为民做主”的体制特色。但是，这个符合通用政治逻辑的组团一旦放到广州的新轴线上，却有着区别于其他城市的官方政治符码。[⑤] 这是因为，作为中国南方中心城市的广州还有一个区别于国家性的地方性定义——峙南文化的发祥地。

作为由地理分水岭的地缘概念延伸出来的文化概念，“岭南文化”这个词既代表了一种边缘性的独立策略，又代表了一种对于中心文化的屈从意识，从而形成“中心——边缘”的双重矛盾性。在这一矛盾中寻找自身定位的心理深刻地影响了近代广东地方政治的历史进程，经过长时间的大众传播后，它更成为某种社会基础，并被延伸到一系列可辨识的审美对象上，涵盖了从地方建筑、园林到戏剧、饮食等各个方面，这些基于地方性的审美判断可以被笼统地称为“岭南想象”。

作为由地方性的精神内核生出来的审美判断，“岭南想象”经过一系列的演绎和推导，最后与一种外显的符号体系形成对称关系。这种符号体系混杂了多种地域性和历史性的认知成果，如五羊、红棉、西关、粤音等，形成一个以民俗为基底的符号认知体系。“岭南想象”一方面表征了岭南精神的所在；另一方面又促成了某种地方性的大众政治。20世纪90年代以后，是否具有“岭南特色”逐步成为判断城市与建筑风格的大众话语。近年来“岭南想象”更是对本地的城市形象和建筑外观生产产生了明显的影响。在新的社会条件下，因为地方性与国家性的隐形冲突，官方政治与大众政治的混同，这种影响虽然有良性的一面，却往往会演变成一种争论。对城市建设策略而言，“岭南想象”几乎形成了一种富有地方政治色彩的文化标识，从而对该地区的建筑生产产生无形的压制。

为广州新中轴线建筑群举办的国际竞赛以及各种应对方案，为人们观察“岭南想象”在大众话语中的存在形态以及它所形成的压制力提供了生动的实例，方案的选择与排斥又表达出这种压制被突破的过程。首先，基于新世纪的外部环境，以北京、上海和深圳为主

6 7
8 9
10 11

图 6. 广州塔
图 7. 西塔
图 8. 广州第二少年宫
图 9. 广东省新博物馆
图 10. 广州新图书馆
图 11. 洋人笔下的琶洲塔（黄浦塔），绘于 1785 年

的城市竞赛把建筑生产与城市形象的关系拉到一个新的竞争层面，这是因为新的城市竞赛格局、国际化驱动力以及网络平台下大众政治的形成这三个条件对建筑生产的两个主要层面都构成了压力，从城市形象的决策层面看，城市形象已成为城市竞争力的外显部分，从而成为高度关注的政绩目标；从建筑设计的专业层面看，主要的标志性建筑对于塑造城市形象具有巨大的影响力，所以来自境内外的建筑师都必须把"形式追随功能"的格言改为"功能追随形式"以适应形象竞争的需要。当形象竞赛的强度越来越大，竞赛就会从建筑的内部理念竞争转向一种面对大众的建筑象征问题的竞赛。这就意味着一个建筑的外观代表什么、喻义什么，常常会成为竞赛获胜的主要策略。当主要的文化建筑都需要走竞赛程序和公示程序，外观竞争就演变成一种命名和定义的学问，甚至演化为一种冒险的形象营销术。

然而，也正是这种来自全国乃至全球的外部态势提供了一种可以与"岭南想象"相抗衡的力量——国际性。因此，新世纪以来，广州的建筑生产基本上是在两极对立的关系中展开，而在大众政治的背景下，决策方和设计方都必须在这个两极结构中确定他们的策略。

有意思的是，虽然现实中的竞赛是多种复杂因素反复博弈的过程，但是从这几个极具象征意义的文化建筑的选择结果来看，凡是宣陈具有岭南特色的方案都不受青睐，反而是那些不具地方特色的创新方案获胜。这个结果是意味深长的。当然，"岭南想象"仍然具有强大的生命力，并适时地表现在如何诠释建筑外观的象征性以及命名的大众传播领域，然而必须注意到，无论是扎哈的"圆润双砾"（广州大剧院）还是严迅奇的"月光宝盒"（广东省博物馆），都是在用一种大众政治的话语来为他们的建筑形态实验增添"象征筹码"，因此无论是后现代主义建筑还是解构主义建筑都一律具有岭南特色。不过，撇开那些令人沮丧的施工水平和节庆灯饰对建筑外观的破坏，这些建筑仍然称得上是严肃的作品，并值得人们伫目瞭望。显然，对于官方而言，选择国际级明星建筑师所带来的好处要远远大于选择保守的地方主义，新的国际主义建筑改善了广州陷于地区性城市的困境。这些方案中最不值得一提的也许是广州第二少年宫，原因在于它太早被选择和建成（建成于 2005 年），相比其他三个方案，它太过语焉不详。当四个建筑并置时，广州新图书馆有可能以其奇骏和富有肌理感的表皮成为它们之中最抢眼的一座建筑。

如此，构成广州新中轴线上第三层空间的四座文化建筑在组团上体现了官方政治的宏大意图；在建筑设计的理念上，虽然难以同台较量，但它们大多突破了官方与大众话语中对"岭南想象"的压制——既没有表达"五羊"意象，也没用强调"红棉花"的总平面，反而在"岭南想象"极为活跃的当下，为重新诠释岭南文化的包容提供了最新的证据。

4、结语

综上所述，从广州塔的“全球时间”到西塔的“柱状门户”，再到摆脱“岭南想象”的寓言般的四座文化建筑，广州的新中轴线建筑群最大的启示在于它们共同展示的历时性与共时性，并折射出官方政治与大众政治的心理构成。这种局面也许是始料未及的，因为它们超越了官方决策层和建筑师自身的目标和策略。在这个城市大跃进的时代里，新建筑很快就会变得不再是新的，重要的显然不是建筑的新与旧，而是它们所留下的历史经验。

注释:

① 广州塔的全称为广州新电视塔，中标方案的设计高度为 610m，为当时全球最高的电视塔.2011 年初，被命名为 " 东京天空树 " 的东京新电视塔已经超越了这个高度。

② 本文中关于“世界时间”的概念，来自于巫鸿教授的“时间的纪念碑：巨形计时器、鼓楼和自鸣钟楼”一文。文中谈到 20 世纪初进入到中国的西式自鸣钟楼时说：“这些西式钟楼本身就是对传统中国城市的入侵。作为一个陌生时空系统的有形参照物，它们超越了这座城市（北京）的界限，将北京与一个更广大的殖民网络相连—这个网络的标志之一正是分布在伦敦、新加坡、上海、香港的一系列类似的钟楼。这个社会网络实现了启蒙计划所试图达到的普遍时空……”引自巫鸿，时空中的美术：巫鸿中国美术史文编二集 [M]，梅校等译，北京：生活、读书、新知三联书店，2009.

③ 追求摩天大楼的接力棒，自 20 世纪 90 年代以后从北美传入亚洲和中东地区，形成了一个不断被刷新的超高层建筑的排行榜．而建筑的高度也与城市的名声与实力形成某种对照关系，正是这种建筑高度与城市名声的关系感染了高速建设时代的中国城市．广州是继上海之后加入到追求全球最高建筑行列的第二个中国城市．尽管这种世界之最的雄心很快就会被打破，但是，与那些拥有或曾经拥有全球之最名号的城市站到同一个行列中，仍然可以看成是建设广州塔的主要动因。

④ 广州塔在落成之初，即被民间命名为 " 小蛮腰 "，并通过网络得到广泛传播，已成为社会上约定俗成的小名．广州市政府为了正式命名，曾于 2009 年举行了一场声势浩大的征名海选活动，在全球范围内征集了 18 万个名字，并从中挑选出 10 个候选名字，最后由专家评选定名为 " 海心塔 "．结果一经公布，网络上便一片哗然．迫于社会压力，广州市政府放弃了这个命名，重新委托中山大学组织命名小组，最后确定的中文名字仍然是争议最小的 " 广州塔 "．英文名字为 "Canton Tower"，于 2010 年 11 月正式向社会公布．至此，这一场有关广州最高建筑的命名活动才告一段落。

⑤ 近年来，" 政府建筑 + 景观广场 + 文化建筑 " 的象征性组团在不少大中型城市中颇为风行．除广州之外，比较有代表性的例子有深圳的福田中心区——以庞大的市民中心为主体，两翼分别建有新图书馆、少年宫和科学中心等文化建筑，相似的例子还有广东的东莞市．相比之下，广州的新建筑组团面临更多的地方性文化的压力．在这一区域已经建成的情况下，广州市政府仍然试图通过建立主题雕塑的方法来回应 " 岭南想象 " 的呼声——4 个主题雕塑分别对应 " 海上丝绸之路发源地 "、" 岭南文化发祥地 "、" 近代革命策源地 " 和 " 改革开放前沿地 "。

作者简介：冯原，中山大学传播与设计学院艺术设计系教授

原载于：《时代建筑》2011 年第 3 期

从"大世界"到"新天地"
消费文化下上海市休闲空间的变迁、特征及反思

From"Dashijie" to"Xintiandi"
Changes, Characteristics and Reflection of Shanghai's Recreation Space in the View of Consumption Culture

周向频　吴伟勇
ZHOU Xiang-pin, WU Wei-yong

摘　要
结合上海市休闲空间的发展变迁，探讨休闲空间与消费文化的关系。根据消费文化的理论及视角，定义休闲空间的概念，回顾上海从"大世界"到"新天地"百年来休闲空间的变迁历程，进而总结消费文化影响下的上海市休闲空间特征，反思现代休闲空间设计中存在的问题并提出相应对策。

关键词
消费文化　上海市休闲空间　变迁　设计反思

近年来，随着新天地、田子坊等休闲商业区或创意园区的建设和商业上的成功，上海市开始掀起一股休闲空间建设的热潮，陆续涌现出 8 号桥、海上海、M50 创意园、东大名创库等一批富有特色的休闲空间（图 1）。它们大多选择在城市历史街区，通过对历史建筑的内部改造和外部装饰（也包括重建）来创造适应现代城市生活的新型文化创意和消费场所。这种历史文化符号元素与新的休闲生活方式共同融合的现代城市休闲空间的建造模式，不仅在上海成为新潮时尚，在全国范围内也逐渐成为热点，北京、南京、杭州、成都、重庆等城市也出现许多相似的案例，它们一方面显示出中国现代城市休闲经济和休闲空间的迅速发展，另一方面也反映了全球化背景下消费文化对城市空间建设的影响，其空间建设背后的价值观和设计理念值得探究。

上海作为中国最早具有现代意义的城市，在近一个半世纪的城市发展中，通过接受全球性移民和外来文化，逐渐形成了独特的城市性格和城市精神。上海不仅是中国较早受西方消费文化影响的城市，也是目前全球性消费文化在中国的一种特殊表达模式。自开埠至今，上海市休闲空间发生了很大的变化，从设计观念、审美特征、风格符号、空间属性等方面都可以找到其与消费文化的关联。笔者尝试从消费文化的理论视角，回顾上海市休闲空间的变迁历程，分析消费文化与休闲空间的关系，进而反思消费文化影响下的上海现代休闲空间的设计理念与方向。

1、基本概念

1.1 消费文化

消费文化是阐释当代社会特征的一个关键性的理论话语。20 世纪 60 年代以来，西方社会开始进入后现代思想和学术的广泛讨论，消费社会及文化是其中重要的一个研究领域。1968 年，法国哲学家让 · 鲍德里亚 (Jean Baudrillard) 出版了《消费社会》一书，提出现代社会的消费开始由物的实用性消费过渡到物的符号性消费，符号价值替代了使用价值，并断言这一替代转换是社会消费的根本性转变。此后，欧美其他学者也对消费社会及文化展开了相关研究，代表性的有英国的齐格蒙特·鲍曼 (Zygmunt Bauman) 和迈克·费瑟斯通 (Mike Featherstone)、法国的皮埃尔 · 布迪厄 (Pierre Bourdieu) 和米歇尔 · 福柯 (Michel Foucault)、美国的丹尼尔 · 郝若维兹 (Daniel Horowitz) 等一批后现代社会文化学者。中国的消费社会和文化的研究基本上是从20世纪90年代开始的，主要集中在文学、哲学、社会学等人文领域[①]。

一般而言，消费文化即指消费社会的文化，它基于消费社会的前提，认为大众消费运动伴随着符号生产、日常体验和实践活动的重新组织，是消费社会运行的内在机制和核心价值。与传统的社会理论认为这个社会重要的基础是生产相比，消费文化理论认为消费才是最重要的社会基础，整个社会的组织、结构、甚至人的生活都是被消费所定义的。

1.2 休闲与休闲空间

休闲空间的特征是休闲，而休闲在不同的社会有着多种不同的定义。中国1999年版《辞海》对休闲的定义是："闲而无事曰休闲"，多指人脱离了紧张、忙碌的状态，置身于轻松、舒适、自在的环境中，处于一种怡然的精神状态。英文中休闲一般由recreation和leisure来表示，recreation指轻松、平静、自愿产生的活动，用于恢复体力和精力;leisure指从工作和义务中解放出来，用于娱乐消遣的时间。日本《城市问题百科全书》认为现代城市生活的休闲性包括休闲时间、消遣、娱乐修养和社会旅行4个方面。现在，休闲已作为一种生活方式进入大众的日常生活，而且作为一种产业对社会、经济产生了重要影响和效益，休闲不仅是个人"自娱自乐"的活动，其公共性和社会性越来越多地影响着现代社会的发展。休闲带来的生活方式、价值观念、审美意识的变化成为这个时代重要的文化特征之一。休闲的目的、方式、手段和结果影响着城市空间的布局和形式。

休闲空间的定义大多建立在以上各种休闲定义的基础上。荆其敏、张丽安的专著《城市公共休闲空间》从城市角度定义休闲空间为游憩、生活、交往的场所。熊健、刘勒的论文《城市大众休闲空间初探》从使用者角度认为休闲空间是指在城市建成区及都市圈范围内为人们提供轻松、舒适、自在的环境空间。笔者论述的现代休闲空间主要指与现代休闲活动相关的城市公共游览、娱乐、商业、创意的综合文化空间。这是一个发展的概念，既包括一般意义上的游乐场、影剧院、主题公园，也包括以休闲功能为主的商业街、广场、园林、特色餐厅、酒吧、茶馆等，还包括近年兴起的各类休闲创意园区、休闲商业综合体等。

2、上海市现代休闲空间的变迁

上海现代休闲空间的发展与上海现代消费社会的发展是紧密联系的。上海进入现代意义上的消费社会大约始于晚清上海开埠时期。从20世纪20~40年代初，在相对稳定的社会环境里，上海经历了短暂的消费社会繁荣期。1949年，新中国成立，消费社会转变为计划经济社会。20世纪80年代后，随着改革开放的深入，上海又逐渐融入全球化的世界性消费社会进程中。

上海现代休闲空间的发展和设计实践从一开始就受到消费社会文化的影响，其发展变迁大致可分为以下几个阶段。

2.1 萌芽期（1843-1912年）

1843年上海对外开放为商埠，随后英美法相继建立租界。随着西方文明和生活方式的传入，上海城市社会的观念及人们的衣食住行结构开始改变，传统的封建等级观念逐渐瓦解，社会各阶层开始以经营和消费的观念来重新组织工作与生活。在城市休闲空间方面，主要表现为传统由士大夫阶层独享的私家园林向公众经营开放、华人自建游乐性公园以及外国人建的公园向中国人开放，以及休闲娱乐场所的建设等。

这一时期休闲空间的主体是各类公园和娱乐场所，其特征表现为中西风格区分明显，相互影响和交融较少。中式休闲空间的布局和装饰特征基本沿袭传统，但空间的大众化特征渐显。西式休闲空间的户外公园一般采取法国几何式和英国风景式园林风格，休闲场所的建筑和装饰则移植当时西方时兴的新古典风格。

2.1.1 传统私家园林开始向公众开放

1881年，位于上海静安西侧的私家园林申园开始对外经营，成了为公众服务的休闲场所。此后，西园（1884年）、张园（1885年）、徐园（1886-1887年）、愚园也相继对公众开放。这些园内经常举行花会、弹唱、照相、宴席等公共消费活动，并在报纸媒介上宣传吸引游客。如徐园“有兰花会、菊花会、杜鹃花会、昆曲会、书画会”，“晚间有京戏、滩簧、影戏”；愚园除了“园中具亭台竹木之胜”外，还“蓄着猩猩孔雀吐绶鸡，以邀游客观赏”；张园则是市民各界最大的公共活动场所，“张园赏花，张园看戏，张园评妓，张园照相，张园宴客、吃茶、纳凉、集会、展览、购物……”清葛元煦著《沪游杂记》以批评口吻描述邑庙东西园：“惜园内竞设茗馆及各色商铺，竟成市集。凡山人墨客及江湖杂技，皆托足其中，迥非昔时布置，未免喧嗔嘈杂耳。”可见当时园林的私密性和传统意境已渐消逝，园林的大众消费特征和休闲趣味开始萌芽。

2.1.2 华人公园的建设和西园向公众开放

1868年，上海第一座西式公园“公共花园”建成，1870年，“华人与狗不得入内”的公告事件，引来无数愤慨。1890年，华人第一座公园“华人公园”落成，上海开始进入中外公园并存的现代园林空间格局。接着，部分专属西园也向公众开放，英领事署园定期举办赛花会，“准中外士女入园玩赏，每客收洋蚨一洋，以备茶点之需（图2）”。这些具有现代休闲特征公园的产生虽然伴随着民族文化和心理冲突，但也是上海城市现代建设和休闲方式刺激的结果。

2.1.3 中外休闲场所向公众开放

1850年，上海跑马厅建成。随后，跑狗场、抛球场、新式舞厅等休闲娱乐场所也相继落成并对中外大众开放，上海本土的茶室、酒楼、戏馆等休闲娱乐场所也吸引了中外大批游客，并成为市民主要的交际休闲娱乐场所，具有现代消费文化意义的上海现代休闲空间的雏形逐渐形成（图3）。

2.2 发展期（1912年～20世纪30年代末）

1912年后，租界的发展和国民政府在上海的建设促进了上海经济的发展，上海进入到一段消费社会的繁荣期。休闲空间的规模、类型和经营方式都有了较大的发展。其代表是“大世界”等大型的游乐场和散布各处的娱乐场馆，空间特征表现为中西风格相互影响、相互交融。空间结构布局以现代西式为主，装饰则中西符号混搭，呈现出混合、多样、奇炫、甚至怪异的特点。

2.2.1 公共休闲空间大量增加

20世纪初，上海的城市化建设带来了城市面貌和市民生活方式的巨大改变。随着建筑密度增加、居住环境日益拥挤和工业化带来环境污染问题显现。现代公园等绿色休闲空间也相应大量建设和开放，还有大量酒楼、戏馆、咖啡馆、茶室开张经营。它们不仅改善了

1 5
2 6
3 7
4

图 1. 上海近年休闲商业、创意园区分布
图 2. 英领事署后园赛花会
图 3. 20 世纪初西人抛球场
图 4. 20 世纪初期外滩花园
图 5. 1924 年大世界
图 6. 20 世纪 30 年代上海南京路街景
图 7. 20 世纪 50 年代人民公园

城市的环境，而且提供给沪人缓解压力的场所，如外滩沿线的花园对公众开放，成为市民休憩的一方乐土（图4）。陈无我在《老上海三十年见闻录》中描述了此种景象："从繁华尘海中忽而得此清凉处，宜人之乐于游憩也。"

2.2.2 大型游乐场所引领风潮

1915年，上海第一座独立式游乐场"新世界"落成。1917年，更大规模的"大世界"游乐场建成使用。此后，上海最早的电影院虹口大戏院、兰心戏院、百乐门舞场等大型休闲娱乐场所也相继落成。这些大型休闲场所空间开阔、规模庞大、项目多样、格调清新，从平民百姓到各界名流都争相涉足，将上海的消费文化推到更高水平。

"大世界"游乐场占地1.47hm^2，内设有剧场、书场、商场、酒楼、茶室等②。屋顶平台夏日放映电影，演奏丝竹。中部是广场，周围有假山花木，置秋千架，升高轮、飞船等游戏器械，另有一片溜冰场。场内还附有一间"大世界报社"，设置书摊并兼售当日《大世界报》，供游客了解当日各剧场的剧目和场次时间③。由于其设施庞大且游客不断，一度成为20世纪30年代远东地区最大的游乐场（图5）。百乐门舞场建于20世纪30年代，舞厅内部设施华丽、设备高档，其时尚、尊贵的标签吸引了当时许多社会名流，一时被传誉为"远东第一乐府"。大世界游乐场、百乐门舞厅等大型休闲游乐场所以其综合性的特点和规模化经营及大众化宣传代表了这一时期上海休闲产业和休闲空间的发展高潮。

2.2.3 休闲空间类型丰富多样

20世纪三四十年代，除了"大世界"等大型综合性游乐场所外，一些百货公司也结合商场经营开设休闲娱乐场所，"公司乐园"成为当时休闲娱乐的又一时尚。如永安公司、先施公司、新新公司都开辟了类似游乐场的附属休闲空间。此外，上海还出现了"小世界"、"楼外楼"等规模较小和消费层次较低的休闲场所，还有许多戏馆、酒楼、烟室、茗寮、妓院等各种娱乐场所散布在城市的各处（图6）。

2.3 停滞期（20世纪30年代末～20世纪70年代末）

1937年，抗日战争爆发，上海的经济建设基本停滞，大众休闲场所基本停业，而部分特殊的休闲场所则因外来压力，在特殊环境下以更加奢靡的状态存在。1949年，新中国成立，上海进入计划经济时代，消费社会被拦腰切断，消费文化属性急剧弱化，休闲、消费在这一特殊时期变成资产阶级生活方式的代名词。但随着城市的发展和市民生活的继续，休闲活动及空间仍以另一种带有政治面纱的方式存在，其功能转向政治化的演出、宣传联谊活动、群众性体育健身等方面。

这一时期休闲空间的建设相对较少，抗战期间休闲产业呈萎缩状态，新中国成立后则以改造旧建筑、场馆为主。新建的工人文化宫、影剧院和礼堂等建筑模仿苏式风格，其他休闲场所基本沿承旧有的空间布局，但装饰特征则明显改变，以红旗、字报标语、伟人图像的各类政治标签装饰为主（图7）。

2.3.1 休闲空间的极端化发展

1932年，“一·二八”淞沪抗战爆发。1937年，上海租界沦陷，处于日军管辖，大批外侨撤离上海，此时大众休闲场所、各类公共绿地、私营性园林遭战争破坏而基本停业或被日军控制。1940年，大世界停业，被用于收容战争难民。其他部分高级舞厅、剧院等交际场所在战争特殊的环境下则以更加奢靡的、混乱的状态存在，呈现出极端的发展形势，反映了上海“孤岛”时期畸形的社会生态。

2.3.2 休闲空间体现政治功能

1949年后，上海娱乐休闲场所被大量关闭和改造，解放前的烟室、妓院被彻底禁绝，跑马厅被拆除，改建为人民广场和人民公园（图8）。大世界曾一度改名为“上海人民游乐场”，1974年成为“上海市青年宫”。百乐门舞厅经营萧条，严重亏损，1953年改建为红都戏院，放映电影也兼演话剧、沪剧、越剧和滑稽戏。在新制度下，旧有的奢靡繁华的娱乐休闲空间被人民公园、礼堂、文化宫所替代，资本主义的享乐方式被社会主义的政治欢庆所替代，娱乐享受的功能转化为社会主义教育的功能，上海的休闲空间呈现出一派新社会的道德风貌（图9），类型主要以公园、影剧院、文化宫为主，运作的方式以计划配给为主，其消费属性明显弱化，甚至消失。

2.4 复苏期（20世纪70年代～20世纪90年代中）

改革开放后，上海市场经济迅速发展，市民消费意识的复苏促进了休闲产业的发展和休闲空间的建设。文化公园开始增添休闲娱乐设施并出售门票，休闲娱乐场所逐渐恢复经营，社会的消费意识开始苏醒，新类型的休闲娱乐空间也开始出现。休闲空间逐渐呈现出越来

8 9
10
1112

图 8. 20 世纪 60 年代政治演出场景
图 9. 20 世纪 70 年代礼堂
图 10. 20 世纪 90 年代锦江乐园
图 11. 新天地休闲空间
图 12. 1933 创意园区

越明显的消费性特征，也表现出不同以往的多变的空间形态。休闲场所建筑以模仿欧美的现代风格为主，出现了大量粗糙、表面化的所谓“欧陆式”建筑；内部空间和装饰则进行了大量改建和翻修，风格主要以功能主导的现代式和装饰主导的古典式为主。

2.4.1 商业化休闲空间大量涌现

从20世纪70年代末开始，上海的市场逐渐开放，休闲产业得到迅速的发展。各类娱乐场所逐渐恢复经营。20世纪80年代初，随着人们休闲需求的增加和消费能力的提升，许多影剧院、餐厅、游乐场和休闲公园也重新改造装修，更新设施并开始售票经营。1987年，大世界恢复经营，内有演出剧场、音乐厅、基尼斯厅、电影厅、录像厅、游艺厅、迷宫、舞厅、滚轴溜冰场等，并新辟上海特色小吃廊、餐厅、精品商场等，成为集娱乐、演出、观赏、博览、竞技、美食等为一体的大型游乐中心。20世纪90年代以后，各种商业化休闲空间大量涌现，内容丰富、类型多样，近一步改变了城市功能布局和空间形态。

2.4.2 主题乐园等新型休闲空间集中建设

1985年，上海第一家大型专业化游乐园——锦江乐园正式开业，乐园以经营大、中型参与性游乐项目为主。园区面积10.3hm^2，设有30余项游乐项目和各类餐厅、茶室、咖啡屋、礼品屋、小超市、零售商店等设施（图10）。其中，“欢乐世界”、“峡谷漂流”、“探空飞梭”、“巨型摩天轮”等大型游乐项目都属国际先进的娱乐项目④。20世纪90年代，位于上海南翔镇北侧的环球乐园和位于上海西郊的欧罗巴世纪乐园相继建成，分别以仿造世界各国著名景点和营造欧洲建筑、园林为特色主题，使游客在有限的时空中领略异域奇观和欧陆风情。此外，许多大型城市公园也在其内部开辟了主题性的游乐场、水族馆、运动休闲馆和健身中心等项目。这些新型休闲空间的建设在短时间内呈现出集中、模仿、雷同的特征。

2.5 繁荣期（20世纪90年代中至今）

20世纪90年代中至今，随着市场经济的发展和中国加入世贸组织，全球化的消费社会及文化对中国的影响日益明显。虽然在大部分的时间里，中国还是在为西方的消费社会生产产品，但是中国本土的消费浪潮也势不可挡。从2000年后，上海的休闲产业更进入快速发展的时期，特别是以旅游业、娱乐业、文化服务产业为龙头的休闲产业链、产业群、产业系统不断形成。目前，上海的第三产业的产值已经超过50%，上海的富裕阶层和新的“中产阶层”正在领导中国消费社会的新浪潮，这对每个人的意识、群体身份等都产生了重要的影响。休闲空间的建设日趋综合，成为边界较模糊、内涵丰富的综合性空间。娱乐、购物、健身、运动等一系列活动的日益休闲化促进了新的休闲空间的产生，其空间类型、形式、风格也不断日新月异，呈现多元化、国际化、潮流化的特征。

2.5.1 现代公园绿地建设日益休闲化

20世纪90年代以来，上海不断完善城市公园绿地系统的建设。到2001年底，上海市区公共绿地总面积达到5730hm^2。此后几年，上海致力于创建“国家园林城市”，并提出建设森林城市的目标，到2004年，内环线内公园绿地建设基本覆盖了500m半径的绿化服务范围。随着近年外环绿带和2010年世博会绿色走廊的建设，上海公园绿地在数量和分布上大规模提升，除了突出生态功能外，其综合服务功能尤其是休闲功能也相应地完善。从城市公共绿地、组团公园到街头绿地、小区绿地都布置有大量的休息、文化展示、表演与观演以及餐饮等空间，尤其是商业区和郊外森林公园的休闲功能更加系统化和规模化。

2.5.2 城市公共空间休闲化

自20世纪90年代末以来，除了传统的游乐场、影剧院、歌舞厅等休闲空间不断完善外，新的城市休闲生活方式也使城市公共建筑和开放空间的休闲成分不断地增加，购物中心、健身馆、画廊、咖啡馆、艺术空间、广场等成为人们休闲的新场所。网吧、书吧等主题休闲空间也随着新的休闲消费方式的产生而出现。

2.5.3 新型主题园不断出现

1997年，以水上游乐为主题的上海热带风暴水上乐园建成，其中营造了湖泊、河流、沙滩，安排了30多种水上游乐项目，是亚洲最大的露天水上乐园之一。2001年上海车墩影视乐园和东海影视乐园先后建成，除了提供影视拍摄场景，也成为上海市民观光、怀旧休闲的场所。2007年，首座以动画角色为题材的乐园——哆啦A梦主题乐园在上海建成，这座主题乐园设置了立体大型气垫、动画播映、动画片背景摄影等游戏与活动，富有主题娱乐和互动参与的特色。此外，近年上海郊区还出现了许多以农业、生态休闲为主题的农家乐、度假村等新的休闲空间，通过将现代化的农业生产结合田园休闲的功能，使都市人暂时摆脱城市的喧嚣，体味乡村景观和感受田园生活。

2.5.4 休闲创意空间建设热潮

2001年，上海“新天地”建成开业，国际化的休闲创意组合经营理念和结合历史地域及现代化元素设计，使其迅速成为上海时尚休闲的地标，被认为是全球性消费文化地在上海实践的范本（图11），紧跟其后，上海掀起了一股休闲创意产业园区建设的热潮，田子坊、8号桥、莫干山50号创意产业园、东大名创库、1933老场坊等一批休闲创意产业空间相继在上海出现，休闲扩展为结合文化、创意、艺术、运动等项目的休闲产业链、产业群，成为现代上海休闲空间发展的新趋势（图12）。

3、消费文化下上海现代休闲空间的特征

3.1 理论依托

消费文化学者认为，本来消费来源于人的需要，但现代社会人的需要是被建构、虚构出来的，譬如名牌、格调、身份、阶层等都可以以消费来界定。因此，物（商品）的实用价值开始往物的符号价值过渡转换。在这一转换过程，文化媒介通过一个创造性的“对位编码”[5]将物的符号价值和实质价值进行联系，使消费有了复杂的含义、寓意和暗示，开拓了人们无穷的精神欲望领域。

由于符号价值的实现依赖于其被关注程度，为了避免物的共性削弱符号的表现力，今天物的设计、营销加强了对符号差异的表现，把消费从强调使用性转向强调差异性．这种突出差异的形式经过文化媒介的编码将物的属性、形态、色彩、体积、质感、品质指向了社会地位、生活方式、社会认同以及消费者的个人价值[6]。这一消费文化的机制效应贯穿了社会各个阶层、各个行业、各个角落，并影响了城市的建筑、街道等空间。

法国社会学家布迪厄进一步提出“场域——习性——资本”理论，分析消费文化与社会及人的关系：关于场域，布氏认为，“文化的关系性存在于象征性位置空间和社会位置空间的结构同源中．”文化的种种表现与日常生活是紧密联系的，各种表现文化的符号不仅停留在精神和观念中，还会表现在人们的行为和社会实践中，即在某种特定的社会中相对独立的“小世界”中，这种特定的“小世界”即所谓“场域”。譬如设计场域就是以优秀作品、有权威的设计话语和对作品的认识构成的独立运转的“小世界”[7]；关于习性，布氏认为习性中寄寓着个人通过教育的社会化过程，浓缩了个体的外部社会地位、生存状况、

集体的历史和文化传统在日常生活中，习性表现为在某一地区、某一历史条件下自发形成的行为和思维特征，包括每个社会个体的生活方式、行为习惯，如发式、衣着、饮食口味、休闲习惯乃至思考方式等日常行为及其体现出的性情倾向、鉴赏品位等。这些是用来区分社会、民族、国家的身份认同和个人社会地位的标志；关于资本，布氏把资本类型归纳为社会资本、文化资本、经济资本 3 种类型，文化资本和社会资本被合并称为象征资本，象征资本在转换的过程中虽然没有经济资本来得更物质化和直接有效，但更有长久持续的影响，其优劣表现为品位、地位、学历、声望、甚至是容貌、气质等方面。

3.2 空间特征

从传统私家园林的经营性转变到现代城市休闲公园的建设，从戏院、茶馆到现代的电影城、网吧、主题园，从“大世界”游乐场到“新天地”休闲区。消费文化促进了上海现代休闲空间的萌芽与发展，休闲空间的各时期风格也反映了消费文化的种种属性。从上海现代休闲空间的变迁过程看来，其休闲空间的特征不仅带有消费文化的普遍属性，也有源于上海消费文化自身发展形成的独特性，主要可归纳为身份化、工业化、布景化、差异化、潮流化 5 个方面。

3.2.1 “身份化”特征

上海休闲空间的“身份化”特征主要体现在民族国家的身份认同和社会阶层身份的重新组织两方面上。在上海休闲空间发展的初期阶段，消费文化伴随着租界的殖民而进入上海，由于西人公园不准华人入内，引发国人愤慨而产生了第一个华人公园。华人公园的诞生，体现了中国民族国家身份的需求和认同，也印证了布迪厄关于“文化关系的象征性位置空间与社会位置空间的结构同源”的观点，华人“身份”象征性地在华人公园这一空间中得到认同。

“民国时期，中国重构了社会的上层结构，其中商人阶层的整体性崛起是一个重要的现象[⑧]”，其重要原因是消费及其文化影响了社会的阶层观念。社会的阶层因不同等级层次的休闲空间的消费而被重新组织。休闲空间的身份等级、阶层观念明显，休闲空间与消费主体构成了符号对等的关系。“大世界”游乐场、百乐门舞厅是社会名流、富商显贵的出入场所；消费水平较低的游乐场、戏院、茶馆则是一般市民的去处。如今，“新天地”成为城市休闲的新地标，作为一个整体性的空间，其消费者也呈现出明显的身份特征，是城市中产阶层、白领、小资对城市空间需求的象征性标签。

休闲空间的“身份化”特征，不仅是社会消费主体的价值取向和文化观念的体现，也反过来影响着休闲空间的设计观念和发展建设。

3.2.2 “工业化”特征

上海休闲空间的“工业化”主要表现在休闲娱乐设施的技术化和休闲空间设计与运作经营的现代化。19 世纪 30 年代，“大世界”游乐场已放映电影，设置升高轮、飞船等游戏器械，游乐设施采用工业技术的最新成就，经营方式也以书报媒介推广，体现了标准化、工业化的运作特征。20 世纪 90 年代，上海锦江乐园采用国际先进的技术设备，场所的建造工艺、材料的运用以及娱乐宣传的装饰广告进一步体现了空间营造的标准化、批量化、工业化的特征。现今，在全球消费文化的浪潮中，休闲空间的工业化更以一种整体性的复制方式来实现，从一座城市到另一座城市，不断批量生产出同一种休闲空间建造模式，如上海“新天地”概念来源于美国 20 世纪 70 年代旧工业区的改造，8 号桥休闲创意园、海上海休闲办公区、1933 老场坊休闲创意区则带有目前西方城市流行的“中产阶层”的旧区改造的影子。

休闲空间的“工业化”特征改变了传统休闲空间的地域性和建造观念，以流水线批量生产的建设方式，一方面带来了大量舒适的休闲空间，满足了大众休闲的需求；另一方面也使休闲空间的地域个性丧失、人们的休闲习性趋于相同。可以说，在消费文化的语境中，休闲空间成了一种可复制的产品。

3.2.3 “布景化”特征

从 20 世纪 30 年代中西合璧的“大世界”游乐场装饰风格到现今的历史符号结合现代手法的“新天地”混合风格，其空间都在某种程度上呈现出符号拼贴的 “布景化”效果。由于休闲空间追求氛围营造，其材料的运用、表现的手法、形式的选择都极尽能事以达到舞台场景的效果。设计技术成为抒情工具以表达休闲消费所构建的文化观念，休闲空间呈现出与城市环境、城市文脉不相融、不真实，甚至是反差的效果。

如果说 19 世纪初西式或中西结合的符号在上海的出现带有文化殖民或反殖民的象征，那么现在“新天地”采用以石库门等旧上海历史元素结合现代时尚设计的空间符号则可说是全球消费文化在上海制造的一个人工布景，它创造出新世纪上海对旧上海的时光的怀旧想象，也制造出社会公众对消费、时尚不可抗拒的追求。这一戏剧化的空间景象正是休闲空间“布景化”特征的体现。除了新天地等休闲场所，近年来上海的一些城市公园、广场和商业空间也呈现出越来越浓重的“布景化”特征。它们内容单一、内涵浅显，却极力追求高档材料与设施，构图的形式和符号化。

由休闲空间“布景化”特征可见现代休闲空间的文化内涵日趋浮浅，休闲由本来的修养身心、怡然自得的内在意义逐渐转化为身份炫耀的外部形式，休闲的价值观念趋于虚无和空泛。

3.2.4 “差异化”特征

上海休闲空间的“差异化”特征，主要表现为对炫耀夸张和个性差异的极力追求。随着社会经济的发展和个人的富足，上海休闲空间建设日渐呈现炫富奢靡的特征，一些休闲场所竞相追求昂贵的材料包装，以仿造欧洲贵族城堡或中国古代宫廷为目标。而随着国际化的发展，上海休闲空间更以“新颖、个性、另类”来突出差异。如上海外滩 3 号结合高级艺术品展示，凸显空间的高雅格调及高尚品味来适应高端消费的人群；上海城市雕塑中心以雕塑艺术为特色，营造富于雕塑感和创意的空间来符合创意人群的需求；1933 老场坊则以时尚创意秀为主题吸引时尚消费的人群，这些不同特色符号方式所营造的休闲空间通过主题和内容选择强化了空间的“差异化”。

追求“差异化”创造了一部分具有符号价值和设计品质的休闲空间，也产生了许多奢侈浪费的空间，尤其是传播了铺张炫耀的观念，不仅影响了消费方式，而且带动了整个社会及时行乐之风气。

3.2.5 “潮流化”特征

21 世纪以来，全球化趋势使上海与世界联系更加密切。互联网资源的共享，观念的传播，境外设计企业的入驻，使上海休闲空间的设计更加国际化。其设计风格变换快速，不断吸收外来形式，“潮流化”特征日益明显。2001 年，“新天地”休闲创意空间出现，几年之内上海出现了 M50 创意产业园、田子坊、海上海等一系列相似的休闲空间，这些空间的设计策略、手法、材料的使用大致相同，休闲体验也类似。城市公园和广场的建设也追随国际设计潮流，世纪公园、太平桥绿地、徐家汇公园都是现代国际式公园设计风格在上海的范本。

“潮流化”带来外来元素，促进交流，使上海休闲空间趋向国际化和多元化，但是，不加思考地照搬外来设计样式，也使上海休闲空间的本土意识和身份认同变得薄弱，休闲空间设计的原创力也在随之减弱。

4、现代休闲空间的设计反思

现代社会的发展表明，消费文化一方面促进休闲生活方式的完善和大量的休闲空间的建设，满足了大众需求；另一方面，消费主义观念的蔓延也容易使休闲空间建设陷入享乐、拜金的困境。在现代中国消费社会及文化的进一步发展与深入的背景下，休闲空间设计也面临着机遇和挑战，尤其在上海快速城市化和迈向国际化大都市的进程中，对于现代休闲空间的现状和未来设计的走向，更需要反思与探讨。

4.1 “享乐、拜金”的消费主义倾向与设计观念引导

消费文化是人类阐释社会的成果，是文明发展的一部分，而消费主义是一种崇尚享乐、追求奢靡的价值观和世界观。21世纪以来，中国的消费社会与文化蓬勃发展，但崇尚享乐、追求物质、拜金的消费主义观念也同时滋生。在休闲空间设计领域，趣味低级、沉溺物质消费的倾向严重影响了空间的风格定位和审美趣味。这种设计观念有害于城市空间的健康发展和城市文化的塑造。

消费文化认为，追求享乐、身份的休闲观念是被建构或者虚构的，而非实际的、真实的休闲。消费文化带来的享乐、拜金的消费主义观念，造成了大量的社会空间和资源的浪费，也产生了人们及时享乐，不顾地域空间的历史风貌，对未来缺乏积极的敬畏和责任的社会观念，因此，设计师应认识到消费文化带来的负面影响，引导设计观念回归休闲的原本意义，通过地方的材料和方法，树立真实、实用、积极、健康的休闲空间设计观念。

4.2 设计师角色定位与设计方向主导

在消费文化语境中，休闲空间作为一种产品，整体上处在消费文化的制约中。休闲空间的建设从项目的策划、设计方案、设计深化至施工建造都需要很多人参与。业主、设计师、使用者和管理者在建设的进程中都起着重要的作用。而设计师更起着主导作用，他们虽然在空间的营造过程中更多地以技术参与的角色进行空间的设计，与其他参与者是合作的关

系，且受制于商业利益和多方的制约，但他们是空间的构想者和操作者，必须要有更宏大的视野和深邃的远见。在目前消费观崇尚享乐和物质的情况下，设计师应怀有社会改造的理想和抱负，倡导多元价值，引导具体的设计范畴、设计环节、设计内容走向规范，通过设计程序规范的完善，实现自我角色定位，保证对空间发展与城市的主导作用。

4.3 休闲空间品质保证与设计水平提高

休闲空间的品质来源于设计的品质与施工的保证，但在快速消费过程中，空间的整体性复制常常带有尺度比例的变化和扭曲，材料使用的粗糙和替换，而使空间无法产生应有的效果，品质无法得到保证。为此在设计环节中除了运用国际技术经验，更需要充分结合地方环境与历史文化、追求地方性。在这方面，上海“新天地”是较成功的例子，其设计在功能布局、符号运用、建筑材料修复技术水平上较好体现了全球消费文化与地方特色的结合。设计布局保留原有里弄的街巷特色，成功转换里弄街巷的穿越状态，植入户外休闲功能。“石库门”、“清水砖”等符号的运用在整体上的比例、尺度、色彩、肌理较为适宜，历史建筑材料与结构的修复采用当时最新的技术，空间细部的设计和创意也可见其精致和亮点。从方案策划设计到实现，设计水平的高标准保证了空间品质的优良。

4.4 休闲产业发展与城市空间建设

休闲功能是城市空间规划建设的重要任务之一，早在1933年国际建筑协会制定的城市规划大纲《雅典宪章》就提出了休闲是城市的四大功能之一。但在中国城市的特殊发展历程中，休闲活动及产业并未在城市空间的建设中得到重视。随着近年城市经济的不断发展，休闲产业得到迅速发展，休闲产业链、产业群也正在城市中形成。目前，中国有许多的城市先后提出发展休闲经济、建设休闲城市的发展战略，可见，休闲产业正在城市空间建设中发挥越来越重要的作用。但是，盲目推动休闲消费也会使城市空间建设越来越趋向人工化、机械化。休闲产业的发展、休闲空间的规划设计应倡导自然的、生态的、集合式的观念，与城市其他的空间相整合。2010年上海世博会预测将带来7000万人次的游客，这一城市空间建设事件将会给上海休闲产业带来极大的发展，设计师应利用这次机会创造更多有品质的休闲空间，促进上海城市空间的整体性、系统性提升，为上海城市走向和谐、可持续发展提供支持。

4.5 全球化设计潮流与自我身份认同

休闲空间从诞生起就存在着主体性身份观念。全球性消费社会及文化不可抗拒的消费需求和经济信息运动，打破了传统空间设计的地域限制，空间原先的地域特性、民族特色、生活习性的表现逐渐消失，其身份特征日趋模糊。如今，在世界性的设计潮流中，上海休闲空间的设计风格特征越发显得国际化，趋于混合和模糊。因此，现代休闲空间设计应在国际化的同时，加强本土意识、民族文化身份认同和归属感，积极探索“中国式设计”、“海派文化”、“海派建筑园林”等自我属性。

此外，除了以传统、民族的符号作为身份的象征来表达现代空间设计的文化身份和归属感外，空间本身作为设计产品的品质也具有身份认同和归属的象征。在全球化浪潮中，过去认为“越是民族的，越是世界的”的设计观念，今天或许可以再加上“越是品质的，越是民族的”的前缀。

5、结语

现代休闲产业发展至今，已进入产业链、产业群的时代，休闲空间设计的规模、风格、类型，所涉及的知识范畴也在不断扩展，但当代上海，休闲空间的建设似乎越来越偏离真正的休闲目标，炫耀物质、布景式的休闲形态越来越多，修身养性的内涵越来越弱化，甚至让其中的休闲者丧失选择或陷入更加紧张的困境。作为休闲空间的创造者和建设者，设计师应该意识到消费文化带来的休闲空间建设的危机与挑战，消费文化既拓展空间的功能和属性，也对其健康发展具有一定的销蚀作用。应尽量减少消费文化带来的负面影响，树立实用、真实、健康、人性的休闲空间设计观念，从空间的合理布局，功能的实际用途和高尚趣味及文化价值的角度，通过新的科技材料、人体工程学等知识去创造实用、人性的休闲空间，使消费者体验到颐养身心的、提升精神境界的休闲空间。此外，设计师还应推进休闲空间的设计走向体系化建构，结合不同生活方式和休闲方式，使休闲空间设计从宏观到微观都更加自由、符合人性和多元化。

注释:

① 对于中国消费文化的研究主要是欧美的东亚研究学者和中国的社会文化学者，出现许多新的学术成果。主要的著作有 :(美) 葛凯著，黄振萍译的《制造中国—消费文化与民族国家的创建》; 戴慧思，卢汉龙等编译的《中国城市的消费革命》; 李欧梵著的《上海摩登——一种新都市文化在中国 1930-1945》。

② 《黄浦区志》，上海黄浦区志编纂委员会编 . 上海社会科学院出版 .1996

③ 《20 世界上海文史资料文库》(4)，上海书店出版社，1999 年 9 月第一版

④ 参考百度百科词条锦江乐园，摘自 http://haike.haidu.com/view/329865.hun

⑤ 对位编码是一个文化符号学的概念，通过语言的能指和所指的语言逻辑来建构的观念体系。

⑥ 参见廉毅锐 . 生活在别处—浅谈 2003 年消费文化对中国建筑的影响 [J]. 建筑师 .2005, (2)

⑦ 参见崔笑声博士学位论文《消费文化时代的室内设计研究》，P8-10，转引自张意著《文化与符号权利——布迪厄文化社会学导论》，北京，中国社会科学出版社，2005

⑧ 参见吴晓波 . 王石的基因是哪里来的 [N/OL]. 蓝筹财经，[2008-08-14]. http://finance.fivip.com/comm ent/200804/11-331451.html

参考文献:

[1] 汪民安主编 . 文化研究关键词 [M]. 南京 : 江苏人民出版社，2007.

[2] 葛元煦 . 沪游杂记 [M]. 上海 : 上海书店出版社，2006.

[3] 莫少群 .20 世纪西方消费社会理论研究 [M]. 上海 : 社会科学文献出版社，2005.

[4] 秦风编著 . 梦回沪江—百年上海 330 个瞬间 [M]. 上海 : 文汇出版社，2005.

[5] 让・鲍德里亚，消费社会 (M). 刘成富，全志钢，译 . 南京 : 南京大学出版社，2005.

[6] 崔笑声 . 消费文化时代的室内设计研究 [D]. 北京 : 清华大学博士学位论文，2003.

[7] 倪瑞华 . 可持续消费对消费主义的批判 [J]. 理论月刊， 2003(5): 120-121

[8] 周向频，胡月 . 近代上海游乐场的发展变迁及内因探析 [J]. 城市规划学刊，2008(3): 111-118

[9] 周向频，陈结华 . 上海古典私家花园的近代嬗变——以晚清经营性私家园林为例 [J]. 城市规划学刊 . 2007(2): 87-92

[10] 周向频，杨漩 . 布景化的城市园林——略评上海近年公共绿地建设 [J]. 城市规划汇刊 , 2004(3): 44-48

[11] 皮埃尔・布迪厄著，朱国华译 . 区隔 : 趣味判断的社会批判引言 [R/OL]. [2005-09-12]. http://www.xici.net/b565052/d31398625.htm

[12] 陈学明 . 今天，我们如何看“消费”[N/OL]. [2007-02-06] 天益学习网，http://www.teen.cn/data/detail.php?id=13169

[13] 姚昆遗 . 发展休闲经济，建设休闲城市 [N/OL]//[2008-11-29]. 2008 第二届休闲产业经济论坛，http://www.shxinhuanet.com/misc/2008-11/28/content_15048507.htm

作者简介: 周向频，博士，同济大学建筑与城市规划学院副教授

吴伟勇，同济大学建筑与城市规划学院硕士生

原载于: 《城市规划学刊》2009 年 第 2 期

对陆家嘴中心区城市空间演变趋势的若干思考

A Research on Urban Spatial Transformation of Luijiazui Central Area

刘晓星 陈易
LIU Xiao-xing, CHEN Yi

摘 要
通过对浦东陆家嘴中心区城市空间发展历程的历史回顾，揭示了陆家嘴中心区空间形态由“国家视角”到“日常生活视角”的演变趋势。趋势表明，陆家嘴中心区自 20 世纪 90 年代跃迁式发展之后正在步入一个新的阶段，它对城市日常生活的关照成为塑造的核心考虑因素，这将使陆家嘴中心区的空间形态趋于优化甚至促发质的转向。

关键词
陆家嘴中心区 空间形态 国家视角 日常生活 空间绩效

如同浦西外滩记录了上海20世纪30年代的繁荣，与之隔江相望的浦东陆家嘴金融区则是上海20世纪90年代辉煌的印证。自20世纪90年代中央政府决定开发浦东至今20年的时间里，陆家嘴中心区空间形态发生了翻天覆地的变化，这从浦西望过去恢宏的天际线和高耸入云的摩天楼群可窥见一斑。但伴随着经济层面和形象层面的成功，陆家嘴城市空间品质和使用方面出现的诸多问题却深受诟病，诸如公共空间缺失、空间尺度过大、步行环境不友善以及地块连接度差等（黄大赛，2003；孙施文，2000、2006）。

人们注意到，自2005年起，陆家嘴中心区的城市空间出现了一些新的变化，主要包括商业配套设施的增补、二层连廊的建设、城市综合体的出现以及细微尺度城市空间的修复等。这一系列新变化展现出一个趋势：在经由基于国家与地方政府“特殊关注”而促发的“空间跃迁”阶段之后，陆家嘴中心区空间形态的演进路径开始越发受到城市日常生活因素的影响，对“宜居性”的关注成为新阶段空间营造的一个重点内容。陆家嘴中心区空间形态的这种转变是核心驱动力变化的结果。如果说政治与资本因素启动并引领了陆家嘴中心区的前期发展的话，那么生活因素则充当了第二阶段的核心驱动力。伴随两种驱动力的是不同空间审视方式，视角的不同影响并决定了空间形态的转型，进而促成空间绩效的差异。对之予以深入的研究有助于后续城市空间营造方式和机制的优化，并对新的空间生产带来启示。

1、陆家嘴中心区空间发展历程

1990年，中央政府决定开发浦东，并批准陆家嘴成为中国首个以金融贸易命名的开发区。自此沉寂多年的陆家嘴空间形态开始发生突变——一个在上海城市发展史上长期被“遗忘”的区域，在短短十多年的时间里从后场走向前台，并迅速占据世界城市舞台的显要位置，变化之巨令人惊叹（图1）。纵观陆家嘴20年的空间发展历程，可以归纳为下面5个阶段。

1.1 自然演进（1990年以前）

受制于交通条件和历史因素，长期以来上海的建设重点均在浦西，20世纪90年代之前，相对于浦西的城市繁华，一江之隔的浦东地区发展迟缓得多（谢国平，2010）。纵观黄浦江两岸，一面是“万国建筑博览会”加“十里洋场”；另一面则是江南田园、农作耕种的景象，两者形成鲜明对照。

1 2
3 4

图 1. 20 年巨变，陆家嘴中心区的建设创造了一个奇迹
（上图：1990 年的陆家嘴，下图：2008 年的陆家嘴）
图 2. 20 世纪 80 年代末陆家嘴地区总体风貌
图 3. 20 世纪 80 年代末陆家嘴地区景观风貌
图 4. 1991 年陆家嘴地区规划总图

由于缺乏典型的外部驱动力，浦东的空间形态以逐步、平缓、自发的“自组织”方式演进，长期以来未有大的变化；加之经济、社会与政治层面建设资源的缺乏使之未有整体统一的发展计划，空间呈显现明显的“多元斑块并置式”布局——滨江沿线基于“码头经济”而衍生的仓库、厂房、船坞以及轮渡码头一字排开，离开岸线的纵深地段，则是百余年来自然生长并具江南地方风貌的住宅建筑群及商业集镇（图 2, 图 3）。对此，谢国平 (2010)、赵启正 (2007, 2008) 有这样的评述：“与浦西城市化发展不可相比，(20 世纪 90 年代之前）浦东沿江地区的城市化毫无规划，是在一种无序、低水准的状态下自然演进”[①]，“没开发前的浦东是上海的落后城区，几乎没一个能看上眼的建筑，当时的小陆家嘴地区有条路叫烂泥渡路，每逢暴风雨就‘水漫金山’，家里家外积水积到膝盖。许多油罐啊，危险品仓库啊都放在浦东了”[②]。尽管笔者并不认同其对浦东的价值判断，但这些描述的确从一个侧面揭示了浦东开发前陆家嘴地区的典型空间景象。

1.2 蓝图初绘（1985-1993 年）

尽管实质性的空间转变并未开始，但早在 1984 年，开发浦东的设想便已在上海市这一地区层面的发展战略中被提及[③]。1985 年 2 月国务院在对《上海经济发展战略汇报提纲》的批复中，首次肯定了上海开发浦东的战略设想，随后 1986 年国务院批复《上海城市总体规划》，对开发浦东有了更为正式、明确的提议[④]，同年，陆家嘴地区的发展蓝图首次出台。继而经过 1987 年陆家嘴地区中法合作方案，到 1991 年，《陆家嘴中心地区调整方案》获得上海市政府批准，成为指导陆家嘴中心区具体城市建设的首个法定规划文件[⑤]（图 4）。

1992 年对于陆家嘴中心区的空间发展具有标志性意义。这一年的 4-11 月，陆家嘴中心区设计方案国际咨询举行，来自英法日意中五国的设计团队参与了这次方案咨询[⑥]，开创了新中国成立后首次引入国际力量对城市进行设计的先河。国际咨询源于国外专家的建议；另一个目的则在于通过国际明星设计师团队的加盟来增大陆家嘴的国际知名度，从而获取世界的关注。

国际咨询之后，又经过数轮方案深化，1993 年 12 月，《上海陆家嘴中心区规划设计方案》正式公布并获批（黄富厢，1998）。与 1991 年确定的规划相比，优化方案在开发强度、空间结构、功能布局、道路系统和地块划分等方面均有较大的变化，陆家嘴的建设总体蓝图再一次被“重新绘制”。这份规划文件成为日后陆家嘴全面展开建设开发的总纲领和基本依据，同时也是陆家嘴空间生产的主要“设计基因”（图 5）。

1.3 结构赋予（1993-1999 年）

1993 年版本的设计成果是陆家嘴全面建设展开的核心依据，也是规划管理部门实施建设管理的法定文件，陆家嘴中心区的土地拆迁与整理、交通路网、土地批租以及空间管制方式等均以此为准快速展开，整体空间结构被迅速建立起来。

1995 年之前，除了首期启动的部分区块之外，陆家嘴中心区原有工厂企业和居住地段的拆迁并未全面展开。自 1996 年开始，土地整理的进度明显加快，到了 1999 年，除中心区南侧的 X5 和 N 地块之外，绝大部分场地要素拆迁、土地整理和路网结构均已完成。值得注意的是，新的空间结构与原初地景要素没有任何关系 (Arif Dirlik, 2005)，仅仅基于 21 世纪城市形态设计的考量与想象，因而呈现典型的“外部赋予”特征⑦。

1.4 要素填充（2000-2006 年）

伴随着空间结构的赋予，要素填充逐步介入空间生产进程中来，到 1996 年，中心区东部的 4 个金融街坊已经基本完成，“核心三塔”之一的金贸大厦也已初具形象 (另二座塔楼是环球金融中心和上海中心)，滨江区段的绿地环境基本形成，另外，港务大厦、海关大厦、东方明珠建成之后的四年间，受亚洲金融危机的影响，要素填充进程受到一定的波折 (王伟强，2005)。

2001 年之后，伴随着经济形势的恢复，要素建设进程再次加速。南部片区的汤臣一品、盛大金磐、鹏利海景公寓等高档公寓相继建成。同时，中心绿地西侧地块也快速发展，如开工于 2002 年的花旗银行大厦 (X1-7 地块)、汇亚大厦 (B2-2 地块)、上海银行大厦 (B2-4 地块); 开工于 2003 年的香格里拉酒店二期工程 (X1-4 地块); 开工于 2004 年的黄金置地大厦 (B2-5)、合生国际大厦 (X1-5 地块)、中古新天哈瓦那大酒店 (B4-3); 开工于 2005 年的陆家嘴金融中心大厦 (现星展银行大厦，B4-2 地块)、发展大厦 (B3-5 地块)、平安金融大厦 (B1-1/B1-4 地块)、中融碧海蓝天大厦 (B3-6 地块); 开工于 2006 年的招商银行大厦 (B3-2 地块)、东亚金融大厦 (X3-1 地块) 等。到 2006 年左右，随着这些建筑的落成，陆家嘴中心区的整体轮廓线日趋丰富和完整，陆家嘴可供批租的地块也已经所剩无几，陆家嘴大规模的开发进程进入收尾阶段。

1.5 补缀修复（2007 年至今）

自 1990 年算起，经过十多年的建设，陆家嘴中心区取得了巨大的成绩，这从气势恢宏的空间格局以及一幢幢竖立起来的摩天楼群可见一斑。然而，城市实际建成环境却未能向着预期“理想城市”的方向前进：公共空间的缺失、巨大的空间尺度、内向、孤立的建筑单体、消极的外部环境、高端的单一产品定位导致的日常生活空间的丧失、机动车主导以及中心感的缺乏……一系列问题很快随之出现（黄大赛，2003；孙施文，2000、2006）。这些问题早在规划设计阶段就已被有识之士所预见，只是相对于宏大构架和光鲜形象的塑造，相对于资本的吸纳与产出、相对于速度和效率来说，它们实在显得“并非那么重要”，因而并未真正获得重视。随着生活与工作人员的入驻，空间与城市活动的博弈和互为调适逐渐展开，建成环境的“抽象空间”属性开始受到日常生活的检验和批判，对城市空间的重构成为一种必然，2006年，陆家嘴的重新规划被提上日程[8]。只是此时的陆家嘴中心区早已“大局已定”，整体“空间重构”所需的成本相当巨大，于是“补缀与修复”成为这一阶段陆家嘴城市空间演进的主要特征。

1.5.1 商业增补

商业设施的增补是完善陆家嘴中心区城市空间演变的一个新环节。在浦东“十二五”商业规划中明确提出，陆家嘴金融城的小陆家嘴商圈除正大广场、国金中心等大型商业设施外，原上海船厂项目，即总建筑面积达130万m^2的滨江金融城中将规划20万m^2的商业设施。除了商业设施“增容”之外，在商业层次定位和类型的复合化上也进行改善，比如通过对滨江大道的再开发，利用自建金融办公楼宇空间和绿地空间，以及对陆家嘴环路有限空间的再度开发等途径。此外，通过财政补贴的形式，鼓励陆家嘴金融城内各大厦自办餐厅，并倡导利用土地“边角料”，开设小型餐饮店。

近来，陆家嘴金融城环境配套项目建设计划也已逐步展开，主要内容包括：地下空间开发项目、南滨江酒吧休闲街项目、北滨江文化休闲长廊项目、陆家嘴金融城成衣定制街项目，以及陆家嘴金融城餐饮广场项目等五大类型。这些商业服务设施的增补旨在弥补陆家嘴中心区商业类型单一、面积不足等方面的问题。

1.5.2 综合开发

与早期以单个地块为单位的孤立开发模式不同，跨地块城市综合体的开发方式开始出现。香港新鸿基集团的国金中心项目首开先河，该项目整合了X2的6幅地块，集商务办公、酒店、公寓、商业零售与文化展示等多种功能于一体进行整体开发，室内外环境协同设计，建筑规模达 42 万 m^2。更重要的是地下空间与地铁站厅直接相联，实现了与城市公共交通的无缝连接，并且与更大范围的城市地下空间系统留有接口，以便将来和金贸大厦、上海中心以及环球金融中心的地下空间构成整体。这种成片综合开发的模式把建筑和城市之间的界限予以打破，整体考量建筑内外环境的融合，弥补了单一地块孤立开发造成的“城市性”丧失，因而在高密度城市环境中具有明显的整合优势（图 6）。

1.5.3 二层连廊

为优化陆家嘴中心区交通环境，特别是缓解步行与车行空间的矛盾，2006 年，陆家嘴中心区二层连廊系统的设计构想被正式提出[⑨]，并于 2008 年 4 月正式启动。一期工程由“明珠环”、“东方浮庭”、“世纪天桥”以及“世纪连廊”四个部分组成（图 7）。其中“明珠环”、“东方浮庭”与“世纪天桥”区段已于 2010 年建成。

随着二层连廊的逐步形成，地铁 2 号线陆家嘴站、正大广场、上海东方明珠广播电视塔、国金中心、中心绿地、金茂大厦、环球金融中心等主要城市要素将会联系到一起，使原先由于大尺度机动车道路而离散割裂的城市空间在一定程度上被“缝合”起来；另一个明显的作用是，步行空间的连续性得到了较大程度的改善[⑩]。

1.5.4 地下空间

除了向空中发展，地下空间体系的营造也成为近年来陆家嘴的另一个发展举措。自 2010 年起，“陆家嘴金融城地下空间开发项目”开始实施，预计至 2013 年完成。按照计划，“陆家嘴金融城地下空间”由 2.4 万 m^2 地下建筑、地面绿化景观以及与周边地标性建筑相连的 5 条地下通道共同组成，与现有设施组成相对完善的行人步行系统，同时，将正大广场、国金中心、南北滨江等商业点串联成片，形成规模效应与区域效应。建成后的金融城地下空间系统还将与地面上的二层步行连廊串联，经由正大广场、国金中心接通地面“明珠环”，届时行人可通过楼宇间的二层连廊或地下空间，完全依靠步行直达各楼宇及商业设施。如若搭乘地铁，也可以步行至国金中心地下，换乘地铁 2 号线与未来的地铁 14 号线，而完全不用在地面上被车流或红绿灯所阻碍。地下空间的开发带来的另一个变化是“细微空间”的出现，在 2005 年之前，陆家嘴的城市空间呈现出典型的粗放型特征——大尺度和中尺度的空间被得到重视，但缺乏宜人的细微尺度空间。如今通过地下、半地下空间的塑造，一系列小尺度的城市空间逐步出现。明珠广场、下沉庭院、国金中心提供的室内公共步行空间等均是这方面的典型案例（图 8）。

5 6
7 8

图 5. 1993 年陆家嘴地区规划总图及鸟瞰图
图 6. 国金中心城市综合体启动了陆家嘴建设的新模式
图 7. 陆家嘴中心区二层连廊系统
图 8. 小尺度城市空间逐步出现，一定程度上弥补了陆家嘴早期的“粗放型”空间缺憾

2、国家视角与日常生活视角

通过审视陆家嘴中心区空间发展历程可以发现，陆家嘴空间形态正在经历着一个“螺旋式循环”——由浦东开发前的自然式空间演进、到国家干预下的计划式理性演进，然后又逐步向以空间自组织为特征的自然式空间演进模式回复。这种转变是核心驱动力变化的结果，伴随两种驱动力的则是不同的空间审视方式，视角的差异影响并决定了空间绩效的差异（Ali Madanipour，1996；刘晓星，2007）。在这一转变历程中，有两种空间视角在空间演变进程中起着重要的引导作用：一是国家视角；二是日常生活视角。

2.1 国家视角与空间绩效

2.1.1 国家视角

作为国家战略，陆家嘴城市空间形态的产生与演进过程中，政治推动的力量是不可忽视的。如果浦东——陆家嘴是乘着经济全球化东风起飞翱翔的“风筝”，那么政策就是那根无时无刻不在起着控制作用的引线[11]。

20 世纪 80 年代末至 90 年代初的中国面临复杂的国内外局势，东欧剧变、苏联解体以致使得国家改革开放的前景变得不太明朗[12]。与此同时，快速兴起的经济全球化也为中国带来了新的机遇和考验。面对此种状况，邓小平果断提出继续坚持扩大改革开放并进一步开发开放浦东的战略决策——以上海浦东为依托，抓住上海这张王牌，向外界显示中国坚定不移继续坚持和扩大改革开放的信号，回应经济全球化在中国带来的机遇。在邓小平的直接关注下，浦东开发开放于 1990 年正式上升为国家战略。从这一意义上看，陆家嘴中心区的空间形态是国家政府层面主动回应经济全球化的基本趋势，为吸纳全球资本要素的进驻而量身打造的，旨在树立一座中国与世界对话的平台。

2.1.2 行政景观[13]的形成

国家战略的引入使陆家嘴获得了一个强大的外部驱动力。在中央政府和上海地方政府的直接推动下，基于空间自组织机制的自然式演进路径被打破，陆家嘴在短时间内空间形态产生了一个跃迁。

鉴于陆家嘴打造国际金融中心区的国家战略目标，一个重要前提则是在形象上须在现有国际金融中心之中据有一席之地，这种期待奠定了陆家嘴城市空间形态“世界标杆”的发展定位。在这样的语境下，陆家嘴已不是上海的陆家嘴，而是中国乃至世界的陆家嘴，它担负着神圣的政治使命（胡炜，2004；赵启正，2007）。政治力量运作的结果是一系列“宏大景观”的形成，这种宏大景观体现在具体形象上，则是尺度恢宏的空间结构、“曼哈顿”式的摩天楼群、“香榭丽舍大街”式的世纪大道以及不输于任何世界级金融中心的宏伟天际线。

（1）耀眼的天际线

在陆家嘴城市空间形态的生产上，城市天际线得到了很大的重视。由于建筑形象本身的符号性，面对浦江对岸近代上海象征的外滩建筑群，陆家嘴天际线的塑造具有很强的政治意义——它要向世界表明中国21世纪现代化的新形象。而这一形象的原型则是纽约曼哈顿的摩天楼群，后者作为世界久负盛名的金融中心，为陆家嘴中心区的“现代化想象”提供了借鉴。一方面，鳞次栉比的摩天楼群不仅是经济的象征，更是中国崛起的象征；另一方面，塑造曼哈顿的景象可以为外来投资者塑造一种“宾至如归”的感觉

（2）功能纯粹的金融城

作为中国唯一一座以金融贸易命名的国家级开发区，陆家嘴打造金融贸易中心的定位非常明确。从政治意义上讲，“20世纪80年代，世界已经形成了全球化的大趋势，中国要在世界经济舞台占一席之地。需要有几个强大的经济中心城市去代表中国与世界对话”，浦东陆家嘴即承担着这样一个重要使命（陈向明等，2009；谢国平，2010；赵启正 2007）。

而打造这样一个世界级金融中心，金融功能的高度聚集是一个前提条件，陆家嘴中心区又是 " 中心 " 的中心，只有做到最大程度的要素聚集，才能引起世界的注意，从而接轨世界经济，这种思维导向较大影响了陆家嘴中心区过于纯粹的金融贸易功能构成。

（3）尺度恢宏的空间结构

国家战略下陆家嘴的另一特征是尺度恢宏的空间结构。从陆家嘴中心区规划实施方案看，1.7km^{2}的用地面积中，绿地面积占到了34.12%，仅中央绿地面积就占到10hm^2。跨过100m宽的世纪大道，中央绿地的对面是360m~400m高的3座核心塔楼；绿地周围为260~300m高度的户型高层建筑群。另外，为取得“楼高但不拥挤”的开放空间效果，建筑间距特意留大，以至于步行成为一件困难的事。

作为巴黎香榭丽舍大道的景象，100m宽的世纪大道是浦东标志性空间之一。无论从空中视角还是地面视角看，世纪大道的视觉冲击力均不亚于香榭丽舍大道。但这美丽图景的代价也相当大——由于和其他道路之间过于复杂的异形交叉口，交通组织遇到了极大的困难，以至于虽经后来的空间优化，依旧为人诟病。

（4）高端豪华的城市空间

陆家嘴“国家的战略高地”、“上海的战略空间”的定位决定了陆家嘴的豪华和高端，这在土地功能、建筑形态、设施配套甚至交通组织等方面均有体现。首先，一个重要体现的是，陆家嘴中心区建立在原初地景观为“一张白纸”基础之上——原有“落后”的东西被“清扫”干净，继而“空降”一座现代金融城（Arif Drilik,2005）；其次，陆家嘴的商业配套均以高档为目标，面向高端商务服务，面向普通生活需求的服务设施则没有存在的条件；再次，在陆家嘴中心区交通规划明文指出禁止自行车通行，这进一步突出了空间形态的机动车主导属性，进一步压制了日常生活空间的生长。

高端的功能定位创造了视觉和使用上豪华的城市空间。作为一枚硬币的另一面，为公众提供普通服务的项目空间受到很大抑制，日后的经验证明，这对于工作于此的白领们抑或路人均带来生活上的不便利，某种程度上看，导致了陆家嘴中心区城市活力的缺失。

2.2 日常生活视角与空间绩效

2.2.1 日常生活

日常生活是检验城市空间的最终评判者。无论是自然有机演进还是理性计划演进型城市空间，最终均要接纳生活于此的各类使用者，接受日常生活的检验与校核，两者的区别在于，对于理性计划城市空间来说，日常生活介入的时间是滞后的——在制定空间生产计划之时，所考虑的“生活需求”是对真实日常生活的一种简化和抽象。因而日后对空间的“生活修正”往往成为必然。

日常生活视角和国家层面的政治视角相对应：前者重在简明和抽象。重在体验和参与；后者重在谋划和操控。日常生活作用在于能够以“人的视角”对空间予以具体的体验和审视，回归空间固有的复杂性，从而发现问题，促发空间修复行为的产生，相当于国家视角，这是一种“自下而上”的空间生产途径。正因为这种差异，对于城市空间生产和演进而言，其影响空间演进路径的方式和结果也有着很大的不同。

2.2.2 日常生活空间的形成

一般而言，日常生活行为与城市空间的互为调试使得空间趋于场所化。而在陆家嘴中心区，日常生活的贡献在于它可以在一定程度上修正、整饬、补缀、完善“被刻意设计出来”的空间缺陷。陆家嘴早期开发中，没有考虑到适用不同消费层次需求的商业、餐饮、休闲、娱乐等配套设施，纯商务化倾向较为明显[14]，重基础设施与商务办公楼宇，轻人文内涵，因此导致人气不足，活力缺乏：白天除了办公的商务人员以及一些全赖观光旅游的人，一到夜晚就人去楼空，一片“萧条”，甚至有些已入驻的要素市场，因人气不足而向浦西回迁[15]。空间形态与日常生活之间的矛盾使得陆家嘴集团公司及时地认识到问题所在，随后引入了正大广场项目，并增加了旅游和会展功能，从一定程度上丰富了功能类型（黄大赛，2003），后来随着办公楼宇的规模化，工作人员入驻数量增加，新的问题随之出现：尽管不少房子内部设置了商业配套，但由于陆家嘴的总体定位，这些商业配套多属高端精品商店和商务型餐饮店，并不适合员工日常的生活需求，空间与日常生活之间的矛盾再次出现（孙施文，2006），要求对城市空间再次予以修正。正是这些自下而上的生活需求，促发陆家嘴集团公司提出所谓“近距离服务”政策的颁布：通过 财政补贴的形式，鼓励陆家嘴金融城内各大厦自办餐厅，并鼓励利用土地“边角料”，开设小型餐饮店。并打造点线结合的商业空间布局——“点”是指充分挖掘楼宇潜能，完善商务楼宇自身的“小配套”；“线”则是指重点打造世界大道商业黄金走廊和滨江商务休闲带。

2.3 两种视角下城市空间特征与绩效的对比

综上，人们可以对国家视角与生活视角下陆家嘴的空间运作方式及特征予以总结（表1）。

国家视角与日常生活视角空间运作特征比较

表1

	国家视角	日常生活视角
空间认知	空间作为政治符号与经济符号	空间作为城市生活的载体
理论基础	抽象的合理性理性计划	具体的合理性空间自组织
行为主体	中国中央政府和地方政府	生活与工作于此的群体，过路人，普通公众
运行方式	国家计划政策倾斜体制设计空间管制	身体体验空间使用以及日常反馈
运行特征	自上而下结构赋予空间赋形	自下而上空间修复调适补缀
空间绩效	速生城市符号城市宏大景观	日常生活空间宜居城市小空间
负面作用	足够强势以至于屏蔽了空间的其他纬度，忽略了空间的复杂性	专注空间细节个体的差异性忽视整体格局的建构
运作时段	先期计划启动期发展初期	后续补充中、后期

3、结论与启示

“国家视角”的局限来自于对空间单一的自上而下审视以及抽象和简化，从而城市空间的复杂性被忽略（James C.Scott，1998）。城市空间的复杂性经过“国家视角”的过滤之后，作为市民日常生活场所的空间属性被抑制，而作为经济生产基地的空间属性被放大，作为政绩象征的政治属性被放大，作为视觉符号象征的空间属性同样被放大。结果是，实际的建成环境“看上去很美”，但也仅此而已。与国家视角对城市空间鸟瞰式的抽象认知和对空间复杂性的过度简化不同，日常生活视角与城市生活作为 城市空间形态的最终检验标尺，其特有的“参与”属性——具体的亲身体验使得其空间运作方式弥具价值，只有重新“回到地面”，以“日常生活视角”对城市空间予以审视体察进而重构，才有可能重新还原空间本身的复杂性，最终推动“城市空间”向“魅力场所”的转变。

改革开放 30 年来，中国的城市发展塑造了世界城建史上的奇迹，一大批新城（区）纷纷涌现，至今势头不减。尽管这些新城很少能够像陆家嘴那样得到国家层面的支持，但无不例外均是地方政府强力推动的一个结果，因而同样具有强烈的“计划”属性与“设计”属性，对城市生活的考虑大多仅仅停留在抽象层面（武廷海等，2011），在这一意义上，这些新城（区）的空间生产机制与陆家嘴有一定的相似性，同样面临着空间转型方面的问题和要求[16]。可以预见，日常生活视角越早介入空间的生产与演进过程，那么这些新城（区）的城市空间优化就越容易显现，空间的宜居和活力也就越容易获得，否则，随着时间的推移，日后的修复难度和代价就会越发巨大。

在《国家的视角：那些试图改善人类状况的实践是如何失败的》中，作者詹姆斯 C. 斯科特（James C. Scott）敏锐地注意到：只有国家高高在上的计划与地方的特征和具体微视的实践取得协调之时，才是国家行动的成功之时[17]。费城 的总设计师埃德蒙·培根（Edmund N.Bacon）也曾经说过：“你不能制造一个规划（make a plan），你是能培育一个规划（grow a plan）”，这些观点对于中国新城（区）的空间生产而言，无疑具有很大的启示意义。

注释

① 谢国平 . 财富增长的试验 : 浦东样本 (1990-2010). 上海 : 上海人民出版社，2010: 201

② 见 :http://www.cnr.cn/2008zt/ggkf/shibadi-anxing/shpdxq/qlpdzb/200810/t20081014_505122312.html，中国广播网记者时赵启正的专访

③ 关于浦东开发的战略构想其实早在 20 世纪初便已被提及，其后半个多世纪的时间里陆续有数个版本的发展构想出台，只是限于历史原因均未能实现，直到 1990 年开发开放浦东成为“国家战略”，具体请参见上海城市规划志的相关记述）

④ 1986 年 10 月 13 日，国务院在关于《上海市城市总体规划方案》的批复中提出 :“当前，要特别注意有计划地建设和改造浦东地区”，这是上海历史上第一个经国家批准、具有法律效力的城市总体规划。

⑤ 1991 年陆家嘴规划方案对 1988 版的开发强度进行了扩容，建筑面积由原先提出的 240 万 m^2 修订为 370 万 m^2。这一版本的设计方案成为陆家嘴前期开发以及即将展开的国际规划设计咨询的主要依据。

⑥ 国际咨询团队包括 : 英国的理查德 · 罗杰斯、法国的佩罗、意大利的福克萨斯、日本的伊东丰雄，以及由中国上海城市规划设计研究院、华东建筑设计研究院以及同济大学组建的中国上海联合设计组。

⑦ 对此，澳洲著名人类学者艾瑞夫 · 德里克形象地称之为“离地的美学”(off-ground global aesthetics)，见 : 艾瑞夫 · 德利克 . 建筑与全球现代性、殖民主义以及地方 . 中外文学 .2005, 34(1):25-2.

⑧ 2006 年 1 月 9 日召开的浦东二届人大五次会议公布了《浦东新区 2006 年国民经济和社会发展计划草案报告》。报告中提到在金茂大厦、环球金融中心和原陆家嘴美食城地块上的新鸿基项目之间，规划将建楼宇连接设施，并对该地区的部分地下空间进行开发。

⑨ 其实在 1993 版陆家嘴中心区规划方案中，也曾提及二层连廊的设想，只是由于建设开发的分阶段性和建设单位的反对而最终不了了之当下正在实施的二层连廊的位置和形式与当初规划方案已有很大的不同。

⑩ 由于二层连廊建设的滞后性，加之已经建成的建筑在当初设计时并没预留接口，建筑空间的功能配置上也大多未预留二层连廊接入的弹性，从而造成连廊和建筑之间难以进行有机的匹配，事实上当前已经完工的部分也说明了这一点—仅仅是步行交通通道而已，并未能激发更多样化城市行为的产生

⑪ 某种意义上讲，不像纽约、东京、伦敦、香港等世界金融中心的自然成长，浦东—陆家嘴的开发是中国中央与地方政府“一手制造”出来的，政府的强势推动是上海浦东发展的原动力。杨之懿，孙哲，编著 . 城市发展进行时——上海城市节点案例集 . 上海 : 同济大学出版社，2010: 145

⑫ 1988 年和 1989 年是中国改革开放以来经济最低迷的两年，改革开放遇到了严重的困难。1998 年的经济过热和价格闯关导致罕见的抢购风潮，随后的治理整顿政策又使中国经济跌入低谷，国内对于经济体制的争论 1999 年的政治风波以及随后西方国家掀起的对中国“制裁”风潮，加上苏联解体、东欧剧变，中国在改革开放、经济建设、国内稳定以及国际合作方面同时遭遇严重困难，这种 “三碰头”的严重局面，是新中国成立以来罕见的。见 : 谢国平，著 . 财富增长的经验 : 浦东样本 (1990-201 动 . 上海 : 上海人民出版社 2010 年版 .P78-82)

⑬ 此处借用陈丹青之“行政景观”的概念，以此来表述强力国家视角影响下城市空间的景观属性见 : 陈丹青 2003 年在同济大学的演讲，文章收录于《退步集》。

⑭ 比如陆家嘴中心区早期形成的东部街坊，在 2009 年，共有包括上海证券大厦、中国保险大厦等 14 栋证券银行商贸大厦，保守估计，工作人员达 5.5 万名之多但在这 14 栋楼内设置的餐饮设施仅有 25 处，其中餐饮店 11 处、大厦食堂 3 处、咖啡厅 5 处、酒吧 1 处、小型便利超市 5 处，显然很难满足逾 5 万名工作人员的需求。

⑮ 黄大赛 . 上海 CBD: 变种还是纯种 ? 新经济，2003 (3): 35-38

⑯ 近来深为会众与媒体所关注的“鬼城”现象，即是对计划生产出的新城空间缺憾的一个反思，在笔者看来，尽管造成 “鬼城”的因素多样，但多因强调其经济属性和政治属性从而造成对空间生活属性的忽视。

⑰ [美] 詹姆斯 · C. 斯科特著 . 国家的视角 : 那些试图改善人类状况的项目是如何失败的 . 王晓毅，译 . 北京 : 社会科学文献出版社 .2004.

参考文献:

[1] 艾瑞夫 · 德利克 . 建筑与全球现代性、殖民主义以及地方 [J]. 张磨君，译 . 中外文学，2005(1): 23-43.
(DIRLIK A. Architectures of global modernity. Colonialism ZHANG Lijun. translate. Chinese and Foreign Literature,2005 (1): 23-43.)

[2] [美] 阿里 · 麦达尼普尔 . 城市空间设计——社会一空间过程的调查研究 [M]. 欧阳文，梁海燕，宋树旭，译 . 北京 : 中国建筑工业 出版社，2009.(MADANIPOUR A. Desigm of urban space: an inquiry into a socio-spatial pro cess[M]. OUYang Wen, LIANG Haiyan, SONG Shuxu, translate. Chinese Architecture&Building Press, Beijing, 2009.)

[3] 陈向明，周振华 . 上海崛起 : 一座全球大都市的国家战略与地方变革 [M]. 上海 : 世纪出版集团，上海人民出版社，2009.
(CHEN Xiangcning, ZHOU Zhenhua. Shanghai rising: state power and local transformations in a global megacity[M].
Century Publishing Co.，Ltd.&Shanghai people' s Publishing House, Shanghai, 2009.)

[4] [美] 道格拉斯 · C. 诺思 . 制度、制度变迁与经济绩效 [M]. 杭行，译 . 上海 : 格致出版社，上海三联书店上海人民出版社 2008
(NORTH D C. Institutions, institutional change and economic performance[M]. HANG Xing, translate. Shanghai: Truth & Wisdom Press, Shanghai Joint Publishing Press, Shanghai People' s Publishing House, 2008.)

[5] [英] 戴维 · 贾奇，格里 · 斯托克，[美 } 哈罗德 · 沃尔曼 . 城市政治学理论 [M]. 刘晔，译 . 上海 : 上海世纪出版集团，2009.
(JUDGE D, STOKER G, WOLMAN H. Theories of urban politics[M]. LIU Ye, translate. Shanghai: Century Publishing Co.，Ltd., 2009.)

[6] 胡炜 . 走过十年 : 浦东开发开放实践录 [M[. 上海 : 上海人民出版社，2004. (HU Wei. Walking through ten years: re cording the development and opening-up of Shanghai Pudong [M]. Shanghai: Shanghai people' s Publishing House, 2004.)

[7] 黄大赛 . 上海 C:BD: 变种还是纯种 ?[J]. 新经济，2003(3) :35-38 (HUANG Dasai. Shanghai CBD: variants or purebred?[J]. New Economy, 2003 (3): 35-38.)

[8] 黄富厢 . 上海 21 世纪 CBD 与陆家嘴中心区规划的深化完善川 . 上海城市规划，1997(2): 18-25.(HUANG Fuxiang. Planning development of CBD and Lujiazui Finance and Trade Zone facing 21 century in Shanghai[J]. Shanghai Urban Planning Reveiw, 1997(2): 18-25.)

[9] 黄富厢 . 上海 21 世纪 CBD 与陆家嘴金融贸易区的构成 [J]. 时代建筑，1998(2):24-28.
(HUANG Fuxiang. Planning of CBD and Lujiazui Finance and Trade Zone facing 21 century in Shanghai[J]. Time + Architecture, 1998(2): 24-28.)

[10]赖世刚，韩昊英 . 复杂 : 城市规划的新观点 [M]. 北京 : 中国建筑工业出版社，2009. (LAI Shih-kung, HAN Haoying. Com plexity: the new perspectives of urban planning[M]. Beijing: Chinese Architecture & Building Press, 2009.)

[11]刘晓星 . 中国传统聚落形态的有机演进途径及其启示田 . 城市规划学刊，2007(3): 55-60.(LIU Xiaoxing. Study on organic evolution of Chinese traditional settlement and some revelations[J]. Urban Planning Forum, 2007(3): 55-60.)

[12][美] 马克 · 吉罗德 . 城市与人—一部社会与建筑的历史 [M]. 郑析，周琦，译 . 北京 : 中国建筑工业出版社，2008.
(MARK GIRIOUARD. Citys & people: a social & architecture history[M]. ZHENG Xin, ZHOU Qi, translate. Chinese Architecture & Building Press, Beijing, 2008.)

[13]上海陆家嘴 (集团) 有限公司 . 上海陆家嘴金融中心区规划设计与建筑——城市设计卷 [M]. 北京 : 中国建筑工业出版社，2001. (Lujiazui Finance & Trade Zone Development Co.，Ltd. Planning and architecture of Shanghai Lujiazui Central Area: urban design volume[M]. Beijing: Chinese ArchiLecture&Building Press, 2001.)

[14]上海陆家嘴 (集团) 有限公司 . 上海陆家嘴金融中心区规划与建筑——国际咨询卷 [M]. 北京 : 中国建筑工业出版社，2001.
(Lujiazui Finance & Trade Zone Development Ca.，Ltd. Planning and architecture of Shanghai Lujiazui Central Area: intenational consulting volume[M]. Beijing: Chinese Architecture & Building Press, 2001.)

[15]上海陆家嘴 (集团) 有限公司 . 上海陆家嘴金融中心区规划与建筑——交通规划国际咨询卷 [M]. 北京 : 中国建筑工业出版社，2001.

(Lujiazui Finance&Trade Zone Development Co., Ltd. Planning and architecture of Shanghai Lujiazui Central Area: international consulting for transportation planning volume[M]. Beijing: Chinese Architecture & Building Press, 2001.)

[16] 上海陆家嘴（集团）有限公司，上海陆家嘴金融中心区规划与建筑：深化规划卷 [M]. 北京：中国建筑工业出版社，2001. (Lujiazui Finance &Trade Zone Development Co., Ltd. Planning and architecture of Shanghai Lujiazui Central Area: detailed plan volume[M]. Beijing: Chinese Architecture & Building Press, 2001.)

[17] 孙施文．城市空间与建筑空间——关于上海城市建筑的断想田，时代建筑，2000(1): 16-19. (SUN Shiwen.Urban space& architectural space ——on urban architecture in Shanghai[J]. Time + Architecture, 2000(1): 16-19.)

[18] 孙施文．城市中心与城市公共空间——上海浦东陆家嘴地区的规划建设评论 [J]. 城市规划，2006(8):66-74.(SUN Shiwen.City center and city Public space: a Planning review on the construction of Lujiazui area of Pudong district, Shanghai[J]. City planning Review, 2006 (8):66-74.)

[19] 童明．政府视角的城市规划 [M]. 北京：中国建筑工业出版社，2005. (TONG Ming.Urban planning of government perspective[M].Beijing: Chinese Architecture & Building press, 2005)

[20] 王伟强．和谐城市的塑造——关于城市空间形态演变的政治经济学实证分析 [M]. 北京：中国建筑工业出版社，2005. (WANG Weiqiang. Building harmonious cities----the empirical study through the perspective of Political economics on urban form[MI. Chinese Architecture & Building press, Beijing, 2005.)

[21] 武廷海，杨保军，张城国．中国新城：1979-2009[M]// 城市与区域规划研究．商务印书馆 .2011(2): 19-43. (WU Tinghai, YANG Baojun, ZHANG Chengguo. China's new town 1979-2009[M]//Journal of Urban and Regional Planning. Commercial Press, 2011(2): 19-43)

[22] 徐文婧，陈宇．这些年，那些景 [M]. 地图．2009(4): 80-89(XU Wenjing, CHEN Yu. These years, those images[J]. Map, 2009(4): 80-89.)

[23] 谢国平．财富增长的试验：浦东样本 (1990-2010)[M]. 上海：上海人民出版社，2010. (XIE Guoping. Pudong: a story of economic prosperity-rising star of the east 1990-2010[M]. Shanghai: Shanghai People's Publishing House, 2010.)

[24] [澳] 亚历山大 · R · 卡斯伯特．城市形态——政治经学与城市设计 [M]. 孙诗萌．袁琳，翟炳哲，译．北京：中国建筑工业出版社，2011.(CUTHBERT A R. The form of cities political economy and urban design[M]. SUN Shimeng, YUAN Lin, ZHAI Bingzhe, translate. Chinese Architecture & Building Press, Beijing, 2011.)

[25] [美] 詹姆斯 · C. 斯科特．国家的视角：那些试图改善人类状况的项目是如何失败的 [M]. 王晓毅，译．北京：社会科学文献出版社，2004.(SCOTT J C. Seeing like a state: how certain schemes to improve the human condition have failed[M]. WANG Xiaoyi, translate. Beijing: Social Sciences Academic Press, 2004.)

[26] 赵启正．浦东逻辑：浦东开发与经济全球化 [M]. 上海三联书店，2007. (ZHAO Qizheng. The logical of Pudong New Area: the development of Pudong New Area & economic globalization[M]. Shanghai: Shanghai Joint Publishing Press, 2007.)

作者简介： 刘晓星，同济大学建筑与城市规划学院博士

陈易，同济大学建筑与城市规划学院教授

原载于：《城市规划学刊》2012 年第 3 期

后记：扩展领域中的城市设计与理论

Epilogue: Urban Design and Theory in an Expending Field

童明
Tong Ming

1、城市设计的理论与现实

1.1 现实中的困境

关于城市设计的理论存在一种完整的结构与体系吗？

自20世纪80年代城市设计的概念陆续被引入到国内时起，它就显得既不够明确，也不够系统，这一问题长期以来就已经被普遍感知。究其原因，可能就在于城市设计本身就是经由多重视角切入的，我们基本上可以将这种多重视角区分为两种类型：

第一类是从建筑设计切入的视角，城市往往被视作为一种放大了的建筑，或者是一组超越了单体的建筑群，于是城市设计也就可以视作为被放大了的建筑设计，它的最终结果由充满创造性的设计所构成，个人主观因素充斥于其间。在一个以公共性为基础的城市领域中，其合理性始终在受到质疑。

第二类是从城市规划切入的视角，它更多试图从姿态各异的单体建设中获得一种整体性。然而由于过度的抽象化和规范化，制度性的用地划分及其属性约制并不能够给城市直接带来一种确凿的高品质环境。

在城市设计中，应该是以建筑优先还是以城市优先？是以形态设计优先还是以引导控制优先？是以人为创造力优先还是以刚性管理体制优先？这些问题在城市设计理论的讨论中始终成为焦点。

在现实操作中，以上这些争议经常被整合成为一种混合性的观点，也就是通过畅想性的个人创作加上制度性的空间管理来塑造一座城市的形态特色。城市设计师不仅需要成为一名富有灵感的设计人员，而且也要介入到规范体制的建立之中，将那种感性化的未来图景转化成为具有制约性或者引导性的图文条例，最终的设计成果往往就呈现为城市形态的梦幻图景加上表格化的控制图则。

于是这就形成了目前国内被称作城市设计的具体事务，它们不仅头绪众多，而且也是话语各异。它们既可以按照尺度的大小，从超出感知范畴的总体城市设计一直到具体微观的街区城市设计，也可以按照项目所处的区位、所属的题材而被辨分为中心区的城市设计或者城郊带的城市设计，城市新区的城市设计或者历史保护区的城市设计，滨水区的城市设计或者山地区的城市设计。此外，也有许多研究将它们分解成为由各类要素所构成的城市设计，如建筑群落、公共空间、天际轮廓，或者更加细节化的城市色彩、城市雕塑、街道家具、标识系统等等。

然而事实上，这种分类方式或体系构成很难触及城市设计的初衷与本质。在大多数的城市设计工作中，人们经常处在一种两难境地：它要么成为一种个人化的主观创作，难以应对长期而普遍的制度领域；要么成为一种貌似规范严格、指标详细的图则系统，其核心之处往往却是苍白乏力。在具体的实践环节中，宏观与微观的脱节，概念与实施的脱节，规则与操作的脱节，这些问题使得大多数城市设计仍然停留于主观性的随意状态，很难经得起思维逻辑的详细审视。

其实，城市设计研究的这种混沌状况实属正常，作为一门实践性的学科，不能期待拥有某种完善的理论体系之后才能将它付诸实践。或许我们应该反向思考，在以往的年代中，其实也并不存在什么有关城市设计的理论，人们同样可以营造出极为出色的城市环境。

因此，有关城市设计的理论并不必然成为解决问题的灵丹妙药，也并不必然成为日常实践的方法机制，它更多的应该是针对现实领域的一种反思。或者不如说，有关城市设计的理论始终来自于针对现实世界的批判。卡米洛 · 西特关于“建造城市的艺术”的写作源于针对 19 世纪以来城市发展现状的反思，柯布西耶对于光辉城市的设想引发于老旧巴黎的卫生不良的城市环境，简 · 雅各布斯针对现代主义城市规划的质疑来自于它们对于城市生活现实的简单忽略……于是，在城市设计理论的话语里就经常充满了诸如“艺术领域贫儿”、“沉闷不堪的成排房屋”、“令人厌烦的方盒子”，或者“一个全新的设计”、“一种全新的密度”、“新鲜空气、阳光和绿色植物”，或者“机械分割的功能区域”、“破坏有机丰富的传统结构”、“忽视历史建筑和社会网络”等现实批判或者设想描述。

20世纪60年代以来，人们针对现代城市规划的批判似乎已经成为一种家常便饭，以至于有关城市设计的理论再也很难形成一种共识性的观点。这就有如当代其他一些研究领域那样，人们仿佛徘徊在两种相互对抗的力量之间：一方面，后现代主义情结的理论学者拒绝任何关于建构完整理论的尝试，而另一方面，当他们在拒绝结构化理论的同时，又容易陷入一种学术思想的无序状态，其中充斥着无数离散而矛盾的观点与话语。

1.2 多维化的理论视角

当前城市设计的理论之所以给人一种叠涩、混沌与矛盾的感觉，是因为我们所继承的是历史上曾经出现过的众多理论话语，这些理论话语的形成一般都带有具体的时代特征和地域环境，只有在各自的背景中才能获得较好的解释。但是如今当它们被叠加到一起时，就会令人感到眼花缭乱，难有头绪。

因此很自然，为了寻求更加完好的理解，城市设计理论研究的另外一项重要工作就是针对理论本身的梳理，于是就会产生出许多有关城市设计理论体系的论著或文集，较有影响的就如戴维 · 戈斯林（David Gosling）、阿兰 · 罗利 (Alan Rowley) 关于城市设计定义的研究，G. 伯罗德奔特（Broadbent G.）针对城市设计理论中经验主义与理性主义思想基础的辩分，安妮 · 穆东 (Moudon A.V.) 关于城市设计理论学科领域的研究，亚历山大 · R · 卡斯伯特（Alexander R. Cuthbert）关于空间政治经济学与城市设计的研究。其中马休 · 卡莫纳（Matthew Carmona）在其著作《城市设计的维度》中将城市设计理论体系辨分为：视觉的 (visual)、认知的 (perceptual)、社会的 (social)、功能的 (functional)、时间的 (sustainable)、空间的 (spatial)、形态的 (morphological)、文脉的 (contextual) 等多个维度，较为全面地概括了城市设计理论的研究范畴。

同时，为了针对这些领域形成更好的理解，城市设计理论又不得不涵盖城市历史、城市景观、城市意象、环境行为、场所研究、物质形态、自然生态等不同领域。当然除此之外，还有一个不能忽视的重要话题，也就是有关城市设计的“程序—过程”的研究。

对于城市设计理论的梳理工作本身无可厚非，理论视角的多元性构成，其本身也反映了存在于城市设计之中的多重价值判断。然而问题往往就在于，当所有这些维度被累积在一起时，就会给人一种似是而非的错觉：似乎这种体系辩分的工作越是细致，就越可以从中自然获得一种严丝合缝、完整无缺的思想框架，用以应对各种类型、不同情景的城市设计实践。

人们对于这种潜在整体性的认同感如此之高，以至于在面对不同视角理论之间的差异性与矛盾性时却鲜有争议。事实上，那种结构完整的总体城市设计理论难以存在，是因为它们并非在同一背景之中整体构成。它们既被历史中的各种实践丰富和发展，也会被现实中的各类因素简化或变型形，并且反过来成为影响其他实践的简单工具，甚至被奉为某种毋庸置疑的意识形态或者专业信仰。

通过物理环境的操作以应对深层复杂的社会经济问题，通过城市功能合理性与视觉理论方法的结合，以带动环境活力的提升和激发、场所精神的营造以及城市各类要素的整合，这种意图长久以来已经成为现代城市设计的一种根深蒂固的潜意识。然而正是这样一种鲜有争议的整体性经常在现实环境中招致诸多的不良后果，那些貌似可以由此及彼的不同视角的理论观点，在现实中经常掩盖了需要应对的具体问题。

这种案例在 20 世纪的全球范围内已经积攒了很多。50 年代欧洲新城运动中的那些经典城市设计案例，其理想就是通过完美的城市空间设计来合理布局城市功能和就业空间，但持续十多年后人们才发现，大量的资金投入并未换来原有城市问题的解决。印度昌迪加尔的设计与建造原本是要为刚刚独立的现代印度提供一个迈向现代社会的模板，但是在随后不了了之的故事中，它又沦为了传统性的杂乱城市；美国圣路易斯市的普拉特—伊戈社区曾经设想通过系统性的功能结构和公共空间设计来提供完善的居住环境，但最终却导致了非常严重的社会问题，不得不在 1972 年面对被彻底炸毁的厄运……

改革开放 30 多年来，中国城市同样也产生过许多类似的案例，例如上海的安亭新镇、北京的金融街、深圳的福田中心……这些项目或者希望通过模仿经典对象，或者希望通过绝对设计，去为一个未来城市空间提供融洽的社会、宜居的环境、完善的功能，但现实中的结果大多数事与愿违。

我们可以将大多数城市设计项目在现实中的不成功归结为不可预知因素的重重干扰，或者社会政治环境的严酷性，然而不容忽视的是，在城市设计理论研究的目的中始终潜伏着这样一种基本企图，也就是使自己成为一种可以普遍适用的说辞。它既可以讨论在一个高强度开发压力背景下的城市内部的发展问题，也可以将这些设想应用于其他欠发展地区以及乡村地区；它既可以从古代的城市形态中提炼而出，也可以顺利地应用于当代的现实环境之中。

迄今为止，城市设计仍然缺乏一种足以能够赋予该学科以整体性的基础性观点，从而使之难以形成一种严谨化的理论结构。城市设计更为经常地被理解为个别天才的创新行为、历史偶然性或者技术变化的随机结果，充满了历史主义、实用主义、科技主义、折中主义和经验主义，从而难以在整个社会经济的发展框架内寻求对其由来的解释，这些观点共同阻滞着实质性的理论发展。

由于在最为基底层面上缺乏某种稳定性的学理因素，城市设计的实践意向往往也难以独立而明确，从而导致它经常在现实过程中，要么被混同于其他专业，要么处在一种模糊的团块。当这些基底问题被泛溢到表层时，城市设计的身份就会出现定位问题，从而面临众多的"十字路口"、"学理性的危机"。因此对于当前的城市设计研究，可能最为迫切的任务仍然还是在于它的学科基础。如果城市设计可以成为一门独立的学科，它还存在一种特定的研究领域吗？以往有关城市设计的公共性议题在当前的环境中还有现实意义吗？

2、当代城市设计领域的困境

2.1 当代语境中的城市设计危机

相比起传统城市设计语境中存在的困境，当前的城市发展现实对于城市空间以及城市设计构成了更加深刻的挑战。21 世纪以来城市发展的一个主要议题就是经济全球化与社会网络化，这不仅为城市研究开启了一个有别于以往的时代，同时也使得有关城市设计的大多数话题正在失却原有的背景和意义。

如果稍加梳理传统城市设计理论中的那些主要议题，我们大致可以发现，在全新的历史背景和发展环境中，它们的实践语境正在发生着重大转折：

其一，在功能属性的议题中，传统城市空间规划所信奉的那种一致性正在解体，经济活动与空间载体的对应关系正在变得更加疏离。建立在通信系统与微电子双重革命基础上的新技术把空间地点转变成了流动 (flows) 与渠道 (channels) ，同时伴随着快捷交通与运输系统的迅猛发展，经济贸易及其组织形式日趋全球化和灵活化，投资和资金的快速流动导致地理区位的限定作用大大降低。

在这样一种全新的产业经济网络化的趋势中，城市消费行为同样也逐渐摆脱物理空间因素的制约，网络、电视、电话等非空间方式正在成为人们习以为常的购物方式，便捷的物流系统正在降低人们走入城市街道空间的频率，从技术上而言，大型商场已然落伍，更用不着说传统的商业环境。于是，传统意义中的“空间区位”、“产城融合”、“布局研究”等城市规划内容将会失去效能，那种追求稳定空间对应关系的设计方式将会面对来自一种碎片化、断裂化的城市景观的挑战，传统意义中的建筑与空间布局关系将被信息技术所建构的无形网络逐渐取代。

其二，在社会属性的议题中，资本和劳动力的组织关系已经在一种信息化的空间经济中发生了结构性转变。在这种空间经济中，原有社会经济发展中的地理不平衡性正在一种全新的、常常是不可预知的方式中重新构成，城市人口将根据越来越专业化的空间调整而不断迁徙和重组。大量刚刚从快速城市化进程中释放出来的农村人口纷纷涌向沿海发达城市，而东部地区也相应将那些已经落伍的工厂、产业迁向内陆西部。城市中人口的流动频率远胜以往,社会的隔离状况也日趋明显。原先需要着重考虑的公共空间已经无法成为安静、宜人的环境容器，原先需要着重考虑的社区配套、资源分配等涉及空间公平性的规划布局也难以落实。在微观层面，伴随着城市事务与空间形式之间的分离，市民生活与城市意义之间的分离也更加明确。原先在城市设计中需要着重考虑的社会安全空间、可防卫空间等经典模式已经让位于遍布街头的摄像监控系统，社区空间也由于失去了实质性的公共交往而在不断退化。

其三，在文化属性的议题中，流动空间 (Space of flows) 的出现取代了地方空间 (Space of places) 的基本含义，即将消失的是因市民而存在的场所意义。城市空间越来越与一种“无地方性”(No Place) 的环境发展密切地联系在一起。 每一座城市、每一个地点都转向它在社会网络中的层级位置而获得自身的社会价值，而这个社会网络的运行与节奏也将脱离这些地点，甚至脱离于这些地点中的人。

在这样一种环境中，讨论历史文化保护已经缺少了实质性的意义，新的城市开发正在无情扫荡着传统的社区，即便对于严格保存下来的城市历史环境，新取向的城市意义正在导致人们与其所属空间的历史性与文化性进行决裂。“故土家园”已经不复存在，人们附着于地点上的身份特征也将荡然无存，人口与物质的快速、无序流动逐渐替代了原先的场所，原先的语境，以及原先的文化意蕴，使得这个社会疏离、个体封闭的空间越来越变得没有差别化。鲜活生命被改造成为抽象概念，现实环境变成了虚幻的影子。

其四，在公共属性的议题中，全球性的资本流动与网络社会的崛起已经成为当前时代的主旋律，越来越抽象化的资本可以更加随意地降临到某一块土地上，由此激发了更为猛烈的投机性城市开发，城市开发项目与其场所地点之间不再需要存有紧密的关联性，某个城市空间与另一个城市空间之间理论上也不再需要协调统一。随之而来的就是公共资源聚集性的削弱与社会共识性的降低，城市空间的发展现实经常超出政府职能的操控范围，传统经济政策的杠杆作用已经变得极其虚弱。

自20世纪90年代开始普及的一些新的城市场所，如郊区大卖场、商业购物中心、汽车交通网络，它们在城市生活中逐渐占据了显著位置，从而开始宣告一种"无地方性"的城市空间的诞生。只要身处这些购物中心或者纵横交错的交通系统中，人们所获得的现实感受在世界范围内都具有一定的相似性。由此所导致形成的城市空间体验则是摆脱了等级秩序和差异性的地点和场所，它们点缀在由快速路网所构成的四通八道的网络里。在这种局面下，当前人们之所以可以感受到一场普遍性的城市空间危机，是因为城市长期以来就是以空间和形式、功能和意义、知识和行为连接在一起的一个整体，人们有关城市空间的经验来自于长久稳定的地点和场所。但是随着网络社会中的流通系统逐步朝向未知领域发展，以往城市空间的那种稳定格局正在弭散消逝。

正是在这样一种日益普及的当代城市景象中，当前的城市空间中已经开始充斥着一种非整体、无规则的氛围，并且随着日益推进的全球化进程而广为扩散，其间的运行机理令人难以真正说明。

这一趋势给当前城市设计所带来的问题就是：在这样一种时代背景中，还可能存在一种以具体空间为对象的城市设计吗？如果它仍然存在，那么将会是什么样子？它与以往的城市设计仍然还能存在怎样的共同诉求？它们将会由谁、通过什么方式、针对什么问题、做出什么样的应对？

2.2 城市景观的新含义

在当前信息化的全球经济和网络社会的时代背景中，传统的城市空间由于日新月异的社会经济制度而正在丧失原有的含义，通过传统城市设计方法所进行的空间整合也变得更加难以可行。但是与此同时，这种趋势并不表明城市设计在当前城市环境中的效力将会急剧下降，或许恰恰相反，它所能发挥的作用将会远胜以往。这是因为一座城市的形态，也就是城市设计（物质性的组织和设计）的主要工作范畴，在世界经济中的作用将被日益扩大。

作为一种可视系统，城市形态在一个社会中的价值始终不会湮没。只不过在新的时代背景中，针对城市形态的工作将会获得一种新的含义。

2.2.1 经济发展的新引擎

从全球范围来看，美好城市形态的塑造在一座城市格局中的地位不是下降而是提升，诸如香港的西九龙、迪拜的滨海区、汉堡的港口区这类大型项目正在世界各地大量展开，同时还间杂着更加不计其数、更加容易操作的中小型项目。通过恰当的空间营造和环境提升，许多城市在经由技术升级、产业转型、人口老化等因素所导致的衰退阶段之后，迎来了服务业、零售业、娱乐业、旅游业的强劲复苏。尽管信息经济和基于网络的通信方式可以将人口与资源分配到城市的各个角落，但富有文化气质、情调因素的空间环境仍然无可替代，它们使得一些城市中心的集聚效应在不断增强。

与此同时，公共安全、生态环境以及宜居特征这些城市空间因素在一个日益水平化的劳动力市场中也变得更加重要，流动化的经济方式同样也会允许人员根据所需的生活方式进行自由选择，从而也影响着城市空间的生产方式。于是在这种情况下，建筑生产的主要目标是创造材质变换的景观，城市设计同样也是如此，它们已经与一个城市发展的动力之源紧密关联，成为直接调动经济力量的重要因素。

2.2.2 空间管治的新工具

人口流动性的日益增强以及社会结构的日趋混合正在强化着空间碎片化（fragmentary）的趋势，与此同时，这种趋势也激发出人们对于公共环境进行安全防护和严密监控的需求，并在生活领域中导致空间的割据化。自 20 世纪 80 年代开始在世界范围出现的大批门禁社区表明，通过适当的空间布局方式来制造排他性的空间，这已经成为城市设计的重要考虑内容，它将有助于形成一种空间管治的实体性工具，以此来隔离社会的边缘化现象。

城市空间的分异现象不仅体现于居住生活领域，繁华商业空间也逐渐呈现出这一趋势。它们越来越倾向选择远离环境复杂的市中心，不仅以此避开昂贵的地租和通行成本，而且也可以通过私人化的交通方式避开那些对于城市公共安全可能带来的负面影响。在这个意义上，郊区化的大型购物中心对于当代城市空间和社会的分裂也产生了较为重要的影响，而城市设计作为一种空间政策工具，在此过程中通常也会通过构建、包装来起着推波助澜的作用。

2.2.3 城市竞争的新基础

在这个资源稀缺、经济波动、充满竞争的世界上，各类城市政府都在积极寻求独立发展的机遇，寻求企业家、开发商的支持，从而导致几乎所有的城市都处在一种被危机、被激发的状态。它们希望能够通过更加优美宜人的环境特征来吸引更多的职场精英，同时由此进一步提升自身的文化品位，只有这样，它们才能在世界舞台上获得更好的前景，从而也就可能获得更好的经济效益。

这种现象体现着全球化的巨大浪潮与迅速变革的城巾空间之间的互动关系，信息化的资本流动对于高级人才、符号化经济以及虚拟时空不断进行重新划分，而这又取决于人们对于建成环境的不断变化的现实感受。一座城市的变革能力，很大程度上也依赖于它对于自身空间环境的重新调整和塑造能力。在这种背景下，成功的城市得以生存并且持续繁荣，失败的城市则更加需要思考空间营造的问题，而这一切都需要通过积极的、能够有效生产一种促销性形象的城市设计来加以推动。

伴随着这些现象，如今的城市设计似乎获得了一种不同以往的重要含义。来自城市设计的独特贡献使之从过去那种单纯强调整体性的物质形态设计中区分出来，创建场所、发展旅游、吸引商业，美不胜收的城市空间成为城市宜人性的必不可少的成分。城市设计更像是去经营一座剧场，通过不断变换吸引力的内容，以此来吸引顾客并使他们持续获得享受。

与此相应，当前流行的城市设计正在失去作为公共物品的特质，而是成为一种更加具体、更有针对的空间营销工具。如果有什么可以被理解为本质性的变迁，那么我们可以这样进行归纳，当前的城市设计正在从一种“公共性制度”转化为一种“空间的生产”。这一趋势一方面正在离散分解着原先颠扑不破的有关城市空间设计的观点，也就是一个优美的城市空间环境必然会导向一种自然美好的社会。面对当前的时代格局，传统城市设计理论的大部分观点已经失去了解释效力，最起码这一状况已经体现于现代主义与后现代主义、工业化与后工业化等各种争议之中。

另一方面它又在重新聚合其他新的因素，原先一些并无关联的领域被某种全新的网络关系链接在一起。在过去的十多年间，新的城市空间现象正在不断浮现，新奇的、浮夸的、复古的、崇洋的……这些在快速城市化进程中所呈现出来的各种无法常规理解的空间现象，都有待于一种具有说服力的观点来进行解释。

尽管我们在城市设计的理论研究中越来越注重融合来自社会学、政治学、经济学和人文地理学等其他领域的学科观点，但是这些观点还尚未有效地融入当代城市空间营造的理论解释之中。这类状况所导致的必然结果就是，越来越多关于城市空间形态和构成的研究范式并不一定来自于学科之外，而恰恰是源于城市设计学科内部的基本观点。旧的范式已经消亡，新的范式尚未建立，这种状况需要我们不断进行反思，那种可以应对时代变革的城市设计理论将会是什么？

在当前一种变革性的时代背景中，既然城市本身已经正在变得越来越流动化，我们是否还有可能去把握一种理想化的城市形态特征？在一个不断变幻的社会现实中，既然传统城市设计的理论观点已经丧失了基本的解释能力，城市设计所坚持的公共性是否还有存在的必要性？

3、领域中的城市设计

3.1 在建筑与规划之间

如果按照流行说法，现代城市设计理论成形于20世纪50年代，发展于60年代，那么在过去几十年间，为了寻求更加完整的理解，城市设计的主流理论始终在不断向外拓展，与其他学科领域，如社会学、经济学、地理学、行为心理学或文化研究等不断靠拢、衔接。但是另一方面，同样为了获得一种清晰而可以把握的理解，城市设计理论也需要不断进行概括与浓缩，从而导致对于设计过程与社会过程之间互动关系的过度简化。

在很多的场合中，城市设计经常被描述为“扩大了的建筑设计”或者是“微观环境中的城市规划”。尽管此类描述有些笼统，但也相应说明城市设计一直所处的那种中间状态：它既与其他领域密切相关，同时又明确保持着一定距离，其中的衔接关系由于难以表述而在实践中导致断裂脱节。

如果仔细辨分，我们可以从这种中间状态中捕获一些内置于城市设计深层之处的基本状态，也就是这门专业在“具体的操作”与“清晰的结构”之间的徘徊。这一状态必定不是宏观与微观之间的尺度差别，而是涉及一些专业基础的根本问题：

1．个体与集体：城市既作为一种由各种建筑、用地、道路所聚合而成的物质整体，同时也作为一种具形化的社会实体；它既是具有独立意识的个体事物的聚合体，又是一种从某种集体意识中分化而来的各自有别的单体物。

于是一个城市设计既涉及具体要素之中的主导建造者（设计师）的个人观点，也涉及一种独立于个人因素的集体观念或者意识。在经由各自特殊独立的个体拼合成为融合性整体的过程中，从个人视角而来的审美感受如何才能达成一种公共性的明确认知？那种隐含存在的集体观念又如何才能落实成为每一个独立的具体结果，并使得它们能够遵从一种普遍化的认同？

2．操作与制度：作为社会生产的组成部分，城市形态的建构需要经由具体的实施和操作才能达成。与此同时，城市设计又是一种具体性的公共事务，它需要去整合无数有关城市形态塑造的具体任务，在这里，集体性与契约性又会显得十分重要。

一个美好的城市形态是被营造出来的，还是被规制出来的？这类争议既是城市与建筑之间的传统问题，同时也决定着城市设计如何定位的关键议题。于是在这种缝隙中，又会延伸出有关短期与长期、过程与终极之类的相关问题，但是本质而言，这一议题决定着城市设计是采用一种抽象的方式去提炼一些概括性的条文，还是采用一种具体的方式去落实现实中的事物。

这两种方式都拥有各自的必要性，但也承担着各自相应的风险。它们既可能使城市空间成为某种空洞的存在，将鲜活内容压缩到一个毫无特征的容器里，湮没掉人们对于城市真实生活的现实感受；同时也可能为了追寻某种狭义范畴的自身完整性，导致出一种狭隘的技术权威观点，但是它可以同样与城市的环境品质无关，与城市形态中的丰富肌理和文化内涵无关。

3．静态与动态：一个城市的景象只有当它成为一幅相对静止而精致的画面时，才有可能被公众识别和理解，才有可能进一步获得某种社会共识。因此城市设计需要一种稳定框架，中途不应存在任何不适宜的变动转折。城市设计的一个主要特征就是在动态环境中提供一种稳定性，它需要去保持均衡并应对外在变化。

在现实领域中，具体行动与稳定框架之间往往存在着巨大的鸿沟，更用不着说城市设计所面临的始终就是一个不停变动的外在环境，没有哪项单独行动可以成功应对持续性的社会变革，更用不着说当前时代所呈现的是比以往任何一个时期频率更快的动态世界。于是，那种理想而静态的图景往往就成为一些冷酷规制的载体，而不是一种社会动态发展的结果。

无论在操作层面还是在理论层面，人们针对这些基础性问题的应答从未简单，更多呈现的是一种不自觉的回避。

工程性、技术性的视角经常对于混沌性的社会议题缺乏兴趣，专业人员一般只注意眼前的具体问题并提出操作性的措施：改善交通状况、整合沿街立面、提升环境质量、扩大绿化面积，美化街道家具……他们更多立足已有的经验并专论于眼前的变化，却很少有时间去思考这些方法的理论依据，从而使这些事务通常与城市更为宏观层面的因素没有直接关联，难以触及更为深层的社会、经济和政治过程，并且缺乏针对社会现实的关注，不能就城市设计在社会中的角色给出具有价值的理论解释。

概念化、策略性的城市设计注重将城市设计与其他领域联系起来，试图将城市设计视作更加宏观的一种社会均衡。虽然其中大部分的言论显得无可辩驳，但却难以导向具有实际价值的现实结果。一些学者提出了关于城市设计诸多方面的相当完美而可信的模型，然而它们都以过分简化社会关系与设计过程之间的互动关系为代价，并且对于建立一种具有实质内容的理论领域缺少帮助。

因此，尽管城市设计更多接近于一种操作性事务，但是它所面对的现实过程却是复杂多元、充满矛盾的，所得出的结论常常也是难以预料的，即便带有良好意愿的出发点，结果常常却是事与愿违，甚至走向所期望结果的反面。

为什么在城市设计的理论与实践之间总是充满了不定性的含混区域？为什么城市设计希望成为一种综合而理性的过程，但却总也避免不了主观、片面与随意武断，以及呆板、僵化或一成不变？

城市设计既是一个技术问题，关乎某种价值目标的具体实现，但更为重要的，城市设计也是一个社会问题，它关乎于某种共识性的达成，而我们对于这些问题的回答，似乎并不存在一种现成的答案。

3.2 在扩展领域之中

在数量众多的城市设计理论中，这样一种事实经常于有意无意之间遭到忽略：无论在现实还是在历史，无论是在东方还是在西方，人们所津津乐道的那些难以磨灭的城市景象，如纽约的曼哈顿、上海的外滩、香港的中环、伦敦的泰晤士河畔，它们从未有过清晰而全面的城市设计方案，也并非根据主动的、明确的具体计划所形成。不如说它们的经历过程是社会经济的，是政治制度的，同时也是历史积淀的，而且随着时间进程不断转化的。这些城市景观的塑造似乎源自某种自然的、神秘的、不由人为控制的逻辑和机制。

相比那些经过深思熟虑、一气呵成的设计图纸所形成的理想城市，如皮埃尔·朗方的华盛顿、沃尔特·格里芬的堪培拉、卢西奥·科斯塔的巴西利亚，那些数量更多的其他城市，如威尼斯、伊斯坦布尔、锡耶纳、科隆、佛罗伦萨、阿姆斯特丹……它们以有机形式作为组织空间的架构，同样也可以达到一种极其高超的环境水准。

恰恰是这些并非经过明晰城市设计过程而来的城市形态，经过卡米诺 · 西特、埃德蒙德 · 培根、卡伦 · 库伦等人的论述，成为今天众多城市设计所争相模仿的对象。于是，这既让我们感受到一种内在的矛盾性，又让我们对于现今众多的城市设计方法论产生了怀疑：那种美好的城市形态更多的是来自于主观性的个人经验，还是更多的来自于客观化的理性判断？

在当前常规的语境中，所谓的“城市设计”往往指的是那种存在明确业主，经由具体委托，通过具体实施的城市设计项目，它们被理解为仅由建筑师或规划师所承担的专业设计项目，从伦敦郊外的哈罗新城到斯德哥尔摩的魏林比，从纽约的巴特利公园到泰晤士河的金丝雀码头，从柏林的波茨坦广场到汉堡的港口区，从上海的陆家嘴到深圳的福田中心区……

然而对于那些未能经过明确城市设计操作的城市案例，它们的合理性则来自于并不存在清晰建构状态的城市发展历程。我们可以说，在这一过程中发挥重要作用的是某种自然法则，如区位、气候、地形等方面的自然因素，或者功能、经济、政治和宗教等方面的人为因素。数千年来，人们并不需要一个“城市设计”的独立概念，同样也在完成着今天所谓的“城市设计”力图想去完成的任务。因此，如果我们将“城市设计”的概念扩大到正式的、界定的项目范畴之外，那种认为城市设计应该由专业定义并控制的思想就会显得过于狭隘。

斯皮罗 · 科斯托夫 (Spiro Kostof) 采用“构形而成的城市”(The City Shaped) 与“聚合而成的城市”(The City Assembled) 来对此类问题做出区分，恰如其分地呈现了人们在这一方面的疏忽之处。

在“构形而成的城市”中，人们所需要做的就是如何通过针对时代环境的认知，将某种基本原则转化成为具体的城市形态，在其中可以较为清楚地呈现出具体的行动者及其行动过程，这也相应构成了在城市设计中已经普遍达成的某种共识。然而在“聚合而成的城市”中，具体的城市形态构造过程并不由人为所控制，它们的空间形式似乎由于某种潜在而神秘的因素所塑造，它们的演化过程及发展方向也很难用合理性的方式加以说明。

然而从科斯托夫本人的观点而言，即便是最为自发形成的城市形态，如意大利的锡耶纳，当仔细研究它的产生和发展的前后历程之后，便毫不惊讶地发现，它的城市面貌也是刻意操作的结果，也是经由一种审慎的人为思考而形成的。 这一过程与自然界中的随机因素不同，因而充盈着意识形态和文化氛围，只不过我们尚不清楚其中的价值观念究竟是如何确定的，技术手段究竟是如何实施的？

或许“构形而成的城市”与“聚合而成的城市”之间的差距并非如此之大。如果我们暂时跳开这些纷争，将关注视角转向一种更加广义的范畴，也就是城市形态营造的社会过程，就能够更加看清目前在城市设计理论与实践中所存在的那些困境，它们很大程度上是与研究视域的狭义性相关的。

从一种广义范畴来看，城市形态来自于人们对它所进行的有意或无意的操作，即便是最无序的城市形态，它也不是自动发生的。我们可以将这样一种范畴称为一种扩展视域，在其中，扩展就意味着将专业性的干扰减至最低，跳出狭义范畴的限制而对现实世界的构造进行考察。

本质而言，所有的城市形态都是人工产物，所经历的过程都是一种人工过程。可以认为，自人类文明诞生时起，针对城市形态的思考已然开始，许多古代文明中都存在着组织社会空间的诸多要素以达成某种形式结果，尽管这些行为在今天看来都难以被称作为一种城市设计。

采用一种扩展视角来思考城市形态的问题，将有助于我们朝向更有价值的领域进行聚焦，而这个焦点就是城市形态的营造。如果我们采用“城市形态的营造”这样一种更具扩展性的概念来替代狭义性的“城市设计”，就可以回复到一些有关城市设计理论的更加核心的议题，这样的议题无论是在“构形而成的城市”还是在“聚合而成的城市”中，都将始终存在：

1. 有关城市空间的议题：从城市角度而言，空间不仅是物理性的存在，也是社会形式的存在，它是社会关系的容器，与人类、实践和社会关系存在着千丝万缕的关联性，同时也因为人涉足其间，空间对我们才显示意义，城市空间因而才拥有了精神属性。于是在这里，城市设计所探讨的是集体生活中最具决定性和终极性的目标：人们生活于其中的环境创造，一种与文明生活以及社会含义密不可分的空间创造。

2. 有关城市形态的议题：城市形态不仅是某个社会的具体表达，也是某个社会的物质向度，一座城市与它的形态密不可分。如果城市是上演人类事件的剧场，凝结着以往的历程和情感，那么城市形态则为它们留下了形式与痕迹，呈现着关于历史的记忆和关于未来的潜在记忆。由此，每个城市空间都将成为一个独有和特殊的地方，而众多的建筑则赋予它以别样的氛围和形式，也正是这些景象呈现了一座城市的文化特征，同时也透露着隐形的结构与机制。

在这样一种扩展视域中，我们可以将所谓的“城市设计”理解为“城市形态的生产”，城市形态就是城市设计的主要对象。城市形态是某种社会意志的表达，因而城市所采取的形态也是某个社会文明的最高抱负的真切表现。把城市形态独立于社会关系之外进行考量，即使有意研究它们之间的互动关系，这也将摧毁城市空间研究的首要原则：物质与意义之间的关联性。

那么一个城市形态将如何得以塑造？这也许就是城市设计中最为根本、最难回答的问题，因为大多数令人感觉美好的城市形态都不是刻意设计出来的，文化、制度、习俗这样一些无形的力量，它们将会以一种令人难以理解的整合性的方式去进行建构。

如果我们引用阿尔多 · 罗西在《城市建筑》的类似观点：建筑不仅是城市中可见的图景和各种建筑的总和，而且也是一个历经时间去形成城市的建构过程……，那么对于城市而言，城市形态也不仅只是那些具体实物的物理集成，它将会涉及一种时间过程，这就意味着城市形态背后所存在的那样一种隐匿的社会集体，他们需要相当长的周期去针对物理环境进行心理、文化方面的加工，使之成为一种公共性的产物。因此作为一种特殊对象，城市是一种集体性的结构存在，也是一种巨大的偶然事件的产物，它虽然是由人工形成，但也超乎个人的意愿控制，不以个人的意志为转移。

“社会科学领域的大量学术研究表明，物质世界其实只是更深层的永恒力量的暂时产物”，城市生活的复杂性只有通过有形的城市形态才能得以解释。然而困难的是，那些伟大的思想可以如何关联到具体的空间和城市，并形成更为复杂的城市形态？

城市设计可以存在某种清晰、稳定的方式吗？长期以来，对于这一问题的追寻常常使得城市设计在实践中充斥着一种狭隘的功能主义观点，使之成为一种纯形式的演练，却很少关注其中的社会意义。毫无疑问，城市形态的建构必然涉及一种谜一般的社会过程，正是在这样一种过程中进行具体化的形式操作，使得城市设计与建筑设计区分开来，也与那种缺乏实质过程的社会性、经济学、政策研究等区分开来，从而获得了自身的独特性。

4、变革背景中的城市设计

4.1 恒常化的社会变革

相对于当前城市景观正在日益成为人们关注对象的现实，或许另外一种角度的问题也值得我们反思：为什么城市形态在以往的时代中并没有成为一种令人值得操心的对象，却始终可以呈现出和谐一致的现实结果？为什么当前的城市无论怎样注重形式操作，却始终难以呈现出某种预期中的理想？什么原因会使得人们对于当前城市景观的急速变化深感不适？为什么时代的变革性会让大多数当代有关城市研究的理论深感矛盾与危机？

如果我们将此类问题放置到一种更加广袤的范畴中，那么将会看到，城市，正如其他所有的社会现实，是历史进程的产物，这不仅在于它们的自然物性，同时也在于它们的文化属性。不同历史背景及其进程中所导致的不同社会环境，将导致各自相应的价值目标和生产机制，以及相应的城市形态。历史性的社会决定了城市（和每一种类型的城市）应该是怎样的。城市是一个被历史所界定的社会，也是一个被赋予了特定社会意义的特定空间形式。

“什么是一种美好城市形态？”，这一问题必定没有一个标准化的答案，其解答过程需要放置到它所属于的那个时代背景中去进行。

作为 20 世纪最为杰出的城市设计理论家之一，凯文 · 林奇实际上已经非常敏锐地捕获到城市设计理论的核心之处。在他的著作中，我们基本上看不到有关城市设计的提法，他更经常使用的却是“城市景象”（city image）或者“城市形态”(city form) 这样的称谓，以描述他所从事的研究对象。这是一种带有敬畏之感的称呼方式，有别于那种带有武断之想或粗鲁之感的“设计”。至多，他采用了某种带有价值判断的提法作为其中一本著作的书名：《美好的城市形态》（Good City Form）。

什么因素可以导向一种“美好的城市形态”？在这一问题上，凯文 · 林奇与先前的卡米洛 · 西特、埃德蒙德 · 培根等经验主义者分道扬镳，他并不依据于自己的主观判断，也不是如同他们那样从以往的城市形态中寻求一种武断性的依据，他是将这一问题拓展到更为广阔，或者更为基本的领域。

在书中，林奇归纳了三个方面的理论议题：第一个领域被他称作“规划理论”，或者也可以称为“决策理论”，讨论的核心就是一个复合社会如何制定复杂的城市发展政策，当然也包括如何判定什么是“美好的城市形态”；第二个领域被他称作“功能理论”，该理论领域更侧重于城市本身，也就是在某种已经确定的价值判断之下，去解释为什么城市会有这种形态，以及这种形态是如何运转的；第三个领域虽然比较薄弱，但却显得非常重要，林奇称之为“范式理论”(normative theory)，它所关心的是人们对于“什么是美好”的价值判断来自于何处，以及这种价值判断与城市形态之间的一般性关联。

于是，“美好的城市形态”这一目标的达成除了具体性的操作过程之外，还应当包括范式之析（什么是美好的），价值之择（什么是美好的城市形态），以及程序之争（什么是好的城市设计操作）。实质上，凯文 · 林奇对于这三个理论研究领域的解析试图说明，“一个美好的城市形态”的构成并不是一个单向的直线过程，它包含着感知与信仰的拟合、体验与观念的拟合，理想与现实的拟合，而最为困难的，可能就是个体与集体的拟合。如果这样一种观点可以被广泛接受，那么可以认为，当前在城市设计理论中人们所感到的危机或者不适，都与这种拟合性的研究预期紧密相关，因为当前在全球化背景中的城市发展现实就是，永不停歇的变革性。

曼纽尔 · 卡斯特显然仔细地研究过林奇在《美好的城市形态》一书中的观点，并将它们联系到他所擅长的社会变迁理论，提出了一个连接历史变迁研究和城市形态意义的基本观点。他认为：“古典城市社会学是围绕着芝加哥学派组织起来的。过去（现在亦然）比较关心社会整合的问题，而不是社会变迁。”因此在这样一种研究范式中，几乎所有有关城市形态的理论目的以及实践目的，都是希望能够整合各类差异性因素，并且在这种流变中把握那些具有恒久性的因素和机制。

然而在一种快速变革的社会现实中，唯一能够呈现为恒常性的因素就是变化。“社会运动不是戏剧性的、出人意表的事件。它们是社会生活核心的一个恒常的形式。”尤其是在当前经济全球化与社会网络化的进程中，给人留下最为深刻的印象就是城市空间与社会结构的急速转变，而这在传统城市研究的整合性意向中，很容易就被视作为一种不正常状态。

在一篇重要的理论著作《一个跨文化的都市社会变迁理论》中，卡斯特提出了这样一个与之对应的观点，也就是被亚历山大 · 卡斯伯特称作为“关于城市设计的迄今为止最全面也是理论上最严谨的定义”：

1. 我们把城市社会变迁叫作城市意义的重新定义。

2. 我们把城市规划叫作城市功能与一种共享的城市意义的配合。

3. 我们把城市设计理解为在特定的城市形态中为了表达一种可接受的城市意义的符号性尝试。

这样一种格言方式的定义令人深感晦涩，但是如果我们将它们与凯文 · 林奇的观点并置观看，或许就可以获得一种更加容易的理解。

在卡斯特的阐释中，所谓的城市意义 (urban meaning) 是指在一个特定社会中，由不同历史行动者之间的冲突过程所决定的一般性城市目标。社会作为一种集体化的整体，也是一个结构化的冲突现实，在其中，社会各阶层根据自己的社会利益，彼此对抗着有关社会组织的基本规则，从而也导致着城市意义的不断变迁。这一过程是一种结构性的运行过程，它涉及社会整体，而非具体个人。

所谓的城市功能 (urban function) 是在一定的城市意义之下，作为一种组织性工具的表述系统 (articulated system)，也就是用来实现经由社会历史过程所界定的城市意义赋予每个城市的目标，其中也包含着城市形态的具体实现。

城市意义的历史性界定过程决定了某个城市的功能特性，如果某座城市被界定为贸易中心，那么它就会竭其所能去强化交通系统及其与外界的联系；如果城市被界定为工业生产机器，那么它就会将其机能有效细分；如果城市被界定为文化中心，那么它就会拓展其中生活的宜人性，以尽量吸纳文化人口……需要再次说明的是，这种城市意义的决定是一种结构化的社会过程，或者一种历史进程中的过程，而不是经由某种机构或者部门所确定的过程。

所谓的城市形态 (urban form) 则是城市意义和城市功能在空间中的具体表达，如何为特定的城市空间赋予特定的形式目标，这也是社会结构中作用与反作用的根本机制之一。例如，如果城市需要成为宗教中心，那么它就需要一种神秘而崇高的形式以统领乡村地区；如果城市需要成为商贸中心，它就需要一种灵活的空间格局来显示城市作为公共贸易的自由空间；如果城市需要金融中心，它就需要坚固和高耸的城市轮廓来呈现它的强大与信用……

由此看来，“城市形态”既不是某种社会文化在空间上的机械性翻版，也不是在虚无真空之下的概念化演绎。城市与空间是组织社会生活的物质基础，有关城市形态的范式理论涉及某种价值体系的确立，它确定了城市的基本意义，是历史行动者根据自己的利益价值去建构社会价值体系的基本过程之一。因此有关“城市形态”的价值判断过程也是一种社会过程，它是处在时间进程中的，经由历史积淀的，而非具体化的人造行为。

在一种传统的城市设计观念中，如何体现“城市意义”、“城市功能”、“城市形态”这三者的辩证关系是一个研究重点。本质而言，城市意义和城市功能应当共同决定着城市形态，而城市形态则是实现城市意义和城市功能过程的象征性表现。

但是在现实中，这样一种期待中的过程常常只能停留于一种设想，复杂的社会经济流变与相对固化静态的物质形态之间不可能形成一种灵敏互动的关系；同时另一方面，一座城市的意义及其功能的决定是一种历史性的社会过程，它并不取决于某种个体化的主观决定。

4.2 变革领域中的城市设计

在一种动态的、历史性的观念中，有关城市设计我们还能够获得怎样的合理性解释？我们明天还能拥有一种什么样的城市设计？这个问题可能没有解答，因为在不断变化的现实面前，我们不可能针对变化就能拥有事先答案。我们只能说：

1. 不可能存在没有面临变革需求的城市设计，也不可能前提性地存在一种城市设计方法。

2. 不可能存在一个有关城市设计的预设标准，也不可能存在一种普遍适用的抽象模型。

3. 不可能存在没有具体对象的城市设计，也不可能存在一个不需要进行决策的城市设计。

城市设计不应当成为一种形式化的理论，从而将概念、方法设想为对所有的社会和城市都有效。每一个时代的每一个社会的背景环境都具有一种独特性，这就排除了一种可以普遍适用于所有场合的一般性框架。

但是这并不等于我们无法提出一种关于不同城市、社会与历史变迁之间互动的一般性观点，从而发展出一个富有成果的扩展性的研究视野。在这样一种扩展领域中，针对城市形态的设计可以被理解为：

1. 城市设计是一种理解与研究，它在一种扩展领域中，探讨城市的物质形态如何形成及演化。

在这样一种视域中，城市空间不仅只是社会进程的物理容器，它也是集体记忆与未来联想，充满着荣耀与残损、平淡与激昂、颂扬或冲突，于是，有关城市形态的研究将是城市设计的核心。在科斯托夫看来，城市设计的核心就是去关注"城市如何及为什么会形成它们各自的相貌。"在这种视角中，"我所研究的不是抽象的形式或者是从行为学可能性角度解释的形式，我关注的是作为意义载体的形式，而建筑的意义最终总是存在于历史和文化关系当中的。"

城市设计是存在于特定城市形态之中的城市意义的表达，要完全理解城市何以为城市，我们就必须从抽象的社会科学走入人类经验和创造过程的领域。

这既涉及城市是如何运转的这类功能性的问题，也涉及社会共识性如何达成的问题。城市设计不仅仅是设计城市的技艺，也是关于城市如何生长变化的学问。它研究文明如何在空间形态中被呈现，研究特定城市形态如何得以被产生的过程。于是，我们需要一个能够解读城市形态是如何生产出来的理论，同时也需要一个具有足够弹性的理论视野，以解释不同背景下城市功能和形态的生产与操作。

城市设计的模式不可能只存在于建筑师或者城市规划师的工作中，并经由他们的评判才得以生成、实现并被接受。如果不能揭示出城市在一个特定的社会意义下如何演变成历史生活的秘密，城市设计的工作就仍然只是一种技术性的修正，城市形态也将只是一种主观口味的问题。

2. 城市设计是一种实践，它是在特定城市意义之下所从事的有意识的城市形态生产。

古往今来，人类社会始终就是一种空间性的存在，人们积极参与周围无所不在的空间性的社会建构。如果我们将一座城市视作为人类生活所构成的空间组织，那么它不仅是指城市中各类静态、永久的物质实体，而且也意味着人们对于实体空间的所有方式、使用方式以及交易方式，同时也意味着人们在空间中的分布状况、经济活动的布局方式、区域之间的流通关系等等。

毫无疑问，城市设计的目标就是使城市能够给人带来美学享受。但是作为一种社会实践，城市设计需要尽力去适应城市生活的变化，针对每个变化、每种活动都尽可能提供适用的、不同的解决办法。

正是在这样一种视域中，我们才可以探讨城市设计所具有的一种独立的“专业领域”。相比其他具体、独立的营造活动，城市设计作为一个整体，其独特性就在于：

1. 它是社会性的，具体的城市设计就在于力图在社会变迁的分析中，引入来自社会经济、文化制度、政治冲突中所产生的空间形式的物质性。因此，我们需要尝试致力于理解城市意义是如何产生的，并由此打开发现历史进程的道路。

2. 它是动态性的，城市发展始终是由一系列连续的片断组成，局部控制只能作用于它的发展和形态，并没有最终的结果。城市设计所面对的始终是一个动态的领域，城市设计就是应对这种动态变迁的，调整着移动不居的图景。

于是，作为一种独立的专业领域，城市设计需要矛盾性地放弃一种相对稳定和静态的姿态，去抵御一种貌似完整性和标准化了的“常规设计”，抵御一种固化的理论说辞和定型方法。它必须不能成为由单一思维所决定的，或者一次成型思考所决定的结果，而需要体现为一种结构性的、历经时间的过程。

5、作为一种社会过程的城市设计

5.1 在想象与现实之间

当人们通过建造城市来为生活提供更加舒适的环境时，美学意图也是同等重要的一个环节，因为它通过形式表达来构造一种社会认同因素，这也是人们在城市环境中进行社会化的一种重要手段。创造更好的生活环境和体现美学意图既是建筑的两个永恒主题，也是城市的两个永恒主题。

城市是人类社会的空间载体，它所呈现的形态既是人类社会的现实投影，也是人们力图驾驭的对象，是主宰我们社会与心灵的内容，因为人们在这一载体中力图呈现对于自身聚落的认知以及对这种空间的控制方案，并且随着社会意义的变迁而调整这种空间在现实领域中的周期性变化。

如果一座城市的具体形态与象征意义都是社会生产的重要组成部分，那么一个社会的空间形态与其内在结构紧密相关，城市的空间变迁也与社会的历史演化交织于一起。在一种扩展视域中，城市设计之所以能够在传统世界里如此重要，因为它不仅建构了城市功能，而且也呈现了城市的文化与品质。城市形态的塑造过程经常并行于一个时代的整体转型，承载着一系列意义深远的社会活动，从而在形式上引导着城市外貌的重构或者变革。

在当前全球化、网络化的发展背景下，作为视觉景象要素的城市形态的作用正在快速转变，越来越多的城市研究将政治经济因素作为核心关注对象，而城市空间也更为频繁地被理解为社会结构的一种相应表达。尽管这些理解相对于单维的技术决定论和狭隘的经验主义是一种积极的姿态，但是对于城市设计而言，仍然还有很多关键因素并未清晰表达。

如果我们将城市形态视为一种由人类社会活动自动生成的结果，一种由政治、军事、社会和经济过程所推导而来的结果，那么，一种主动性的城市形态操作是否还有必要进行讨论？在当前快速流变的现实背景下，这种主动性的城市形态操作是否仍然存在一种可以为我们所把握的基本原则？

为了理解城市形态的构造过程，揭示它们与社会变迁之间的关联，我们应当辨识那些影响空间结构调整与城市意义转型的机制，因而就会涉及以下一系列的问题：一个特定的城市形态的成因是什么？它应当是由谁？并且如何？通过什么方式生产出来？

为了将这样一种不够清晰的表达转化成为一种略有条理的理解，我们有必要回复到更为基本的层面上，去探讨一个城市形态在某种社会环境中的基本意义，以及它是如何适应于时代变化而进行调整的。

1. 一座城市的形态构成不仅仅是材料、体量、色彩与高度的组合，它也是使用、流动、感知、心理联想，是随着时间、文化和社群而变化的表征体系。城市形态因而可以被界定为城市意义的历史叠合及其形式的象征表现，这也相应意味着，一座城市的形态只有当它被人感知之后才能得以存在。

2. 一个“好的城市形态”在于它的可意象性，在于它的清晰性或是“可读性”，这能够使人认知城市的各个组成部分，并形成一种凝聚形态的整体特征。在凯文 · 林奇看来，城市形态的可意象性就是城市形态研究的核心，也就是城市设计的核心。提高城市环境的可意象性就是通过道路、边界、标志物、节点和区域，使城市在形态上更易于识别和组织，从而能够呈现出美丽环境的基本特征，如意蕴、韵律、感情、愉悦、表现力、兴奋点、可选择性等等。

3. 一个“好的城市形态”的塑造过程是真正难点之所在。与仅仅涉及技术理性的物质建造过程不同，带有美学意图的建造过程所采取的既是一种渗透着意识的经验行为，也是一种极具创造性的专业行为。这类行为的特殊性就在于，它既不同于技术手段化的重复拷贝，也并非拘泥于某一固定时间地点。它可以跟随着人们的经验在时空转换中进行重构，就如北魏时期的洛阳印透着南朝健康的城市与建筑的型制，南宋时期的临安附带着东京汴梁的宫殿、贵府的想象，而民国时期的霞飞路就像一块植入上海租界中的巴黎飞地。

城市形态的塑造伴随着城市的起源而开始出现，并深植于文明社会的发展。这种行为不仅赋予一个城市社会以具体的视觉形式，同时也将它与历史、文化紧密联系在一起。这是一种人类与生俱来的能力，也是一种使城市设计获得其自身独特性的那种因素。这种行为可以凝聚某个地域的文化潜质，重新诠释来自外部世界的各类影响力，使得城市设计从根本上和其他的艺术及科学有所区别。

正是在这种语境中，任何将城市设计分解成为专门类别的要素和知识的做法，都将会损害它从事建构和解构的锋芒，换言之，损害了它的无穷的开放性。因此，无论是城市设计本身还是针对城市设计的认知，都应当永远保持一种开放性的姿态，朝向新的可能性和前往新天地的种种旅程。

把建筑凝结起来形成城市，把要素组合起来形成整体，这是针对城市设计的一种基本理解，但仍然还是一种有些静态化的理解。

关于城市形态构造过程的讨论，其中最大的难点在于，城市就是一种处在人工与自然之间的有机体。这意味着城市形态的建构过程是一种人工造物而不是自然演化，人的意识观念对其产生作用，但其中的具体环节却难以为人知晓。

同时，这样一种人工造物又不等同于那种单个具体的人工物体，作为一种集体性产物，城市似乎受到某种可以明确感知、但又无法详细描述的隐秘力量的塑造，其中的具体环节同样也令人难以描述。事实上，我们针对物质世界的设计和组织并不可能按照精确的方式来进行，它们需要来自理论角度的重新梳理。

我们可以这样认为，城市设计不仅涉及一种清晰可见的具体营造，同时也涉及一种共识性的达成。它既包括那些确凿可视的、主动实施的城市设计操作，以应对现实环境中那些个体的、特殊的、不规则的、也是最有意思的建筑现象，同时也需要涉及一种较为混沌的社会过程，而这种混沌的社会过程在现实中永远都是复杂而难以言表的。这就意味着有关城市空间设计不可能只被一种简单的理论所包含，城市设计理论必须成为高度开放性的，不仅需要将各种单体要素作为基本语汇，同时还要以社会环境作为必需的思考范畴。

5.2 作为社会过程的城市设计

如果按照卡斯特的阐述，城市意义的界定是一种社会（冲突）过程，那么很自然，城市规划与城市设计也是如此。

采用“社会过程”来描述城市设计，就意味着它所形成的理论视角将与我们以往大多数针对城市形态的功能理论有所不同。偏重功能方面的理论所关注的问题往往聚焦于“城市是如何运转的”，或者“城市是如何成为它现在这个样子的”。然而有关“社会过程”的概念则提示我们，无论城市的功能还是城市的形态，它们都需要在一种较为明确和稳定的价值前提下才能进行讨论。

在达成一种“美好的城市形态”之前，有关什么是“美好的”价值判断仍然是个问题。凯文 · 林奇提示我们，城市研究的范式理论涉及某种价值体系的确立，它决定了城市的基本意义，也就是在一个特定社会背景中由于历史参与者的博弈过程而确定下来的价值系统。如果我们无法提出什么是美好城市形态的价值目标，从功能角度而言就缺乏了针对价值准则的判断，这种功能理论也就无法被建立起来。

在当前的时代背景中，我们所面对的一个现实状况就是，有关城市设计理论的研究大多仍然集中于城市功能的管理（规划）和城市形态的创造（设计），但是另一方面，时代变迁和社会发展所造成的流动不居的现实在提示我们，除非我们能够揭示城市在某个特定社会环境中的意义之所在，有关城市功能的研究就只能是一种生硬规范，有关城市形态的讨论也将只是一种管窥之见。

所谓的《城市意义的界定是一种社会过程》就意味着，这里的“城市意义”并不是一组由理念 (ideas) 所构成的简单文化范畴，它的形成是社会性的。从一种扩展视域来看，它包括经济的、宗教的、政治的和技术的运作。

在“一个跨文化的都市社会变迁理论”一文中，曼纽尔 · 卡斯特以一种肯定的语气认为：“我们称城市社会变迁为城市意义的再界定，我们称城市规划为达成共享的城市意义的一个城市功能的协商调适，我们称城市设计为在特定城市形式中表达共同接受的城市意义的象征尝试。”

从根本角度而言，城市意义的界定过程并非人为确定，而是一种结构性的演化过程，这是因为在一个特定社会中，城市（以及城市间劳动分工中的特定城市）的目标是通过不同历史行动者之间的冲突过程所决定的。这一论断意味着，城市意义界定的历史过程决定着城市功能，而有关城市功能的理论就是针对某种空间组织方式的系统性表达，这种组织方式旨在完成每个城市由其历史意义所确定的目标。而城市形态则由城市意义和城市功能共同决定，它是实现城市意义和城市功能过程的象征性空间表现，同时也是城市意义（及其形态）的历史性叠加。

因此，城市形态的社会性建构与变革也并非来自某人所形成的心理表现，它是来自于历史性的社会动力对于城市形态所赋予的结构性任务。按照这种理解，令人感到颇为遗憾的是，有关“美好的城市形态”的定义将永远成为一道谜，因为它需要等待未来的历史研究去进行解答。

在这样一种略显混沌纷杂的思维环境中，我们是否仍然有可能在不同领域、不同视角的城市设计理论之中寻求一种相对稳定、普遍的理解性因素？如果我们认为城市设计仍然具有一种可以明确感知到的学科自主性，那么我们是否仍有可能去探讨那种可以经久不变的基本观念，使得城市设计即便在一个持续扩展的认知范畴中，仍然存在着一个值得反思的理论内核？

或许我们仍然需要反向思考，正是由于城市设计的概念与方法至今仍然是一个令人迷顿的问题，因此有关城市设计的理论研究才具有了它的必要性。无论从建筑设计到城市设计再到城市和区域规划，城市设计在更为广阔的社会背景中仍然执行着那种十分独特的社会功能。为了试图厘清这些关系，我们必须从一种基本性的扩展视角去看待什么是“城市设计”，以及它与实践中不同层面之间的关系。

1. 城市设计是感知与认知：如果我们将城市设计的最终目标定位为某种具体而美好的城市形态，那么这一城市形态只有当进入到人们的具体认知范畴中之后才可能成立。这相应意味着，美好的城市形态并不只由那种狭义的城市设计创造出来，在更多的情况中，美好的城市形态经由某种未知因素以及未知过程聚合而来，它有待于人们去发现和识别。而那种狭义的城市设计在未能清楚认知的前提下，恰恰就会成为一种主动性的破坏因素。

因此，城市设计应当从现实中进行学习，直接观察并体验城市，研究城市形态与社会活动之间的互动关系。现实中的城市体验与城市要素之间的关系不是抽象的，而是可触摸的。城市设计应该首先就是一种感知与认知，从有目的的感受与行为着手，将有关形式尺度的专业知识与从自身感受而来的空间体验结合于一体，从而可以更为深刻地去判断什么是美好的，什么是可能的。

2. 城市设计是连接与整合：自从开始成为一种独立的专业概念以来，城市设计的基本方式似乎都是整合性的、连接性的。它通过各种具体的操作方式，要么探讨将城市中新颖与陈旧要素整合为一体，要么探讨将城市内部或外围区域整合为一体；要么探讨将不同类型的公共空间融入各处城市环境之中，要么探讨将不同尺度的城市开发融入现有城市肌理之中……

从这些我们习以为常的整合性目标的背后，我们基本可以看到，城市设计在需要注重个性化城市空间的营建之外，也需要促进城市社会环境的有机性融合。城市设计需要探讨通过兼容不同功能以及不同密度开发以在社会经济层面上满足不同社区的各种需求，为社会创造具有宜人尺度的优雅场所环境，提供更高品质的城市空间感知和体验，同时也需要关注平凡建筑与伟岸建筑、日常生活与叙事场景、大众环境与精英空间之间的平衡，并且致力于建构包容过去、现在和未来的、具有合理时空梯度的环境。

3. 设计是孕育与变革：城市设计是一种触及城市内涵的有目的空间生产，它通过针对场地及空间要素之间的关系进行协同处理来实施。这种形态化的空间生产对应着一个社会的主流意识，影响着社会生产和再生产的合理性过程，以抵制不可预知因素所带来的城市衰退、社会退化等不良趋势。

于是，城市设计的目标不可能停留并保持于某种已知的静态状况，它必将导致某种迄今未知的现实结果。城市设计是一种孕育，它从某种已经可以感受到的社会潮流中，觉察出某种潜在的未来趋向，并将它们凝练成为某种具体的结果。城市设计同时也是一种变革，在从一种空洞的制度规范转向实质性的空间生产过程中，提出一种具有可能性的崭新姿态，无论这一过程是从平均转变为异质，还是从拼杂转变为协调。因此，城市设计通过对于既有城市形态的处理，对一个城市区域赋予新的空间形式，以及新的城市意义。

在这里需要进行额外关注的，就是所谓的“新”究竟会意味着什么？从一种扩展性的视域来看，历史中的新就意味着一种转折，一种时代的变迁，它对于我们所观察到的每一个历史背景与城市现象是特定的，同时对于一种社会变革又是基本的、普遍的。

按照曼纽尔 · 卡斯特的提议，在这里最根本的问题就是需要抵制一种关于城市变迁拥有预设方向 (predetermined direction) 的说法。“历史并没有方向，它只有生与死。它是戏剧、胜利、挫折、爱与悲伤、快乐与痛苦、创造与破坏的组合。此评定是价值中立的。我们并不暗示说变迁就是改善，因此我们无须界定何为改善。”因此，从一种扩展视域的观点来看，有关城市设计的理论不是规范性的，而是历史性的。

在当前这样一种动态而变革的现实环境中，在一种扩展而多元的理论视域中，作为一种结论，本文涉及城市设计理论的两个关键词语就可以获得进一步的明确辨析。

1. 什么是关于城市的“设计”？

我们可以认为，在一种扩展视域中，针对城市形态的“设计”并不意味着一种艺术化的主观创造，这种“设计”也不会存在仅依赖于自身的内部动力，从而获得某种单向度的审美或品质。城市设计本质上就是社会组织的一种过程，协调着基本的经济制度和社会关系，并以具体的形式作为其实质性的表征。

作为一种集体性的环境，城市从来就不可能成为一种个人主观的臆想之地，也不可能成为一种即兴而成的凭空创造。从本意而言，设计就是一种构思，用勒菲弗尔的阐述来说，“空间中发生的东西给了思想一种神奇的性质，这种性质通过“构思”(design)得以体现。”这意味着，“构思”在精神活动（发明）和社会活动（实现）之间扮演着一种非常重要的衔接者和调停者的角色，并且它是在空间中展开的。

2. 什么是关于城市设计的“理论”？

在一种扩展领域中去讨论城市设计的理论，其目的不是去形成一种新的有关城市设计的形式化理论，而是在于探究历史结构与城市意义之间的根源关系，找出社会经济变革与城市形态变迁之间复杂的互动机制。我们需要一个能够解释城市形态（当然也包括美好城市的形式）是如何生产出来的理论，同时也需要一个有足够弹性的理论视野，以解释不同背景下城市的功能和形式的生产与操作。

城市设计是一门研究城市的物质形态如何形成以及演进的学科，城市设计不仅仅是设计城市的技艺，也是关于城市如何生长变化的学问。它研究文明如何在空间形态中被呈现，研究特定的城市形态如何得以产生的过程。

为了真正理解城市何以为城市，我们就必须从抽象的社会科学走入人类经验和创造过程的领域，同时，我们也不能将城市空间仅仅视为一种历史文化的静态容器，城市空间的具体形态是对我们的生存世界的符号性表达，并随着历史的发展而逐渐进化。它们体现着整个的哲学、意识形态、概念体系以及多种多样的观察方式，从而使得我们居处的空间也充盈着象征、联想与记忆。

如果我们将视野转向一种扩展性的领域，城市设计理论研究所要寻求的并不是需要紧密跟上一种连续不断的外部拓展，而恰恰是需要回归一种更加基本的观点。其侧重点在于如何理解城市形态，而不是去建构意识中的虚幻图景，所探讨的应该是如何去理解城市，而非如何去操纵城市。

因此在理论成为一种对实践进行指导的工具之前，它首先需要承担的就是对于现实世界的解释。通过理论，我们有可能达成一种针对城市设计的理解，但不可能获得一种针对城市设计的普遍方法，作为一种社会实践，它的答案只有在具体的时间与空间中去获得。

参考文献：

[1] Henri Lefebvre, The Production of Space [M], translated by Donald Nicholson Smith, Oxford(UK), Cambridge, Mass: Blackwell, 1991. P3.

[2] 爱德华 W 苏贾著，王文斌译，后现代地理学 [M], 北京：商务印书馆，2004.

[3] 爱德华 W 苏贾著，陆扬等译，第三空间 - 去往洛杉矶和其他真实和想象地方的旅程，上海：上海教育出版社，2005.

[4] 曼纽尔 · 卡斯特著，王志弘译，流动空间，国外城市规划，2006 年第 5 期，Vol.21，P69.

[5] 曼纽尔 · 卡斯特著，杨友仁译，全球化、信息化与城市管理，国外城市规划，2006 年第 5 期，Vol.21，P88.

[6] 曼纽尔 · 卡斯特著，陈志梧译，一个跨文化的都市社会变迁理论，国外城市规划，2006 年第 5 期，

[7] 曼纽尔 · 卡斯特著，刘益诚译，21 世纪的都市社会学，国外城市规划，2006 年第 5 期，Vol,21,P94.

[8] 曼纽尔 · 卡斯特著，夏铸久，王志弘译，网络社会的崛起，社会科学文献出版社，北京，2003， P469.

[9] F. Cairncross, The Death of Distance; How the Communications Revolution will change our lives, 72[A], P. Hall, Cities in civilization Weidenfeld Nicolson, London, P956.

[10] Perter Hall, cities in civilization, Weidenfield Nicolson, London, P45.

[11] 戴维 · 哈维著，阎嘉译，后现代的状况，商务印书馆，北京，2003，p355

[12] 阿尔多 · 罗西著，黄士均译，城市建筑学 [M], 北京：中国建筑工业出版社，2006.

[13] 包亚明主编，后现代性与地理学的政治 [M], 上海：上海教育出版社，2001,P206.

[14] 莫里斯 · 哈布瓦赫著，毕然、郭金华译，论集体记忆，上海：上海人民出版社，2002.

[15] 雷姆 · 库哈斯著，王群译，广普城市，世界建筑，2003/02，64.

[16] 亚历山大 · R · 卡斯伯特著，孙诗萌等译，城市形态 - 政治经济学与城市设计，北京，中国建筑工业出版社，2011.

[17] 亚历山大 · R · 卡斯伯特著，韩冬青等译，设计城市 - 城市设计的批判性导读，北京，中国建筑工业出版社，2011.

[18] Matthew Carmona 编著，冯江等译，城市设计的维度，公共场所 - 城市空间，南京，江苏科学技术出版社，2005

[19] 戴维 · 戈林斯等著，陈雪明译，美国城市设计，北京，中国林业出版社，2005.

[20] 凯文 · 林奇著，林庆怡等译，城市形态，北京，华夏出版社，2001.

[21] 斯皮罗 · 科斯托夫著，单皓译，城市的形成 - 历史进程中的城市模式和城市意义，北京，中国建筑工业出版社，2005.

[22] 斯皮罗 · 科斯托夫著，邓东译，城市的组合 - 历史进程中的城市形态要素，北京，中国建筑工业出版社，2008.

图书在版编目（CIP）数据

当代中国城市设计读本 / 童明主编. — 北京 ：中国建筑工业出版社，2015.1
（当代中国城市与建筑系列读本　李翔宁主编）
ISBN 978-7-112-17734-9

Ⅰ. ①当… Ⅱ，①童… Ⅲ. ①城市规划－建筑设计－中国－文集 Ⅳ. ①TU984.2-53

中国版本图书馆CIP数据核字(2015)第022520号

责任编辑：徐明怡　徐　纺
整体设计：李　敏
美术编辑：孙苾云　朱怡勰
责任校对：王宇枢　关　健

当代中国城市与建筑系列读本
李翔宁主编

当代中国城市设计读本

童明　主编

*

中国建筑工业出版社出版、发行（北京西郊百万庄）
各地新华书店、建筑书店经销
北京中科印刷有限公司印刷

*

开本：787×960 毫米　1/16　印张：31½　字数：586 千字
2016 年 11 月第一版　2016 年 11 月第一次印刷
定价：98.00 元
ISBN 978-7-112-17734-9
（26881）